模拟电路分析与实践

主　编　张慧敏　吴青萍
副主编　施　静　徐　敏

北京理工大学出版社
BEIJING INSTITUTE OF TECHNOLOGY PRESS

内 容 简 介

本书根据职业教育要求和学生特点编写，以培养学生的技术应用能力为主线，内容覆盖面较全，难度不大；以理论“够用”和实践为重，以讲清概念、强化应用为目标，适当增加拓展内容和项目。

本书的主要内容包括：分析与制作心形彩灯、分析与设计声控灯、设计与制作温度报警器、分析与制作扩音器、分析与设计直流稳压电源、设计与制作信号发生器等。本书每个项目和每个任务都配有练习题及答案，培养学生利用相关知识解决实际问题的能力。本教材可作为高等职业教育的电子、信息、电气、自动化及计算机等专业的教材，还可作为自学考试和工程技术人员的学习参考书。

图书在版编目（CIP）数据

模拟电路分析与实践 / 张慧敏，吴青萍主编. -- 北京：北京理工大学出版社，2019.8（2024.1 重印）
ISBN 978-7-5682-7391-6

Ⅰ. ①模… Ⅱ. ①张… ②吴… Ⅲ. ①模拟电路–电路分析–高等职业教育–教材 Ⅳ. ①TN710.4

中国版本图书馆 CIP 数据核字(2019)第 174528 号

责任编辑：朱 婧 **文案编辑**：朱 婧
责任校对：周瑞红 **责任印制**：施胜娟

出版发行 / 北京理工大学出版社有限责任公司
社 址 / 北京市丰台区四合庄路 6 号
邮 编 / 100070
电 话 / (010) 68914026（教材售后服务热线）
(010) 68944437（课件资源服务热线）
网 址 / http://www.bitpress.com.cn

版 印 次 / 2024 年 1 月第 1 版第 4 次印刷
印 刷 / 三河市华骏印务包装有限公司
开 本 / 787 mm × 1092 mm 1/16
印 张 / 17.25
字 数 / 406 千字
定 价 / 42.00 元

前　　言

党的二十大报告指出：统筹职业教育、高等教育、继续教育协同创新，推进职普融通、产教融合、科教融汇，优化职业教育类型定位。本书在编写时坚持“理论够用、实践为重，理论与实践相结合，以项目为载体，以职业能力培养为目标”的原则，突出高等职业教育类型教育特征。本书是依据教育部制定的《高职高专教育模拟电子技术基础课程教学基本要求》编写而成。编写时坚持“理论够用、实践为重，理论与实践相结合，以项目为载体，以职业能力培养为目标”的原则，突出高职高专教育的特点。

本书基于“项目导向、任务驱动”模式，以典型工作任务为引导，将项目制作、理论知识和技能训练有机结合，充分体现了高职特色，更加符合当今高等职业院校高素质技能型人才的培养要求。本书将模拟电子技术课程的知识点融入分析与制作心形彩灯、分析与设计声控灯等 6 个项目中，对学生进行电子电路的识图、分析、制作与调试等基本职业技能的训练。本书以培养学生的动手能力、职业素养为目标，同时融入了电子设备转接工、无线电调试工等岗位的知识及能力要求，使学生在掌握模拟电子技术理论知识的基础上，能够提高在电子产品生产中的实际操作技能，真正体现职业教育的内涵。

在内容的安排上，本书以技术应用为主旨，贴近生产实践，以各种分立及集成器件为基础，以放大电路的基本分析方法为重点，以集成电路的应用为目的，减少了烦琐的理论推导及测试方法等内容，并且更加注重集成电路的实用性。与生产实践相联系，着眼于提高学生分析问题和解决问题的能力。

在结构的设计上，本书是融理论和实践为一体的项目化训练教材，技能训练内容丰富、实用，同时适当引入计算机仿真技术，坚持教、学、做一体化，探索理论知识和技能训练一体化的模式，使教材内容更加符合学生的认知规律，使理论学习和技能训练与生产生活中的实际应用相结合，让学生在轻松的氛围中学习原理、体会应用、锻炼技能。

为了方便学生自学和复习，书中每个任务和项目后都附有相关习题及答案（扫码查看），以便于学生自测。另外，书中还安排有“知识拓展”和“项目拓展”模块，供有兴趣的读者深入研究。

本书项目 1、项目 3、项目 2 的任务 3、项目 1～项目 4 的习题答案由常州信息职业技术学院张慧敏老师编写，项目 2 的任务 1～任务 2 由常州信息职业技术学院施静老师编写，项目 4 的任务 1～任务 3、项目 5 和项目 6 的习题答案由常州信息职业技术学院徐敏老师编写，项目 5、项目 6、项目 4 的任务 4、附录由常州信息职业技术学院吴青萍老师编写。全书由张慧敏、吴青萍老师统稿并修改，江苏理工学院乔晓华教授对全书进行了认真审阅，并提出了不少宝贵建议。本书在编写过程中参考了不少同行们编写的优秀教材，从中得到了不少启发。在此，一并致以诚挚的感谢！

由于时间仓促、编者水平有限，书中难免有不妥之处，敬请同行们给予批评指正。

编　者

目　录

项目 1

分析与制作心形彩灯

引导语

日常生产生活中经常会见到心形彩灯，图 1.1 所示为某心形彩灯的实物。这些心形彩灯的电路主要由半导体二极管、半导体三极管、电阻等组成，图 1.2 是发光二极管和三极管的实物。通过本项目的学习，在熟悉半导体二极管、半导体三极管特性的基础上，理解心形彩灯的工作原理，可以尝试设计和动手制作心形彩灯。本项目重点研究半导体二极管、三极管的特性以及心形彩灯的工作原理。

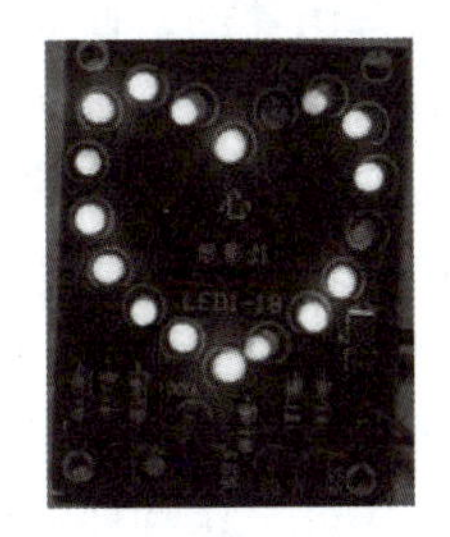

图 1.1　指示灯的实物

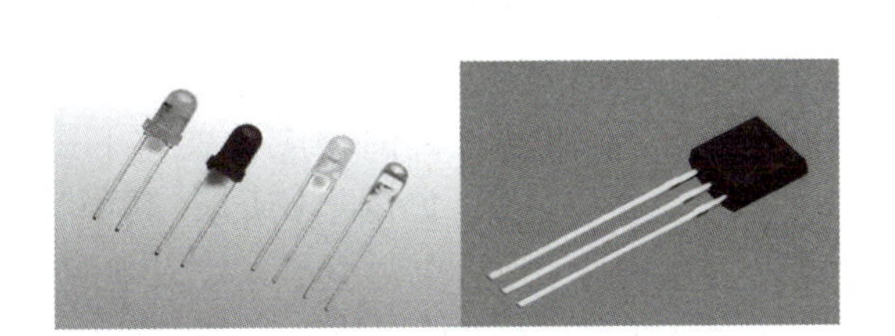

图 1.2　发光二极管和三极管的实物

心形彩灯演示

任务 1.1　分析与测试半导体二极管

1.1.1　认识二极管

知识储备

二极管是组成指示灯电路的核心器件，而构成二极管的材料是半导体，所以本节首先认识半导体。

1. 半导体的基本知识

1）半导体材料及共价键结构

半导体是指导电能力介于导体和绝缘体之间的物质。在自然界中属于半导体的物质很多，如锗、硅、砷化镓和一些硫化物、氧化物等，其中硅和锗是目前最常用的半导体材料，它们都是4价元素，最外层原子轨道上具有4个电子（价电子），如图1.3所示。半导体与金属和许多绝缘体一样均具有晶体结构，它们的原子形成有序的排列。晶体结构中，由于原子之间距离很近，价电子不仅受到所属原子核的吸引，还受到相邻原子核的吸引，每个价电子为相邻的两个原子核所共有，即相邻的原子被共有的价电子联系在一起，这种结构称为共价键结构，如图1.4所示。

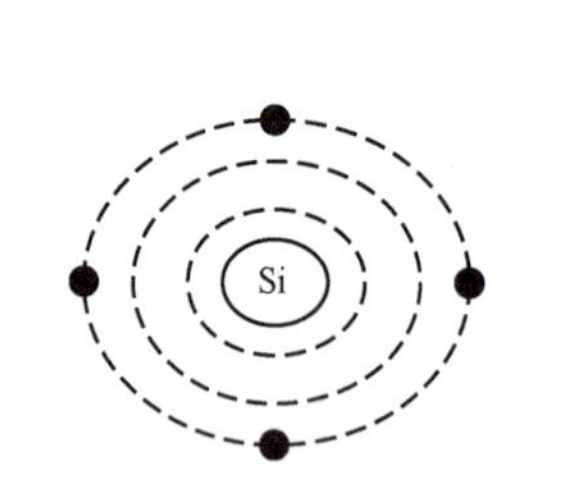

图 1.3　硅原子结构模型

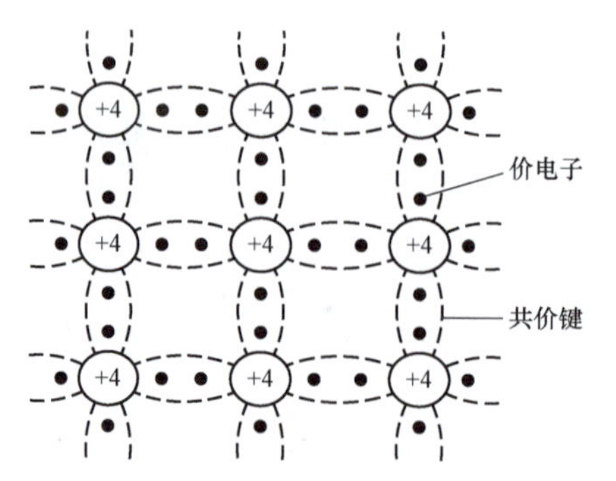

图 1.4　单晶体的共价键结构

2）本征半导体与载流子

完全纯净且具有晶体结构的半导体称为本征半导体。晶体原子间的共价键具有很强的结合力，在绝对温度为零度时，价电子不能挣脱共价键的束缚，也就不能自由移动，此时半导体不导电。当温度升高或光照增强时，少数价电子获得能量，从而挣脱共价键的束缚，成为自由电子，在原来共价键的相应位置留下一个空位，这个空位称为“空穴”。如图1.5所示，其中A处为空穴，B处为自由电子。因为自由电子与空穴是成对出现的，所以称为电子空穴对，此时整个原子对外仍然呈现电中性，这种现象就称为本征激发。

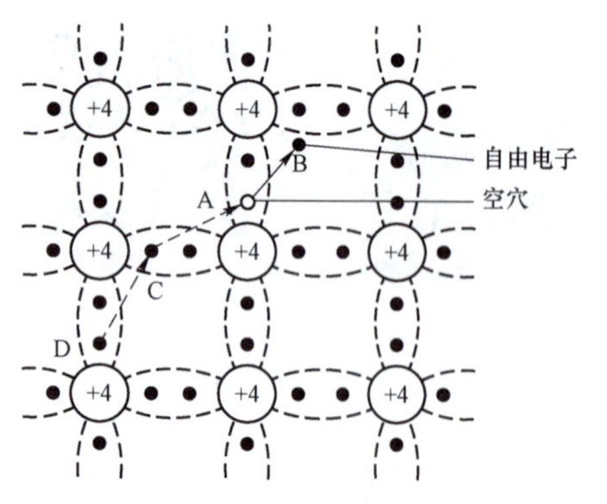

图 1.5　本征激发现象

由于共价键A处出现了空穴，在外加电场或其他能源的作用下，邻近的价电子就容易填补到这个空穴中，使该价电子原来所在共价键的位置形成一个空穴，如图1.5中C处所示，这样空穴便从A处移至C处；同样，邻近的价电子（图中D处）又填补到这个新的空穴，空穴又从C处移到D处。因此，空穴可以在半导体中自由移动，实质上是价电子填补空穴的运动（二者运动方向相反）。从自由电子角度来看，其定向移动会形成电流；从空穴角度来看，空穴可看成一种带正电荷的载流子，它所带电量与电子相等，符号相反，其定向移动也会形成电流。

可见，在本征半导体中存在两种载流子，即带负电荷的电子载流子和带正电荷的空穴载流子。

3）杂质半导体

在本征激发产生电子空穴对的同时，自由电子在运动中有可能和空穴相遇，重新被共价键束缚起来，电子空穴对消失，这种现象称为“复合”。激发和复合现象是相互矛盾的，最终处于动态平衡时本征激发的电子空穴对很少，所以导致其导电能力非常弱，接近绝缘体，一般不直接使用本征半导体。由于半导体材料具有两个非常重要的特性：① 热敏和光敏特性（当温度升高或者光照增强时，其导电能力大大增强）；② 掺杂特性（在纯净半导体中掺入少量的杂质后，半导体的导电能力大大增强）。所以，常用的半导体材料实际都是经过掺杂后的杂质半导体。按照掺入杂质的不同，杂质半导体可分为 N 型和 P 型两种。

（1）N 型半导体

在纯净的硅（或锗）晶体中，掺入少量五价元素，如磷、砷等。由于掺入的元素数量较少，因此整个晶体结构基本上保持不变，只是某些位置上的硅原子被磷原子替代。磷原子 5 个价电子中的 4 个与硅原子形成共价键结构，而多余一个价电子处于共价键之外，很容易挣脱原子核的束缚成为自由电子。这样半导体中自由电子数目明显增加，大大提高半导体的导电性能。同时空穴数量远少于自由电子数量，故自由电子被称为多数载流子（简称多子），空穴被称为少数载流子（简称少子）。这种杂质半导体主要以电子导电为主，称为电子半导体，简称 N 型半导体，如图 1.6（a）所示。

（2）P 型半导体

在纯净的硅（或锗）晶体中，掺入少量三价元素，如硼、铝等，硼原子与周围的硅原子形成共价键时，会因缺少一个价电子而在共价键中出现一个空位，这个空位很容易被相邻的价电子填补，而使失去价电子的共价键出现一个空穴，这样在杂质半导体中出现大量空穴。空穴被称为多数载流子，自由电子被称为少数载流子。这种杂质半导体主要靠空穴导电，称为空穴半导体，简称 P 型半导体，如图 1.6（b）所示。

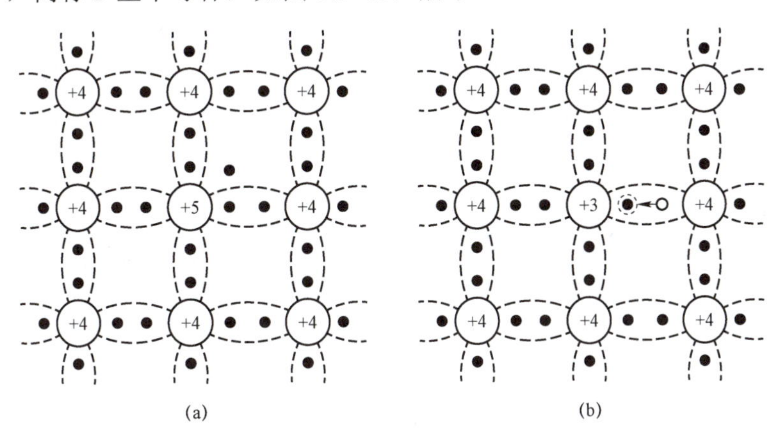

图 1.6　N、P 型半导体结构示意图

（a）N 型半导体；（b）P 型半导体

必须指出的是，不论是 N 型半导体还是 P 型半导体，虽然都是一种载流子占多数，但整个晶体中正负电荷数量相等，呈现电中性。

4）PN 结的形成

若在一块本征半导体上，两边掺入不同的杂质，使一边成为 P 型半导体，另一边成为 N 型半导体。由于两种半导体多子不同，其交界面两侧的电子和空穴存在浓度差，会出现多数载流子的扩散运动。N 区的自由电子往 P 区扩散，而 P 区的空穴往 N 区扩散，如图 1.7 所示。扩散的结果是在 N 区留下带正电的离子（图中用⊕表示），而 P 区留下带负电的离子（图中用⊖表示），在交界面两侧的区域内自由电子和空穴成对消失而复合，形成一个很薄的空间电

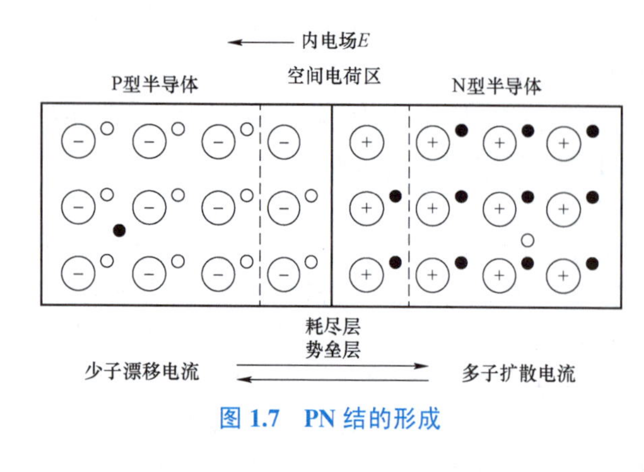

图 1.7 PN 结的形成

荷区，这就是 PN 结，也称为耗尽层或者势垒层。

在空间电荷区内，靠 N 区一侧的是失去了电子的正离子，带正电，靠 P 区一侧的是得到了多余电子的负离子，带负电，因此产生一个由 N 区指向 P 区的内电场 E，如图 1.7 所示。该电场有两方面的作用：一方面阻挡多数载流子的扩散运动；另一方面使 N 区的少数载流子空穴向 P 区漂移，使 P 区的少数载流子自由电子向 N 区漂移。少数载流子在内电场作用下有规则的运动叫做漂移运动。

在 PN 结的形成过程中，刚开始时以扩散运动为主，随着空间电荷区的加宽和内电场的加强，多数载流子运动逐渐减弱，漂移运动逐渐加强，使空间电荷区变窄，而空间电荷区的变窄，又会对扩散运动产生抑制作用。最终，扩散运动与漂移运动会达到动态平衡。此时，空间电荷区的宽度基本稳定下来，扩散电流等于漂移电流，通过 PN 结的电流为零，PN 结处于动态的稳定状态。

2. 半导体二极管

1）半导体二极管的结构与分类

PN 结是半导体二极管的核心组成部分。二极管是在 P 区和 N 区两侧各接上电极引线，再加以外壳封装而成，如图 1.8（a）所示。P 区所接引线称为二极管的阳极，N 区所接引线称为二极管的阴极，其简化符号如图 1.8（b）所示，箭头方向表示正向电流的方向，即从阳极指向阴极。

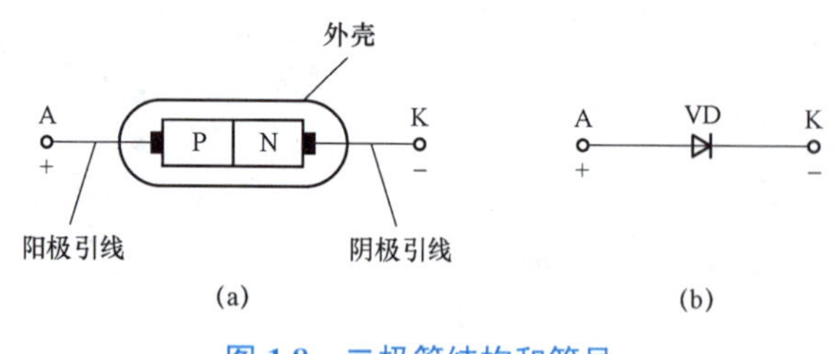

图 1.8 二极管结构和符号

（a）结构示意图；（b）符号

二极管的分类方法很多，按照封装形式可以分为塑料封装、金属封装、陶瓷或玻璃封装等，图 1.9 所示为常见的几种二极管封装形式。按半导体材料的不同可分为硅二极管、锗二极管和砷化镓二极管。按用途的区别可分为普通二极管和特殊二极管。普通二极管按用途不同又可分为整流二极管、开关二极管、检波二极管等；特殊二极管包括稳压二极管、变容二极管、发光二极管、光电二极管等。

根据 PN 结结面积大小，二极管可分为点接触型和面接触型，如图 1.10 所示。点接触型二极管 PN 结面积小，高频特性好，但不能通过大电流，主要用于高频检波和小电流整流；面接触型二极管 PN 结面积大，高频特性差，但允许通过较大的电流，主要用于低频整流电路。

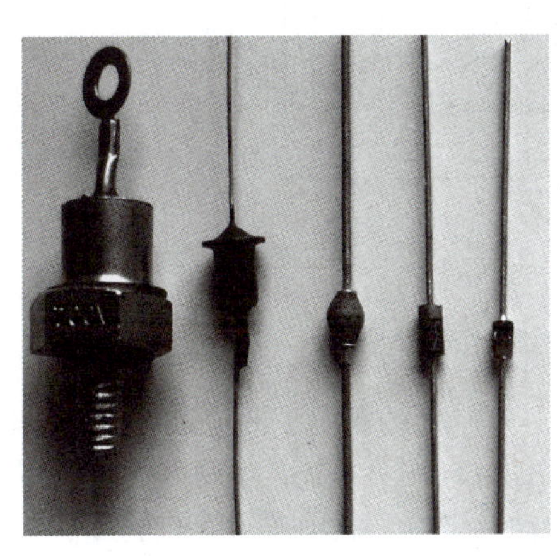

图 1.9　二极管常见封装形式

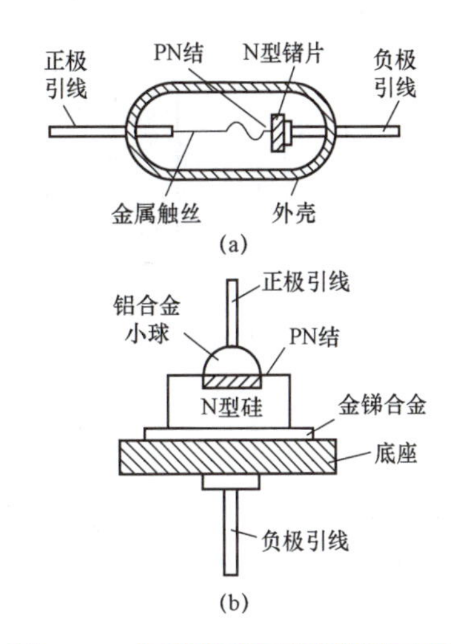

图 1.10　点接触型和面接触型二极管

（a）点接触型；（b）面接触型

2）半导体二极管的特性

（1）二极管的单向导电性。

P 区接电源正极，N 区接电源负极，这种接法叫做 PN 结外加正向电压，又叫正向偏置，简称正偏，如图 1.11 所示。这时外加电压在耗尽层中建立的外电场与内电场方向相反，削弱了内电场作用，使空间电荷区变窄，使多数载流子的扩散运动大于少数载流子的漂移运动。在电源的作用下，多数载流子就能越过空间电荷区形成较大的扩散电流。电流从电源的正极流入 P 区，经过 PN 结由 N 区流回电源的负极，称为正向电流。由于多数载流子浓度较大，当外加电压不太高时就可以形成很大的正向电流，所以 PN 结的正向电阻较小。

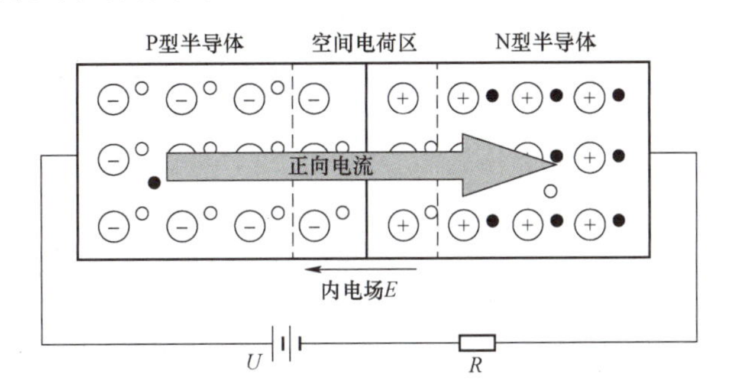

图 1－11　外加正向电压时的 PN 结

N 区接电源正极，P 区接电源负极，这种接法叫做 PN 结外加反向电压，又叫反向偏置，简称反偏，如图 1.12 所示。这时外加电压在耗尽层中建立的外电场与内电场方向一致，增强了内电场，使空间电荷区加宽，多数载流子的扩散运动难以进行，但有利于少数载流子的漂移运动。在外电场的作用下，N 区的少数载流子空穴越过 PN 结进入 P 区，P 区的少数载流子自由电子越过 PN 结进入 N 区，形成了漂移电流，这个电流由 N 区流向 P 区，故称为反向电流。由于少数载流子浓度很小，即使它们全部漂移，其反向电流还是很小的，PN 结基本上可认为不导电，处于截止状态。此时的电阻称为反向电阻，它的数值很大。

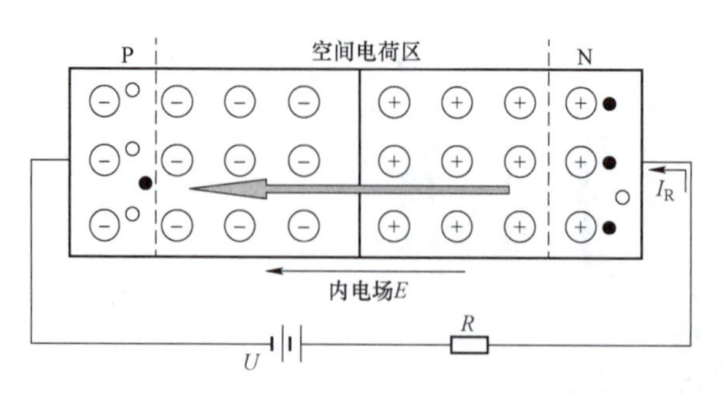

图 1.12　外加反向电压时的 PN 结

简而言之，PN 结加正向电压（正偏）时，具有较大的正向扩散电流，呈现低电阻，PN 结导通；PN 结加反向电压（反偏）时，具有很小的反向漂移电流，呈现高电阻，PN 结截止，这就是 PN 结的单向导电性，也即为二极管的单向导电性。利用二极管的单向导电性可以判定二极管的好坏，二极管正向电阻与反向电阻相差越大，二极管特性越好，阻值相同或者相近则表明二极管已损坏。

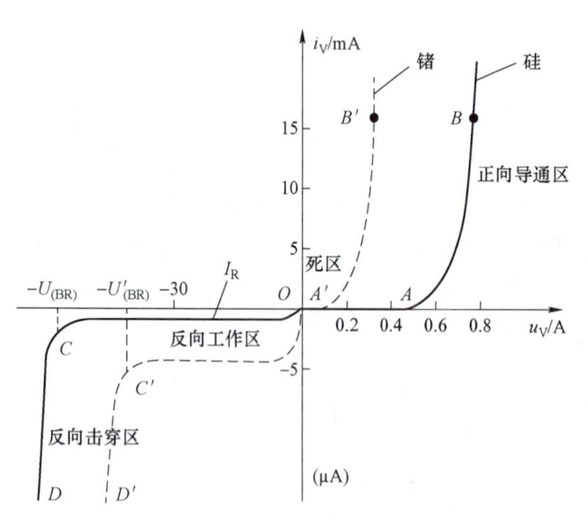

图 1.13　硅管和锗管的伏安特性曲线

（2）二极管的伏安特性。

二极管的伏安特性是指二极管两端所加电压大小与流经二极管电流大小之间的关系曲线。图 1.13 所示为通过测试得到的二极管的伏安特性曲线。注意，为了使曲线清晰，横轴所代表的电压在 $U>0$ 和 $U<0$ 两部分采用不同比例，纵轴所代表的电流在 $I>0$ 和 $I<0$ 两部分采用不同的单位。二极管伏安特性曲线分为正向特性曲线和反向特性曲线，且正反向导电性能差异很大。

① 正向特性。正向特性曲线起始部分（图 1.13 中 OA 段、OA'段）变化很平缓，说明正向电压较小时，正向电流几乎为零，此时二极管处于不导通状态，这一部分称为正向特性的“死区”，相应地 A（A'）点的电压称为死区电压（阈值电压），其大小与材料和温度有关。图 1.13 中实线和虚线分别为硅材料和锗材料的伏安特性曲线，从图中可以看出，硅管的死区电压约为 0.5 V，锗管的死区电压约为 0.1 V。当正向电压大于阈值电压后，电路的电流逐渐增大，二极管进入导通状态。当输入电压大于某值以后，电流急剧增大，二极管完全导通，这个电压值称为导通压降，硅管的导通压降为 0.6～0.8 V，锗管的导通压降为 0.2～0.3 V。

② 反向特性。从图 1.13 所示的反向伏安特性曲线可以看出，当反向电压小于击穿电压 U_{BR} 时，电路中仅有很小的μA 级反向饱和电流 I_R，二极管处于反向截止状态，呈现很大的电阻，且此时的反向饱和电流几乎不随反向电压的增大而变化，仅与二极管的材料和温度有关。当所加反向电压进一步增大后，二极管的反向电流急剧增大，进入反向击穿区。普通二极管进入反向击穿区后就会损坏，其性能是不可逆的，所以在正常使用时要避免二极管工作到

此区域。

造成二极管反向击穿的原因有两个：一个是齐纳击穿；另一个是雪崩击穿。当二极管工作在反向击穿区时，这两种击穿几乎都是同时存在的，只不过对于不同的二极管，起主要作用的击穿原因不同而已。

③ 硅管和锗管特性的比较。比较图 1.13 中硅管和锗管的伏安特性曲线，正向特性曲线中，锗管的死区电压和导通压降比硅管小些，更容易克服死区进入导通状态；反向特性曲线中，锗管的反向饱和电流比硅管大很多（小功率硅管的反向电流一般小于 0.1μA，锗管通常为几十μA）。总结二极管的正反向特性，硅管材料更接近理想的开关特性，常用的二极管都采用硅材料构成。

（3）温度对二极管特性的影响。

由于二极管主要由 PN 结构成，而半导体具有热敏性，二极管的特性对温度很敏感。温度升高时，扩散运动加强，多数载流子运动加剧，正向电流增大，二极管正向特性曲线向左移动，正向压降减小；如果外加的是反向电压，温度升高时，本征激发的少子数目增多，运动加剧，则反向漂移电流增大，反向特性曲线向下移动。温度对二极管伏安特性曲线的影响如图 1.14 所示。

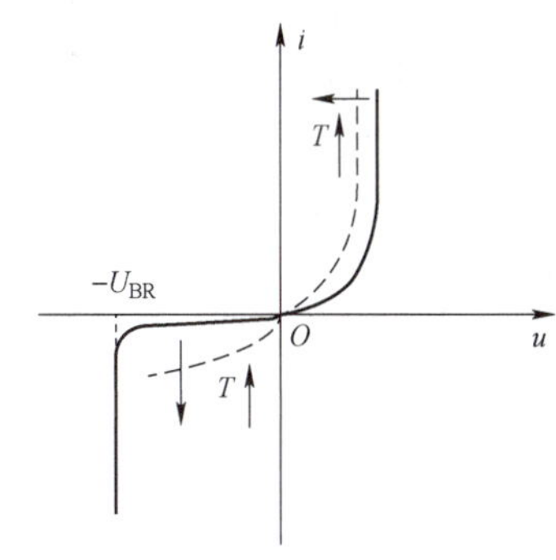

图 1.14　温度对二极管伏安特性曲线的影响

自 测 习 题

1. 判断

（1）半导体的导电能力介于导体和绝缘体之间。（　　）

（2）N 型半导体的多子是空穴，少子是电子。（　　）

（3）半导体对外呈现电中性。（　　）

（4）半导体中多子的扩散运动和少子的漂移运动最终会达到静止状态。（　　）

自测习题答案

（5）二极管的 P 极接外加电源的正极，N 极接外加电源的负极，二极管一定导通。（　　）

2. 填空

（1）半导体导电时有两种载流子参与导电，分别是____________和____________。半导体导电能力受环境_______的影响。半导体具有____________、________________和________________特性。

（2）PN 结外加正向电压，PN 结_________；PN 结外加反向电压，PN 结_________。PN 结具有______导电性。二极管内部由__________组成；二极管具有_______导电性。

（3）关于二极管的导通压降，硅管____________，锗管_____________。

（4）关于二极管的死区电压，硅管__________，锗管__________。

（5）二极管的伏安特性曲线的正向部分在环境温度升高的时候将____________。

1.1.2 分析二极管应用电路

知识储备

二极管是一种非线性器件，严格分析二极管电路需要采用非线性电路的分析方法。为了简化分析，常常采用其等效电路模型进行近似估算。在不同的条件下，应该采用不同的等效电路模型进行分析，常用的等效电路模型主要包括以下 3 种。

（1）理想模型。

二极管的理想模型是指把二极管当作开关使用。当处于正向偏置时，二极管导通，其正向电阻很小，可忽略不计，相当于开关闭合；当处于反向偏置时，二极管截止，其反向电阻为无穷大，相当于开关断开。理想的二极管伏安特性曲线及等效电路如图 1.15 所示。在实际电路中，当电源电压远大于二极管的导通压降时，可以利用此模型近似分析电路。

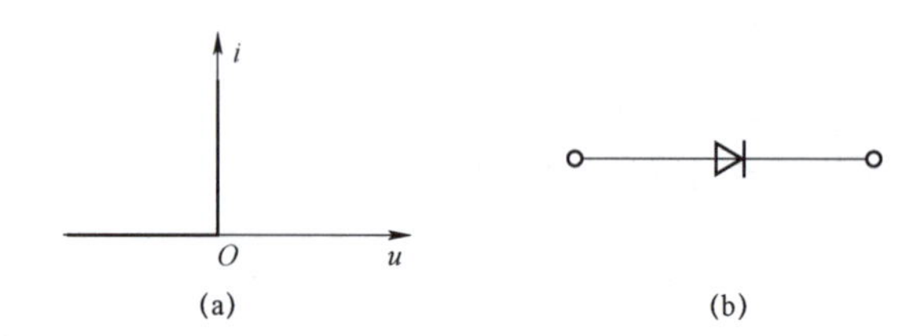

图 1.15 理想模型伏安特性曲线及等效电路

（a）伏安特性；（b）等效电路

（2）恒压降模型。

在实际电路中，当电源电压没有远大于二极管的导通压降时，理想模型不准确，需要用其他电路模型代替理想模型。二极管导通时，只要流经二极管的电流大于 1 mA，其管压降可认为是一个恒定值，不随电流而变化，硅管的典型值为 0.7 V，锗管的典型值为 0.3 V，其伏安特性曲线及等效电路如图 1.16 所示。

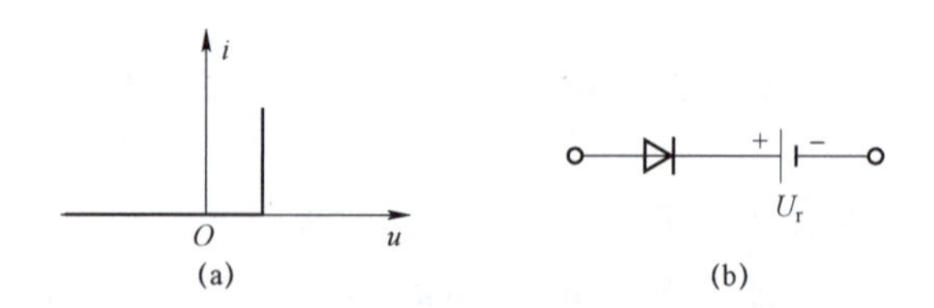

图 1.16 恒压降模型伏安特性曲线及等效电路

（a）伏安特性；（b）等效电路

（3）折线模型。

为了更精确地描述二极管的非线性特性，二极管的管压降不再认为是恒定值，而是随着电流增加而增加，在模型中用等效直流电源和一个电阻来近似二极管的非线性特性，这种模型称为折线模型，其伏安特性曲线及等效电路如图 1.17 所示。

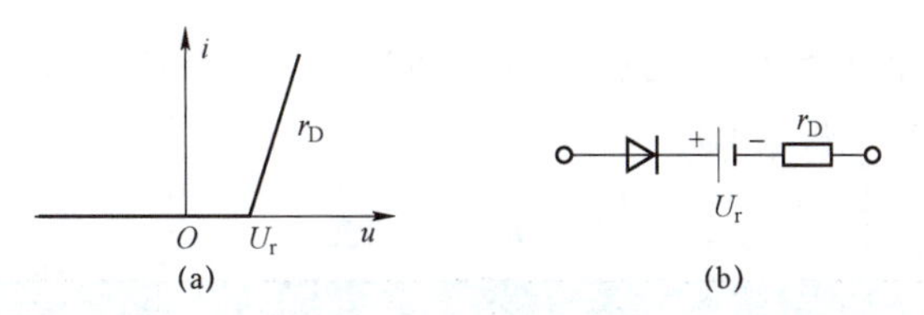

图 1.17　折线模型伏安特性曲线及等效电路

（a）伏安特性；（b）等效电路

1. 限幅电路分析

限幅电路也称为削波电路，它是一种能把输入电压的变化范围加以限制的电路，常用于波形变换和整形。下面以图 1.18 所示电路为例分析电路的工作原理。

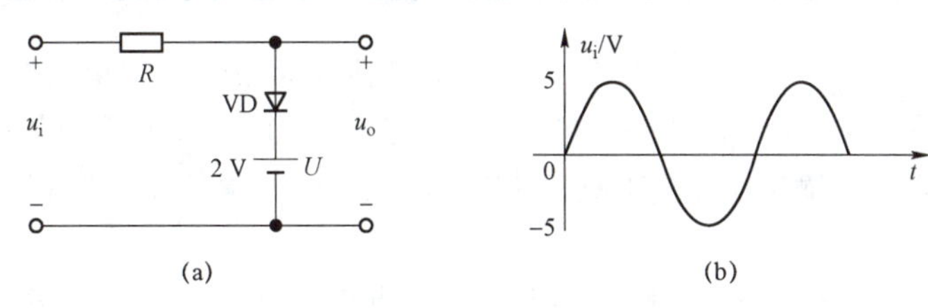

图 1.18　限幅电路示例

（a）限幅电路；（b）输入波形

图 1.18 中电源电压没有远大于二极管的导通压降，所以选择恒压降模型比较准确。假设二极管为硅管，导通压降为 0.7 V，根据二极管的单向导电性，当二极管阳极电位高于阴极电位 0.7 V 时，二极管导通，输出电压被钳制在 2.7 V；当二极管阳极电位低于阴极电位时，二极管截止，回路中不存在电流，电阻 R 上无压降，输出电压与输入电压相同。分析二极管电路，往往按二极管导通条件将输入信号分为几个区间一一进行讨论。

输入 2.7 V≤u_i≤5 V 时，二极管导通，u_o=2.7 V；输入 −5 V<u_i<2.7 V 时，二极管截止，u_o=u_i，画出输出波形如图 1.19 所示。

2. 电平选择电路分析

从多路输入信号中选出最低或最高电平的电路称为二极管电平选择电路。电平选择电路中往往包括多个二极管，这就涉及“优先权”这个非常重要的概念。下面以图 1.20 所示电路为例进行介绍。设二极管正向压降为 0.7 V，分析不同输入信号时输出电压应为多大。

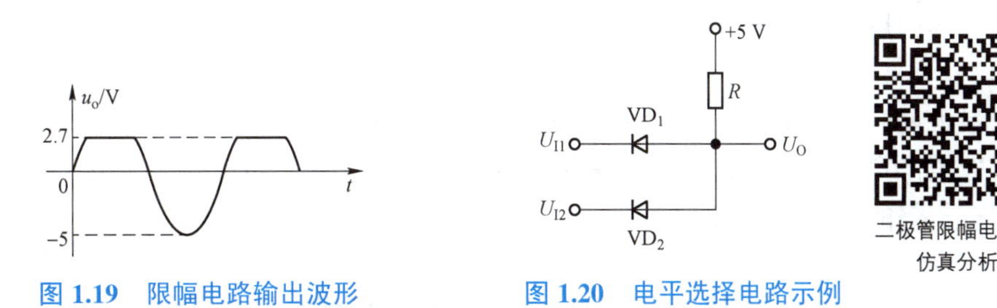

图 1.19　限幅电路输出波形

图 1.20　电平选择电路示例

二极管限幅电路的仿真分析

分析时，可先假设二极管断开，然后判断加在二极管两端的正向电压（即阳极、阴极之间电压）是否大于导通电压，若大于导通电压，则二极管导通；否则二极管截止。

（1）当 U_{I1}=0 V、U_{I2}=0 V 时，假设两二极管截止，电路中无电流，则 VD_1 阳极端电位

U_O为 5 V，VD_1 两端加的正向电压为$U_O - U_{I1} = 5\ V$，大于导通电压，VD_1 导通。同理，VD_2 也导通。输出 U_O=0.7 V，见表 1.1。

表 1.1　电平分析

U_{I1}/V	U_{I2}/V	U_O/V
0（"0"）	0（"0"）	0.7（"0"）
0（"0"）	3（"1"）	0.7（"0"）
3（"1"）	0（"0"）	0.7（"0"）
3（"1"）	3（"1"）	3.7（"1"）

（2）当 U_{I1}=0 V、U_{I2}=3 V 时，两个二极管都具备导通条件。如果需要 VD_1 导通，U_O 至少为 0.7 V；如果需要 VD_2 导通，U_O 至少为 3.7 V。因为 VD_1 导通需要的条件较低，所以 VD_1 优先导通。VD_1 导通后，输出 U_O 被钳制在 0.7 V，VD_2 阳极电位小于阴极电位，自动进入截止状态。

（3）当 U_{I1}=3 V、U_{I2}=0 V 时，分析过程同（2），此时 VD_2 优先导通，输出被钳制在 0.7 V，VD_1 进入截止状态。

（4）当 $U_{I1}=U_{I2}$=3 V 时，VD_1 和 VD_2 同时导通，U_O=3.7 V。

可见，输出与输入之间是逻辑与的关系。因此，当输入为数字量时，图 1.20 所示的电平选择电路也称为与门电路。

将图 1.20 所示电路中的 VD_1 与 VD_2 反接，将电源电压改为负值，则变为高电平选择电路。如果输入也为数字量，则该电路就变为或门电路。

3. 二极管主要参数

无论是电路设计还是电子设备的维修，元器件的选择都是一个需要面对的问题。在整流电路中，最重要的就是选择合适的二极管。二极管的特性可以用它的参数来表示，参数是正确使用和选择二极管的依据，在半导体手册中可以查到每种型号元器件的相关参数。二极管的主要参数包括以下几个。

1）最大整流电流 I_F

最大整流电流 I_F 是指二极管允许通过的最大正向平均电流。当电流超过 I_F，二极管将会因为过热而烧毁。

2）最大反向工作电压 U_{RM}

最大反向工作电压 U_{RM} 是指二极管允许的最大工作电压。当反向电压超过此值时，二极管可能被击穿。为了留有余地，保证二极管的正常工作，通常取击穿电压的一半作为 U_{RM}，即留有一倍的余量。

3）反向饱和电流 I_R

反向饱和电流 I_R 又称最大反向电流，是指二极管在最高反向工作电压下允许流过的反向电流。I_R 越小，说明管子的单向导电性越好，即二极管工作在反偏状态时越接近理想的开关断开状态。I_R 的大小只与温度有关系，温度越高，I_R 越大，所以使用时要注意温度的影响。

4）最高工作频率 f_M

如果二极管的工作频率超过 f_M 所规定的值时，单向导电性将受到影响。此值由 PN 结结电容所决定，因此在更换、挑选工作频率高的二极管时要特别加以注意。

5）反向恢复时间 t_{re}

指在规定的负载、正向电流及最大反向瞬态电压下的反向恢复时间。

上述参数为二极管几个重要的参数，其中 I_F、U_{RM}、f_M 为 3 个极限参数，在实际使用中不能超过且留有一定的余量，在极限参数满足条件的前提下，I_R 的值越小越好。

自 测 习 题

1. 题 1 图中二极管导通电压 $U_D = 0.7$ V，已知 $u_i = 5\sin\Omega t$（V），试画出 u_i 与 u_o 的波形，并标出幅值（分别用理想和恒压降模型）。

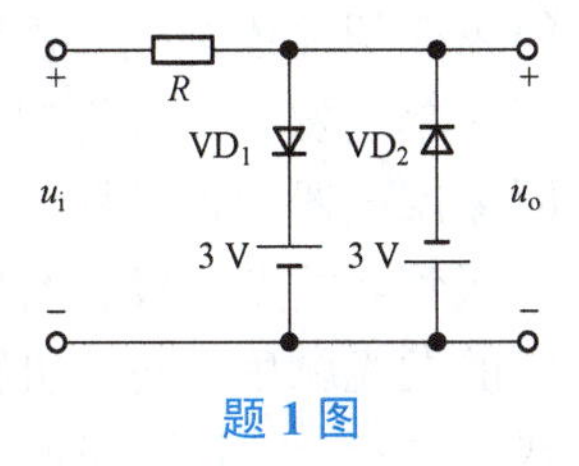

题 1 图

自测习题答案

2. 求解题 2 图所示各电路输出电压值，二极管导通电压为 0.7 V。

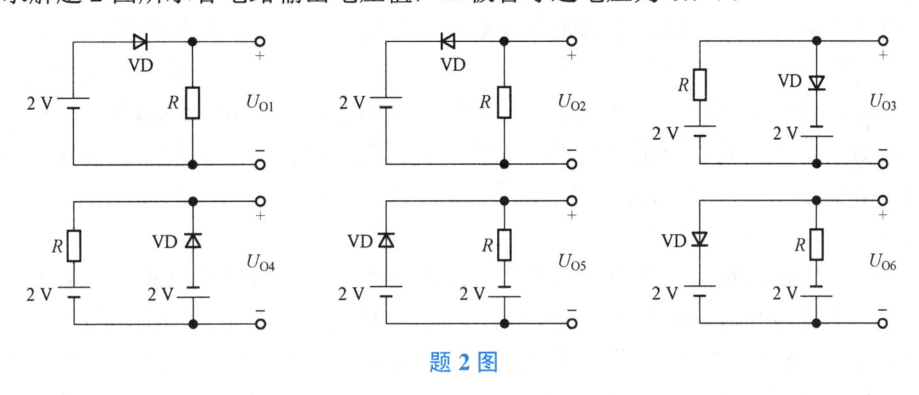

题 2 图

3. 电路如题 3 图所示，设电路中的二极管为理想二极管，试求各电路中的输出电压 U_{AB}。

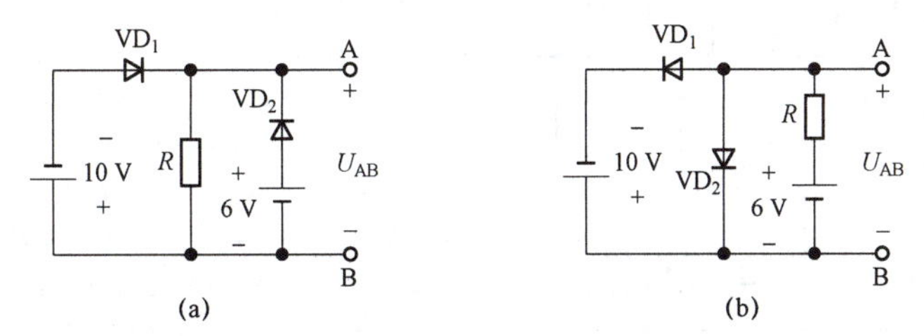

题 3 图

1.1.3 认识特殊类型的二极管

知识储备

二极管有很多类型，在日常生产和生活中用途广泛，本节认识不同类型二极管的特性及其用途。

1. 发光二极管（LED）

发光二极管与普通二极管一样也是由 PN 结构成的，也具有单向导电特性，与普通二极管不同的是当有正向电流通过时，它能将电能直接转化成光能，图 1.21 所示为发光二极管实物及符号。根据构成它的材料、封装形式及外形等不同，发光二极管分为单色发光二极管、变色发光二极管、闪烁发光二极管、电压型发光二极管、红外发光二极管、激光发光二极管等。在此只简单介绍单色发光二极管。

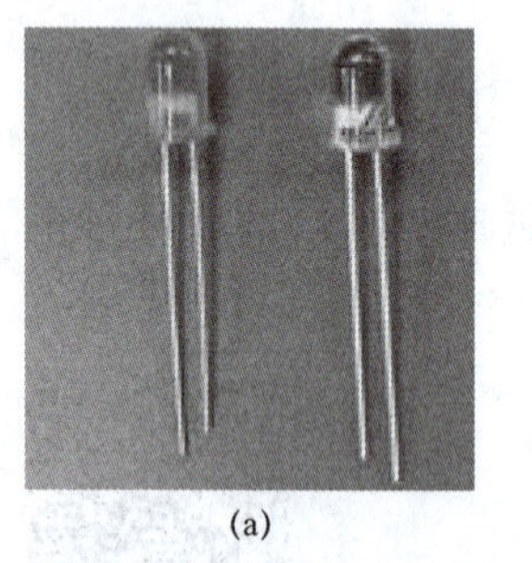

(a)

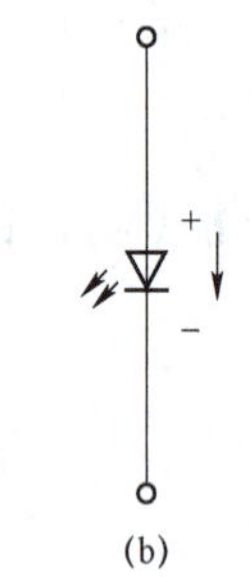

(b)

图 1.21 发光二极管实物图及符号

（a）实物图；（b）符号

单色发光二极管的发光颜色有红、绿、黄、蓝等，实际家用电器的指示灯、手机的背景灯都使用的是单色发光二极管。发光二极管的外壳是透明的，外壳的颜色表示了它的发光颜色，两根引脚中，长引脚是正极，短引脚是负极。发光二极管工作在正偏状态，指示灯电路中用到的大多是发光二极管。外加正向电压越大，发光越亮，但使用中应注意，外加正向电压不能使发光二极管超过其最大工作电流，使用时需要串联合适的限流电阻，以免烧坏管子。

对发光二极管的检测主要采用指针式万用表的 $R\times10$ kΩ挡，其测量方法及对其性能的好坏判断与普通二极管相同。正常情况下，发光二极管的正向电阻为 15 kΩ左右，反向电阻为无穷大。在测量发光二极管的正向电阻时，可以看到该二极管有微弱的发光现象。而数字式万用表输出电压较低（通常不超过 1 V），是无法对发光二极管进行检测的。发光二极管的导通压降比较大，一般在 1.5～2.0 V。

发光二极管形状有圆形、矩形、方形等。国产发光二极管的型号组成如图 1.22 所示。

例如，一型号为 FG133003 的半导体器件，FG 是中文“发光”的开头字母，表示这个半导体器件为发光二极管，“1”表示二极管的材料为磷化镓，第一个“3”表示发光二极管发黄色光，第二个“3”表示封装形式为有色透明，“0”表示形状为圆形，最后两位为序号。

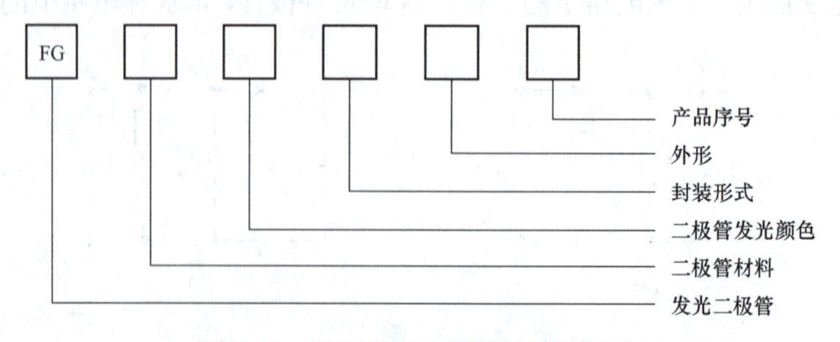

图 1.22 国产发光二极管型号的组成

2. 光电二极管

光电二极管是一种常用的光敏元件，是一种将光信号转为电信号的半导体器件，图 1.23 所示为光电二极管实物及符号。使用时光电二极管工作在反偏状态，它的反向电流随光照强度的增加而上升。为了便于接受光照，光电二极管的管壳上有一个玻璃窗口，光线透过窗口照射到 PN 结的光敏区，光电流的大小还与入射光的波长有关，硅光电二极管对不同波长的光，其响应的灵敏度是不同的。如图 1.24 所示，硅光电二极管光谱响应的范围为 0.4～1.1 μm，响应灵敏度最大的入射光的波长称为峰值波长，硅光电二极管的峰值波长约为 0.9 μm。在无光照射时，光电二极管的伏安特性和普通二极管一样，此时的反向电流叫暗电流，一般在几μA 甚至更小。在一定反向工作电压下，受到光照后即可产生光电流，如图 1.25 所示，硅光电二极管的光电流与外加电压关系不大，只随入射光的强度呈线性变化。

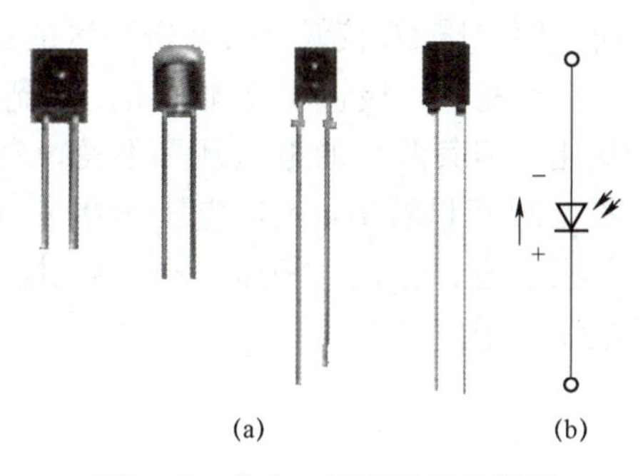

图 1.23　光电二极管实物及符号

（a）实物图；（b）符号

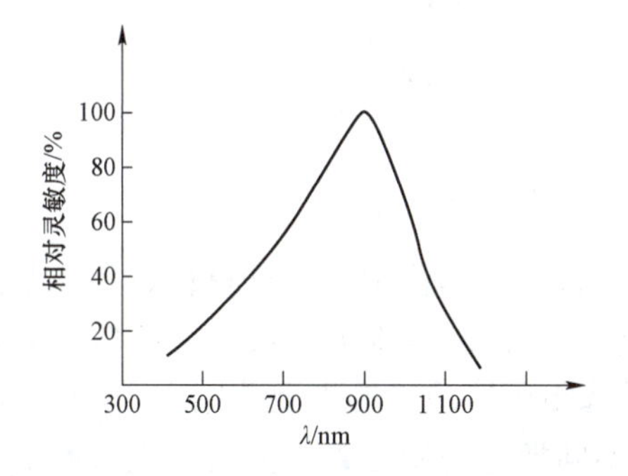

图 1.24　硅光电二极管的波长特性曲线

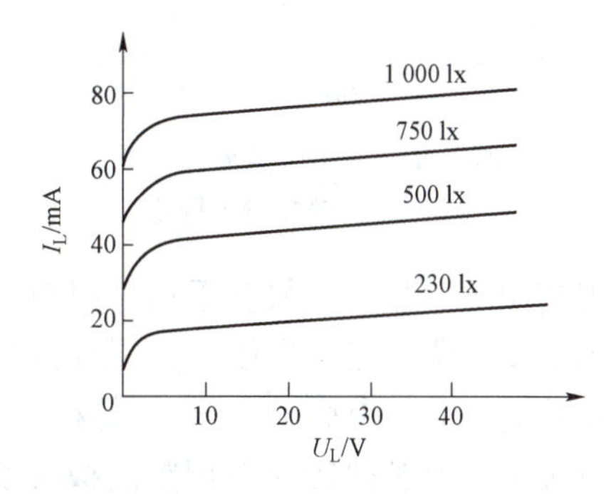

图 1.25　硅光电二极管的输出特性曲线

光电二极管主要用于自动控制，如光耦合、光电读出装置、红外线遥控装置、红外防盗、路灯的自动控制等。当制成大面积的光电二极管时，能将光能直接转换成电能，可作为一种能源器件，即光电池。

光电二极管的检测方法：在无光照情况下，若将指针万用表置于 $R\times1$ kΩ挡，用黑表笔接正极，红表笔接负极，测得光电二极管正向电阻为∞；原因是光电二极管的正向导通电压高于 $R\times1$ kΩ挡的电压。交换表笔，测得反向电阻也为无穷大（反向电阻不是无穷大时说明漏电流大）。若将指针万用表置于 $R\times10$ kΩ挡，因为此时所接的指针式万用表的输出电压高于光电二极管的导通压降，测得正向电阻约为 300 kΩ，在无光照情况下，反向电阻为∞。在有光照情况下，将指针万用表置于 $R\times1$ kΩ或者 $R\times10$ kΩ挡，改变光照强度，正向电阻不变，而反向电阻会随光照强度增加而减小，说明这管子是好的，若反向电阻都是无穷大或为零，则管子是坏的。

3. 稳压二极管

除了整流二极管以外，稳压二极管是一种特殊类型的二极管，在电子电路中的应用也非常广泛，图 1.26 所示为稳压二极管实物及符号。稳压二极管是电子电路中常用的一种二极管，是一种经过特殊工艺制作，用于稳定电压且工作在反向击穿状态下的二极管，简称稳压管，其伏安特性曲线如图 1.27 所示。稳压二极管与普通二极管的正向伏安特性相同，不同的是反向击穿电压 U_Z 较低且反向击穿区的曲线更陡些。

给稳压二极管加反向电压，加到一定值后进入击穿区，此时流过稳压二极管的电流虽在变化，但其两端的电压几乎不变，利用这一点可以实现稳压。当反向电流低于 I_{Zmin} 时，由图 1.27 可以看出，反向电压在 0～$-U_Z$ 变化，稳压二极管无法正常工作；当反向电流高于某个极限值 I_{Zmax} 时，稳压二极管会过流烧毁。为此，在使用稳压二极管时一定要在允许的工作电流范围内工作。

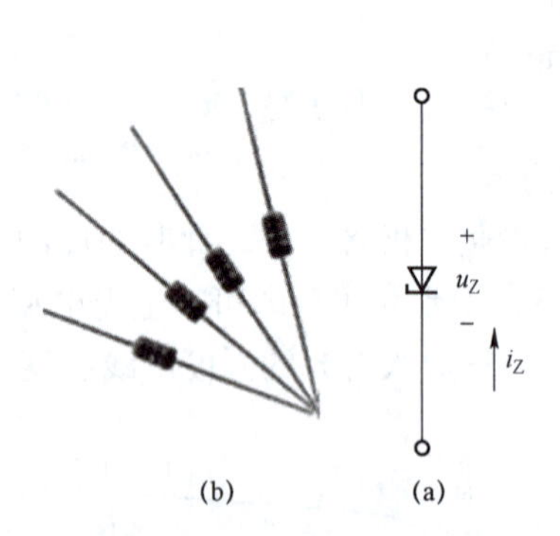

图 1.26　稳压二极管实物及符号

（a）实物；（b）符号

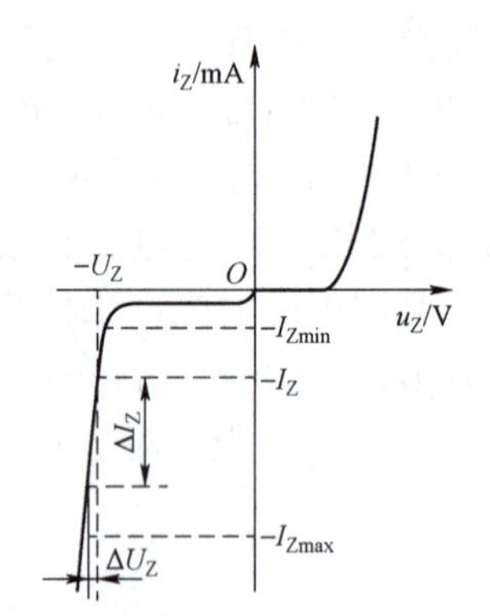

图 1.27　稳压二极管的伏安特性

一般情况下，稳压二极管采用硅材料制成，硅材料的热稳定性比锗材料要好很多。稳压二极管的主要参数有稳定电压 U_Z（即反向击穿电压）、稳定电流 I_Z、最大耗散功率 P_{ZM} 和最大工作电流 I_{Zmax}，其中稳定电压 U_Z 是根据要求挑选稳压二极管的主要依据之一，P_{ZM} 和 I_{Zmax} 是为了保证管子不被热击穿而规定的极限参数。不同型号的稳压管，其稳定电压值不同。同一型号的管子，由于制造工艺的分散性，各个管子的 U_Z 值也有差别。因此，在半导体手册中只能给出某一型号稳压管的稳压范围，如 2 CW53 的稳定工作电压范围为 4.0～5.8 V，但是对于某一只具体的稳压管，U_Z 是确定值。

稳压二极管的极性检测及好坏判别，与普通二极管相同。另外，由于稳压二极管工作于反向击穿区，所以在连接时要注意稳压二极管的正极应该与电源负极相连接，稳压二极管的负极应该与电源的正极相连接。如果接反，稳压二极管就工作于正向导通状态，如图 1.27 的正向特性曲线所示，此时相当于普通二极管正向导通的情况，无法起到稳压的作用。

稳压二极管的种类很多，从封装形式上分有塑料封装稳压二极管、金属封装稳压二极管和玻璃封装稳压二极管。目前用得比较多的是塑料封装稳压二极管。

4. 整流二极管

整流环节是直流稳压电源的一个重要部分，其核心器件——整流二极管是一种将交流电能转变为直流电能的半导体器件。按照功率的大小可分为小功率整流二极管、中功率整流二极管和大功率整流二极管。从材料角度来看，硅整流二极管的击穿电压高，反向漏电流小，高温性能好，所以通常高压大功率整流二极管都用高纯单晶硅制造。这种器件的结面积较大，能通过较大电流（最大可达上千安），但工作频率不高，一般在几十 kHz 以下。整流二极管主要用于各种低频整流电路。图 1.28 所示为整流二极管外形。

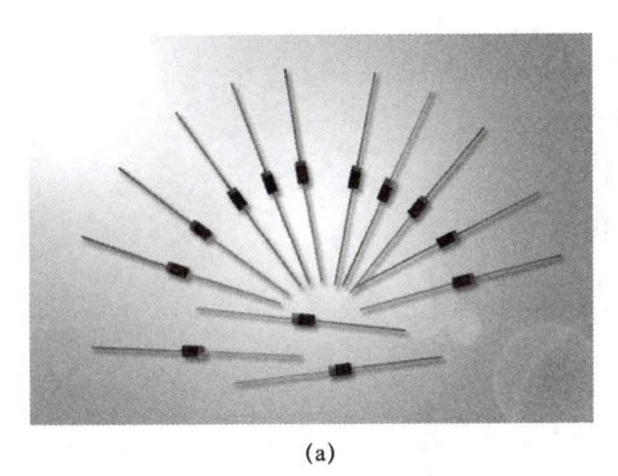

(a)

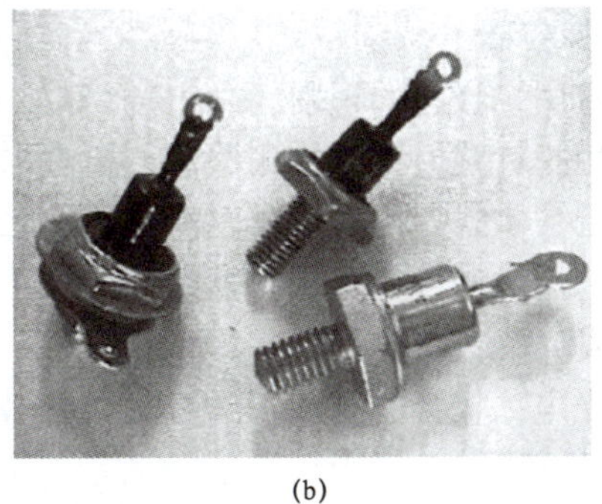

(b)

图 1.28　整流二极管外形

（a）小功率整流二极管；（b）大功率整流二极管

自 测 习 题

1. 将稳压值分别是 6 V 和 8 V 的稳压二极管并联，正常工作时稳压值是________。

2. 在题 2 图所示电路中，发光二极管导通电压 $U_D=1.5$ V，正向电流在 5～15 mA 时才能正常工作。试问：（1）开关 S 在什么位置时发光二极管才能发光？（2）R 的取值范围是多少？

3. 已知稳压管的稳定电压 $U_Z=6$ V，稳定电流的最小值 $I_{Zmin}=5$ mA，最大功耗 $P_{ZM}=150$ mW。试求题 3 图所示电路中电阻 R 的取值范围。

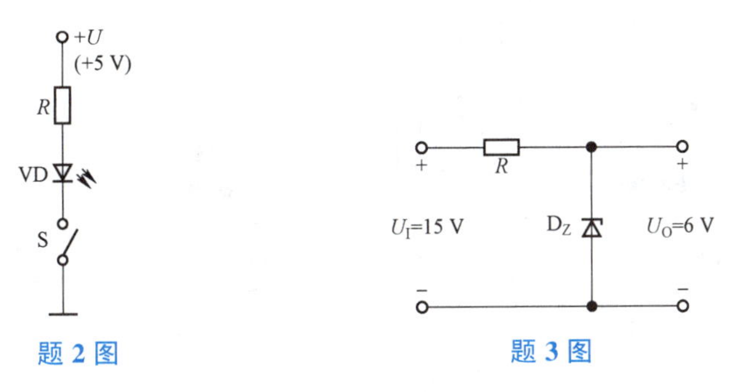

题 2 图　　　　题 3 图

自测习题答案

1.1.4　任务训练：识别与检测半导体二极管

技能训练

在实际工作中，认识各种类型的二极管，熟悉各种类型二极管的检测方法是电子信息大类专业的学生需要掌握的基本技能，下面简单介绍各种类型二极管的检测方法。

1. 任务名称

（1）常用二极管的识别。

（2）用指针式万用表检测整流、检波二极管。

（3）用数字式万用表检测整流、检波二极管。

（4）稳压二极管的测试。

（5）发光二极管的测试。

（6）光电二极管的测试。

2. 测试器材

（1）测试仪器仪表：指针式万用表、数字式万用表。

（2）器件：各种类型的二极管实物。

3. 任务实施步骤

1）二极管的识别

（1）观察二极管的外形。

（2）根据二极管的型号，查阅附录（或者相关资料）确定二极管的名称、符号与用途。

2）用指针式万用表检测整流、检波二极管

（1）将指针式万用表置于 $R\times100\ \Omega$挡。

（2）按图 1.29（a）所示，首先假定 1N4007 的一端为正极，用两表笔分别接触 1N4007 的两引脚，测量电阻的大小并记录数据。

（3）按图 1.29（b）所示，交换红黑表笔的位置，再次测量并记录电阻的大小。

（4）将指针式万用表置于 $R\times1\ \mathrm{k}\Omega$挡，重复（2）和（3）的步骤，记录数据。

（5）以同样的步骤测试 2AP9，记录数据。

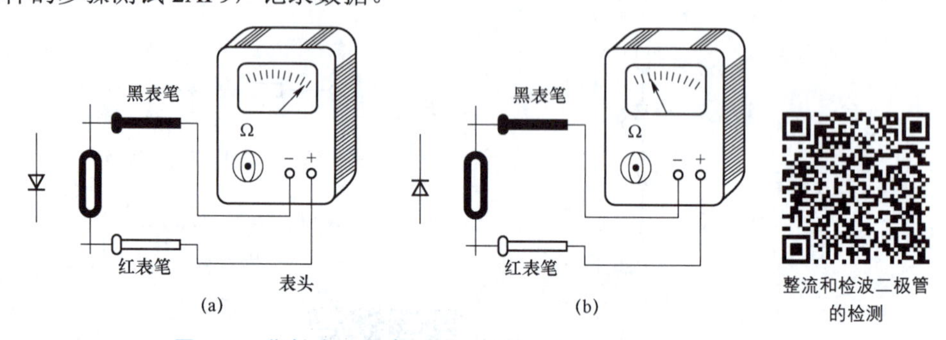

图 1.29　指针式万用表测试二极管示意图

（a）电阻小；（b）电阻大

3）用数字式万用表检测整流、检波二极管

（1）将数字式万用表置于标有二极管符号的挡位（数字表表笔输出正负与指针表相反）。

（2）验证指针式万用表判定结果，用红表笔接触 1N4007 的阳极，黑表笔接触 1N4007 的阴极，即二极管处于正偏状态，记录数据。

（3）交换红、黑表笔位置，使 1N4007 处于反偏状态，再次测量并记录数据。

（4）以同样的步骤对 2AP9 进行测试，记录数据。

稳压二极管的检测

4）稳压二极管的测试

利用二极管单向导电性，判定稳压二极管极性，方法同普通二极管的测量。

5）发光二极管的测试

（1）将指针万用表置于 $R\times10$ kΩ挡，测量发光二极管的正、反向电阻值，记录数据。

（2）利用二极管单向导电性，判定发光二极管的极性，观察发光二极管是否发光。

目测发光二极管长脚为阳极，短脚为阴极。

光敏和发光二极管的检测

6）光电二极管的测试

（1）用指针式万用表 $R\times1$ kΩ挡测量光电二极管的正向电阻值。

（2）用手挡住光电二极管的光线接受窗，测其反向电阻值。

（3）改变光照强度，测量不同光照强度情况时反向电阻的大小，比较并记录。

4. 任务完成结论

（1）用指针式万用表检测普通二极管，指针式万用表一般置于________或________挡，$R\times1$ Ω挡流经二极管的电流太大，$R\times10$ kΩ挡二极管两端电压太高，都易损坏管子。将红、黑表笔分别接二极管的两端，若测得阻值小，再将红、黑表笔对调测试，若测得阻值大，则说明二极管是________（好/坏）的；若两次测得的阻值都很小，则表明管子内部已经______（短路/开路）；若两次测得的阻值都很大，则表明管子内部已经____（短路/开路）。

（2）无论是整流二极管还是检波二极管，在 $R\times100$ Ω或者 $R\times1$ kΩ挡位，测量结果都是一次测得的电阻值________，一次测得的电阻值______。电阻小的那次电路中电流大，二极管处于________（导通/截止）状态；电阻大的那次则电路中电流很小，二极管处于__________（导通/截止）状态。

（3）指针式万用表内部电路决定黑表笔所接内电池的正极，红表笔所接内电池的负极，所以测得阻值较小的一次，黑表笔相接的就是二极管的_________极，红表笔相接为二极管的_________极。

（4）同型号的整流二极管用不同的挡位测出来的电阻值_________（相同/不同），说明二极管是_________（线性/非线性）器件。

（5）用数字式万用表检测整流二极管，当所测结果为数字，即二极管的导通压降时，说明二极管处于_________，红表笔所接为二极管的_________极，黑表笔所接为二极管的_________极。

（6）判定稳压二极管极性时，指针式万用表应置于_________挡；只有将稳压二极管_________（正向/反向）接入电路，稳压二极管才能正常工作。

（7）发光二极管的正确测试挡位为_________，不能用数字式万用表测量发光二极管极性的原因是__________________。

（8）发光二极管的长脚为_________（阳极/阴极），短脚为_________（阳极/阴极）。接入电路后，只有_________（正向/反向）接入电路，发光二极管才能够正常工作。

（9）发光二极管的导通压降_________（大于/等于/小于）普通二极管导通压降。

（10）光电二极管正常使用的前提为二极管_________（正向/反向）接入电路，当光照强度发生变化时，电路中的电流_________（发生变化/没有变化），光照越强，电流越_________（大/小）。

任务完成结论答案

任务 1.2　分析与测试半导体三极管

1.2.1　认识三极管

知识储备

半导体器件是近代电子学的重要组成部分。由于半导体器件具有体积小、重量轻、使用寿命长、反应迅速、灵敏度高、工作可靠等优点从而得到广泛的应用。

晶体三极管是电子线路的核心元件。在模拟电路中用它构成各种放大器，各种波形产生、变化和信号处理电路；在数字电路中有开关控制作用。半导体三极管（又称晶体管）是通过一定的工艺，将两个 PN 结结合在一起的器件。由于两个 PN 结之间的相互影响，使半导体三极管表现出不同于单个 PN 结的特性而具有电流放大功能，从而使 PN 结的应用发生了质的飞跃。

1. 三极管的结构

三极管按其结构可分为 NPN 型和 PNP 型两类。NPN 型三极管的结构与电路符号如图 1.30（a）所示。从图 1.30（a）中可以看出，它是由两层 N 型的半导体中间夹着一层 P 型半导体构成的管子，P 型半导体与其两侧的 N 型半导体分别形成 PN 结，整个三极管是两个背靠背 PN 结的三层半导体。中间的一层称为基区，两边的区分别称为发射区和集电区，从这 3 个区引出的电极分别称为基极 b、发射极 e 和集电极 c。基区与集电区之间的 PN 结称为集电结，发射区与基区之间的 PN 结称为发射结。发射区的作用是向基区发射载流子，基区是传送和控制载流子，而集电区是收集载流子。NPN 型三极管电路符号中，发射极箭头方向表示发射结正偏时发射极电流的实际方向。

PNP 型三极管的结构与 NPN 型相似，也是两个背靠背 PN 结的三层半导体，不过这种管子是两层 P 型的半导体中间夹着一层 N 型半导体，如图 1.30（b）所示。

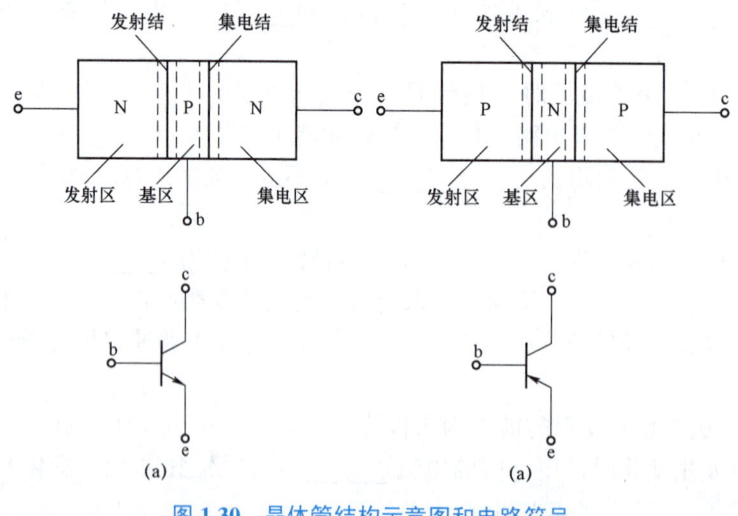

图 1.30　晶体管结构示意图和电路符号

（a）NPN 型晶体管；（b）PNP 型晶体管

应当指出，三极管绝不是两个 PN 结的简单连接。为了保证三极管具有电流放大作用，三极管制造工艺的特点是发射区是高浓度掺杂区，基区很薄且杂质浓度很低，集电结结面积大。

2. 三极管的分类

三极管的分类有很多种方式。除上述的按结构分为 NPN 型和 PNP 型外，还可按所用半导体材料分为硅管和锗管，按工作频率分为低频管和高频管，按用途分为放大管和开关管，按功率大小分为小功率管、中功率管、大功率管等。

3. 三极管的偏置

半导体三极管又称双极型三极管（Bipolar Junction Transistor，BJT）、晶体三极管，简称 BJT 或三极管。为使三极管具有放大作用，必须使发射区发射载流子，集电结（自身不产生电流）收集发射区发射过来的载流子。因此，必须使发射结正偏（导通）、集电结反偏（截止）。符合该要求的 NPN 型和 PNP 型三极管的直流偏置电路（也称直流供电电路）如图 1.31 所示，该电路接法称为共射极（含义后述）接法。外加直流电源 U_{BB} 通过 R_B 给发射结加正向电压；外加直流电源 V_{CC} 通过 R_C 给集电极加反向电压，该电压并不等于集电结电压，但由于集电结电压通常较大（指绝对值），足以克服 b－e 间的发射结导通电压并给 c－b 间的集电结加一较大的反向电压，从而可以实现发射结正偏、集电结反偏的条件。所以，NPN 型三极管工作在放大区时 3 个极的电位关系是 $V_c>V_b>V_e$；PNP 型三极管工作在放大区时 3 个极的电位关系是 $V_c<V_b<V_e$。

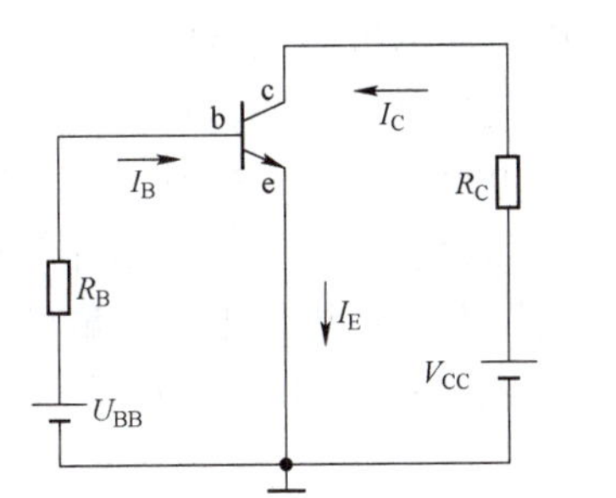

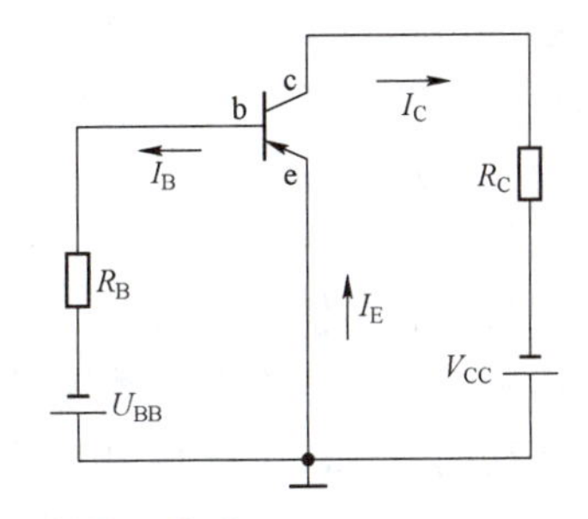

图 1.31 三极管的共射偏置电路

三极管有 3 个工作区域，分别是放大区、饱和区和截止区。若发射结正偏、集电结反偏，则三极管工作在放大区；若发射结正偏、集电结正偏或零偏，则三极管工作在饱和区；发射结反偏或零偏、集电结反偏，则三极管工作在截止区。

4. 三极管的电流分配关系

下面以 NPN 型管为例讨论三极管的电流分配关系，其结论同样适用于 PNP 型管。

三极管在放大条件下，即发射结加正向电压、集电结加反向电压的条件下，三极管内部的载流子的传输将发生下列过程。

1）发射区向基区注入电子

由于发射结外加正向电压，发射结导通，因此发射区的多数载流子电子就源源不断地通过发射结扩散到基区，形成发射极电流 I_E，其方向与电子流动方向相反，如图 1.32 所示。与此同时，基区的空穴也扩散到发射区，但由于发射区杂质浓度远高于基区（一般高几百倍），与电子流相比，这部分空穴流可忽略不计。

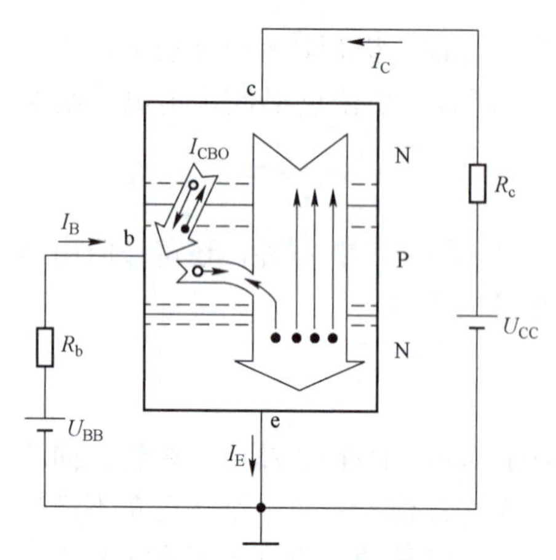

图 1.32　NPN 型三极管内部载流子的运动

2）电子在基区的扩散与复合

由发射区来的电子注入基区后，就在基区靠近发射结的边界积累起来，在基区中形成了一定的浓度梯度，靠近发射结附近浓度最高，离发射结越远浓度越小。因此，电子就要向集电结的方向扩散，在扩散过程中又会与基区中的空穴复合，同时接在基区的电源 U_{BB} 的正端则不断从基区拉走电子，好像不断供给基区空穴。电子复合的数目与电源从基区拉走的电子数目相等，使基区的空穴浓度基本维持不变。这样就形成了基极电流 I_B，所以基极电流就是电子在基区与空穴复合的电流。也就是说，注入基区的电子有一部分未到达集电结，如复合越多，则到达集电结的电子越少，对放大是不利的。所以为了减小复合，常把基区做得很薄（几μm），并使基区掺入杂质的浓度很低，因而电子在扩散过程中实际上与空穴复合的数量很少，大部分都能到达集电结。

3）集电区收集扩散过来的电子

由于集电结所加的是反向电压，所以结中的电场很强，不过由于处于反偏状态，集电结自身所产生的电流几乎为 0，但该电场对从基区中扩散到集电结边缘的电子（来自发射区的电子，进入基区后变为少子）却有很强的吸引力，可使电子迅速漂移过集电结而被集电区所收集，形成由发射区传输到集电区的较大的电子电流，形成集电极电流 I_C，如图 1.32 所示。

另外，根据反向 PN 结的特性，当集电结加反向电压时，基区中少数载流子电子和集电区中少数载流子空穴在结电场作用下形成反向漂移电流，如图 1.32 所示。这部分电流取决于少数载流子浓度，称为反向饱和电流 I_{CBO}，它的数值是很小的，这个电流对放大没有贡献，而且受温度影响很大，容易使管子工作不稳定，所以在制造过程中要尽量设法减小 I_{CBO}。

由以上分析可知，BJT 内有两种载流子参与导电，故称为双极型晶体管。根据上述对三极管内部载流子运动的分析，可以归纳以下几点。

（1）基极电流 I_B 与集电极电流 I_C 之和等于发射极电流 I_E，即

$$I_E = I_B + I_C$$

3 个电流之间的关系符合基尔霍夫电流定律。

（2）基极电流 I_B 比集电极电流 I_C 和发射极电流小得多，通常可认为发射极电流约等于集电极电流，即

$$I_E \approx I_C \gg I_B$$

（3）半导体三极管有电流放大作用。

通常，把集电极电流 I_C 与基极电流 I_B 之比值称为共发射极直流电流放大系数，用 $\overline{\beta}$ 表示，即

$$\overline{\beta} = \frac{I_C}{I_B}$$

集电极电流变化量 ΔI_C 与基极电流变化量 ΔI_B 之比值，称为共发射极交流电流放大系数，用 β 表示，即

$$\beta = \frac{\Delta I_C}{\Delta I_B}$$

在数值上，β 与 $\overline{\beta}$ 相差甚小，所以

$$\beta \approx \overline{\beta}$$

万用表可以粗略测出管子的 β 值大小，但结果误差很大，而且管子的其他特性很难确定。

综合上述，要使三极管能起到正常的放大作用，发射结必须加正向偏置，集电结必须加反向偏置。对于 PNP 型三极管所接电源极性正好与 NPN 相反。

自 测 习 题

1. 填空

（1）三极管各极电流关系是：I_E $=I_B$ __ I_C（+/−），即 3 个电流间的关系符合________定律。三极管的电流放大能力用 β 表示，三极管在放大状态时 $I_C \approx$_____ I_B，表明三极管是一种_______放大型器件。

（2）三极管有 3 种连接方式，分别是共__________、__________、__________。

（3）三极管的 3 个工作区域分别是__________、___________、____________。

（4）三极管工作在放大区的条件是发射结__________、集电结__________。对于 NPN 管，三极管工作在放大区时，各极电位大小为_____＞_____＞_____；对于 PNP 管，三极管工作在放大区时，各极电位大小为_____＞_____＞_____。

2. 分析

（1）用万用表直流电压挡测得电路中的三极管 3 个电极对地电位为题 2（1）图所示，三极管为硅材料，问：

① 三极管是 NPN 型还是 PNP 型？

② 在图中括号中标出三极管 3 个引脚对应哪个极？（e/b/c）

③ 三极管发射结是正偏还是反偏？

④ 三极管集电结是正偏还是反偏？

⑤ 三极管工作状态是放大还是饱和抑或是截止？

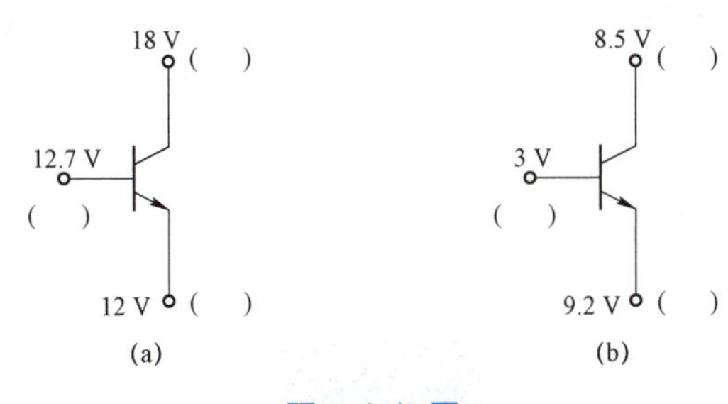

题 2（1）图

（2）现测得放大电路中这两只管子两个电极的电流如题 2（2）图所示。分别求：

① 另一电极的电流大小，标出其实际方向；

② 在图中括号中标出三极管 3 个引脚对应哪个极？（e、b、c）

③ 判断三极管是 NPN 型还是 PNP 型？

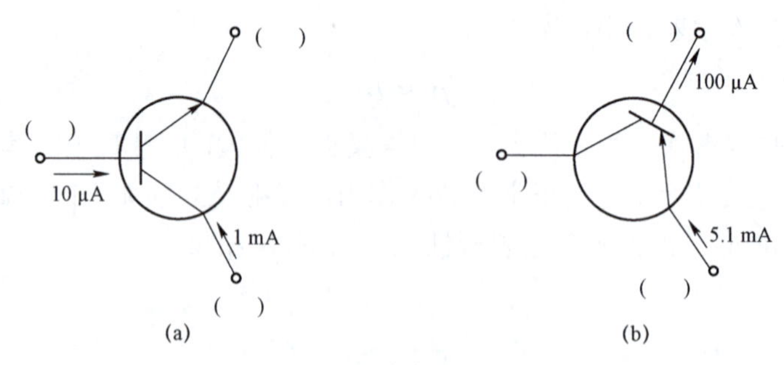

题 2（2）图

（3）测得放大电路中三极管的直流电位如题 2（3）图所示，问：

① 在图中括号中标出三极管 3 个引脚对应哪个极？（e、b、c）

② 判断三极管是 NPN 型还是 PNP 型？

③ 分别说明它们是硅管还是锗管。

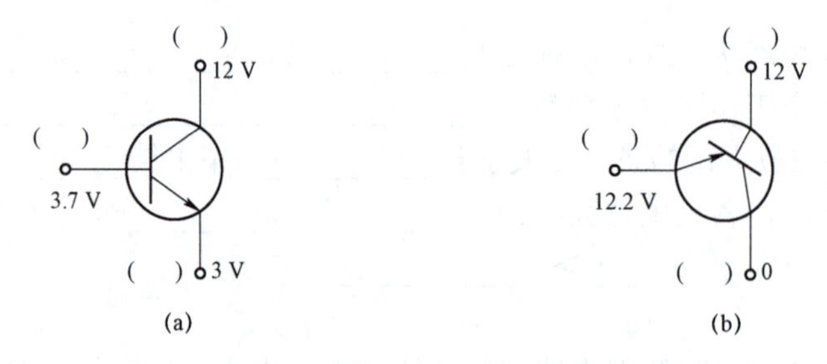

题 2（3）图

（4）测得在放大状态下的三极管的两个电极电流如题 2（4）图所示。

① 试求另一个电极电流大小，并标出电流实际方向。

② 判断 C、B、E 电极，在图中标出。

③ 判断三极管是 NPN 型还是 PNP 型。

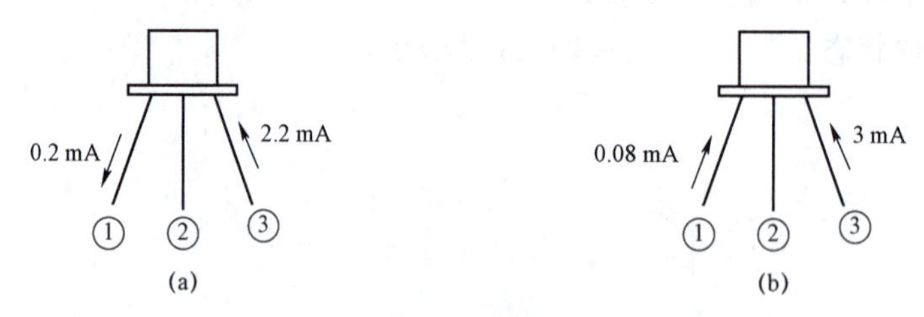

题 2（4）图

自测习题答案

1.2.2 分析三极管的特性

知识储备

1. 三极管的特性曲线

三极管的特性曲线是各电极电压与电流之间的关系曲线。它反映了三极管的外部性能，是分析放大电路的重要依据。特性曲线主要有输入特性曲线和输出特性曲线。这些特性曲线可用晶体管特性图示仪进行显示，也可以通过实验测试分析得到。图 1.33 是共发射极接法时的输入特性曲线和输出特性曲线测试的实验电路。

1）输入特性曲线

输入特性曲线是指当集射极电压 u_{CE} 为一定值时，基极电流 i_B 与基射极电压 u_{BE} 之间的关系曲线，即

$$i_B = f(u_{BE})|u_{CE} = 常数$$

三极管输入特性曲线如图 1.34 所示。其特点如下。

当 $u_{CE}=0$ V 时，集电极与发射极短接，相当于两个二极管并联，输入特性类似于二极管的正向伏安特性。

当 $0 \leqslant u_{CE} < 1$ V 时，集电结处于反向偏置，其吸引电子的能力加强，使得从发射区进入基区的电子更多地流向集电区，因此对应于相同的 u_{BE} 流向基极的电流 i_B 比原来 $u_{CE}=0$ 时减小了，特性曲线右移。

实际上，对一般的 NPN 型硅管，当 $u_{CE} \geqslant 1$ V 时，只要 U_{BE} 保持不变，则从发射区发射到基区的电子数目一定，而集电结所加的反向电压大到 1 V 后，已能把这些电子中的绝大部分吸引到集电极，所以即使 u_{CE} 再增加，i_B 也不会有明显的变化，因此 $u_{CE} \geqslant 1$ V 以后的特性曲线基本上重合。

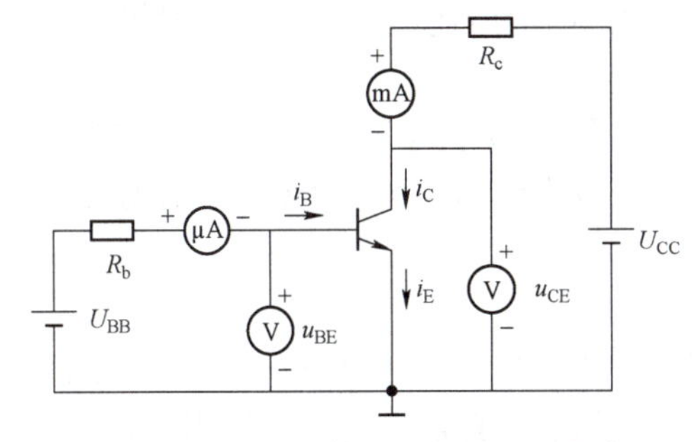

图 1.33 三极管特性曲线测试电路

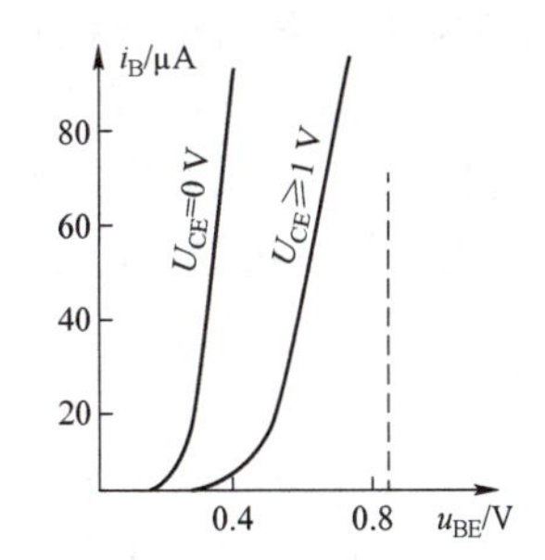

图 1.34 输入特性曲线

从图 1.34 可见，三极管的输入特性曲线和二极管的伏安特性曲线一样，也有一段死区。只有当发射结的外加电压大于死区电压时，三极管才会有基极电流 i_B。硅管的死区电压为 0.5 V，锗管为 0.1～0.2 V。在正常工作情况下，硅管的发射结电压 $U_{BE}=0.6$～0.7 V，锗管的发射结电压 $U_{BE}=0.2$～0.3 V。

2）输出特性曲线

输出特性曲线是指基极电流 i_B 为一定值时，集电极电流 i_C 与集射极电压 u_{CE} 之间的关系

曲线，即

$$i_C = f(u_{CE})|i_B = 常数$$

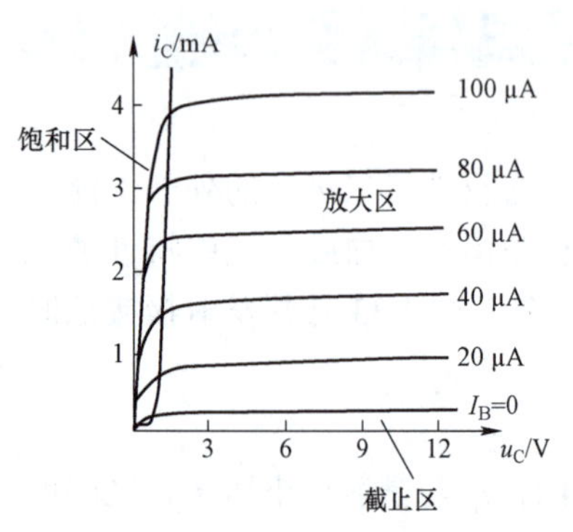

图 1.35　输出特性曲线

当 i_B 为不同值时，可得到不同的特性曲线，所以三极管输出特性曲线是一簇曲线，如图 1.35 所示。

根据三极管的工作状态不同，输出的特性曲线可分为以下 3 个区域。

（1）截止区。

$i_B=0$ 的曲线以下的区域称为截止区。这时集电结为反向偏置，发射结也为反向偏置，故 $i_B \approx 0$，$i_C \approx 0$，此时集电极与发射极之间相当于一个开关的断开状态。

（2）饱和区。

输出特性曲线的近似垂直上升部分与 i_C 轴之间的区域称为饱和区。这时，$u_{CE} < u_{BE}$，集电结为正向偏置，发射结也为正向偏置，都呈现低电阻状态。$u_{CE} = u_{BE}$ 称为临界饱和状态，所有临界拐点的连线即为临界饱和线。饱和时集电极与发射极之间的电压 U_{CES} 称为饱和压降。它的数值很小，特别是在深度饱和时，小功率管通常小于 0.3 V。在饱和区 i_C 不受 i_B 的控制，当 i_B 变化时，i_C 基本不变，而由外电路参数所决定，三极管失去电流放大作用。

（3）放大区。

拐点的连线以右及 $i_B=0$ 曲线以上的区域为放大区。在此区域，特性曲线近似于水平线，i_C 几乎与 u_{CE} 无关，i_C 与 i_B 成 β 倍关系，故放大区也称为线性区。三极管工作在放大区时，发射结为正向偏置，集电结为反向偏置。

2. 三极管的主要参数

1）电流放大系数

电流放大系数是表征三极管放大能力的参数。如前所述，三极管的共射极直流电流放大系数与交流电流放大系数两者数值相近，即 $\beta \approx \overline{\beta}$。

由于制造工艺的分散性，即使同一型号的三极管，β 值也有很大的差别，常用的 β 值为 20～100。在选择三极管时，如果值 β 太小，电流放大能力差；β 值太大，对温度的稳定性又太差。

2）极间反向电流

（1）集－基极反向饱和电流 I_{CBO}：指发射极开路时，集电极与基极间的反向电流。

（2）集－射极反向饱和电流 I_{CEO}：指基极开路时，集电极与发射极间的反向电流，也称为穿透电流。

$$I_{CEO} = (1+\beta)I_{CBO}$$

反向电流受温度的影响大，对三极管的工作影响很大，要求反向电流越小越好。常温时，小功率锗管 I_{CBO} 约为几μA，小功率硅管在 1 μA 以下，所以常选用硅管。

3）集电极最大允许电流

集电极电流 I_C 超过一定值时，三极管的 β 值会下降。当 β 值下降到正常值的 1/3 时的集电极电流，称为集电极最大允许电流 I_{CM}。

4）集电极击穿电压 $U_{(BR)CEO}$

基极开路时，加在集电极与发射极之间的最大允许电压，称为集电极击穿电压 $U_{(BR)CEO}$。当三极管的集射极电压 U_{CE} 大于该值时，I_C 会突然大幅上升，说明三极管已被击穿。

5）集电极最大允许耗散功率 P_{CM}

当集电极电流流过集电结时要消耗功率而使集电结温度升高，从而会引起三极管参数变化。当三极管因受热而引起的参数变化不超过允许值时，集电结所消耗的最大功率称为集电极最大允许耗散功率 P_{CM}，即

$$P_{CM}=I_C U_{CE}$$

根据此式，在输出特性曲线上可画出一条曲线，称为集电极功耗曲线，如图 1.36 所示。在曲线的右上方 $I_C U_{CE}>P_{CM}$，这个范围称为过损耗区，在曲线的左下方 $I_C U_{CE}<P_{CM}$，这个范围称为安全工作区。三极管应选在此区域内工作。

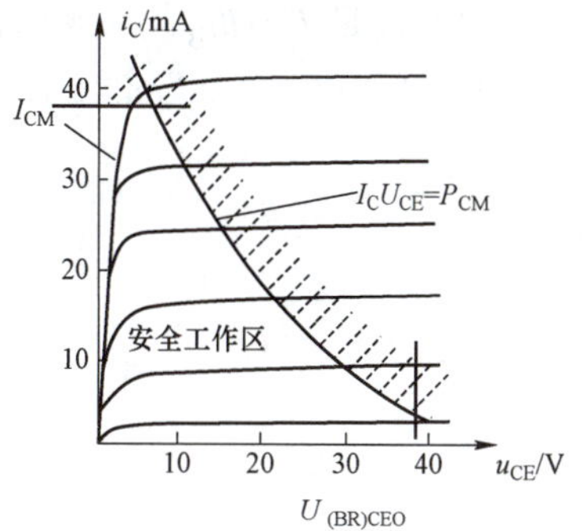

图 1.36 三极管的安全工作区

P_{CM} 值与环境温度和管子的散热条件有关，因此为了提高 P_{CM} 值，常采用散热装置。

自 测 习 题

1. 填空

（1）根据三极管的工作状态不同，输出特性曲线可分为 3 个区域，即饱和区、截止区、_________。

（2）通过共发射极电路的输入特性曲线可知，三极管输入特性曲线类似于二极管的_________特性曲线，硅管的导通压降大概是_________V，锗管的导通压降大概是_________V，所以三极管也是_________器件（线性/非线性）。

（3）从输出特性曲线可以看出，在放大区域，满足 $I_C\approx\beta I_B$；在截止区域，I_B___0（≤/≥）；深度饱和时，硅管的饱和压降是_________V，锗管的饱和压降是_________V。

2. 判断

（1）三极管的特性曲线主要有输入特性曲线和输出特性曲线。（　　）

（2）三极管输出特性曲线可分为 3 个区域，即截止区、饱和区、放大区。（　　）

（3）要使三极管能起正常放大作用，发射结正偏，集电结反偏。（　　）

（4）三极管输出特性曲线可分为 3 个区域，即截止区、饱和区、截流区。（　　）

（5）三极管工作在截止区时，发射结反偏，集电结反偏。（　　）

（6）满足 $I_C=\beta I_B$ 的关系时，三极管一定工作在放大区。（　　）

（7）三极管工作在饱和区时，发射结正偏，集电结正偏。（　　）

（8）三极管最主要的特性为最大反向工作电压。（　　）

3. 选择

（1）如果在 NPN 型三极管放大电路中测得发射结为正向偏置，集电结也为正向偏置，则此管的工作状态为（　　）。

A. 放大状态　　　　　B. 截止状态　　　　C. 饱和状态

（2）晶体三极管的两个 PN 结都反偏时，则晶体三极管所处的状态是（　　）。

A. 放大状态　　　　　B. 饱和状态　　　　C. 截止状态

（3）满足 $I_C=\beta I_B$ 的关系时，三极管一定工作在（　　）。

A. 截止区　　　　　　B. 饱和区　　　　　C. 放大区

自测习题答案

1.2.3　任务训练 1：识别与检测半导体三极管

技能训练

1. 测试任务

三极管的检测。

2. 任务要求

按测试步骤完成所有测试内容，并撰写测试报告。

3. 测试器材

三极管基极的检测方法

（1）测试设备：万用表、模拟电路实验箱（或面包板）。

（2）器件：9013、9012、电阻、导线若干。

4. 任务实施步骤

1）基极的检测与三极管管型的判别

将万用表欧姆挡置于 $R\times100\ \Omega$或 $R\times1\ \text{k}\Omega$挡，先假设三极管的某极为“基极”，并将黑表笔接在假设的基极上，再将红表笔先后接到其余两个电极上，如果两次测得的电阻值都很大（或都很小），而对换表笔后测得两个电阻值都很小（或都很大），则可以确定假设的基极是正确的。如果两次测得的电阻值是一大一小，则可肯定假设的基极是错误的，这时就必须重新假设另一电极为“基极”，再重复上述的测试。

当基极确定以后，将黑表笔接基极，红表笔分别接其他两极，此时，若测得的电阻值都很小，则该三极管为 NPN 型管；反之，则为 PNP 型管。

2）集电极和发射极的判别

以 NPN 型管为例，把黑表笔接到假设的集电极 c 上，红表笔接到假设的发射极 e 上，并且用手握住 b、c 极（b、c 极不能直接接触），通过人体，相当于在 b、c 之间接入偏置电阻。读出表所示 c、e 间的电阻值，然后将红、黑两表笔反接重测，若第一次电阻值比第二次小，说明原假设成立，即黑表笔所接的是集电极 c，红表笔接的是发射极 e。因为 c、e 间电阻值小，说明通过万用表的电流大，偏值正常，如图 1.37 所示。

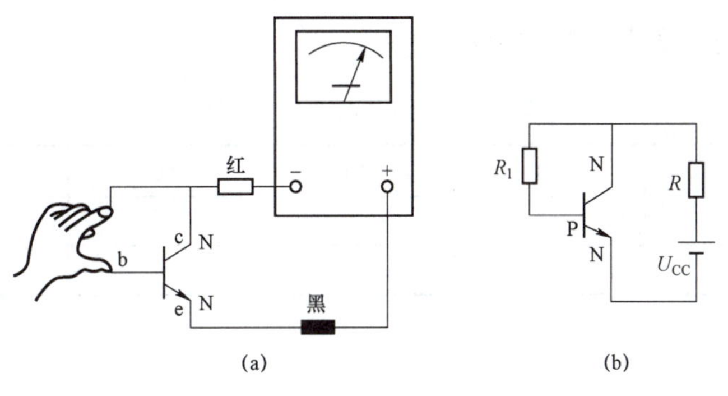

图 1.37　判别三极管集电极、发射极的原理

（a）示意图；（b）等效电路

3）硅管和锗管的判别

与二极管判别方法相似，一是测 PN 结正向电压，二是测 PN 结正向电阻，这里不再赘述。

三极管集电极和发射极的判别方法

4）三极管的基本特性的测试

取两只不同型号的三极管（PNP 型和 NPN 型），用指针式万用表进行测试与分析，将检测结果记录在表 1.2 中。

表 1.2　三极管类型、管脚的判别

晶体管的类型	晶体管的材料	β 值的大小	管脚排列

1.2.4　任务训练 2：仿真分析半导体三极管特性

仿真测试 1

1. 测试任务

三极管电流分配关系和电流放大能力的测试。

2. 任务要求

按测试步骤完成所有测试内容。

3. 测试器材

Multisim 2010 仿真平台。

4. 任务实施步骤

为简要说明三极管工作特性，忽略一些次要因素，以 NPN 型三极管为例进行测试分析。

（1）按图 1.38 所示完成连线，其中 R_B 为 200 kΩ，R_C 为 1 kΩ，三极管为 9 013，$U_{BB}=8$ V，$U_{CC}=20$ V。

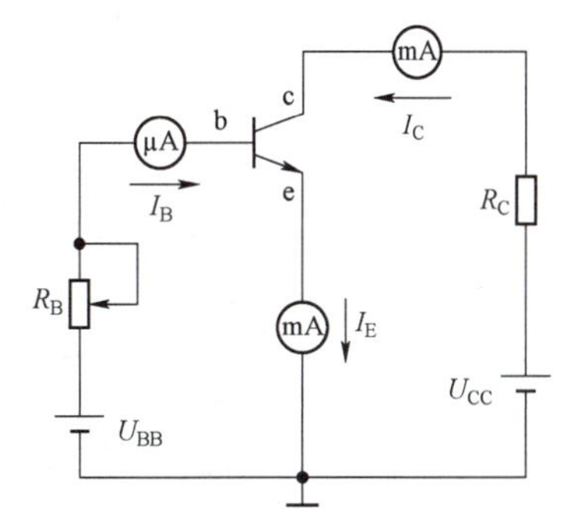

图 1.38　三极管电流放大测试电路

（2）改变可变电阻 R_B 的阻值，使基极电流 I_B 为不同的值，用万用表测出相应的集电极电流 I_C 和发射极电流 I_E，电

流方向如图 1.38 所示。测量结果列于表 1.3 中。

表 1.3　三极管各极电流测量值

I_B/μA	0	20	40	60	80	100
I_C/mA						
I_E/mA						

将表 1.3 中数据进行比较分析、讨论。

5. 任务完成结论

（1）根据表 1.3 的测试结果可以看出，三极管的电流________（I_B/I_C/I_E）对电流________（I_B/I_C/I_E）有明显的控制作用；基极电流__________（远大于/约等于/远小于）集电极和发射极电流；集电极电流_______（远大于/约等于/远小于）发射极电流。

（2）三极管各极电流关系是：I_E=I_B___I_C（+/−），即 3 个电流之间的关系符合____________________定律。

（3）综合上述，要使三极管能起到正常的放大作用，发射结必须加__________偏置，集电结必须加____________偏置（正向/反向）。

仿真测试 2

1. 测试任务

（1）三极管输入特性曲线的测试。

（2）三极管输出特性曲线的测试。

2. 任务要求

按测试步骤完成所有测试内容，并撰写测试报告。

3. 测试器材

Multisim 2010 仿真平台。

4. 任务实施步骤

（1）BJT 的输入特性曲线的仿真测试。

① 按图 1.39 画好仿真电路。

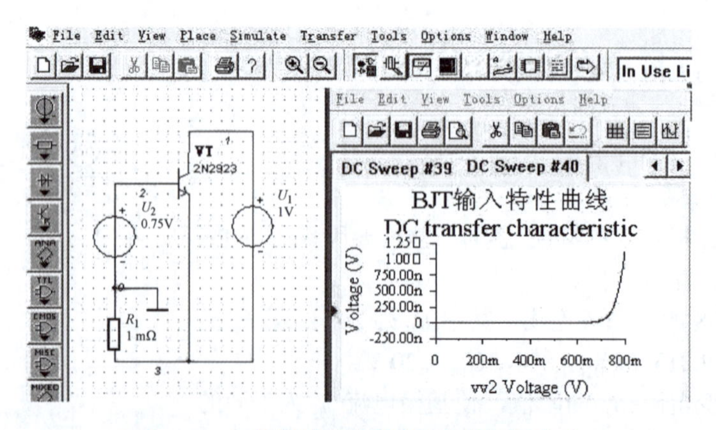

图 1.39　三极管输入特性曲线仿真测试电路

② 在基极回路中串入的 1 mΩ（即 0.001 Ω）电阻的作用是取样，称为取样电阻。由于 1 mΩ 电阻的阻值对于 BJT 的发射结的阻值来说很小，因此可以忽略 1 mΩ电阻上的压降，可以认为电压 U_2 完全加到了 BJT 的发射结上，此时电路中的电流则为 U_2 完全作用于 BJT 的发射结所产生的电流。当 U_2 变化时，1 mΩ电阻上电压的变化完全可以反映 BJT 的输入回路中电流随其外加电压变化而变化的特性，即 BJT 的输入特性。

③ 对图 1.39 所示电路中的节点 3 进行直流扫描，可间接得到 BJT 的输入特性曲线。

启动 Simulate 菜单中 Analysis 下的 DC Sweep，弹出 DC Sweep Analysis 对话框，设置节点 3 为输出节点，并设置合适的分析参数如下：

Source1 中，Source 为 vv2；Start value 为 0 V；Stop value 为 0.8 V；Increment 为 0.001 V。

Output variables：选择节点 3 的电压，即 1 mΩ电阻上的电压，即基极电流 i_B 作为输出变量，再单击 Plot during simulation。

最后单击 DC Sweep Analysis 对话框上 Simulate 按钮，可以得到扫描分析结果，各小组记录测试结果。

④ 图 1.39 所示为三极管 2N2923 输入特性的扫描分析结果，其中横坐标表示三极管基极电压的变化，纵坐标表示 1 mΩ电阻上电压的变化，即三极管的基极电流的变化。将纵坐标电压的变化转换为电流的变化（1 nV 电压对应于 1 mA 电流），即可得到三极管 2N2923 实际的输入特性曲线。

（2）三极管输出特性曲线的仿真测试。

① 按图 1.40 画好仿真电路。

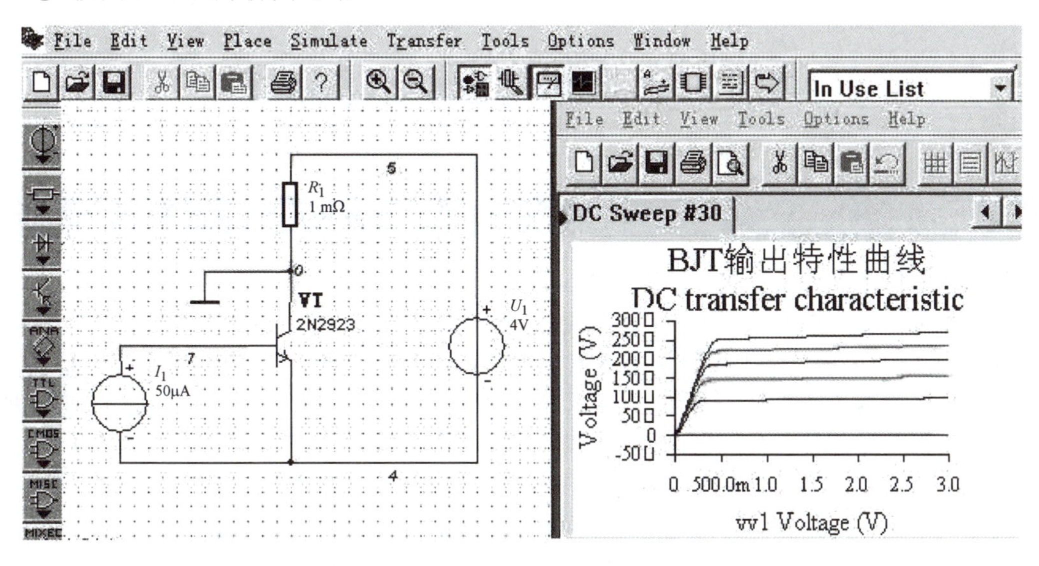

图 1.40　三极管输出特性曲线仿真测试电路

② 在集电极回路中串入的 1 mΩ电阻的作用是取样。

③ 对图 1.40 所示电路中的节点 5 进行直流扫描，可间接得到三极管的输出特性曲线。

④ 启动 Simulate 菜单中 Analysis 下的 DC Sweep，弹出 DC Sweep Analysis 对话框，设置节点 5 为输出节点，并设置合适的分析参数如下：

Source1 中，Source 为 vv1（因为 vv1 表示集电极和发射极之间的电压，即 U_{CE}，在三极管输出特性曲线中以此作为横轴，故选择 vv1 为 Source1）； Start value 为 0 V；Stop value 为 3 V；Increment 为 0.01 V（该值越小显示的曲线越平滑）。

Source2 中，Source 为 ii1（ii1 表示三极管基极电流，改变基极电流才能测试一组输出特性曲线，故选择 ii1 为 Source2）；Start value 为 0 A；Stop value 为 0.000 1 A；Increment 为 0.000 02 A。

Output variables：单击 5，再单击 Plot during simulation。

最后单击 DC Sweep Analysis 对话框上的 Simulate 按钮，可以得到三极管的输出特性曲线。各小组记录测试结果。

5. 任务完成结论

（1）根据以上测试结果可以看出，三极管输入特性曲线与晶体二极管的特性曲线相似，有一个大约有________V 的死区电压，当电流超过一定数值后，电压与电流间基本成_________（线性/非线性）的关系。

（2）从输出特性曲线可以知道，当输入电流 I_B 保持不变时，U_{CE} 从 0 开始增大时，集电极电流 I_C_______________（增加很快/增加很慢/基本不变），随后当 U_{CE} 继续增加时，集电极电流 I_C____________（增加很快/增加很慢/基本不变）。

（3）在一定的条件下，当 U_{CE} 一定时，基极电流 I_B 的增大，会引起集电极电流 I_C 成比例地________（增加/减小），其比值的大小即为晶体管的交流电流放大倍数 β。可见，晶体管具有基极_____________（小电流/大电流）控制集电极_________________（较小变化/较大变化）的能力。

任务 1.3　分析与制作心形彩灯

知识应用

半导体器件是近代电子学中的重要组成部分，半导体二极管和三极管的应用非常广泛。心形彩灯是常见的一种电子小产品，主要由发光二极管、三极管、电阻等组成。心形彩灯电路原理如图 1.41 所示，图中 LED_1～LED_6 发绿光，LED_7～LED_{12} 发红光，LED_{13}～LED_{18} 发黄光，电源电压为 5 V。电源接通时，3 只三极管 VT_1、VT_2、VT_3 会争先恐后地导通，但由于元器件存在差异，只会有一只三极管最先导通。这里假设 VT_1 最先导通，则 LED_1～LED_6 绿光点亮。由于 VT_1 导通，其集电极电压下降使得电容 C_1 的左端电位下降，接近 0 V。由于电容两端的电压不能突变，因此这时 VT_2 的基极也被拉到近似 0 V，VT_2 截止。故接在 VT_2 集电极的 LED_7～LED_{12} 熄灭。此时 VT_2 集电极的高电平通过电容 C_2 使 VT_3 基极电压升高，VT_3 也将迅速导通，LED_{13}～LED_{18} 点亮。因此，在这段时间里，VT_1、VT_3 的集电极均为低电压，LED_1～LED_6 和 LED_{13}～LED_{18} 被点亮，LED_7～LED_{12} 熄灭。但随着电源通过 R_3 对 C_1 的充电，VT_2 的基极电压逐渐升高，当超过 0.7 V 时，VT_2 的截止状态变为导通状态，集电极电压下降，LED_7～LED_{12} 点亮。与此同时，VT_2 的集电极下降的电压通过电容 C_2 使 VT_3 的基极电压也降低，VT_3 由导通变为截止，其集电极电压升高，LED_{13}～LED_{18} 熄灭。接下来，电路按照上面叙述的过程循环，3 组 LED 便会轮流点亮，循环闪烁发光，达到流动显示的效果。

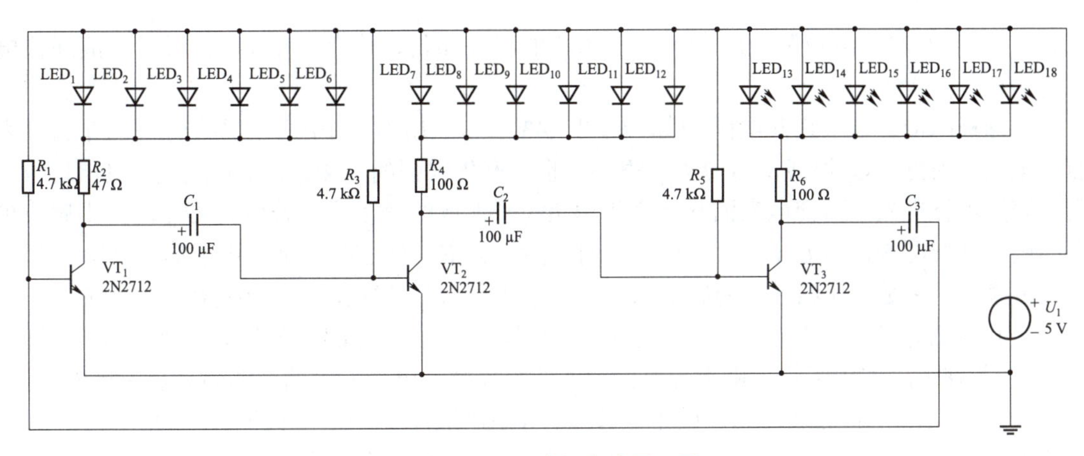

图 1.41　心形彩灯电路原理图

心形彩灯仿真现象

知识拓展　认识绝缘栅型场效应管

知识拓展

三极管是利用输入电流控制输出电流的半导体器件，因而称为电流控制型器件。场效应管是一种利用电场效应来控制其电流大小的半导体器件，称为电压控制型器件。场效应管具有体积小、重量轻、耗电省、寿命长等特点，而且还有输入阻抗高、噪声低、热稳定小、抗辐射能力强和制造工艺简单等优点，因而大大扩展了它的应用范围，特别是在大规模和超大规模集成电路中得到了广泛的应用。

场效应管按结构的不同可分为结型场效应管（J－FET）和绝缘栅场效应管（MOS－FET）。由于目前绝缘栅场效应管用得较多，在此主要介绍绝缘栅场效应管。

绝缘栅场效应管又称为 MOS（Metal Oxide Semiconductor）管，它有 N 沟道和 P 沟道两类，且每一类又分为增强型和耗尽型两种。

1. N 沟道增强型 MOS 管

1）结构

如图 1.42（a）所示，它是用一块杂质浓度较低的 P 型硅片为衬底，其上扩散两个 N^+ 区分别作为源极（S）和漏极（D），其余部分表面覆盖一层很薄的 SiO_2 作为绝缘层，并在漏源极间的绝缘层上制造一层金属铝作为栅极（G），就形成了 N 沟道 MOS 管。因为栅极和其他电极及硅片之间是绝缘的，所以称为绝缘栅场效应管。通常将源极和衬底连在一起，符号如图 1.42（b）所示。图中箭头方向表示在衬底与沟道之间由 P 区指向 N 区。

2）工作原理

由图 1.42（a）可见，N^+ 型漏区和 N^+ 型源区间被 P 型衬底隔开，形成两个反向的 PN

结。故 $U_{GS}=0$ 时，不管漏源间所加电压 U_{DS} 的极性如何，总有一个 PN 结反偏，故漏极电流 $I_D\approx 0$。

若栅极间加上一个正向电压 U_{GS}，如图 1.43 所示。在 U_{GS} 作用下，将产生垂直于衬底表面的电场，因为 SiO_2 很薄，即使 U_{GS} 很小，也能产生很强的电场。P 型衬底电子受电场吸引到达表层填补空穴，而使硅表面附近产生由负离子形成的耗尽层。若增大 U_{GS} 时，则感应更多的电子到表层来，当 U_{GS} 增大到一定值时，除填补空穴外还有剩余的电子形成一层 N 型层称为反型层，它是沟通漏区和源区的 N^+ 型导电沟道。U_{GS} 越正，导电沟道越宽。在 U_{DS} 作用下就会有电流 I_D 产生，管子导通。由于它是由栅极正电压 U_{GS} 感应产生的，故又称其为感应沟道，且把在 U_{DS} 作用下管子由不导通到导通的临界栅源电压 U_{GS} 的值叫做开启电压 U_T。U_{GS} 达到 U_T 后再增加，衬底表面感应的电子增多，导电沟道加宽，在同样的 U_{DS} 作用下，I_D 增加。这就是 U_{GS} 对 I_D 的电压控制作用，是 MOS 管的基本工作原理。由于上述反型层是 N 沟道，故又称其为 NMOS 管。

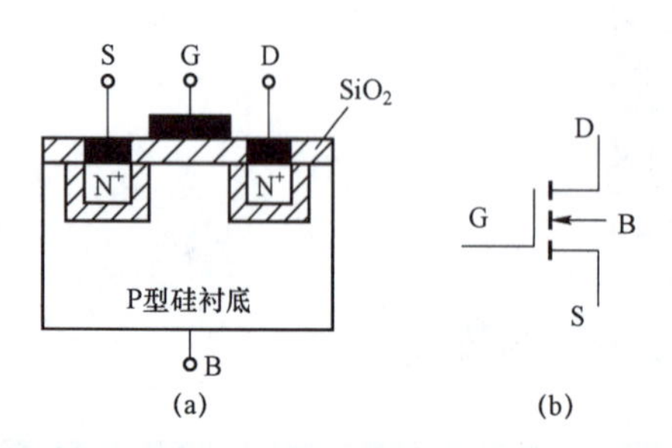

图 1.42　N 沟道增强型 MOS 管结构及符号

（a）结构；（b）符号

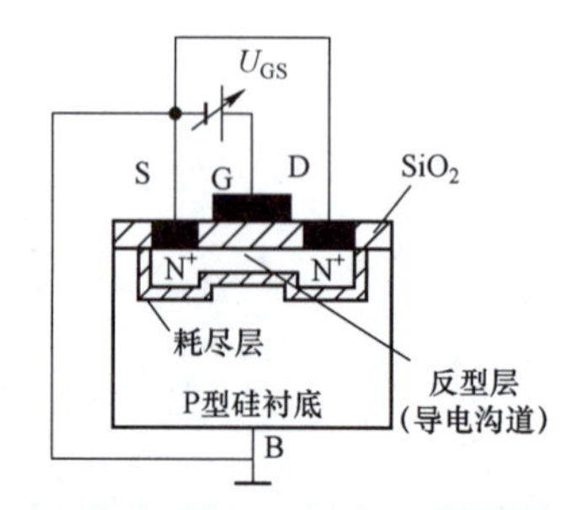

图 1.43　形成导电沟道

当管子加上 U_{DS} 时，则在沟道中产生 I_D，由于 I_D 在沟道中产生的压降使沟道呈楔状，见图 1.44（a）。

当 U_{DS} 增加到使 $U_{GD}=U_T$ 时，沟道在漏端出现预夹断，见图 1.44（b），之后再增加 U_{DS}，则夹断区加长，而 I_D 近似不变。

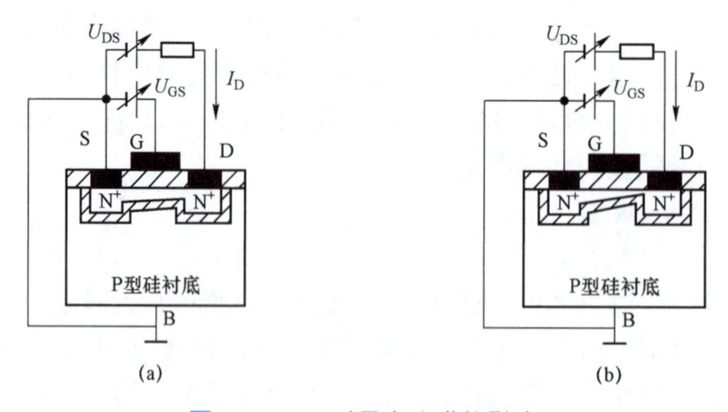

图 1.44　U_{DS} 对导电沟道的影响

（a）$U_{GD}>U_T$；（b）$U_{GD}=U_T$

3）特性曲线

图 1.45（a）、（b）分别为 N 沟道增强型 MOS 管的漏极特性曲线和转移特性曲线。转移

特性反映了栅源电压 U_{GS} 对漏极电流 I_D 的控制能力，故又称其为控制特性。

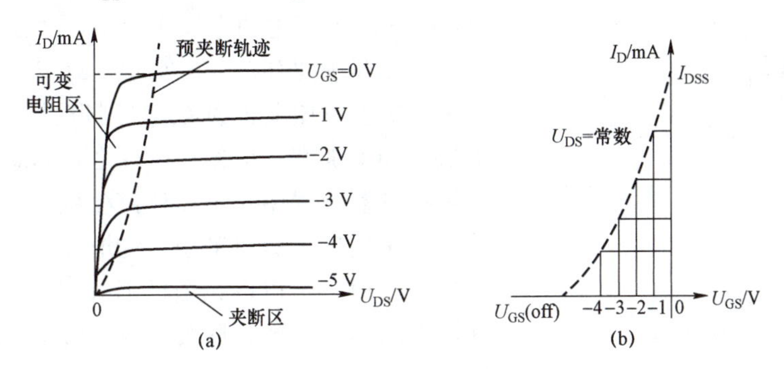

图 1.45　N 沟道增强型 MOS 管的转移特性曲线和漏极特性曲线

（1）漏极特性曲线。

漏极特性曲线又称为输出特性曲线，它是指当栅源电压 U_{GS} 一定时，漏极电流 I_D 与漏极电压 U_{DS} 之间的关系曲线，即

$$I_D=f(U_{DS})|U_{GS}=常数$$

如图 1.45（a）所示，不同的 U_{GS} 对应不同的曲线。由图可知，场效应管工作情况可分为 3 个区域，即可变电阻区、线性放大区和夹断区。

① 可变电阻区。在这个区域中（预夹断轨迹左边），漏源电压 U_{DS} 较小，漏极电流 I_D 随 U_{DS} 非线性地增大。场效应管的输出电阻 $\left(\dfrac{\Delta U_{DS}}{\Delta I_D}\right)$ 很低，其数值主要由栅源电压 U_{GS} 来决定，U_{GS} 越负，曲线越倾斜，因而输出电阻增大，即可用改变 U_{GS} 的大小来改变输出电阻值，所以这个区域称为可变电阻区。

② 线性放大区。在这个区域中（预夹断轨迹右边和夹断区之间），漏极电流 I_D 几乎不随漏源电压 U_{DS} 变化，场效应管的输出电阻 $\left(\dfrac{\Delta U_{DS}}{\Delta I_D}\right)$ 很高，但漏极电流 I_D 随栅源电压 U_{GS} 增加而线性地增长，所以这个区域称为线性放大区。要场效应管起放大作用时，一般都工作在这个区域。

③ 夹断区。在这个区域中（对应图中靠近横轴部分），当 $U_{GS}<U_{GS(off)}$ 时，场效应管导电沟道被夹断，$I_D=0$，所以这个区域称为夹断区。

（2）转移特性曲线。

转移特性曲线又称为输入特性曲线，它反映漏源电压 U_{DS} 一定时，漏极电流 I_D 与栅源电压 U_{GS} 之间的关系，即

$$I_D=f(U_{GS})|U_{DS}=常数$$

由图 1.45（b）可知，当 $U_{GS}=0$ 时，$I_D=I_{DSS}$ 最大，故 I_{DSS} 称为饱和漏极电流。U_{GS} 越负，I_D 越小，当 $U_{GS}=U_{GS(off)}$ 时，$I_D=0$。

转移特性曲线与漏极特性曲线有严格的对应关系，可通过漏极特性曲线绘出。

2. N 沟道耗尽型 MOS 管

如图 1.46（a）所示，为 N 沟道耗尽型 MOS 管的结构和电路符号图。这种管子在制造过

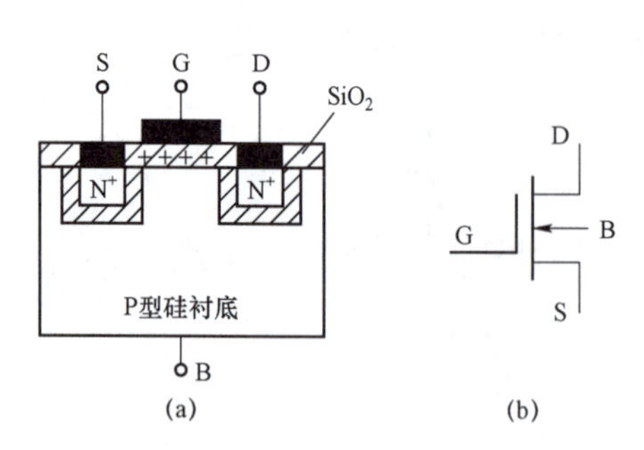

图 1.46　N 沟道耗尽型 MOS 管结构和符号

（a）结构；（b）符号

程中，在 SiO_2 绝缘层中掺入大量的正离子。当 $U_{GS}=0$ 时，在正离子产生的电场作用下，衬底表面已经出现反型层，即漏源间存在导电沟道。只要加上 U_{DS}，就有 I_D 产生。如果再加上正的 U_{GS}，则吸引到反型层中的电子增加，沟道加宽，I_D 加大；反之，U_{GS} 为负值时，外电场将抵消氧化膜中正电荷所产生的电场作用，使吸引到反型层中的电子数目减小，沟道变窄，I_D 减小。若 U_{GS} 负到某一值时，可以完全抵消氧化膜中正电荷的影响，则反型层消失，管子截止，这时 U_{GS} 的值称为夹断电压 $U_{GS\,(off)}$。

N 沟道耗尽型 MOS 管的特性曲线如图 1.47 所示。

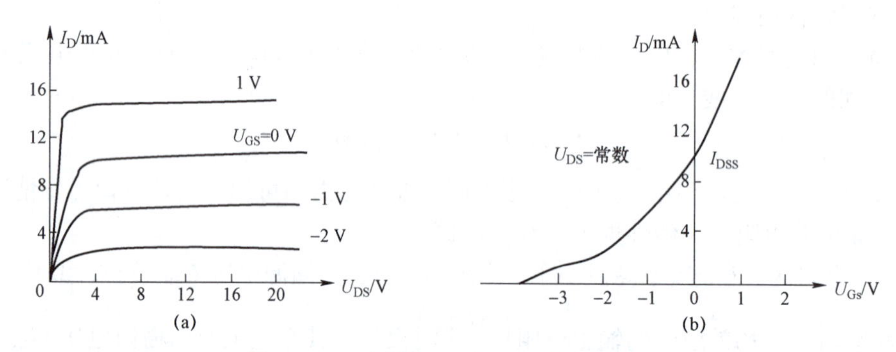

图 1.47　N 沟道耗尽型 MOS 管特性曲线

（a）漏极特性曲线；（b）转移特性曲线

P 型沟道场效应管工作时，电源极性与 N 型沟道场效应管相反。工作原理与 N 型管类似。为便于比较，现将 P 型场效应管的符号和特性曲线列于表 1.4 中。

表 1.4　P 型场效应管的符号和特性曲线

	符号	转移特性	漏极特性
P 沟道增强型	D G B S	I_D U_T U_{GS} O	U_T I_D U_{DS} O U_{GS} (−)
P 沟道耗尽型	D G B S	I_D $U_{GS(off)}$ O U_{GS}	$U_{GS(off)}$ I_D U_{DS} O U_{GS}(+) U_{GS}=0 U_{GS}(−)

3. 场效应管的主要参数

1）主要参数

（1）开启电压和夹断电压。

开启电压 U_T 是指在 U_{DS} 为某一固定数值的条件下，产生 I_D 所需要的最小 $|U_{GS}|$ 值。这是增强型绝缘栅场效应管的参数。

夹断电压 $U_{GS(off)}$ 是指在 U_{DS} 为某一固定数值的条件下，使 I_D 等于某一微小电流时所对应的 U_{GS} 值。这是耗尽型场效应管的参数。

（2）饱和漏极电流 I_{DSS} 是在 $U_{GS}=0$ 的条件下，管子发生预夹断时的漏极电流。这也是耗尽型场效应管的参数。

（3）直流输入电阻 $R_{GS(DC)}$ 是栅源电压和栅极电流的比值。绝缘栅型管一般大于 $10^9\ \Omega$。

（4）跨导 g_m 是指当漏极与源极之间的电压 U_{DS} 为某一固定值时，栅极输入电压每变化 1 V 引起漏极电流 I_D 的变化量。它是衡量场效应管放大能力的重要参数（相当于三极管的 β 值），g_m 单位为西门子（S）。在转移特性曲线上，g_m 是曲线在某点的切线斜率。

g_m 的表达式为

$$g_m = \left.\frac{\Delta I_D}{\Delta U_{GS}}\right| U_{DS} = \text{常数}$$

或

$$g_m = \left.\frac{dI_D}{dU_{GS}}\right| U_{DS} = \text{常数}$$

（5）最大耗散功率 P_{DM} 是决定管子温升的参数，$P_{DM}=U_{DS}I_D$。

2）注意事项

（1）在使用场效应管时，要注意漏源电压 U_{DS}、漏源电流 I_D、栅源电压 U_{GS} 及耗散功率等值不能超过最大允许值。

（2）场效应管从结构上看漏源两极是对称的，可以互相调用，但有些产品制作时已将衬底和源极在内部连在一起，这时漏源两极不能对换用。

（3）结型场效应管的栅源电压 U_{GS} 不能加正向电压，因为它工作在反偏状态。通常各极在开路状态下保存。

（4）绝缘栅型场效应管的栅源两极绝不允许悬空，因为栅源两极如果有感应电荷，就很难泄放，电荷积累会使电压升高，而使栅极绝缘层击穿，造成管子损坏。因此要在栅源间绝对保持直流通路，保存时务必用金属导线将 3 个电极短接起来。在焊接时，烙铁外壳必须接电源地端，并在烙铁断开电源后再焊接栅极，以避免交流感应将栅极击穿，并按 S、D、G 极的顺序焊好之后，再去掉各极的金属短接线。

（5）注意各极电压的极性不能接错。

项目拓展　分析与制作电子开关

知识应用

开关即开启和关闭。电路中的开关是一类电子元件，它是指一个可以使电路开路、使电流中断或使其流到其他电路的电子元件。开关是由人操作的机电设备，其中有一个或数个电子接点。接点的“闭合”（Closed）表示电子接点导通，允许电流流过（电子电路“导通”）；开关的

“开路”（Open）表示电子接点不导通形成开路，不允许电流流过（电子电路“断开”），开关通过对电子电路的“导通”“断开”操作或电路自身的切换发挥作用，用于生产现场及日常生活。

开关在日常生活中应用广泛，在数字电路中使用三极管就可以作为开关，但一般是用于控制小信号，对于大电流，三极管发热会比较严重。MOS 管因为导通电阻非常小，损耗小，所以特别适合控制大电流的电路。电子开关是指利用电子电路以及电力电子器件实现电路通断的运行单元，至少包括一个可控的电子驱动器件，如晶闸管、晶体管、场效应管、可控硅等。电子开关使用功率开关器件替代机械开关，其优点在于：① 机械触点无大电流通过，不存在触点打火的问题；② 电子开关可实现自动切断电源功能，实现绿色节能，在手持设备中较多见。

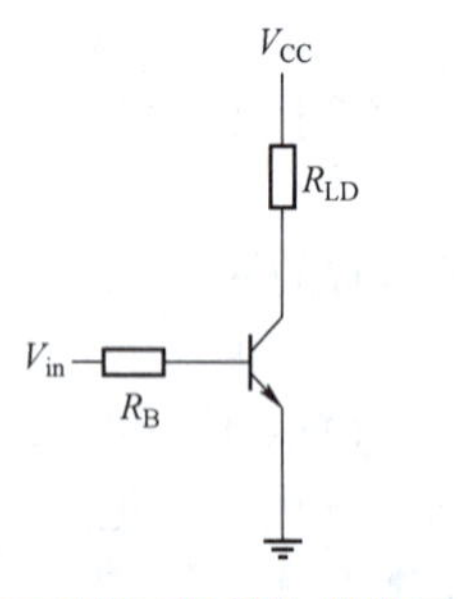

图 1.48　NPN 型三极管构成的开关电路

图 1.48 所示为 NPN 型三极管构成的开关电路。

1. 饱和条件

（1）$V_{in}<0.6$ V 截止。

（2）$I_B > I_{BS} = \dfrac{T_{CS}}{\beta}$ 时，三极管饱和。

2. 三极管开关电路的特点

（1）三极管开关不具有活动接点部分，开关工作寿命长。可以使用无限多次，一般的机械式开关，由于接点磨损，顶多只能使用数百万次左右，而且其接点易受污损而影响工作，因此无法在脏乱的环境下运作，三极管开关既无接点又是密封的，因此无此顾虑。

（2）三极管开关的动作速度较一般的开关为快，一般开关的启闭时间是以毫秒（ms）为单位来计算的，三极管开关则以微秒（μs）为单位计算。

（3）三极管开关没有抖动（跃动 bounce）现象。一般的机械式开关在导通的瞬间会有快速的连续启闭动作，然后才能逐渐达到稳定状态。

（4）利用三极管开关来驱动电感性负载时，在开关开启的瞬间，不至于有火花产生；反之，当机械式开关开启时，由于瞬间切断了电感性负载上的电流，因此电感的瞬间感应电压，将在接点上引起弧光，这种电弧非但会侵蚀接点的表面，也可能造成干扰或危害。

3. MOS 管构成的开关电路的导通特性（图 1.49）

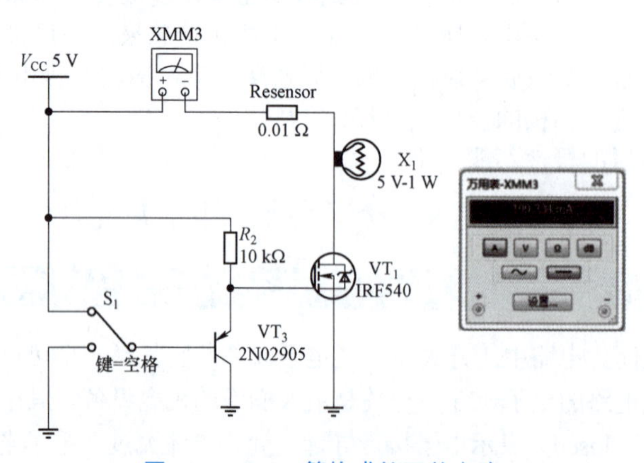

图 1.49　MOS 管构成的开关电路

（1）NMOS 的特性，U_{GS} 大于一定的值就会导通，适合用于源极接地时的情况（低端驱动），只要栅极电压达到 4 V 或 10 V 就可以了。

（2）PMOS 的特性，U_{GS} 小于一定的值就会导通，适合用于源极接 V_{CC} 时的情况（高端驱动）。

4. 三极管与 MOS 构成的开关特点对比

（1）三极管用电流控制，MOS 管属于电压控制。

（2）问题：三极管便宜，MOS 管贵。

（3）功耗问题：三极管损耗大。

（4）驱动能力：MOS 管常用来作电源开关，以及大电流与高频高速的场合。三极管比较便宜，常用在数字电路开关控制等低成本场合。

5. 设计电源电子开关的要求

（1）按下手动开关，开关管导通，负载得电。

（2）在手动按键松开后，发生器应输出信号使开关管继续导通。

（3）负载得电的情况下，当按下按键时，发生器输出为使开关管断开的信号。

（4）需考虑定时关闭电源的功能。

图 1.50 所示为电源电子开关电路原理，具体电路原理请自行分析。图中 U2 为单片机，选用的是 STC15F104E，程序已编制并下载到位，其中 1 脚为机械按键信号输入端（低电平按下），3 脚为输出开关控制信号（高电平有效）。

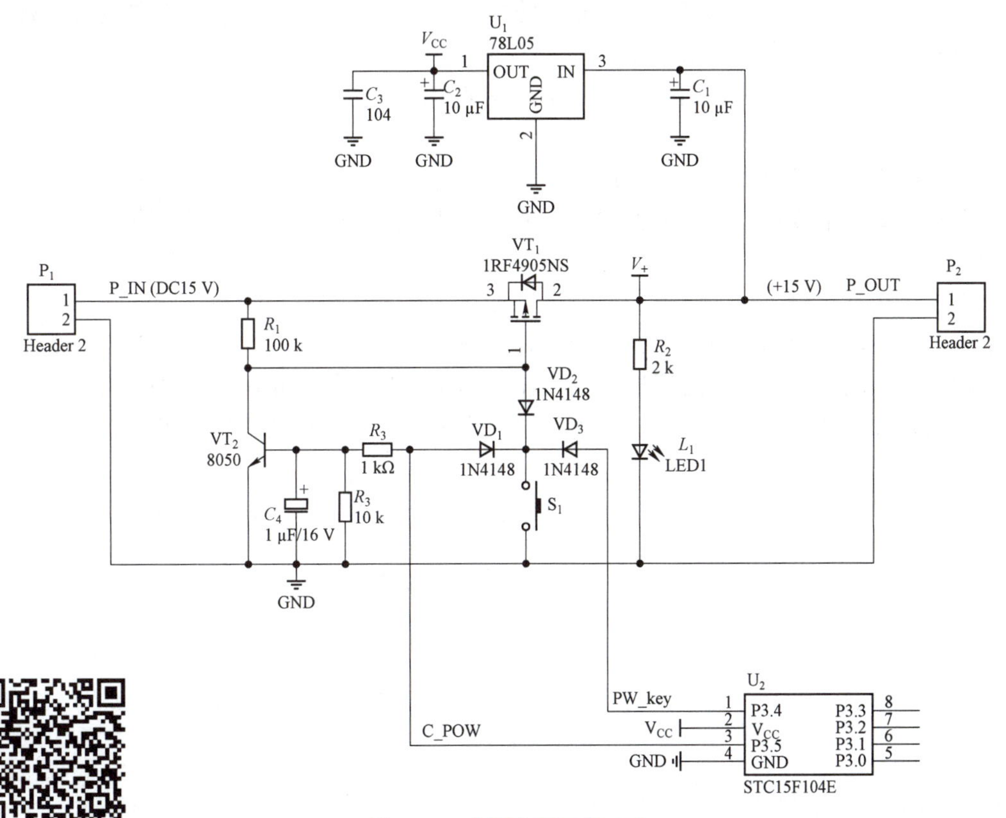

电源电子开关实验现象

图 1.50　电源电子开关电路

小　结

1. 半导体的概念

半导体是导电能力介于导体和绝缘体之间的一种材料。纯净的半导体导电能力接近绝缘体，常见的半导体材料都是掺杂半导体。按照掺入元素的不同，杂质半导体可分为 P 型和 N 型。半导体材料具有热敏、光敏和掺杂特性。

2. 二极管的单向导电性

以 PN 结为核心的二极管最主要的特性是其单向导电性。外加正向电压时，二极管导通，其正向电阻很小；外加反向电压时，二极管截止，其反向电阻很大。

3. 二极管的反向击穿特性

普通二极管外加很大的反向电压，当反向电压的大小超过某一极限值后，二极管将会发生击穿。击穿后，二极管失去单向导电的特性，且往往是不可逆的。为了避免二极管进入反向击穿区，限制二极管所加的最大反向电压值为击穿电压大小的一半。

4. 特殊二极管

稳压二极管是经特殊工艺处理，工作于反向击穿区的二极管。当电流在允许范围内变化时，稳压管两端电压几乎不变。

发光二极管是一种能将电能转换为光能的二极管，正常使用时必须加正向电压，有电流通过时能够发光，常常作为显示器件。

光电二极管正常使用时必须加反向电压，有某个波段的光照射时反向电流增大，常常作为光控元件。

（1）三极管由两个 PN 结构成，其特点是具有电流放大作用。三极管的 3 个电流之间的关系符合基尔霍夫电流定律。三极管的材料不同，其死区电压和导通压降不同。

（2）三极管的输入特性曲线类似于二极管的正向伏安特性曲线。三极管的输出特性曲线可划分为 3 个工作区域，即放大区、饱和区和截止区。工作在放大状态时发射结正偏、集电结反偏，集电极电流随基极电流成比例变化。工作在截止状态时发射结和集电结均反偏，集电极与发射极之间基本上无电流通过。工作在饱和状态时发射结和集电结均正偏，集电极与发射极之间有较大的电流通过，两极之间的电压降很小。后两种情况集电极电流均不受基极电流控制。

（3）在学习半导体二极管和三极管的基础上，分析、设计并尝试制作心形彩灯，是理论联系实际分析和解决问题的过程。

（4）在学习 MOS 管的基础上，分析、设计并尝试做作电子开关。

习　题

1.1　填空

（1）普通二极管最主要的特点是________________，正常使用时__________（可以/不

可以）工作于反向击穿区。

（2）在常温下，硅二极管的死区电压值约为________V，导通后在较大电流下的正向压降约为________V；锗二极管的死区电压约为________V，导通后在较大电流下的正向压降约为________V。

（3）检测普通二极管，指针万用表应置于________挡；检测发光二极管，指针万用表应置于________挡；检测光电二极管，指针万用表应置于________挡。

1.2　标出图中二极管的正负极性

题 1.2 图

1.3　电路如题 1.3 图所示，已知 $u_i=10\sin\Omega t$（V），二极管导通电压 $U_D=0.7$ V。试画出 u_i 与 u_o 的波形，并标出幅值。

1.4　二极管电路如题 1.4 图所示，设二极管为理想二极管，判断图中的二极管是导通还是截止，求出输出电压 U_o。

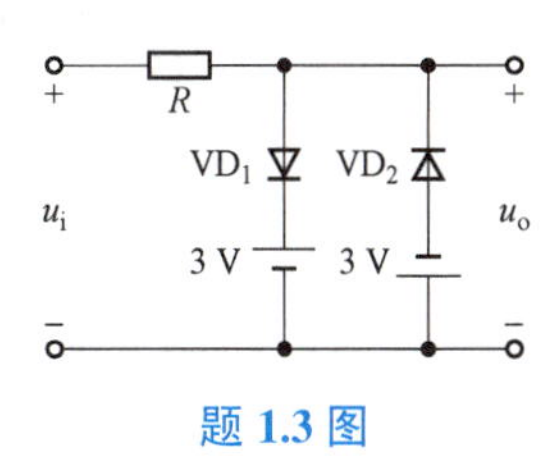

题 1.3 图

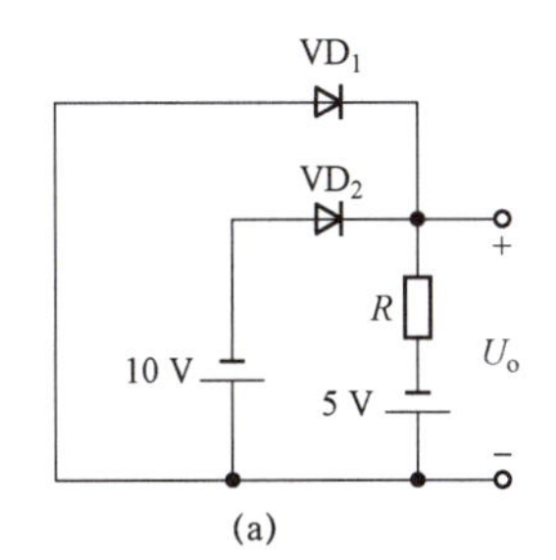

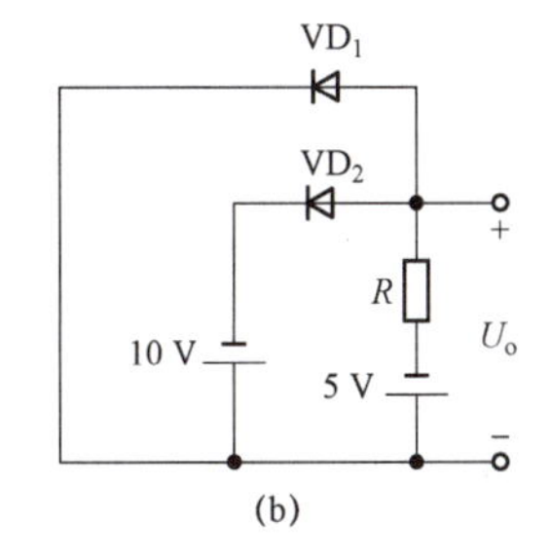

题 1.4 图

1.5　稳压管电路如题 1.5 图所示，设稳压管 VZ_1 和 VZ_2 的稳定电压分别为 5 V 和 10 V，正向导通电压为 0.7 V，$U_i=20$ V。试求各电路的输出电压 U_o。

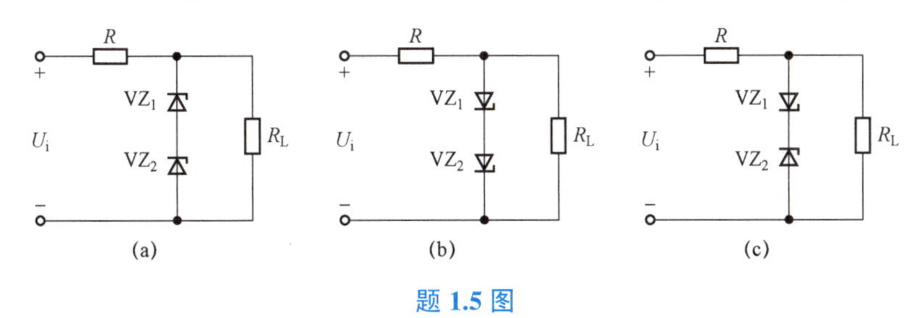

题 1.5 图

1.6　有两个 BJT，其中一个管子 $\beta=150$，$I_{CEO}=200$ μA，另一个管子 $\beta=50$，$I_{CEO}=10$ μA，其他参数一样，你选择哪个管子，为什么？

1.7　用数字万用表检测给定三极管的材料时，把挡位拨到二极管处，测试得到 0.65 V，表明给定三极管的材料是_____材料（硅或锗）。

1.8　已知晶体管处于放大状态，测得其三个极的电位分别为 -6 V、-9 V 和 -6.3 V，则 -6 V 所对应的电极为__________________。

项目习题答案

项目 2

分析与设计声控灯

引导语

声控灯在日常生产和生活中应用广泛，图 2.1 所示为声控灯的示意图。图 2.2 所示为某声控灯的原理图，图中话筒将声音信号转变为电信号的变化，经过两级放大电路后，驱动 LED 发光。放大是最基本的模拟信号处理功能，大多数模拟电子系统中都应用了不同类型的放大电路。检测外部物理信号的传感器所输出的电信号通常是很微弱的，这些能量过于微弱的信号一般很难作进一步分析处理，所以需要进行小信号放大。针对不同的应用，需要设计不同的放大电路。本项目主要以声控灯为例来理解小信号放大电路的工作原理。

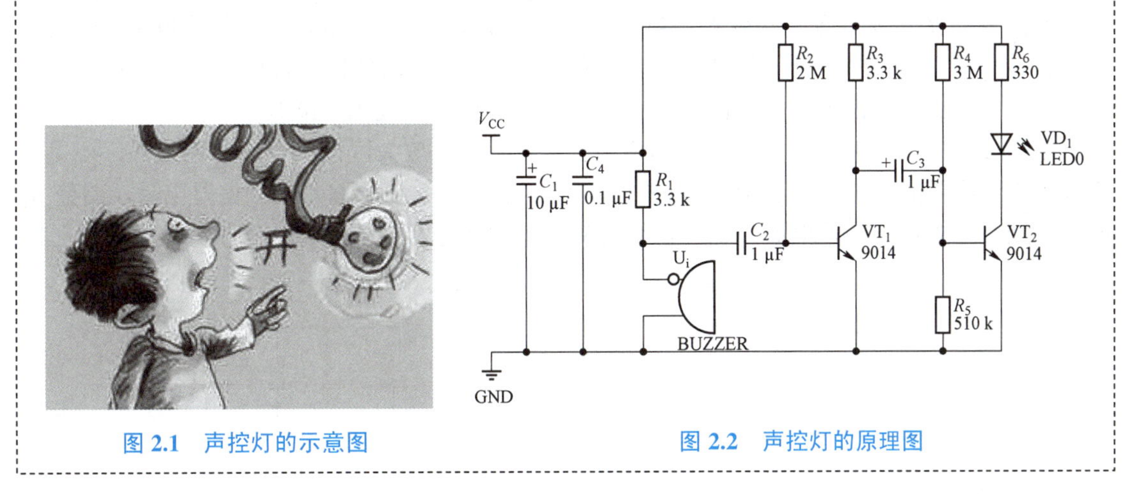

图 2.1　声控灯的示意图

图 2.2　声控灯的原理图

任务 2.1　分析与测试共射放大电路

2.1.1　估算共射放大电路的静态工作点

知识储备

三极管对信号实现放大作用时在电路中可有 3 种不同的连接方式（或称 3 种组态），即共

（发）射极、共集电极和共基极接法，这 3 种接法分别以发射极、集电极、基极作为输入回路和输出回路的交流公共端，而构成不同组态的放大电路如图 2.3 所示。

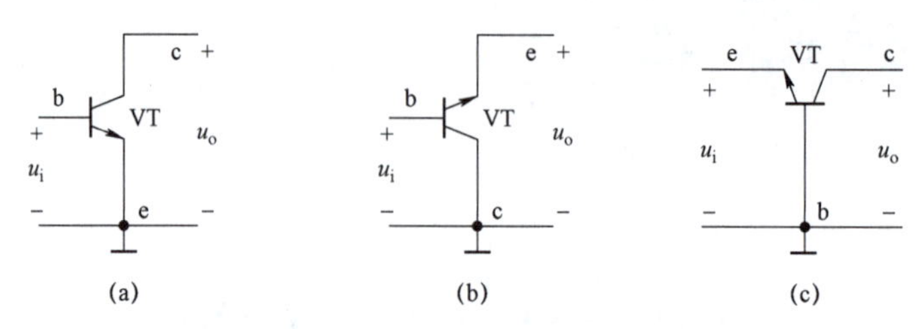

图 2.3　放大电路中三极管的 3 种连接方式

（a）共（发）射极电路；（b）共集电极电路；（c）共基极电路

1. 共（发）射放大电路简介

由于共（发）射极接法应用最广，下面首先以共（发）射极接法的放大电路为例，探讨放大电路的组成、工作原理及分析方法。

共（发）射极基本放大电路的组成如图 2.4 所示，由于发射极作为输入回路和输出回路的交流公共端，所以称为共射电路，本电路采用的是 NPN 管。为保证放大电路能够不失真地放大交流信号，放大电路的组成应遵循以下原则。

1）保证三极管工作在放大区

在图 2.4 中，直流电源 U_{BB} 和基极偏置电阻 R_b 为了保证三极管发射结正偏，直流电源 V_{CC} 和集电极电阻 R_c 为了保证三极管集电结反偏，此时 V_{CC} 应大于 U_{BB}。为了简化电路，一般选取 $V_{CC}=U_{BB}$，如图 2.4 所示，此时为保证三极管集电结反偏，基极偏置电阻 R_b（一般为几十千欧至几百千欧）应远大于集电极电阻 R_c（一般为几千欧至几十千欧）。

在图 2.5 中，直流电源 V_{CC} 除了为三极管正常工作在放大区提供合适的偏置外，还提供信号放大所需要的能量。电阻 R_b 决定基极偏置电流 I_B 的大小，称为基极偏置电阻，调整 R_b 可以得到合适的基极偏置电流。集电极电阻 R_c 能够将集电极电流的变化转换为集电极电压的变化。

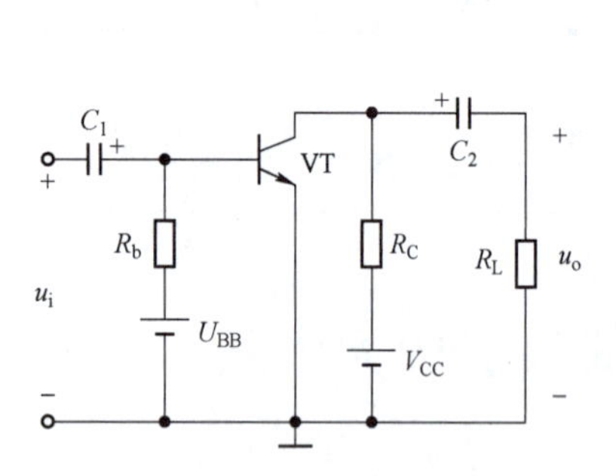

图 2.4　共（发）射极放大电路

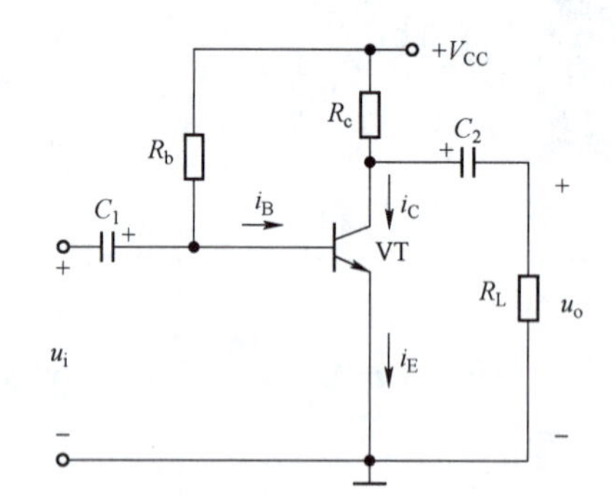

图 2.5　共（发）射极放大电路的简化画法

2）保证信号有效的传输

在图 2.5 中，电容 C_1、C_2 为耦合电容，起隔直、通交的作用，即隔断放大电路与信号源、放大电路与负载之间的直流通路，沟通交流信号源、放大电路、负载三者之间的交流通路。耦合电容一般采用有极性的电解电容，使用时注意正负极性。

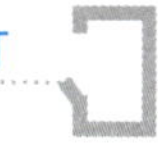

放大电路由直流电源提供偏置，保证三极管正常工作在放大区，电路中存在一组直流分量。放大电路要放大的是交流信号，电路中存在一组交流分量，即电路中交、直流分量并存。

3）放大电路中电压、电流的方向及符号规定

（1）电压、电流正方向的规定。

为了便于分析，规定电压的正方向都以输入输出回路的公共端为负，其他各点均为正；电流方向以三极管各电极电流的实际方向为正方向，如图 2.5 所示。

（2）电压、电流符号的规定。

为了便于讨论，对于图 2.5 所示的放大电路，在交流信号 u_i 的作用下，可以得到图 2.6 所示的三极管集电极电流波形，对其表示的符号作以下规定（见表 2.1）。

① 如图 2.6（a）所示波形，用大写字母和大写下标表示直流分量。如 I_C 表示集电极的直流电流。

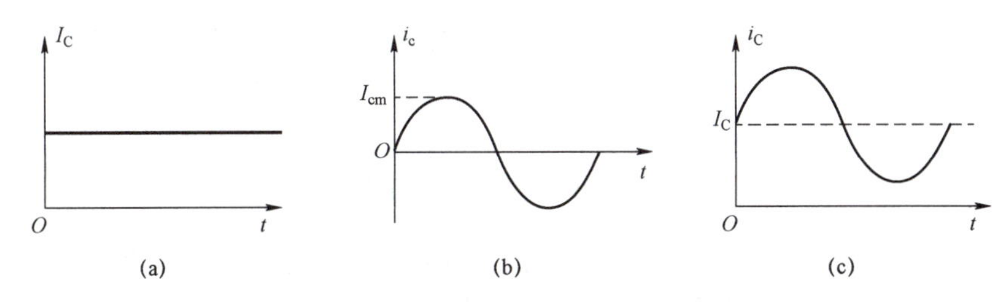

图 2.6　共（发）射极放大电路三极管集电极电流波形

② 如图 2.6（b）所示波形，用小写字母和小写下标表示交流分量。如 i_c 表示集电极的交流电流。

③ 如图 2.6（c）所示波形，是直流分量和交流分量之和，即交流叠加在直流上，用小写字母和大写下标表示总变化量。如 i_C 表示集电极电流总的瞬时值，其数值为 $i_C=I_C+i_c$。

④ 用大写字母和小写下标表示交流有效值。如 I_c 表示集电极正弦交流电流的有效值。

表 2.1　电压、电流符号的规定

类别	符号	下标	示例
直流分量	大写	大写	I_B、I_C、I_E、U_{BE}、U_{CE}
交流分量	小写	小写	i_b、i_c、i_e、u_{be}、u_{ce}
交直流叠加	小写	大写	i_B、i_C、i_E、u_{BE}、u_{CE}
交流有效值	大写	小写	I_b、I_c、I_e、U_{be}、U_{ce}
交流振幅值	大写	小写	I_{bm}、I_{cm}、I_{em}、U_{bem}、U_{cem}

2. 共射放大电路的静态分析

在对一个放大电路进行定量分析时，首先进行静态分析，即分析未加输入信号时的工作状态，此时电路中只存在直流分量，利用直流成分的通路，即直流通路估算放大电路的静态参数。然后进行动态分析，即分析加上交流输入信号后电路的工作状态，估算放大电路的各项动态性能指标。加上交流输入信号后电路增加了交流分量，利用交流成分的通路，即交流

通路分析交流分量。由于放大电路中存在着电抗性元件，所以直流成分的通路和交流成分的通路是不同的。首先通过下面的测试分析基本共射放大电路的静态工作情况。

1）直流通路及静态工作点

直流通路是指当输入信号 $u_i=0$ 时，电路在直流电源 V_{CC} 的作用下，直流电流所流过的路径。在画直流通路时，将电路中的电容开路，电感短路。图 2.5 所对应的直流通路如图 2.7（a）所示。

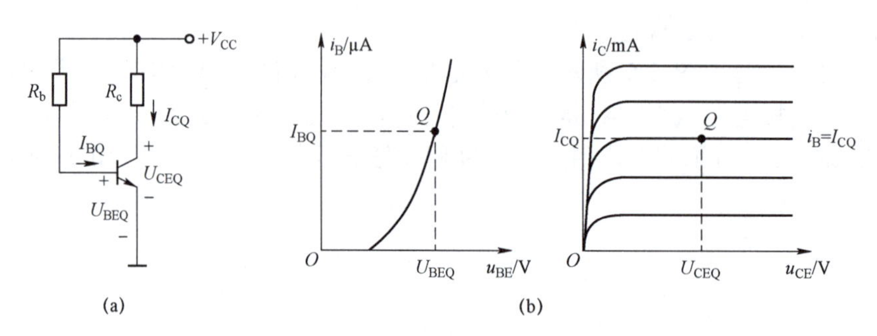

图 2.7　基本共射放大电路的静态情况

（a）直流通路；（b）静态工作点 Q

静态是指交流输入信号 $u_i=0$ 时放大电路的工作状态，此时电路中只有直流分量。在直流电源的作用下，三极管的基极回路和集电极回路均存在着直流电流和直流电压，即 I_{BQ}、U_{BEQ}、I_{CQ}、U_{CEQ}。这 4 个数值分别对应于三极管输入输出特性曲线上的一个点“Q”，即输入特性曲线上的点 Q（U_{BEQ}，I_{BQ}）、输出特性曲线上的点 Q（U_{CEQ}，I_{CQ}），如图 2.7（b）所示，习惯上称这个“Q”点为放大电路的静态工作点。为了使放大电路能够正常工作，三极管必须处于放大状态。因此，要求三极管必须具有合适的静态工作点“Q”。当电路中的 V_{CC}、R_c、R_b 确定以后，I_{BQ}、U_{BEQ}、I_{CQ}、U_{CEQ} 也就随之确定了。为了表明对应于“Q”点的各参数 I_B、U_{BE}、I_C、U_{CE} 是静态参数，习惯上将其分别记作 I_{BQ}、U_{BEQ}、I_{CQ} 和 U_{CEQ}。

2）放大电路静态工作点的估算

由图 2.7（a）所示直流通路可知，直流电源 $+V_{CC}$ 经基极偏置电阻 R_b 为三极管发射结提供正向偏置电压，经集电极电阻 R_c 为三极管集电结提供反向偏置电压。由直流通路得基极静态电流 I_{BQ}，即

$$I_{BQ}=\frac{V_{CC}-U_{BEQ}}{R_b}$$

其中，U_{BEQ} 为发射结正向电压。三极管导通时 U_{BEQ} 的变化很小，可近似认为：硅管 $U_{BEQ}=0.6\sim0.8$ V，通常取 0.7 V；锗管 $U_{BEQ}=0.1\sim0.3$ V，取 0.3 V。当 $V_{CC}>>U_{BEQ}$ 时，可以 $I_{BQ}\approx V_{CC}/R_b$。根据三极管的电流放大特性，得集电极静态电流 I_{CQ}，即

$$I_{CQ}=\beta I_{BQ}$$

再依据集电极回路可求出集电极－发射极间电压 U_{CEQ}，即

$$U_{CEQ}=V_{CC}-I_{CQ}R_c$$

上式中 U_{CEQ} 和 I_{CQ} 的关系对应于输出特性曲线中过 Q 点的一条直线，此直线称为直流负载线，如图 2.8 所示。

注意：实际工作中如果 U_{CEQ} 的值小于 1 V，三极管工作在饱和区，上式就不成立了。此时三极管的集电极电流 I_{CQ} 为饱和电流，用 I_{CS} 表示，三极管集电极－发射极之间的电压为饱和压降，用 U_{CES} 表示，则

$$I_{CS}=\frac{V_{CC}-U_{CES}}{R_c}\approx\frac{V_{CC}}{R_c}$$

当三极管处于临界饱和状态时，仍然满足 $I_C=\beta I_B$，此时的基极电流称为基极临界饱和电流，用 I_{BS} 表示，则

$$I_{BS}=\frac{I_{CS}}{\beta}\approx\frac{V_{CC}}{\beta R_c}$$

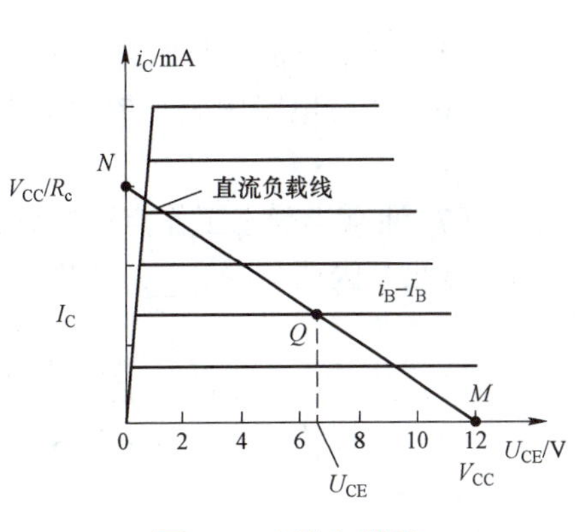

图 2.8　直流负载线

在判断三极管的工作状态时，如果 $I_{BQ}>I_{BS}$，认为三极管处于饱和状态。

图 2.5 所示的基本共射极放大电路具有电路简单的优点，其基极电流 $I_{BQ}=(V_{CC}-U_{BEQ})/R_b$ 是固定的，所以也称此电路为固定偏置式电路。当更换三极管或环境温度变化引起三极管参数变化时，电路的静态工作点会随之变化，甚至可能移到不合适的位置而导致放大电路无法正常工作。固定偏置式放大电路的静态工作点不稳定，直接影响放大电路的工作性能，应采取措施改进电路，以稳定放大电路的静态工作点。

3. 带有发射极电阻 R_e 的固定偏置电路

1）电路组成

电路如图 2.9 所示。

2）静态工作点的估算

根据电路有

$$I_{BQ}=\frac{V_{CC}-U_{BEQ}}{R_b+(1+\beta)R_e}$$

$$I_{CQ}=\beta I_{BQ}$$

$$U_{CEQ}\approx V_{CC}-I_{CQ}(R_c+R_e)$$

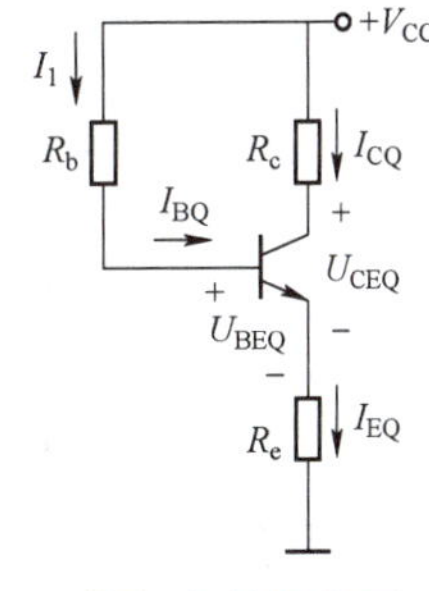

图 2.9　带有发射极电阻 R_e 的固定偏置式直流电路

该电路与不带 R_e 的固定偏置式电路相比，静态工作点较稳定。其稳定过程请读者自行分析。

自 测 习 题

1. 填空

（1）三极管放大电路有 3 种组态，分别是________、________、________。

（2）共射放大电路中三极管工作在放大区，必须保证发射结________，集电结________（正偏/反偏）；耦合电容具有________特性。

（3）共射放大电路的输入和输出信号相位________（相同、相反）。

（4）$u_i=0$ 时的电路状态就称为________，此时电流流过的路径就称为________通路（直流、交流）。

（5）画出直流通路的方法是将电容________，电感________（短路、开路）。

（6）共射电路中表征放大器中晶体三极管静态工作点的参数有 U_{BEQ}、_____、_____和_____。

（7）通常当静态工作点选得偏高或偏低时，就有可能使放大器的工作状态进入______（饱和、截止）区或________（饱和、截止）区，而使输出信号的波形产生失真。

2. 判断

（1）共射放大电路中交流、直流信号共存。（　　）

（2）三极管能放大的能量来源于电源。（　　）

3. 选择

在实际工作中调整放大器的静态工作点一般是通过改变（　　）。

A. 发射极电阻　　B. 基极电阻　　C. 三极管的 $\bar{\beta}$ 值

4. 分析

（1）如题 4（1）图所示，当 $R_b=300\ k\Omega$，$R_c=3\ k\Omega$，$\beta=60$，$U_{CC}=12\ V$ 时。① 画出直流通路；② 估算该电路的静态工作点 I_{BQ}、I_{CQ}、I_{CEQ}（忽略 U_{BEQ}）。

（2）放大电路如题 4（2）图所示，已知 $\beta=100$，$R_b=200\ k\Omega$，$R_c=1\ k\Omega$。

求：① 画出直流通路；② 估算电路的静态工作点（忽略 U_{BE}）；③ 电容的作用是什么；④ 输出信号和输入信号的相位是同相还是反相？

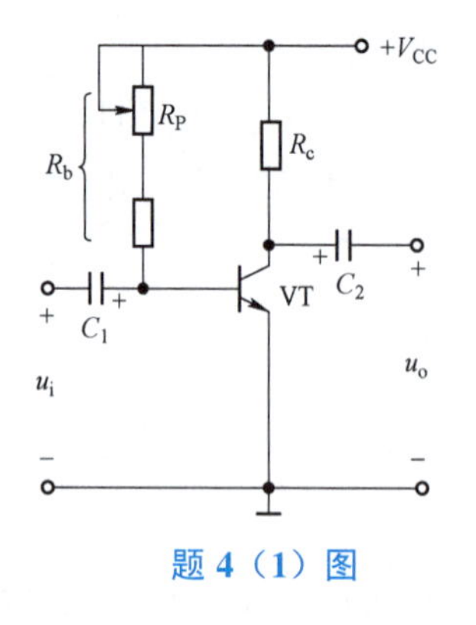

题 4（1）图

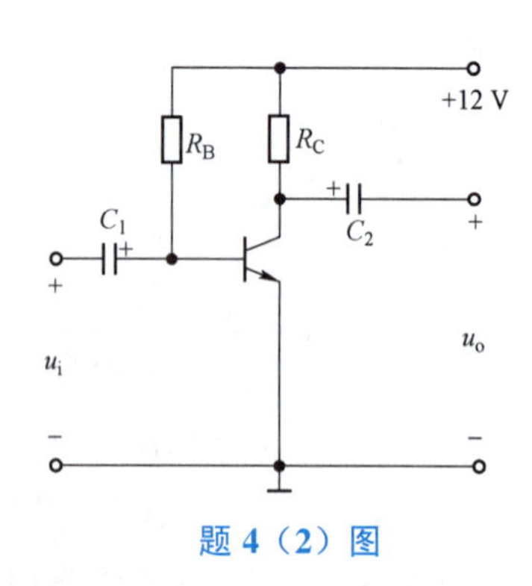

题 4（2）图

自测习题答案

2.1.2　分析共射放大电路的动态性能

知识储备

放大电路在没有交流信号输入时静态电压和静态电流是固定的，即静态工作点 Q 是固定的。如果有信号输入时，三极管的工作状态是在静态的基础上再叠加一个交流分量，这时电路就工作在动态中。

1. 放大电路的主要性能指标

放大电路放大的对象是变化量，研究放大电路除了要保证放大电路具有合适的静态工作点外，更重要的是研究其放大性能。衡量放大电路性能的主要指标有放大倍数、输入电阻 r_i 和输出电阻 r_o。为了说明各指标的含义，将放大电路用图 2.10 所示的有源线性四端网络表示。图中，1－2 端为放大电路的输入端，r_s 为信号源内阻，u_s 为信号源电压，此时放大电路的输入电压和电流分别为 u_i 和 i_i。3－4 端为放大电路的输出端，接实际负载电阻 R_L，u_o、i_o 分别为电路的输出电压和输出电流。

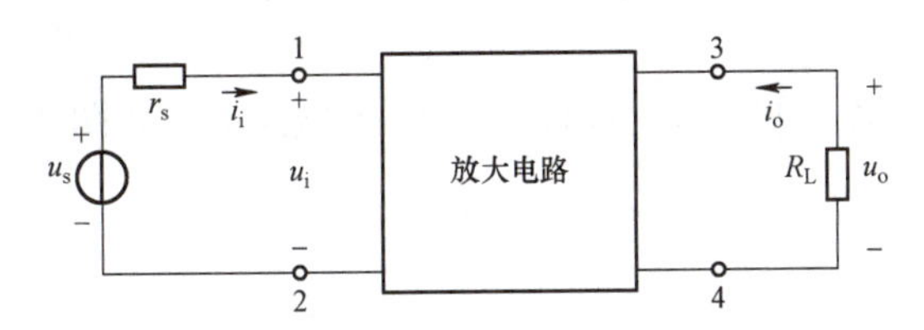

图 2.10　放大电路四端网络

1）放大倍数

放大倍数是衡量放大电路放大能力的指标。放大倍数是指输出信号与输入信号之比，有电压放大倍数、电流放大倍数和功率放大倍数等表示方法，其中电压放大倍数最常用。

放大电路的输出电压 u_o 和输入电压 u_i 之比，称为电压放大倍数 A_u，即

$$A_u = \frac{u_o}{u_i}$$

放大电路的输出电流 i_o 和输入电流 i_i 之比，称为电流放大倍数 A_i，即

$$A_i = \frac{i_o}{i_i}$$

放大电路的输出功率 P_o 和输入功率 P_i 之比，称为功率放大倍数 A_p，即

$$A_p = \frac{P_o}{P_i}$$

工程上常用分贝（dB）来表示电压放大倍数，称为增益，它们的定义分别如下。

电压增益为

$$A_u(\text{dB}) = 20\lg|A_u|$$

电流增益为

$$A_i(\text{dB}) = 20\lg|A_i|$$

功率增益为

$$A_p(\text{dB}) = 10\lg|A_p|$$

例如，某放大电路的电压放大倍数 $|A_u| = 100$，则电压增益为 40 dB。

2）输入电阻 r_i

放大电路的输入电阻是从输入端 1－2 向放大电路看进去的等效电阻，它等于放大电路输出端接实际负载电阻 R_L 后，输入电压 u_i 与输入电流 i_i 之比，即

$$r_{\mathrm{i}}=\frac{u_{\mathrm{i}}}{i_{\mathrm{i}}}$$

对于信号源来说，r_{i}就是它的等效负载，如图 2.11 所示。由图 2.11 可得

$$u_{\mathrm{i}}=u_{\mathrm{s}}\frac{r_{\mathrm{i}}}{r_{\mathrm{s}}+r_{\mathrm{i}}}$$

由上面两式可见，r_{i}是衡量放大电路对信号源影响程度的重要参数。r_{i}值越大，放大电路从信号源索取的电流越小，信号源对放大电路的影响越小。

3）输出电阻 r_{o}

从输出端向放大电路看入的等效电阻，称为输出电阻 r_{o}，如图 2.12 所示。由图 2.12 可得

$$r_{\mathrm{o}}=\frac{u_{\mathrm{o}}}{i_{\mathrm{o}}}$$

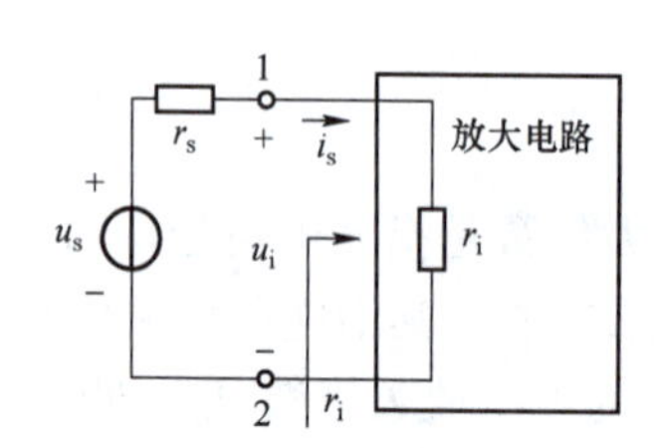

图 2.11　求输入电阻的等效电路

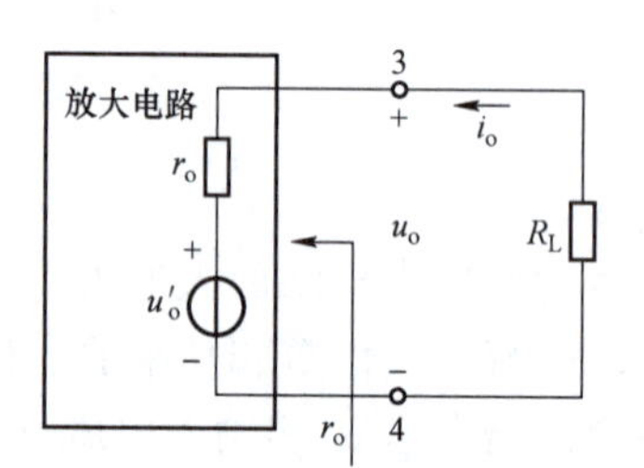

图 2.12　求输出电阻的等效电路

等效输出电阻用戴维南定理分析：将输入信号源 u_{s} 短路（电流源开路），但要保留其信号源内阻 r_{s}，用电阻串并联方法加以化简，计算放大电路的等效输出电阻。

实验方法测量输出电阻的步骤如下。

（1）将负载 R_{L} 开路，测放大电路输出端的开路电压，即放大电路 3－4 端的开路电压，测得有效值为U'_{o}。

（2）将负载 R_{L} 接入，测量放大电路 3－4 端的电压，测得有效值为 U_{o}。

（3）放大电路的输出电阻为

$$r_{\mathrm{o}}=\frac{U'_{\mathrm{o}}-U_{\mathrm{o}}}{U_{\mathrm{o}}}R_{\mathrm{L}}$$

由上式可以看出，r_{o} 越小，输出电压受负载的影响就越小，放大电路带负载能力越强。因此，r_{o}的大小反映了放大电路带负载能力的强弱。

2. 图解法分析动态

1）输入回路的动态图解分析

以图 2.5 所示基本共射放大电路为例，其输入特性如图 2.13（a）所示。输入端加入信号 $u_{\mathrm{i}}=20\sin\Omega t$（mV）时，由于有隔直电容 C_1 的存在，加在三极管发射结上的电压就是静态值 U_{BEQ} 与 u_{i} 的叠加值，即

$$u_{\mathrm{BE}}=U_{\mathrm{BEQ}}+u_{\mathrm{i}}$$

利用 u_{BE} 值在三极管输入特性曲线上可对应作出 i_{B} 值，i_{B} 是静态电流 I_{BQ} 与交流电流 i_{b} 的叠加值，即

$$i_B = I_{BQ} + i_b$$

从图 2.13（a）可看出

$$i_B = I_{BQ} + i_b = 40 + 20\sin\omega t(\mu A)$$

i_B 在 20～60 μA 范围内变动。

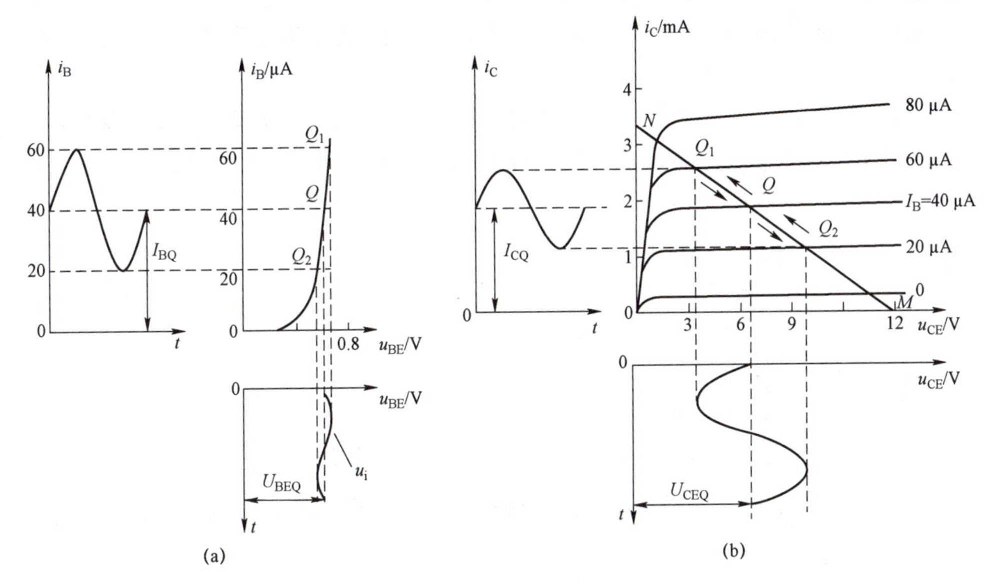

图 2.13　图解法分析动态

（a）输入回路动态图解；（b）输出回路动态图解

2）输出回路的动态图解分析

随着 i_B 的变动，i_C 也相应地变动，放大电路的工作点以 Q 点为中点，在直流负载线上变动。当输入信号 u_i 为正半周，i_B 由 40 μA 向 60 μA 变动时，放大电路的工作点先由 Q 点移动到 Q_1 点，再回到 Q 点。当输入信号 u_i 为负半周，i_B 由 40 μA 向 20 μA 变动时，放大电路的工作点先由 Q 点移动到 Q_2 点，再回到 Q 点。即放大电路的工作点随着 i_B 的变动将沿着直流负载线在 Q_1 点与 Q_2 点之间移动，因此，直线段 Q_1 Q_2 是工作点移动的轨迹，通常称为动态工作范围。

对应的集电极电流 i_C 的变化关系如图 2.13（b）左部分所示，i_C 为

$$i_C = I_{CQ} + i_c$$

对应管压降 u_{CE} 的变化形式如图 2.13（b）下部分所示，u_{CE} 为

$$u_{CE} = V_{CC} - i_C R_c = V_{CC} - (I_{CQ} + i_c)R_c = V_{CC} - I_{CQ}R_c - i_c R_c$$

即

$$u_{CE} = U_{CEQ} - i_c R_c$$

而输出电压 u_o 是经过电容 C_2 隔直后的交流管压降，即隔掉了直流量 U_{CEQ}，这时 u_o 为

$$u_o = u_{ce} = -i_c R_c$$

从图 2.13 中可以看出，输出电压 u_o 和输入电压 u_i 是反相的。图解分析法便于直观了解信

号的放大过程和相关参数对放大电路的影响，对大信号和小信号均适用。

3. 图解法分析静态工作点的位置对放大质量的影响

因为三极管是非线性器件，当静态工作点 Q 定得偏低，也就是 I_{BQ} 和 I_{CQ} 偏小时，会导致不能正常放大输入信号 u_i。如图 2.14（a）所示，输入信号 u_i 负半周会使工作点进入三极管输出特性曲线的截止区，从而不能被正常放大，此种失真称为截止失真。由于输入信号和输出信号是反相的，由图 2.14（a）也可观察到，输出信号 u_o 的正半周产生失真，截止失真也称顶部失真。

由上述分析可知，出现截止失真的原因是：因静态工作点 Q 偏低，即 I_{BQ} 偏小，引起 I_{CQ} 偏小造成的。因而防止截止失真的办法是将输入回路中的基极偏置电阻 R_b 减小，以增大 I_{BQ}、I_{CQ}，从而使静态工作点 Q 上移，进入三极管放大区的中间位置。

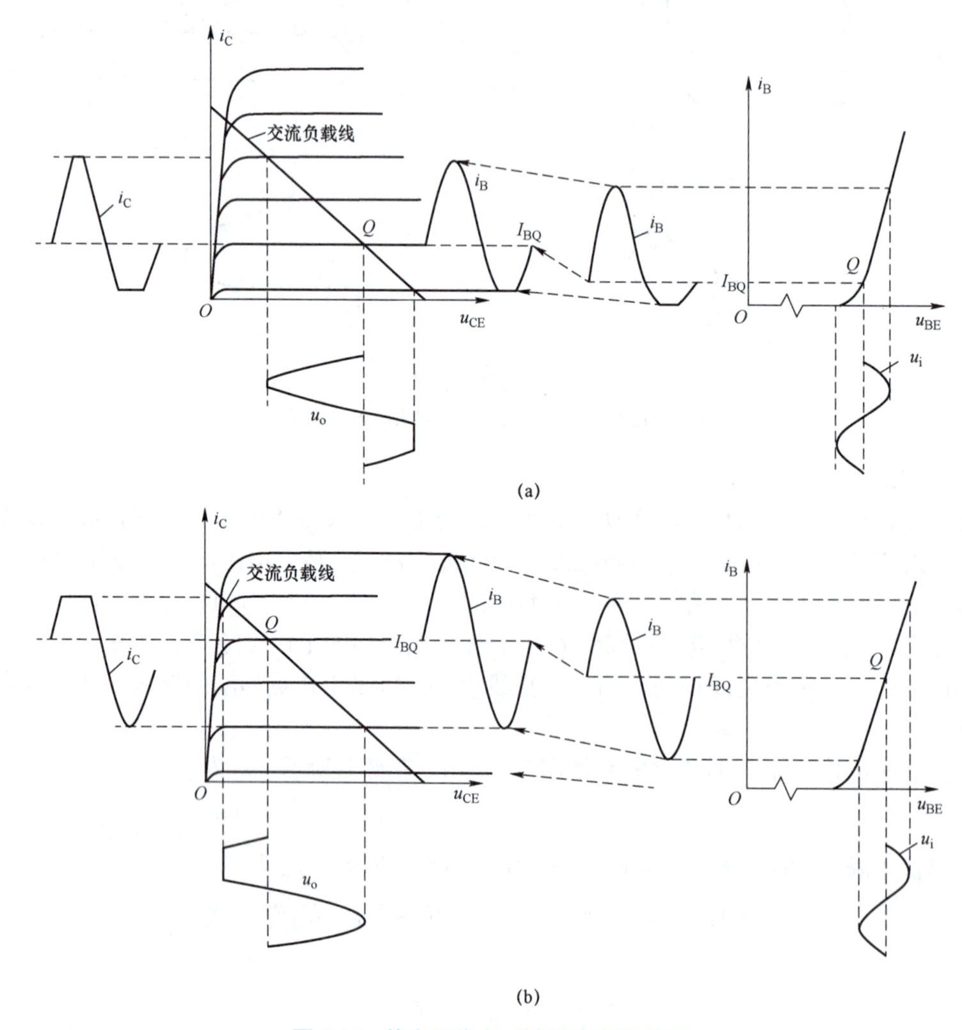

图 2.14　静态工作点对波形失真的影响

（a）Q 点偏低引起截止失真；（b）Q 点偏高引起饱和失真

当静态工作点 Q 定得偏高，也就是 I_{BQ} 和 I_{CQ} 偏大时，也会导致不能正常放大输入信号 u_i。如图 2.14（b）所示，输入信号 u_i 正半周会使工作点进入三极管输出特性曲线的饱和区，从而不能被正常放大，此种失真称为饱和失真。由图 2.14（b）可以观察到，输出信号 u_o 的负半周产生失真，饱和失真也称为底部失真。

由上述分析可知，出现饱和失真的原因是：因静态工作点 Q 偏高，即 I_{BQ} 偏大造成的。因而解决饱和失真的办法是将输入回路中的基极偏置电阻 R_b 增大，即减小 I_{BQ}，从而使静态工作点 Q 下降，以保证在输入信号的整个周期内，三极管工作在线性放大区。

截止失真和饱和失真都是由于三极管的非线性造成的，所以统称非线性失真。

放大电路正常工作时，要求设置合适的静态工作点，尽可能有最大的不失真信号输出，如图 2.15（a）所示。图 2.15（b）和图 2.15（c）所示为静态工作点不合适而产生的顶部失真和底部失真，可以通过调整电路中的基极偏置电阻 R_b 使 Q 点位置合适，消除失真。

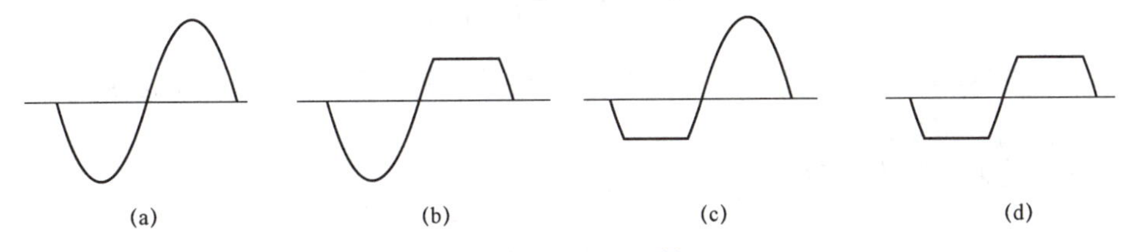

图 2.15　输出波形情况

（a）不失真输出波形；（b）顶部失真；（c）底部失真；（d）双向失真

需要注意的是，即使有了合适的静态工作点，当输入信号 u_i 的幅值太大时，输出信号也会出现失真，如图 2.15（d）所示，此种失真称为双向失真。

4. 选择静态工作点的原则

（1）若使放大电路的输出电压不失真，并且尽可能地大，静态工作点 Q 应设在交流负载线的中点附近。

（2）如果输入信号幅值很小，在保证波形不失真的前提下，静态工作点应选低些，可减少电路的功耗。

（3）温度对静态工作点的影响。

在实际工作中，由于半导体材料的热敏性，三极管的参数几乎都与温度有关，从而导致放大电路的静态工作点 Q 不稳定，影响放大电路的正常工作。图 2.16 所示的共射放大电路称为固定偏置式放大电路，考虑三极管的穿透电流 I_{CEO}，有

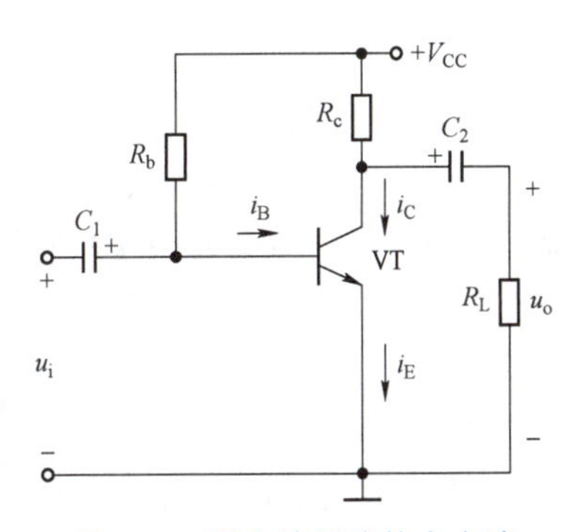

图 2.16　固定偏置式放大电路

$$I_{CQ} = \beta I_{BQ} + I_{CEO} = \beta \frac{V_{CC} - U_{CE}}{R_b} + I_{CEO}$$

所以当 V_{CC} 和 R_b 一定时，I_{CQ} 与三极管的参数 β、U_{BE} 及 I_{CEO} 有关。当温度升高时，β 值增大，I_{CEO} 增大，U_{BE} 减少，这都会引起 I_{CQ} 增大，导致静态工作点 Q 不稳定。所以，应采取措施，以限制因温度变化而引起的三极管静态工作点的变化。

知识拓展

1. 三极管的微变等效模型

由于放大电路中含有三极管，属于非线性元件，直接分析计算比较复杂。但是，当三极

管的静态工作点正常，并且输入微小变化的交流信号时，三极管的电压和电流近似为线性关系。因此，在小信号输入时，为计算方便，将三极管等效为一个线性元件，称为三极管的微变等效模型；将三极管组成的放大电路等效为线性电路，通常称为微变等效电路。

1）三极管基极与发射极间的等效

放大电路正常工作时发射结导通，即基极与发射极之间相当于一个导通的 PN 结，如图 2.17（a）所示。三极管的输入二端口等效为一个交流电阻 r_{be}，如图 2.17（b）所示。它是三极管输入特性曲线上工作点 Q 附近的电压微小变化量与电流微小变化量之比。根据三极管输入回路结构分析，r_{be} 的数值可以用下列公式计算，即

$$r_{be}=r_{bb}'+(1+\beta)\frac{26\text{mV}}{I_{EQ}(\text{mA})}$$

式中 r_{bb}'——基区体电阻，对于低频小功率管，r_{bb}' 为 100～500 Ω，如果无特别说明，一般取 $r_{bb}'=300\ \Omega$；

I_{EQ}——发射极静态电流。

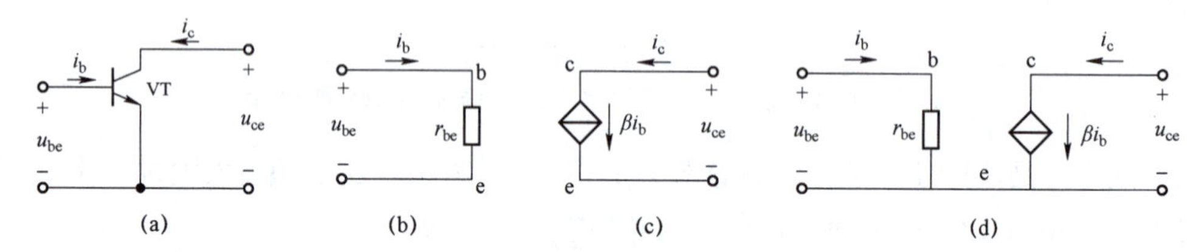

图 2.17 三极管微变等效过程

（a）NPN 型三极管；（b）三极管基－射极间的等效；（c）三极管集－射极间的等效；（d）三极管的微变等效电路

2）三极管集电极与发射极间的等效

当三极管工作在放大区时，i_c 的大小只受 i_b 的控制，$i_c=\beta i_b$，即实现了三极管的受控恒流特性。所以，三极管集电极与发射极间可等效为一个理想受控电流源，大小为 βi_b，如图 2.17（c）所示。将图 2.17（b）和图 2.17（c）组合，即可得到三极管的微变等效模型，如图 2.17（d）所示。

2. 利用微变等效电路分析放大电路的动态性能指标

共射放大电路如图 2.18（a）所示，为了分析动态性能指标，首先画出放大电路的交流通路，如图 2.18（b）所示。然后将电路中的非线性元件——三极管用微变等效模型代换，则得到图 2.18（c）所示的放大电路的微变等效电路。

（1）电压放大倍数（有载），由图 2.18（c）可得

$$u_o=-i_cR_L'=-\beta\cdot i_bR_L'$$

$$R_L'=R_c//R_L$$

$$u_i=i_br_{be}$$

得

$$A_u=\frac{u_o}{u_i}=-\frac{\beta\cdot i_bR_L'}{i_br_{be}}=-\frac{\beta R_L'}{r_{be}}$$

式中“－”表示输出信号与输入信号相位相反。

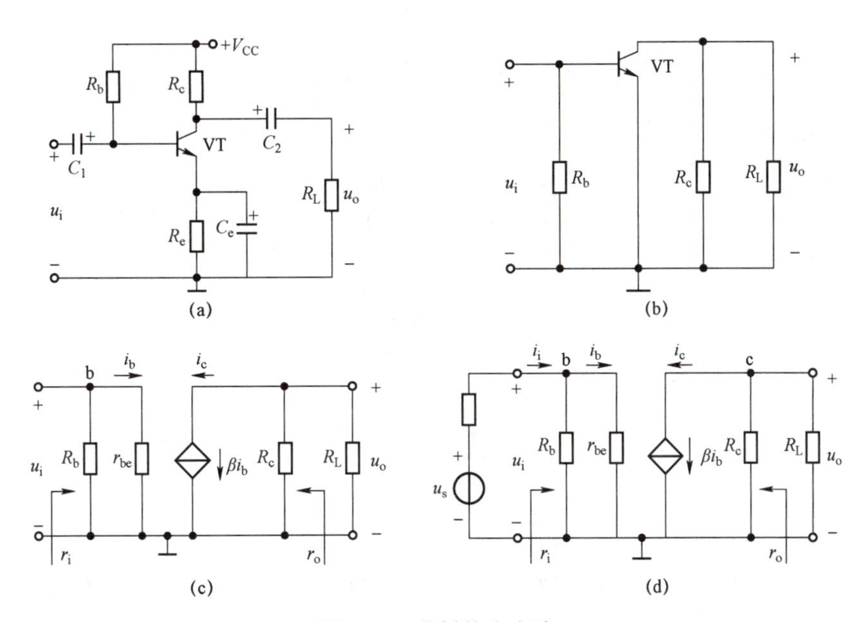

图 2.18　共射放大电路

（a）共射放大电路；（b）交流通路；（c）微变等效电路；（d）考虑信号源内阻时的微变等效电路

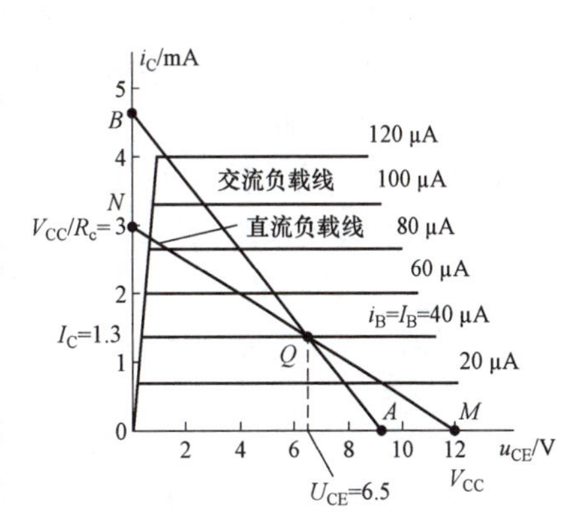

图 2.19　交流负载线

利用 $u_o=-i_c R_L'$ 在输出特性曲线图上作一直线，如图 2.19 所示，它与横轴和纵轴分别相交于点 A 和 B，其斜率为 $-1/R_L'$，而不是 $-1/R_c$ 了。把由斜率为 $-1/R_c$ 定出的负载线称为直流负载线，它由直流通路决定；而把由斜率为 $-1/R_L'$ 定出的负载线称为交流负载线，它由交流通路决定。交流负载线表示动态时工作点移动的轨迹。

交流负载线和直流负载线必然在 Q 点相交，这是因为在线性工作范围内，输入信号在变化过程中是一定经过零点的，即某一时刻 $u_i=0$。所以，通过 Q 点作一条斜率为 $-1/R_L'$ 的直线也可得到交流负载线。

读者可以思考一下，当放大电路不带负载 R_L 时，交流负载线是什么呢？电压放大倍数如何求解？

（2）输入电阻 r_i，有

$$r_i=\frac{u_i}{i_i}=R_b//r_{be}$$

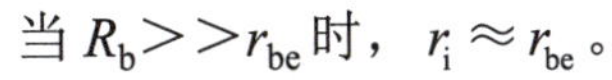

当 $R_b>>r_{be}$ 时，$r_i\approx r_{be}$。

（3）输出电阻 r_o。

在图 2.18（c）中，根据戴维南定理等效电阻的计算方法，将信号源 $u_s=0$，则 $i_b=0$，$\beta i_b=0$，可得输出电阻为

$$r_o=R_c$$

（4）源电压放大倍数。

图 2.18（d）所示为考虑信号源内阻时的微变等效电路。可得源电压放大倍数 A_{us} 为

$$A_{us}=\frac{u_o}{u_s}=\frac{u_o}{u_i}\cdot\frac{u_i}{u_s}=A_u\frac{u_i}{u_s}$$

又由图可得

$$\frac{u_i}{u_s}=\frac{r_i}{r_i+r_s}\approx\frac{r_{be}}{r_{be}+r_s}$$

将上式代入整理，得

$$A_{us}=\frac{u_o}{u_s}=-\beta\frac{R_L'}{r_{be}+r_s}$$

自 测 习 题

1. 填空

（1）画交流通路时，将直流电压源_________，将电容_________（短路、开路）。

（2）衡量放大电路性能的主要指标一般有_________、_________、_________。

（3）共射放大电路电压放大倍数是 1 000，相当于_________dB；在实际工作中，输入信号为电压源的情况下，电路的输入电阻越_________（大、小）越好，此时电源的利用率越_________（高、低）。电路的输出电阻越_________（大、小）越好，电路的带负载能力越_________（强、弱）。

（4）画出交流通路的方法是将电容_________，直流电压源_________。

（5）共射放大电路由于静态工作点不合适引起的失真现象一般有两种，分别是_________和_________失真；前者是由于 Q 点设置过_________造成的，后者是 Q 点设置过_________造成的（高、低）。共射放大电路如果输入信号过大，会引起_________失真。

2. 判断

（1）放大电路的空载是指 $R_C=0$。（　　）

（2）在做放大电路实验时，测量静态工作点可使用交流毫伏表。（　　）

（3）交流毫伏表测得的数据为交流有效值。（　　）

（4）设置合适静态工作点的目的是让三极管工作在放大区，保证信号不失真。（　　）

（5）共射放大电路中截止失真又称为顶部失真，饱和失真又称为底部失真。（　　）

（6）在共射放大电路中，如果静态工作点设置过高，电路会产生饱和失真。（　　）

（7）在实际工作中调整放大器的静态工作点一般是通过改变基极电阻实现。（　　）

3. 选择

（1）在 NPN 型三极管构成的共射放大电路中，输出负半周波形削波，说明是（　　）。

A. 截止失真，增大 R_b　　B. 饱和失真，增大 R_b

C. 截止失真，减小 R_b

（2）共射极放大器的输入信号加在三极管的（　　）之间。

A. 基极和射极　　B. 基极和集电极　　C. 射极和集电极

（3）共发射极放大电路输入信号与输出信号相位关系为（　　）。

A. 同相　　B. 反相　　C. 超前

4. 分析

（1）题 4（1）图示电路中，已知 $V_{CC}=12$ V，晶体管的$\beta=50$，$R_b=100$ kΩ，$R_c=1$ kΩ，忽略 U_{BE}。① 画出直流通路；② 估算静态工作点 I_{BQ}、I_{CQ} 和 U_{CEQ}；③ 若测得输入电压有效值 $U_i=5$ mV 时，输出电压有效值 $U_o=0.6$ V，则电压放大倍数 A_U 为多少？

（2）在调试题 4（2）图所示放大电路的过程中，曾出现过（b）、（c）图所示的两种不正常的输出电压波形。已知输入信号是正弦波，试判断这两种情况下分别是何种失真？产生该种失真的原因是什么？如何消除？

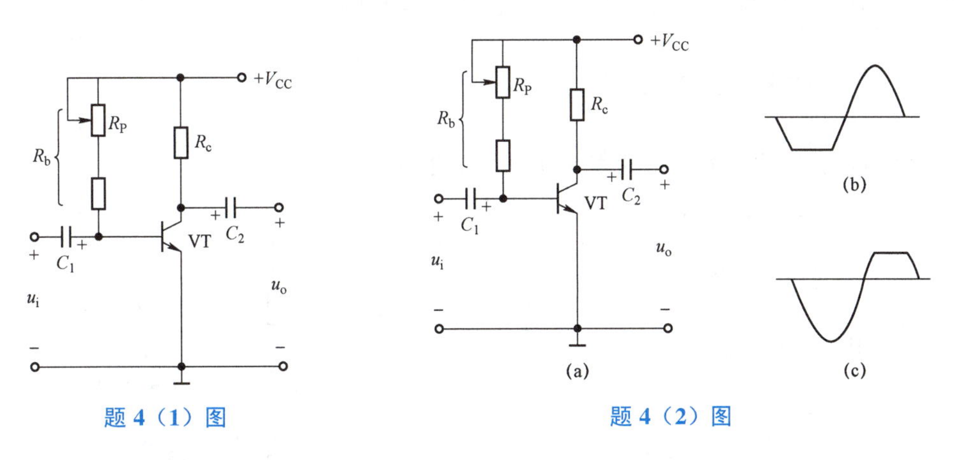

题 4（1）图　　题 4（2）图

（3）基本共发射极放大电路如题 4（3）图所示，$R_b=400$ kΩ，$R_c=5.1$ kΩ，$\beta=40$，$U_{CC}=12$ V 时，三极管为 NPN 型，忽略 U_{BE}。求：（1）画出直流通路；（2）估算静态工作点 I_{BQ}、I_{CQ} 和 U_{CEQ}；（3）当输出波形为题 21 图（b）所示时，判断是何失真？产生该种失真的原因是什么？如何消除？

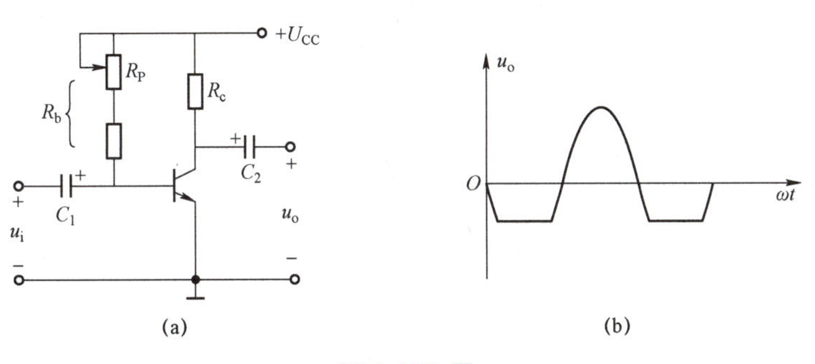

题 4（3）图

自测习题答案

2.1.3 分析分压式偏置共射放大电路

知识储备

固定偏置式放大电路的静态工作点不稳定，直接影响放大电路的工作性能，应采取措施改进电路，以稳定放大电路的静态工作点。

分压式偏置电路如图 2.20 所示，与固定偏置式电路不同的是：基极直流偏置电位 U_{BQ} 是由基极偏置电阻 R_{b1} 和 R_{b2} 对 V_{CC} 分压取得的，故称这种电路为分压式偏置电路，此电路能够稳定电路的静态工作点。

1. 分压式偏置共射放大电路的静态分析

1）静态工作点 Q 的估算

图 2.20 所示分压式偏置电路的直流通路如图 2.21 所示。

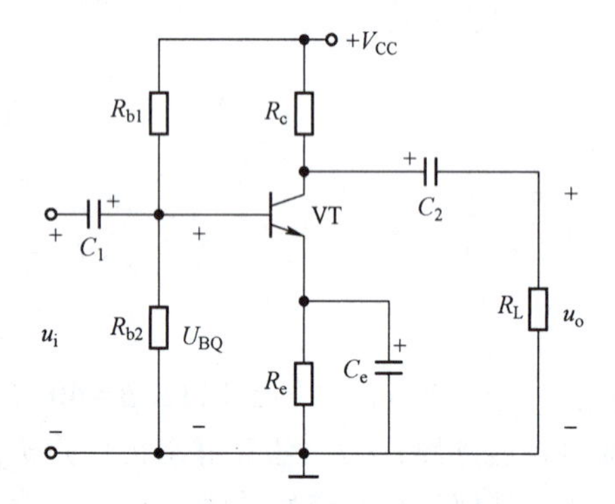

图 2.20　分压式偏置电路

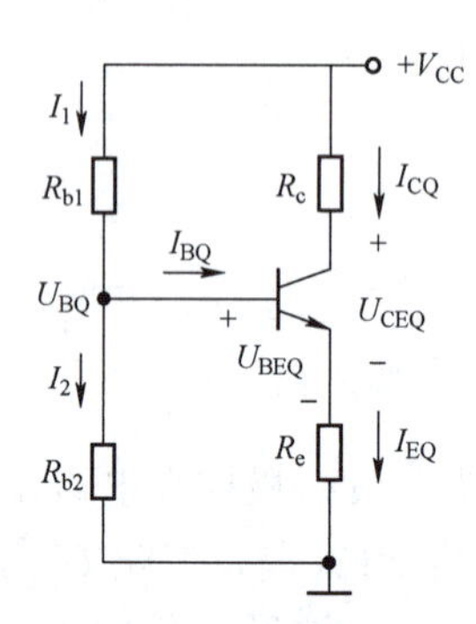

图 2.21　分压式偏置电路的直流通路

当三极管工作在放大区时，I_{BQ} 很小。当满足 $I_1 >> I_{BQ}$ 时，$I_1 \approx I_2$，则有

$$U_{BQ} \approx \frac{R_{b2}}{R_{b1}+R_{b2}} V_{CC}$$

$$I_{EQ} = \frac{U_B - U_{BEQ}}{R_e}$$

$$I_{CQ} \approx I_{EQ}$$

$$I_{BQ} = \frac{I_{CQ}}{\beta}$$

$$U_{CEQ} \approx V_{CC} - I_{CQ}(R_c + R_e)$$

2）Q 点的稳定过程

当满足 $I_1 >> I_{BQ}$ 时，U_{BQ} 固定，假如温度上升，则有

$$T\uparrow \to I_{CQ}\uparrow \to I_{EQ}\uparrow \to U_{EQ}\uparrow \to U_{BEQ}\downarrow \to I_{BQ}\downarrow \to I_{CQ}\downarrow$$

由此可见，这种电路是在基极电压固定的条件下，利用发射极电流 I_{EQ} 随温度 T 的变化所引起的 U_{EQ} 变化，进而影响 U_{BE} 和 I_B 的变化，使 I_{CQ} 趋于稳定的。这一稳定过程是通过直流负反馈原理实现的。

2. 分压式偏置共射放大电路的动态分析

当放大电路中加入正弦交流信号 u_i 时，电路中将产生一组交流量。在交流输入信号 u_i 的作用下，只有交流电流所流过的路径称为交流通路。画交流通路时，放大电路中的耦合电容短路；由于直流电源 V_{CC} 的内阻很小（理想电压源内阻近似为零），对交流变化量几乎不起作用，所以直流电源对交流视为短路。图 2.22（a）所示分压式偏置共射放大电路的交流通路如图 2.22（b）所示，其中 $R_b=R_{b1}//R_{b2}$。

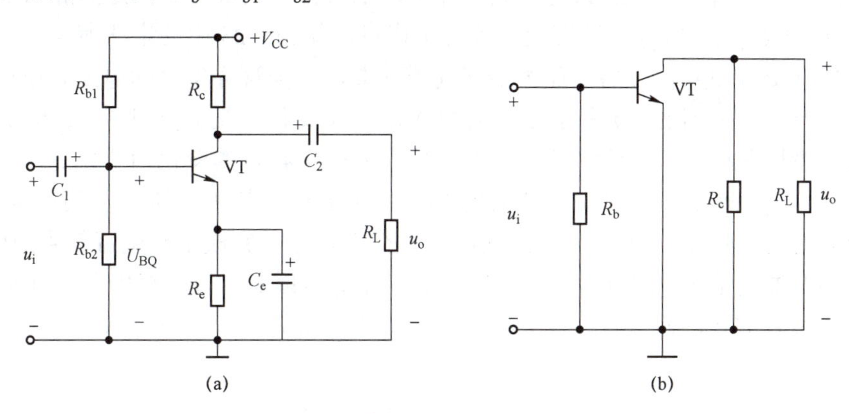

图 2.22　分压式偏置共射放大电路的动态分析

（a）分压式偏置共射放大电路；（b）交流通路

动态是指放大电路输入信号 u_i 不为零时的工作状态。当放大电路中加入正弦交流信号 u_i 时，电路中各极的电压、电流都是在直流量的基础上发生变化，即瞬时电压和瞬时电流都是由直流量和交流量叠加而成的，其波形如图 2.23 所示。

在图 2.22（a）中，输入信号 u_i 通过耦合电容 C_1 传送到三极管的基极与发射极之间，使得基极与发射极之间的电压为

$$u_{BE}=U_{BEQ}+u_i$$

输入信号 u_i 变化时，会引起 u_{BE} 随之变化，相应的基极电流也在原来 I_{BQ} 的基础上叠加了因 u_i 变化产生的变化量 i_b。这时，基极的总电流则为直流和交流的叠加，即

$$i_B=I_{BQ}+i_b$$

经三极管放大后得集电极电流为

$$i_C=\beta\cdot i_B=\beta I_{BQ}+\beta\cdot i_b=I_{CQ}+i_c$$

集电极－发射极之间的电压为

$$\begin{aligned}u_{CE}&=V_{CC}-i_CR_c=V_{CC}-(I_{CQ}+i_c)R_c\\&=U_{CEQ}-i_cR_c=U_{CEQ}+u_{ce}\end{aligned}$$

由上式可以看出，电压 u_{CE} 由两部分组成，一部分为静态电压 $U_{CEQ}=V_{CC}-I_{CQ}R_c$，另一部分为交流动态电压 $u_{ce}=-i_cR_c$，其中静态电压被耦合电容 C_2 隔断，交流电压经 C_2 耦合到输出

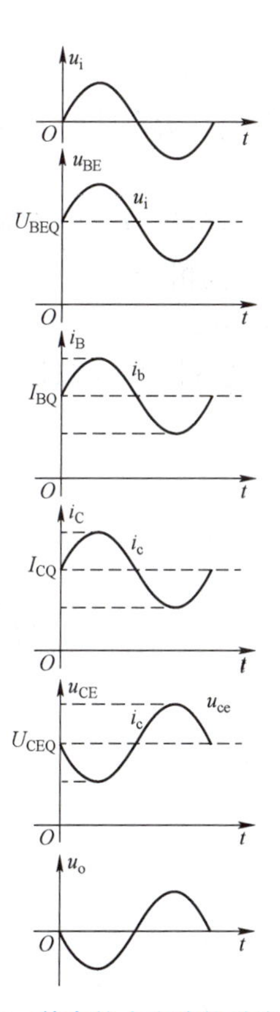

图 2.23　基本放大电路的动态情况

端，得

$$u_o = u_{ce} = -i_c R_c$$

式中“$-$”表示 u_o 与 u_i 反相，即共射放大电路的输出与输入信号的相位相反。

共射放大电路也称反相器或倒相器。通过上述分析以及对图 2.23 的观察，可以得到以下几个结论。

（1）在没有输入信号时，放大电路处于静态，三极管各电极有着恒定的静态电流值 I_{BQ}、I_{CQ} 和静态电压值 U_{BEQ}、U_{CEQ}，即固定的静态工作点，如图 2.23 中的虚线所示。

（2）当加入交流输入信号后，放大电路处于动态，三极管各电极的电流、电压瞬时值是在静态电流和电压的基础上，分别叠加了随输入信号 u_i 变化的交流分量 i_b、i_c 及 u_{ce}，其总瞬时值的方向或极性保持原来直流量的方向与极性，大小随着 u_i 的变化而变化。

（3）当三极管工作在放大区时，放大电路输出电压 u_o 与输入电压 u_i、输出电流 i_o（i_c）与输入电流 i_b 的变化规律一致，且 u_o 比 u_i 幅度大得多，这就完成了对交流信号的放大。

（4）从图 2.23 中的信号波形可以看到，i_b、i_c 与 u_i 的频率和相位都相同，而 u_o 与 u_i 的频率相同，相位相差 180°，即共射极放大电路的输出信号和输入信号“反相”。

自 测 习 题

1. 填空

共射放大电路的 u_o 和 u_i 的相位__________（同相、反相），相位差是__________（90°、180°）。

2. 选择

共发射极放大电路输入信号与输出信号相位关系为（　　）。

A. 同相　　　　B. 反相　　　　C. 超前

3. 分析

如题 3 图所示的偏置电路中，热敏电阻 R_t 具有负温度系数，问能否起到稳定工作点的作用？

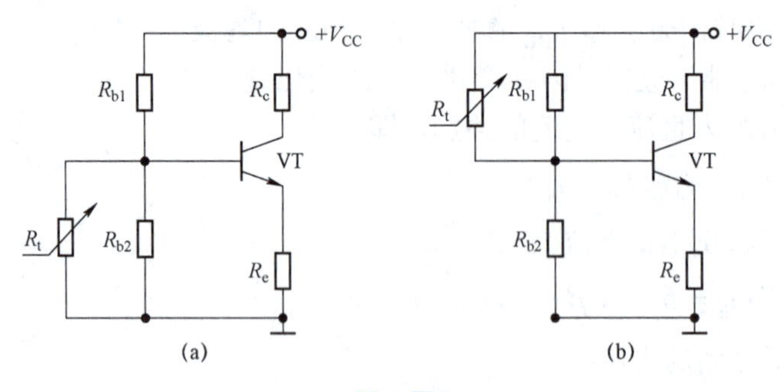

题 3 图

自测习题答案

2.1.4　任务训练：仿真分析共射放大电路

仿真测试 1

1. 测试任务

共射放大电路交直流并存特性的测试。

2. 任务要求

按测试步骤完成所有测试内容。

3. 测试器材

Multisim 2010 仿真平台。

4. 任务实施步骤

（1）按图 2.24 画好仿真电路，其中 $R_P = 500\ \text{k}\Omega$，滑动触头在 44%的位置。

（2）电路输入端输入 1 kHz、10 mV 的低频信号，输出端接上示波器观察波形。

（3）断开开关 J_1，用万用表测量三极管的静态工作点，用示波器观察 A、B 通道的波形，分别填入表 2.2 中。

（4）接通开关 J_1，用示波器观察 A、B 通道的波形，填入表 2.2 中。

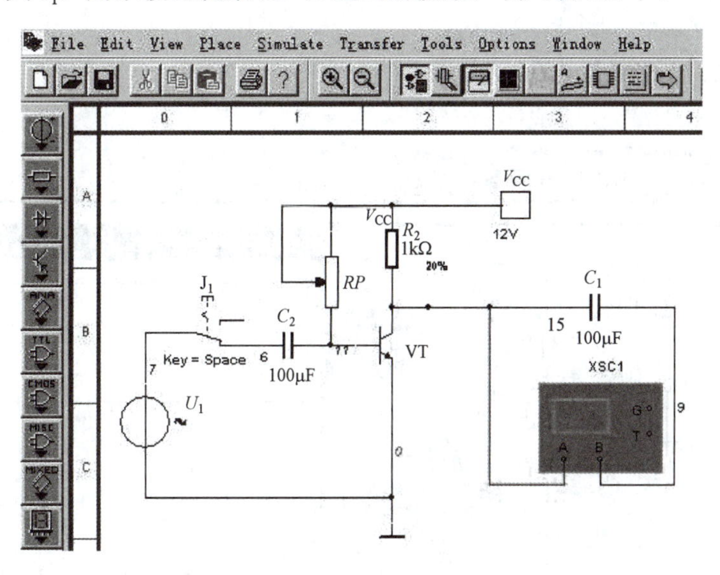

图 2.24　共射极放大电路交直流并存特性的仿真测试电路

表 2.2　共射极放大电路交直流并存特性的测试

状态	V_c/V	V_b/V	V_e/V	波形
断开 J_1				（A 通道） （B 通道）
连通 J_1	—	—	—	（A 通道） （B 通道）

5. 任务完成结论

（1）断开开关 J_1，从 A 通道和 B 通道波形可以看出，电路中存在_______（交流量、直流量、交直流并存）；接通开关 J_1，从 A 通道和 B 通道波形可以看出，电路中存在_______（交流量、直流量、交直流并存），电容 C_1 的作用是____________（隔直流、隔交流）。

（2）根据所测三极管各极电位可知，三极管处于放大状态时，V_B____V_C____V_E（大于、小于、等于），即三极管的发射结____，集电结____（正偏、反偏）。

仿真测试 2

1. 测试任务

（1）共射放大电路静态工作点的测试。

（2）共射放大电路静态工作点对放大电路影响的测试。

2. 任务要求

按测试步骤完成所有测试内容，并撰写测试报告。

3. 测试器材

Multisim 2010 仿真平台。

4. 任务实施步骤

1）共射放大电路静态工作点的测试

（1）按图 2.25 画好仿真电路。

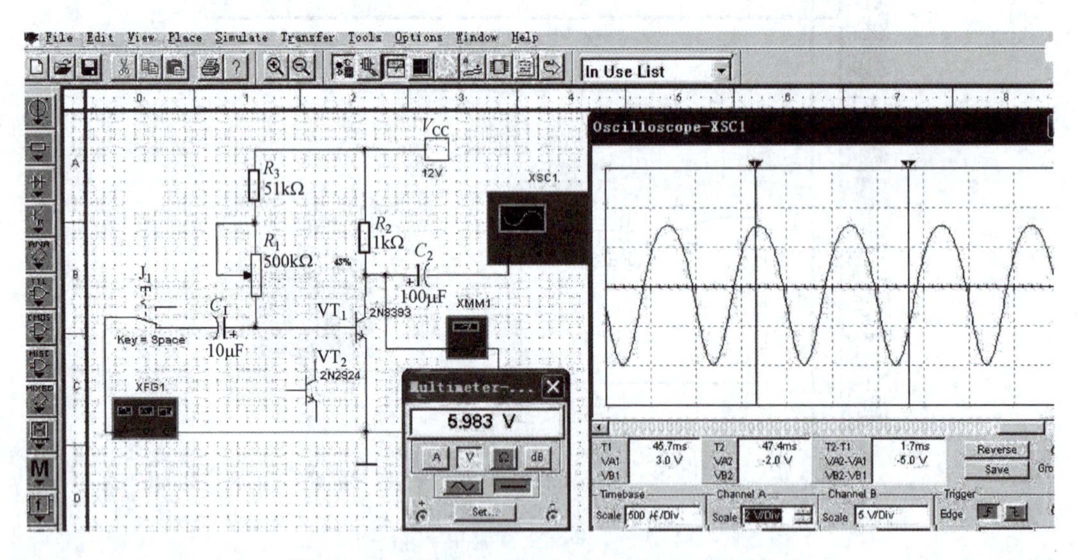

图 2.25　共射放大电路静态工作点的仿真测试电路

（2）读取三极管 2N2924 和 2N3393 的 β（即双击该三极管在“Edit Model”查找 Bf）值。

（3）按图 2.25 所示连接电路，三极管型号为 2N2924。调节电位器 R_1 的阻值，用万用表测得 $U_{CE}=6$ V，测试相关参数填入表 2.3 中。

（4）将三极管型号更换为 2N3393，用万用表测试相关数据填入表 2.3 中。

表 2.3　静态工作点的测试

三极管	V_{b1}/V	I_B/mA	U_{R2}/V	I_C	U_{CE}	β 值
β 大						
β 小						
变化情况						

2）共射放大电路静态工作点对放大电路影响的测试

（1）按图 2.26 画好仿真电路。

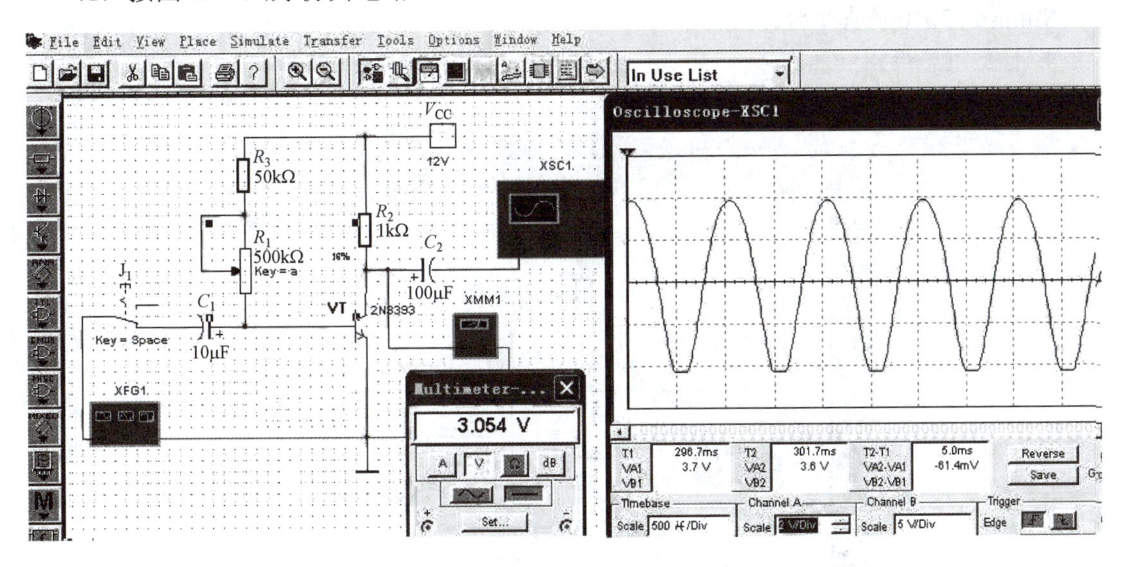

图 2.26　静态工作点对放大电路影响的仿真测试电路

（2）调节电位器 R_1 的阻值，使 $U_{CE}=3$ V，用示波器观察输出信号波形并记录表 2.4 中。

（3）调节电位器 R_1 的阻值，使 $U_{CE}=6$ V，用示波器观察输出信号波形并记录表 2.4 中。

（4）调节调电位器 R_1 的阻值，使 $U_{CE}=9$ V，用示波器观察输出信号波形并记录表 2.4 中。

表 2.4　静态工作点对放大电路影响的测试

U_{CE} 的值	3 V	6 V	9 V
输出信号波形			

5. 任务完成结论

（1）放大电路中三极管的 β 值的_______（改变、固定），将影响静态工作点的稳定，可能导致电路进入饱和或截止工作状态。

（2）在图 2.25 所示的共射放大电路中，基极偏置电阻的改变______（影响、不影响）整个放大电路的静态工作点，因此可通过调节基极偏置电阻阻值大小使放大电路达到合适的工作状态。

（3）在图 2.26 所示的共射放大电路中，U_{CE} 的值过小，可能导致输出波形______（顶部、底部）失真。

（4）放大电路的失真是由于三极管的______（线性、非线性）特性引起的。

仿真测试 3

1. 测试任务

分压式偏置共射放大电路静态工作点稳定性的测试与分析。

2. 任务要求

按测试步骤完成所有测试内容，并撰写测试报告。

3. 测试器材

Multisim 2010 仿真平台。

4. 任务实施步骤

（1）按图 2.27 画好仿真电路。

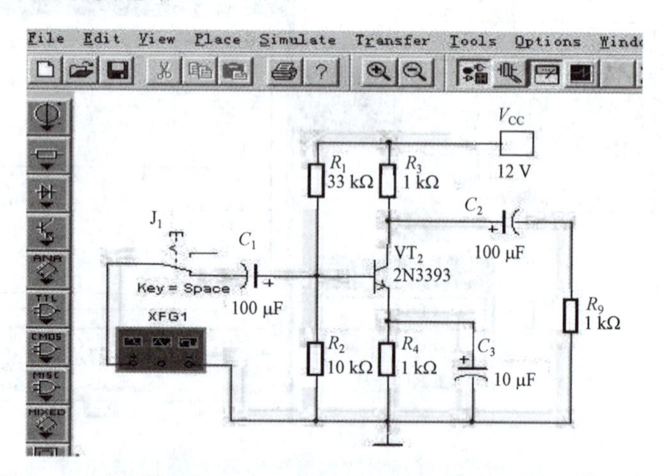

图 2.27　分压式偏置共射放大电路静态工作点稳定性的仿真测试电路

（2）读取三极管 2N2924 和 2N3393 的 β（即 Bf）值。

（3）按图 2.27 所示连接电路，三极管型号为 2N2924，用万用表测试相关参数填入表 2.5。

（4）将图 2.27 中的三极管型号更换为 2N3393，用万用表测试相关数据填入表 2.5 中。

表 2.5　静态工作点稳定性的测试

三极管	V_b/V	U_{R3}/V	I_C	U_{CE}	β 值	备注
β 大						
β 小						
变化情况						

5. 任务完成结论

（1）图 2.27 所示放大电路中三极管的 β 值变化，对电路的静态工作点的影响________（很小、很大）。因此，图 2.27 所示的分压式偏置电路能够稳定电路的静态工作点。

（2）三极管 β 值的变化主要受到______（外电路结构、温度）变化的影响。

任务 2.2　分析共集电极和多级放大电路

2.2.1　分析共集电极放大电路

知识储备

共集电极电路也是基本放大电路组态中的一种，电路如图 2.28 所示，交流信号从基极输入、发射极输出，集电极是交流接地，是输入回路和输出回路的公共端，故该电路称为共集电极电路。由于共集电极电路的输出信号取自发射极，故该电路又称为射极输出器。

1. 共集电极放大电路的静态分析

（1）图 2.28 所示共集电极放大电路的直流通路如图 2.29 所示。

（2）静态工作点的估算，即

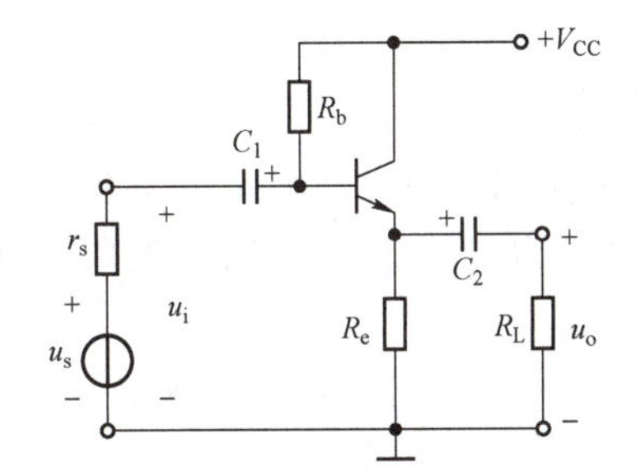

图 2.28　共集电极放大电路

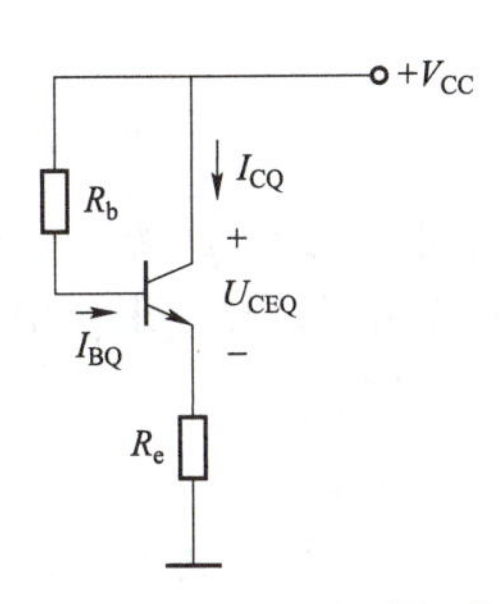

图 2.29　共集电极放大电路的直流通路

$$I_{BQ}=\frac{V_{CC}-U_{BE}}{R_b+(1+\beta)R_e}$$

$$I_{CQ}=\beta I_{BQ}$$

$$U_{CEQ}=V_{CC}-I_{EQ}R_e\approx V_{CC}-I_{CQ}R_e$$

2. 共集电极放大电路的动态分析

（1）图 2.30 所示为共集电极放大电路的交流通路，其微变等效电路如图 2.31 所示。

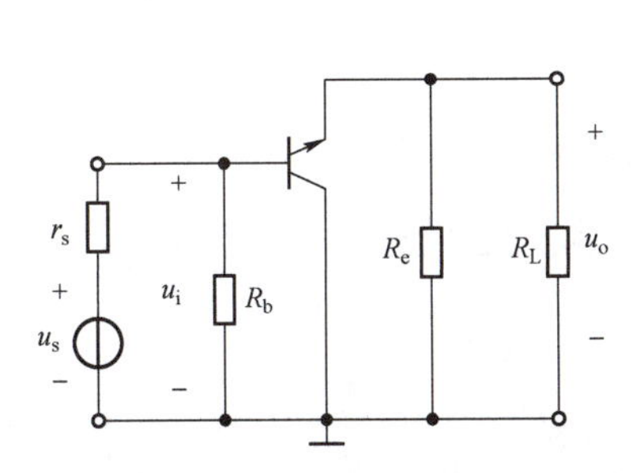

图 2.30　共集电极放大电路交流通路

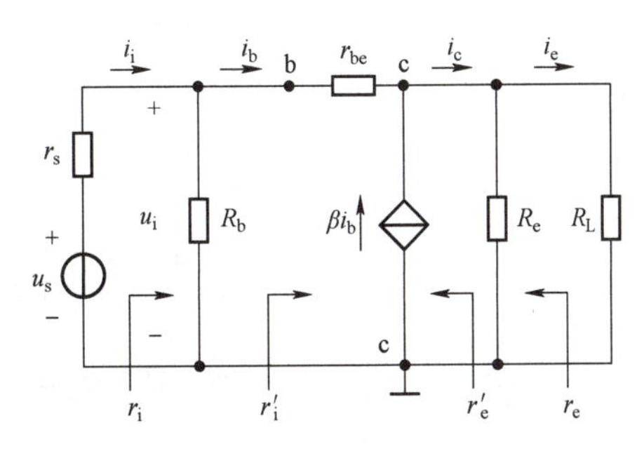

图 2.31　共集电极放大电路微变等效电路

（2）动态参数的估算。

① 电压放大倍数 A_u 的估算，即

$$u_o = i_e R_L' = (1+\beta) i_b R_L' \quad （其中 R_L' = R_c // R_L）$$

$$u_i = i_b r_{be} + u_o = i_b r_{be} + (1+\beta) i_b R_L'$$

则

$$A_u = \frac{u_o}{u_i} = \frac{(1+\beta) i_b R_L'}{i_b r_{be} + (1+\beta) i_b R_L'} = \frac{(1+\beta) R_L'}{r_{be} + (1+\beta) R_L'}$$

由于（$1+\beta$）$R_L' >> r_{be}$，所以 $A_u \approx 1$，但略小于 1。A_u 为正值，所以 u_o 与 u_i 同相。由此说明 $u_o \approx u_i$，即输出信号的变化跟随输入信号的变化，故该电路又称为射极跟随器。

② 输入电阻 r_i 的估算。由图 3.31 可得

$$r_i = R_b // r_i'$$

$$r_i' = \frac{u_i}{i_b} = \frac{i_b r_{be} + (1+\beta) i_b R_L'}{i_b} = r_{be} + (1+\beta) R_L'$$

则

$$r_i = R_b // [r_{be} + (1+\beta) R_L']$$

R_L' 上流过的电流是 i_b 的 $1+\beta$ 倍，为了保证等效前后的电压不变，故把 R_L' 折算到基极回路时应扩大 $1+\beta$ 倍。由上式可见，共集电极电路的输入电阻比共发射极电路大得多，对信号源影响程度小，这是射极输出器的特点之一。

③ 输出电阻 r_o 的估算。根据放大电路输出电阻的定义，在图 2.31 中，令 $u_s=0$，并去掉负载 R_L，在输出端外加一测试电压 u_p，可得图 2.32 所示的微变等效电路。

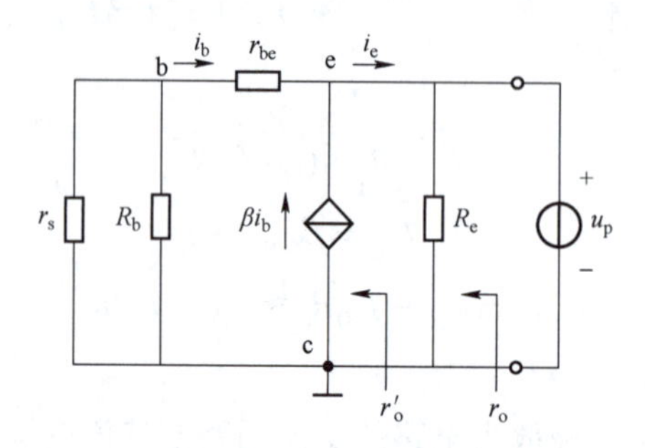

图 2.32 求 r_o 的微变等效电路

由图可得

$$u_p = -i_b (r_{be} + r_s // R_b)$$

$$r_o' = \frac{u_p}{-i_e} = \frac{-i_b (r_{be} + r_s // R_b)}{-(1+\beta) i_b} = \frac{r_{be} + r_s // R_b)}{1+\beta}$$

$$r_o = R_e // r_o' = R_e // \frac{r_{be} + r_s // R_b}{1+\beta}$$

由上式可知，基极回路的总电阻 $r_{be}+r_s//R_b$ 折算到发射极回路，需除以 $1+\beta$。射极输出器的输出电阻由较大的 R_e 和很小的 r_o' 并联，因而 r_o 很小，射极输出器带负载能力比较强。

综上所述，射极输出器是一个具有高输入电阻、低输出电阻、电压放大倍数近似为 1 的放大电路。

射极输出器在多级放大电路中常用来作输入级，提高电源的利用率；也常用来作输出级，提高电路的带负载能力；还作为缓冲级用来隔离前后两级电路的相互影响。

知识拓展

三极管除了构成共射、共集电极放大电路外，还有共基极放大电路。

如图 2.33 所示，图 2.34、2.35 分别是它的直流通路和微变等效电路。

交流信号 u_i 经耦合电容 C_1 从发射极输出放大后从集电极经耦合电容 C_2 输出，C_b 为旁路电容，使基极交流接地，基极是输入回路和输出回路的公共端，因此称为共基极放大电路。

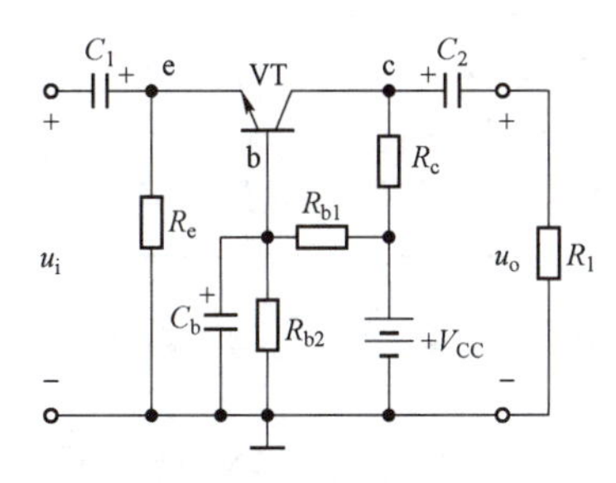

图 2.33　共基极放大电路

1. 静态工作点的估算

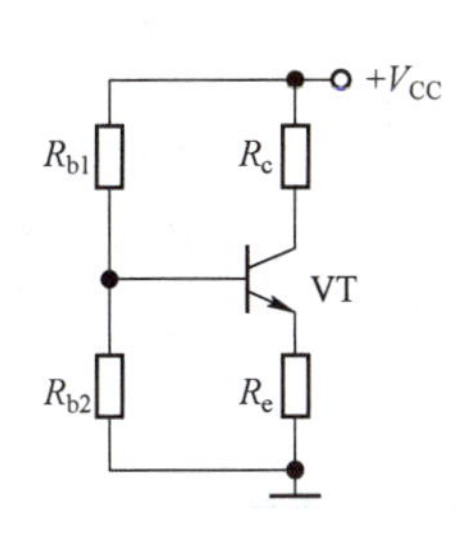

图 2.34　共基极放大电路的直流通路

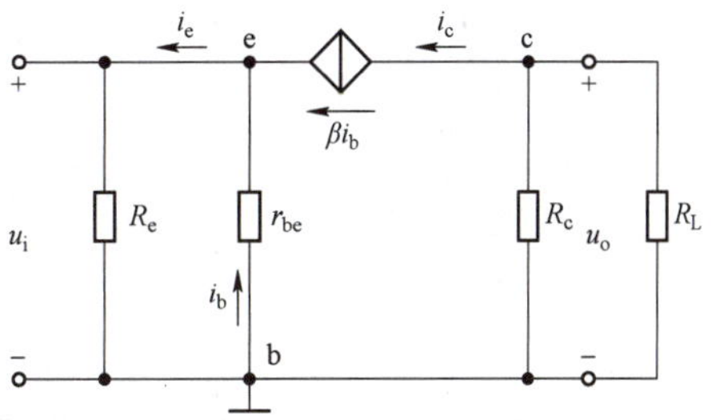

图 2.35　共基极放大电路的微变等效电路

由图 2.34 所示的直流通路可知，该放大电路的直流偏置方式为分压式偏置电路。静态工作点的估算略。

2. 动态性能指标的估算

由图 2.35 所示的微变等效电路，得出以下公式。

电压放大倍数为

$$A_u = \frac{\beta(R_c//R_L)}{r_{be}}$$

输入电阻为

$$r_i = R_e // \frac{r_{be}}{1+\beta}$$

输出电阻为

$$r_o \approx R_c$$

表 2.6 为 3 种基本组态放大电路的性能比较。

表 2.6　3 种基本组态放大电路的性能比较

	共（发）射极放大电路	共集电极放大电路	共基极放大电路
电路形式	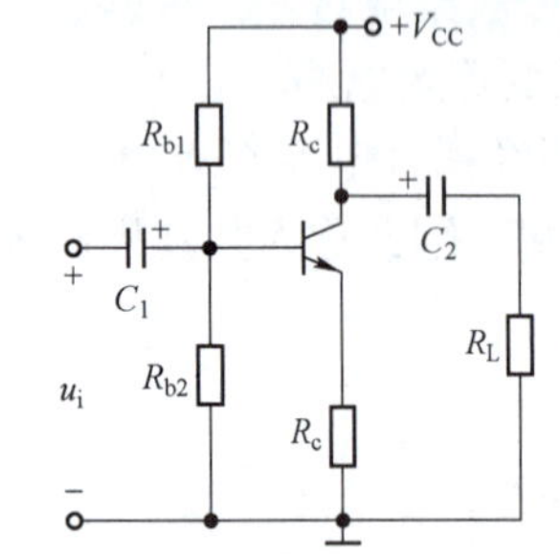	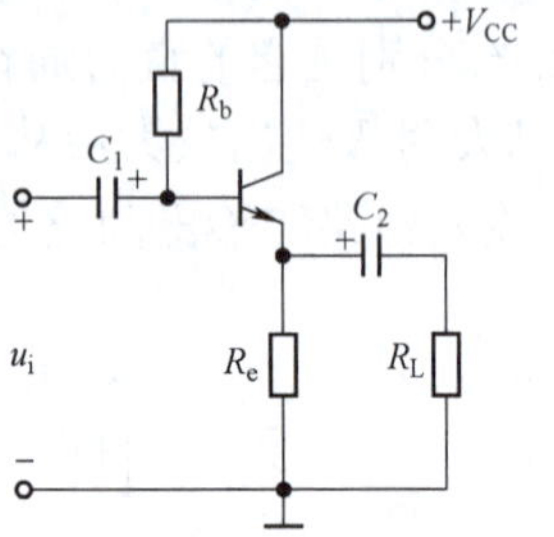	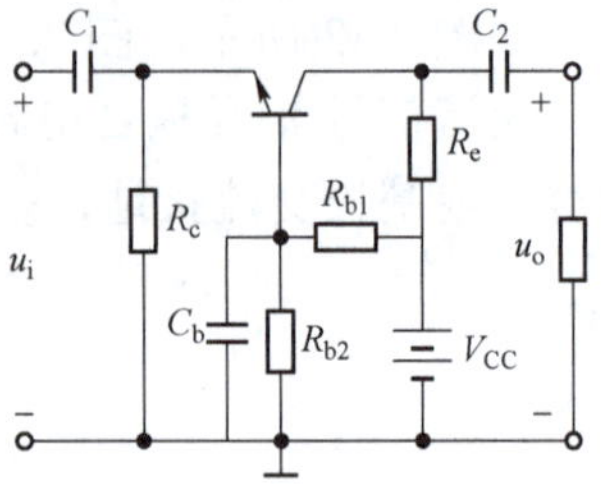
微变等效电路	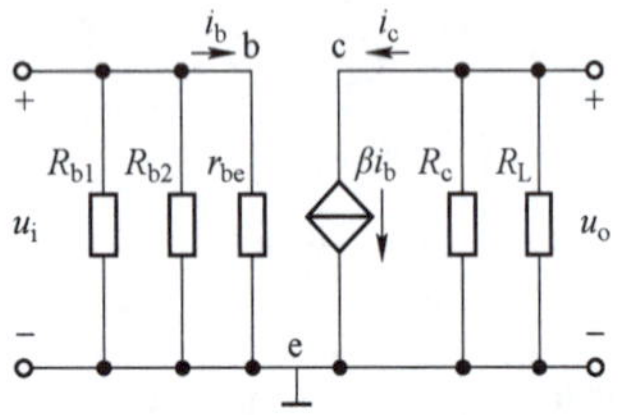	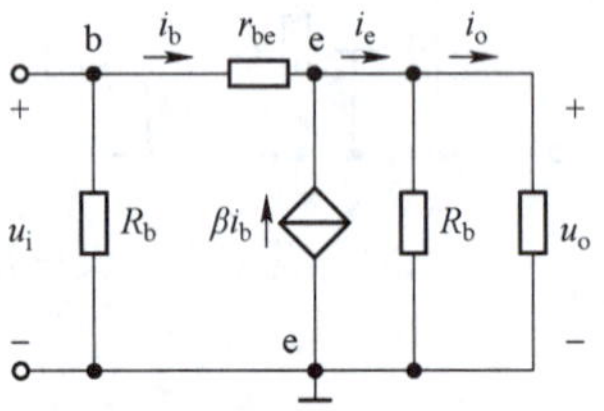	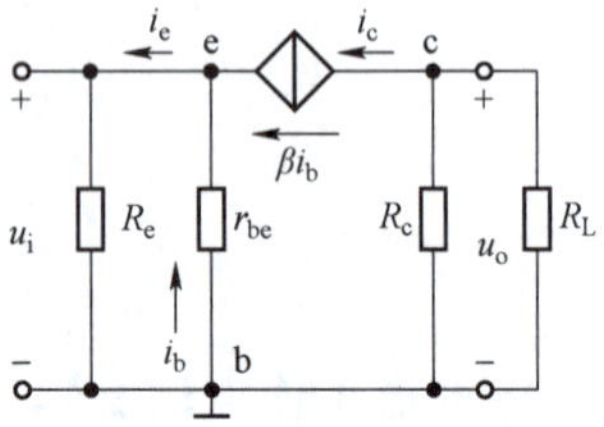
A_u	$\frac{-\beta R_c // R_L}{r_{be}}$　大	$\frac{(1+\beta)R_e // R_L}{r_{be}+(1+\beta)R_e // R_L} \approx 1$	$\frac{\beta R_c // R_L}{r_{be}}$　大
r_i	$R_{b1} // R_{b2} // r_{be}$　中	$R_b // [r_{be}+(1+\beta)R_e // R_L]$　高	$R_e // \frac{r_{be}}{(1+\beta)}$　低
r_o	R_c　高	$R_e // \frac{r_{be}}{(1+\beta)}$　低	R_c　高
相位	180°（u_i 与 u_o 反相）	0°（u_i 与 u_o 同相）	0°（u_i 与 u_o 同相）
高频特性	差	较好	好

自 测 习 题

1. 填空

（1）与共射放大电路相比，共集电极放大电路（射极跟随器）的输入电阻_______（高、低），输出电阻_______（高、低），电压放大倍数约为_______。

（2）共集电极放大电路的 u_o 和 u_i 的相位____________（同相、反相），相位差是_______（0°、100°）；共集电极放大电路（射极跟随器）的电压放大倍数大约为_______。

2. 选择

（1）在三极管的基本组态电路中（　　）。

A. 共发组态输出电阻最大　　B. 共发组态输出电阻最小

C. 共基组态输出电阻最小　　D. 共集组态输出电阻最小

（2）下列组态中输入输出信号反相的是（　　）。

A. 共基　　B. 共集　　C. 共发射　　D. 以上都是

（3）射极输出器的主要特点是（　　）。

A. 电压放大倍数小于 1，输入电阻低，输出电阻高

B. 电压放大倍数大于 1，输入电阻高，输出电阻低

C. 电压放大倍数大于 1，输入电阻低，输出电阻高

D. 电压放大倍数约等于 1，输入电阻高，输出电阻低

（4）共集放大电路中输出电压与输入电压之间的相位差为（　　）。

A. 0°　　B. 90°　　C. 180°

（5）共射放大电路中输出电压与输入电压之间的相位差为（　　）。

A. 0°　　B. 90°　　C. 180°

（6）共基放大电路中输出电压与输入电压之间的相位差为（　　）。

A. 0°　　B. 90°　　C. 180°

（7）具有电压跟随作用的电路是（　　）。

A. 共基极电路　　B. 共集电极电路　　C. 共射极电路

（8）射极输出器放大电路组态是（　　）。

A. 共发射极　　B. 共集电极　　C. 共基极

3. 分析

试判断题 3 图中各电路能否对交流信号实现正常放大。若不能，简单说明原因。

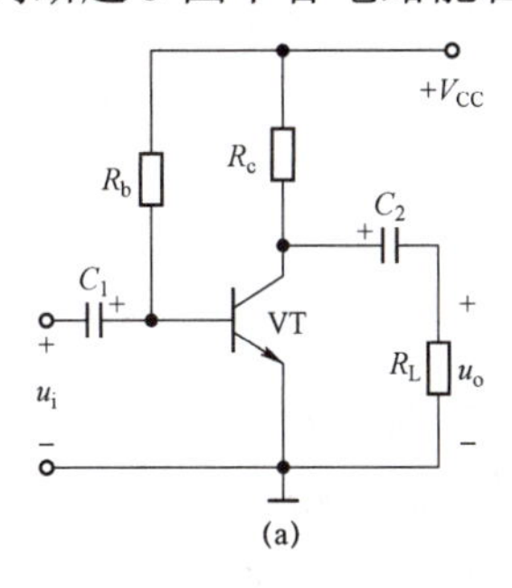

(a)

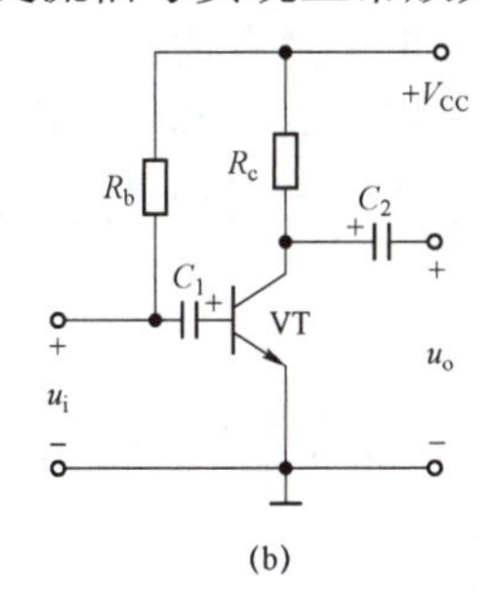

(b)

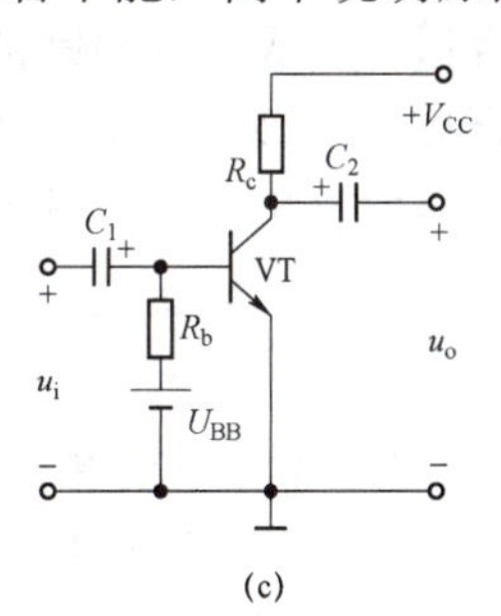

(c)

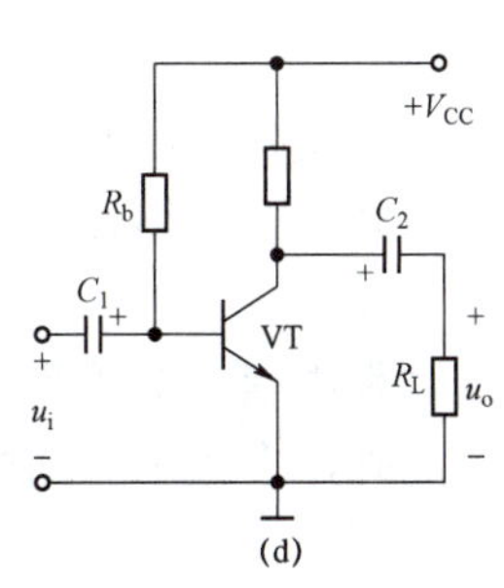

(d)

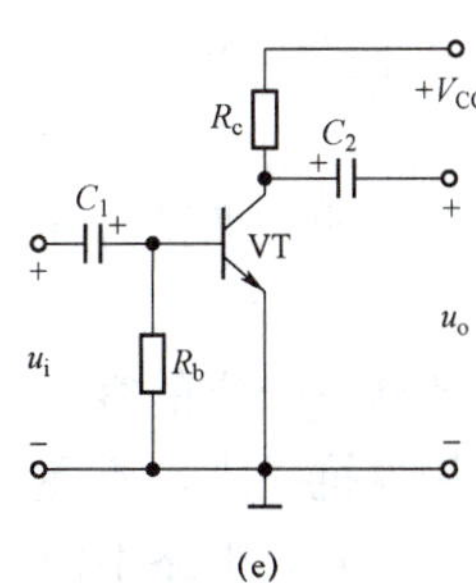

(e)

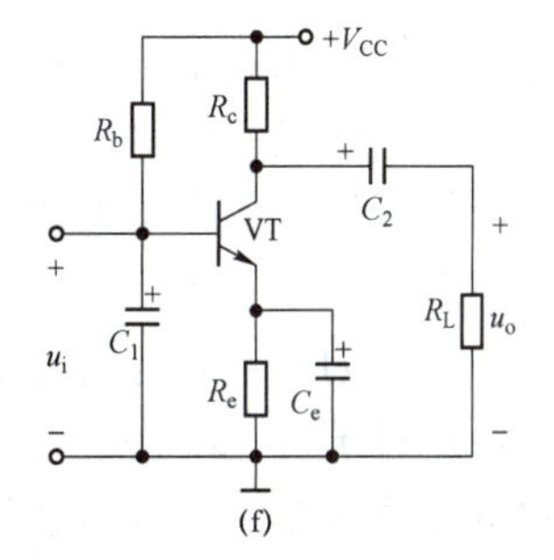

(f)

题 3 图

自测习题答案

2.2.2 分析多级放大电路

知识储备

一般情况下，单管放大电路的电压放大倍数只能达到几十至几百倍，放大电路的其他技术指标也难以达到实际工作中提出的要求。因此，实际的电子设备中，大多采用各种形式的多级放大电路。

多级放大电路的组成可用图 2.36 所示的框图来表示。其中，输入级和中间级的主要作用是实现电压放大，输出级的主要作用是功率放大，以推动负载工作。

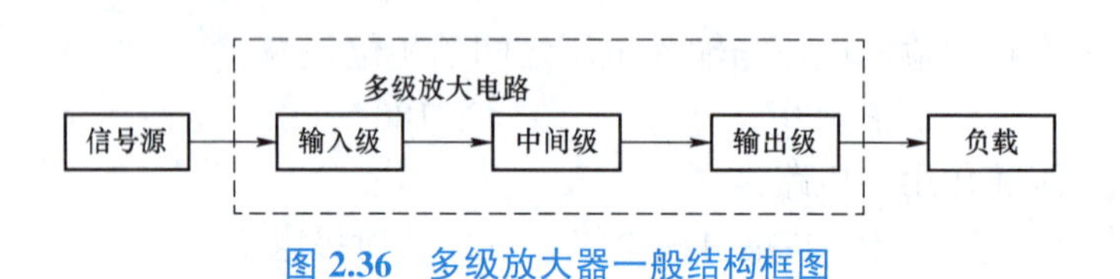

图 2.36　多级放大器一般结构框图

1. 多级放大器的耦合方式

在多级放大电路中，通常把级与级之间的连接方式称为耦合方式。

级与级之间耦合时，需要满足以下几点。

① 耦合后，各级放大电路的静态工作点合适。

② 耦合后，多级放大电路的性能指标满足实际工作要求。

③ 前一级的输出信号能够顺利地传输到后一级的输入端。

一般常用的耦合方式有阻容耦合、直接耦合、变压器耦合。

1）阻容耦合

阻容耦合能够满足上述要求，是一种常见的多级放大电路的耦合方式。

放大电路级与级之间通过电容连接的耦合方式称为阻容耦合。电路如图 2.37 所示，电容 C_2 连接第一级放大电路的输出端和第二级放大电路的输入端，即将 VT_1 集电极的输出信号耦合到 VT_2 的基极。阻容耦合多级放大电路的特点如下。

（1）优点。因电容的“隔直流”作用，前后两级放大电路的静态工作点相互独立，互不影响，所以阻容耦合放大电路的分析、设计和调试方便。此外，阻容耦合电路还有体积小、重量轻等优点。

（2）缺点。因耦合电容对交流信号具有一定的容抗，在传输过程中信号会受到一定程度的衰减。特别对于变化缓慢的信号，其容抗很大，不便于传输。此外，在集成电路中，制造大容量的电容很困难，所以阻容耦合多级放大电路不便于集成。

2）直接耦合

将放大电路级与级间用导线直接连接，这种连接方式称为直接耦合，电路如图 2.38 所示。

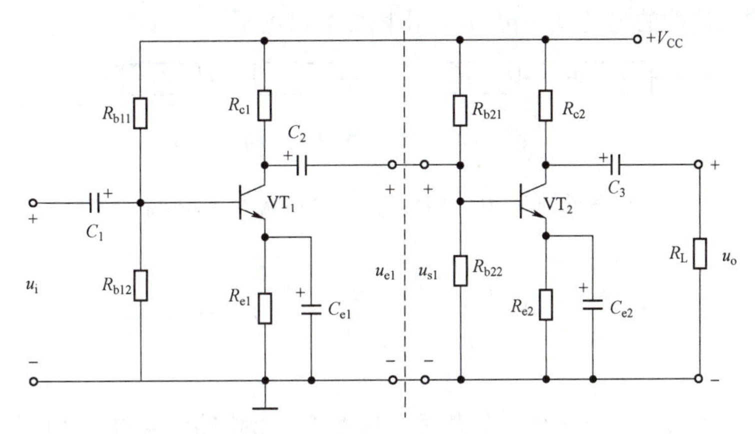

图 2.37　阻容耦合放大电路

直接耦合多级放大电路的特点如下。

（1）优点。既可以放大交流信号，又可以放大直流和变化缓慢的信号；电路便于集成，所以集成电路中多采用直接耦合方式。

（2）缺点。各级静态工作点存在相互牵制和零点漂移问题（零点漂移问题将在本书后续内容中详细讨论）。

3）变压器耦合

放大电路级与级之间通过变压器连接的耦合方式称为变压器耦合。电路如图 2.39 所示。变压器耦合多级放大电路的特点如下。

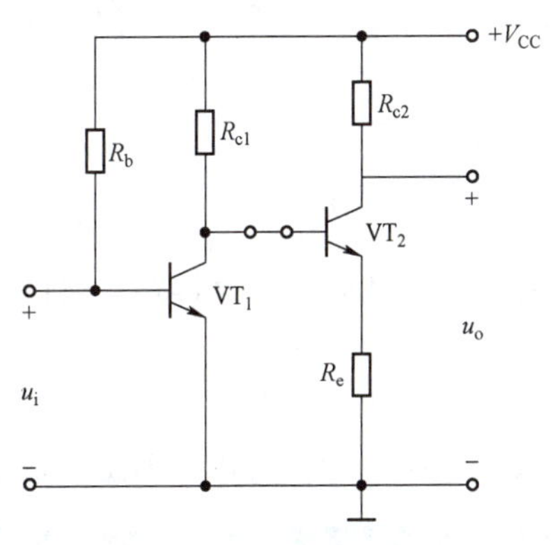

图 2.38　直接耦合两级放大电路

（1）优点。因变压器只能传输交流信号和进行阻抗变换，所以各级电路的静态工作点相互独立、互不影响。通过改变变压器的匝数比可以实现阻抗变换，从而获得较大的输出功率。

（2）缺点。变压器体积大、重量大，不便于集成。同时，频率特性差，也不能传送直流和变化非常缓慢的信号。

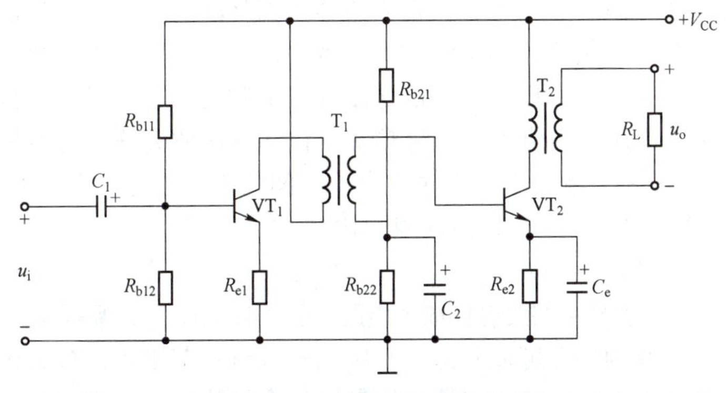

图 2.39　变压器耦合放大电路

2. 多级放大器性能指标的估算

1）电压放大倍数

根据电压放大倍数的定义 $A_u = u_o / u_i$，由图 2.40，由于

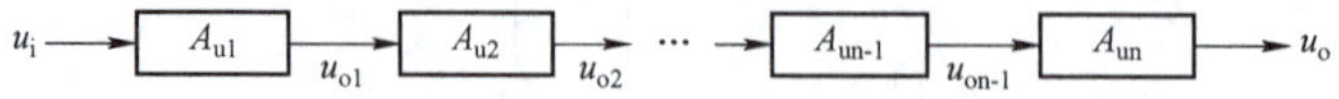

图 2.40　多级放大器级联图

$$u_{o1} = A_{u1}u_i，\ u_{o2} = A_{u2}u_{o1}，\ \cdots，\ u_o = A_{un}u_{on-1}$$

则

$$A_u = \frac{u_o}{u_i} = \frac{u_o}{u_{on-1}}\frac{u_{on-1}}{u_{on-2}}\cdots\frac{u_{o2}}{u_{o1}}\frac{u_{o1}}{u_i} = A_{un}A_{un-1}\cdots A_{u2}A_{u1}$$

即多级放大器电压放大倍数等于各级电压放大倍数之积。

注意：在计算各级电路电压放大倍数时，须考虑后级电路输入电阻对前级电路电压放大倍数的影响。

所以，实际放大倍数为

$$A_u = \frac{u_o}{u_i} \leqslant A_{u1}A_{u2}\cdots A_{un}$$

2）输入电阻

多级放大电路的输入电阻，就是输入级的输入电阻。计算时要注意：当输入级为共集电极放大电路时，要考虑第二级的输入电阻作为前级负载时对输入电阻的影响。

3）输出电阻

多级放大电路的输出电阻就是输出级的输出电阻。计算时要注意：当输出级为共集电极放大电路时，要考虑其前级对输出电阻的影响。

知识拓展

*放大器频率特性的分析

前面讨论放大电路的性能时，是以单一频率的正弦波信号为放大对象。在实际应用中，信号并非是单一频率，而是一段频率范围。在放大电路中，由于存在耦合电容、旁路电容及三极管的结电容与电路中的杂散电容等，它们的容抗都将随着频率的变化而变化。同时，三极管内 PN 结的电容效应，使管子的电流放大系数在高频时也随频率变化。因此，放大电路对不同频率信号的放大能力并不相同。不仅电压放大倍数的大小（模）随频率变化，而且幅角（即输出电压与输入电压的相位差）也随频率变化。电压放大倍数的模与频率 f 的关系称为幅频特性，用 $A_u(f)$表示。输出电压与输入电压之间的相位差与频率的关系称为相频特性，用 $\varphi(f)$ 表示。幅频特性和相频特性总称为频率特性。

1. 截止频率与通频带

图 2.41（a）是单级阻容耦合共发射极放大电路，图 2.41（b）是其幅频响应特性，图 2.41（c）是其相频响应特性。从幅频特性可以看出，在中间一段频率范围内，放大倍数几乎不随频率变化，这一段频率范围称为中频段。中频段的电压放大倍数用 A_{um} 来表示。在中频段以外，

随着频率的减小或增大，放大倍数都将下降。

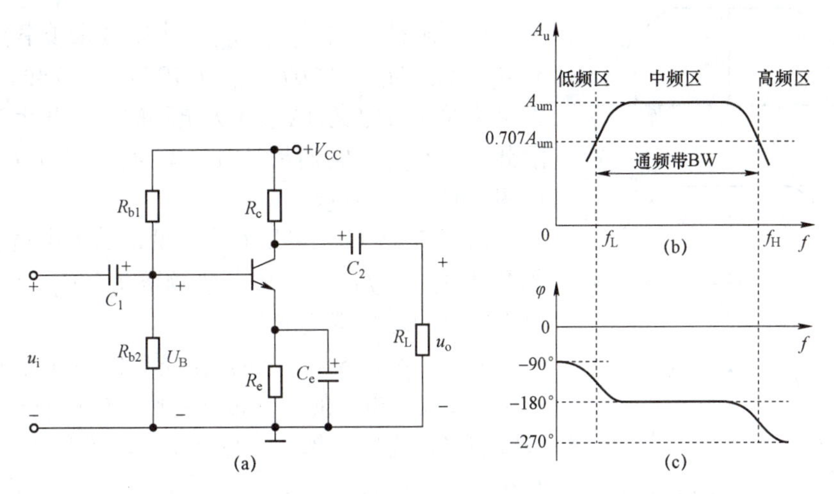

图 2.41　放大电路的频率响应特性

（a）共射放大电路；（b）幅频特性曲线；（c）相频特性曲线

工程上规定，当放大倍数下降到 A_{um} 的 $1/\sqrt{2}$，即 0.707 倍时所对应的低频频率和高频频率分别称为下限截止频率 f_L 和上限截止频率 f_H。将下限截止频率 f_L 和上限截止频率 f_H 之间的频率范围称为放大电路的通频带（或称为带宽），用 BW 来表示，即 $BW = f_H - f_L$。通频带是放大电路频率响应的一个重要指标。通频带越宽，表示放大电路工作的频率范围越宽。例如，质量好的音频放大器，其通频带可达 20 Hz～200 kHz。如果放大电路的通频带不够宽，输入信号中不同频率的各次谐波分量就不能被同样地放大，这样输出波形就会失真，这种失真叫做频率失真。为了防止产生频率失真，要求放大电路的通频带能够覆盖输入信号占有的整个频率范围。

2. 幅频特性分析

在中频区，由于耦合电容和射极旁路电容的容量较大，其等效容抗很小，可视为短路。另外，因三极管的结电容以及电路中的杂散电容很小，等效容抗很大，可视为开路。所以在中频区，可认为信号在传输过程中不受电容的影响，从而使电压放大倍数几乎不受频率变化的影响，该区的特性曲线较平坦。

在低频区，A_u 下降的原因主要是耦合电容 C_1 和 C_2 以及发射极旁路电容 C_e 的存在。由于频率降得很低，这些电容的容抗很大，使信号在这些电容上的压降也随之增加，因而减少了输出电压，导致低频段 A_u 的下降。

在高频区，由于三极管的极间电容和电路中的分布电容因频率升高而等效容抗减小，对信号的分流作用增大，降低了集电极电流和输出电压，导致高频段 A_u 的下降。

3. 多级放大电路的通频带

在多级放大电路中，随着级数的增加，其通频带变窄，且窄于任何一级放大电路的通频带。下面以两级共发射极阻容耦合放大电路为例，分析多级放大电路的通频带变窄的原因。

图 2.42（a）所示为两个单级共射放大电路的幅频特性曲线，设 $A_{um1} = A_{um2}$、$f_{L1} = f_{L2}$、$BW_1 =$

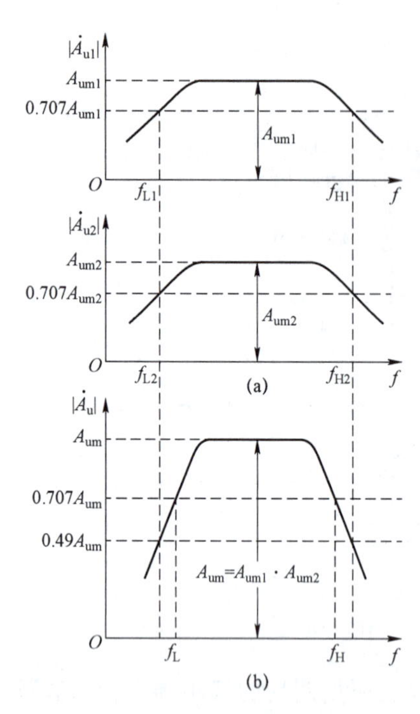

图 2.42　多级放大电路的通频带

（a）单级电路；（b）两级电路

BW_2，由它们级联组成的两级放大电路，在中频段时，总的电压放大倍数 $A_u=A_{u1}\times A_{u2}$。

在下限截止频率 $f_{L1}=f_{L2}$ 及上限截止频率 $f_{H1}=f_{H2}$ 处，有 $A_u=A_{u1}\times A_{u2}=0.707A_{um1}\times 0.707A_{um2}=0.49\,A_{um1}^2$。根据放大电路通频带定义，两级放大电路的上限截止频率 f_L 及下限截止频率 f_H，它们都是对应于 $A_u=0.707\,A_{um1}^2$ 的频率，如图 2.42（b）所示。

由图 2.42（b）可以看出，两级放大电路的上限截止频率 $f_H<f_{H1}$（f_{H2}），下限截止频率 $f_L>f_{L1}$（f_{L2}），即两级放大电路的通频带变窄了。

从图 2.42（b）所示的两级放大电路的通频带可以推知，多级放大电路的通频带一定比它的任何一级都窄，且级数越多，通频带越窄。也就是说，将放大电路级联后，总电压放大倍数虽然提高了，但通频带变窄了。为了改善放大电路的频率特性，展宽通频带，除了合理地选择电路参数，适当加大 C_1、C_2 和 C_e 的容量和选用 f_T 高的三极管外，还可以从电路上加以改进，如采用共基极放大电路、在电路中引入负反馈或在多级放大电路中采用直接耦合方式等。

自 测 习 题

1. 填空

（1）已知某放大电路的第一级电压增益为 40 dB，第二级电压增益为 20 dB，总的电压增益为_____dB，总的电压放大倍数是_________。

（2）多级放大电路的输出电阻取决于它的_________电路（第一级、最后一级）；多级放大电路的输入电阻取决于它的_________电路（第一级、最后一级）；多级放大电路的放大倍数是每一级电路的_________（和、乘积）；为了提高电路的带负载能力，一般在多级放大电路的输出端加_________放大电路，这是利用该电路的输出电阻小。

（3）多级放大电路常见的耦合方式有_________、_________和_________耦合。

（4）某放大电路电压放大倍数为 1 000 倍，相当于_________dB；电压放大倍数为 100 倍，相当于_________dB。

2. 选择

（1）直接耦合放大电路零点漂移产生的主要原因是（　　）。

A. 输入信号较大　　B. 环境温度　　C. 各元件质量

（2）阻容耦合多级放大电路各级的 Q 点（　　），它只能放大（　　）。

A. 相互独立　交流信号　　B. 相互影响　直流信号

C. 相互独立　直流信号

（3）在 3 种常见的耦合方式中，静态工作点不独立，体积较小的是（　　）的优点。

A. 阻容耦合　　B. 变压器耦合　　C. 直接耦合

（4）阻容耦合放大电路的特点是（　　）。

A. 工作点互相独立　　B. 便于集成　　C. 存在零点漂移

（5）多级放大电路与组成它的各个单级放大电路相比，其通频带（　　）。

A. 变宽　　B. 变窄

C. 不变　　D. 与单级放大电路有关

（6）当信号频率等于放大电路的 f_L 或 f_H 时，放大倍数的值约下降到中频时的（　　）。

A. 0.5 倍　　B. 0.7 倍　　C. 0.9 倍　　D. 0.3 倍

（7）测试放大电路输出电压幅值与相位的变化，可得到其频率响应，条件是（　　）。

A. 输入电压幅值不变，改变频率

B. 输入电压频率不变，改变幅值

C. 输入电压幅值与频率同时改变

D. 两者都不变

自测习题答案

任务 2.3　分析与制作声控灯

知识应用

放大是最基本的模拟信号处理功能，大多数模拟电子系统中都应用了不同类型的放大电路。检测外部物理信号的传感器所输出的电信号通常是很微弱的，这些能量过于微弱的信号一般很难作进一步分析处理，所以需要进行小信号放大。针对不同的应用，需要设计不同的放大电路。

本任务主要以声控灯为例来理解小信号放大电路的工作原理。因此需要放大器对这些很弱的信号进行各种处理和放大。

声控灯在日常生产和生活中的应用广泛，图 2.43 所示为某声控灯的原理图，图中话筒将声音信号转变为电信号的变化，经过两级放大电路后驱动 LED 发光。

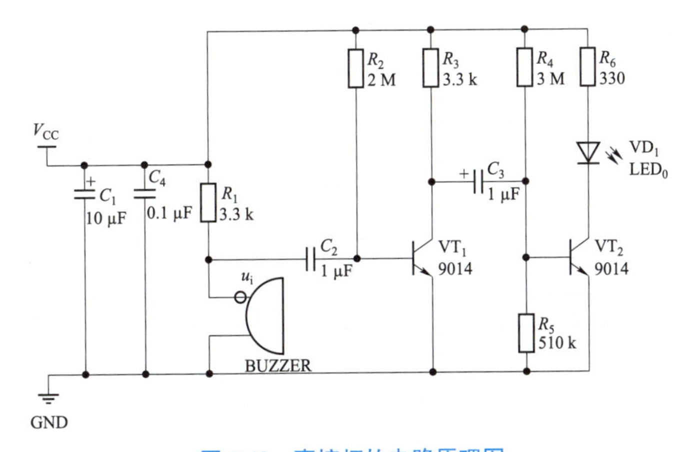

图 2.43　声控灯的电路原理图

图 2.43 所示的声控灯电路原理图，具体原理为当话筒端有声音（可以用击掌来进行实验）时，话筒将声音信号转化为电信号，此信号送入 VT_1 的基极进行放大，放大的信号再送入 VT_2 放大，从而使 VT_2 瞬间导通，二极管 VD_1 发光，从而完成声控开灯的功能。图中 R_4、R_5 对 VT_2 进行预偏置，使其处于接近（临界）导通状态，从而提高电路的灵敏度。VT_2 工作于开关状态，进行电流放大。

应用拓展

1. 语音前置放大电路

由于各种信号源，如话筒、电唱盘等送来的信号很弱，不足以推动扬声器发声。如家用音响系统往往需要把声频信号功率提高到数瓦或数十瓦。因此，首先需要前置放大器对这些很弱的信号进行各种处理和放大。

1）语音前置放大器的主要技术指标

由于输入信号非常微弱，为改善信噪比、提高扩音器性能，因而要求语音前置放大级输入阻抗要高，输出阻抗要低，频带宽度要宽，噪声要小。本任务要制作的语音前置放大器的性能指标如下。

（1）工作电压：12 V。

（2）最大输入信号：＞50 mV。

（3）电路增益：30 dB。

（4）电路噪声：＜1 mV。

（5）失真：＜0.05%。

（6）频响：（200 Hz～100 kHz）±3 dB。

2）语音前置放大器电路工作原理分析

最基本的小信号放大器通常是以三极管为核心，同时为了能得到好的性能，通常会增加各种负反馈，图 2.44 所示为语音前置放大器的电路原理图。

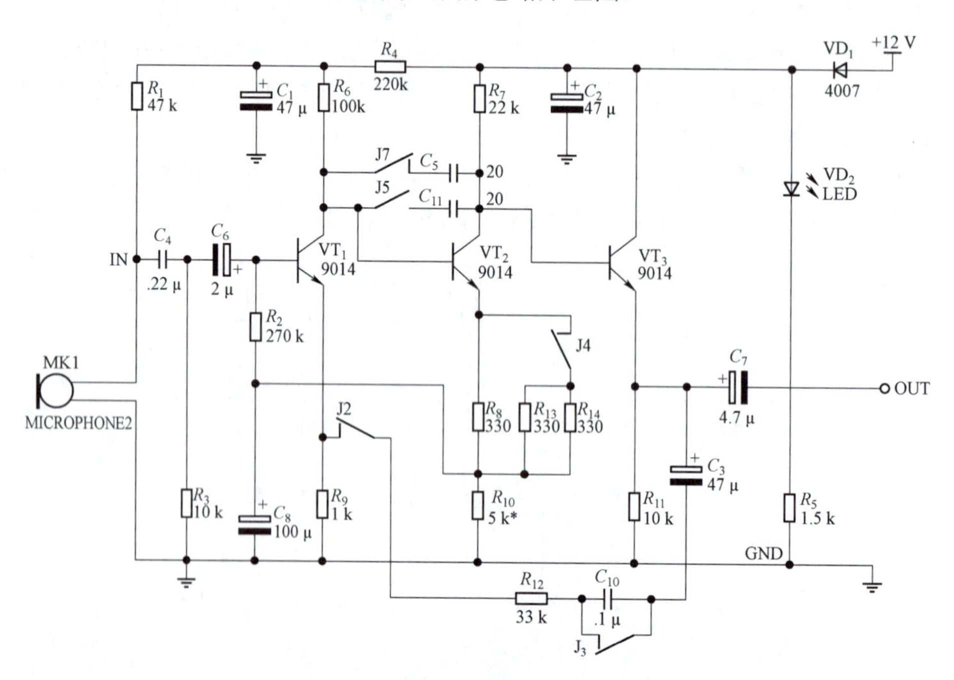

图 2.44 语音前置放大器原理图

（1）工作原理。

图 2.44 是由 3 个三极管组成的多级小信号放大器，VT_1 与 VT_2 组成电压增益放大器，VT_3 为射极输出器，没有电压增益，电路虽然为三级直接耦合，但调整相对简单，VT_1 与 VT_2 本级都有一定的交直流反馈，VT_1 的基极电流是通过 R_2 取自正比于 VT_2 的在 R_{10} 上的电压降。采用这种相互偏置电路，主要是解决晶体管因温度的变化致使设置的静态工作点也随之变化的问题，因此这种电路比其他单管电路的稳定性好。

（2）元件清单。

语音前置放大器的元件清单如表 2.7 所示。

表 2.7　语音前置放大器元件清单

序号	名称	型号规格	数量	配件图号	测试结果
1	碳膜电阻器	RT－0.25－100 Ω	1	R_8	
2	碳膜电阻器	RT－0.25－1 kΩ	2	R_5、R_9	
3	碳膜电阻器	RT－0.25－10 kΩ	2	R_3、R_{11}	
4	碳膜电阻器	RT－0.25－22 kΩ	1	R_7	
5	碳膜电阻器	RT－0.25－33 kΩ	1	R_{12}	
6	碳膜电阻器	RT－0.25－47 kΩ	1	R_1	
7	碳膜电阻器	RT－0.25－100 kΩ	1	R_6	
8	碳膜电阻器	RT－0.25－220 kΩ	1	R_4	
9	碳膜电阻器	RT－0.25－270 kΩ	1	R_2	
10	微调电位器	WS－2.7 kΩ	1	R_{10}	
11	微调电位器	WS－5.0 kΩ	1	R_{10}	
12	圆片电容	CC－20 pF	2	C_5、C_{11}	
13	电容	22 pF	1	C_5	
14	涤纶电容	CL－16 V－0.22 μF	1	C_4	
15	电解电容	CD－16 V－2.2 μF	1	C_6	
16	电解电容	CD－16 V－4.7 μF	1	C_7	
17	电解电容	CD－16 V－47 μF	3	C_1、C_2、C_3	
18	电解电容	CD－16 V－100 μF	1	C_8	
19	二极管	1N4007	1	VD_1	
20	二极管	LED（红色）	1	VD_2	
21	三极管	9014	3	VT_1、VT_2、VT_3	
22	三极管	9014	3	VT_1、VT_2、VT_3	
23	焊锡、松香				
24	印制电路板	配套	1		
25	焊锡、松香				

（3）电路装配图。

语音前置放大器的装配图如图 2.45 所示。

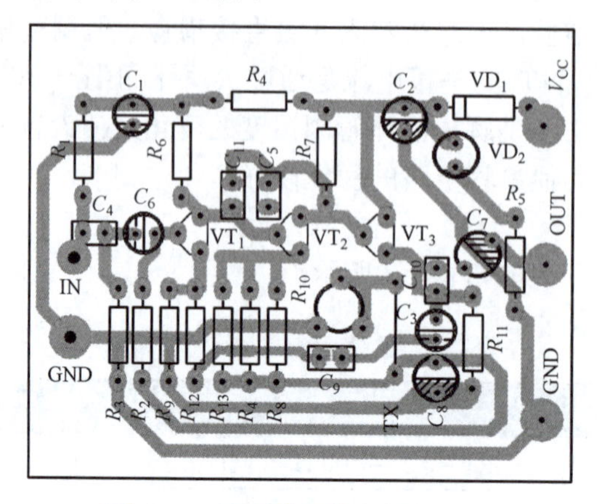

图 2.45　语音前置放大器装配图

自 测 习 题

1. 填空

（1）三极管有_______个工作区域，分别是_______、_______、_______；声控灯电路中的三极管工作在_______工作区域，语音前置放大电路中的三极管工作在_______工作区域。

（2）语音前置放大器有_______级放大电路，第一级的电路组态是_______（共集、共基、共射），此外最后一级的组态是_______（共集、共基、共射），采用的目的是_______。

（3）语音前置放大器中 C_4、R_3 的作用是______________；C_1、C_2、R_4 的作用是______________；VD_2、R_5 的作用是____________________。

自测习题答案

小　　结

★ 三极管由两个 PN 结构成，其特点是具有电流放大作用。三极管实现放大作用的条件是：发射结正偏；集电结反向偏置。三极管的输出特性曲线可划分为 3 个工作区域，即放大区、饱和区和截止区。工作在放大状态时发射结正偏、集电结反偏，集电极电流随基极电流成比例变化。工作在截止状态时发射结和集电结均反偏，集电极与发射极之间基本上无电流通过。工作在饱和状态时发射结和集电结均正偏，集电极与发射极之间有较大的电流通过，两极之间的电压降很小。后两种情况集电极电流均不受基极电流控制。

★ 放大电路是构成其他电子电路的基本单元电路，放大的概念实质上是能量的控制，放大的对象是变化量，放大电路的能量来自直流电源，放大电路中交、直流信号并存。由三极管构成的放大电路有共射、共集和共基 3 种组态。根据相应的电路输出量与输入量之间的大小与相位关系，分别将它们称为反相电压放大器、电压跟随器和电流跟随器。

★ 由于温度的影响，导致放大电路的工作点不稳定。固定式偏置电路不能稳定静态工作点。常用的稳定工作点电路有分压式偏置电路和发射极带有电阻的固定偏置电路等，它是利用反馈原理来实现的。

★ 放大电路对不同频率的信号具有不同的放大能力，用频率响应来表示这种特性。在中频区，电压放大倍数基本不受频率变化的影响；在低频区，电压放大倍数下降的主要原因是耦合电容和旁路电容的存在；在高频区，电压放大倍数下降的主要原因是三极管的结电容与电路中的杂散电容的影响。多级放大电路的通频带比它的任何一级放大电路都窄。

习　题

项目习题答案

2.1　要使三极管具有放大作用，发射极和集电极所加的偏置电压如何？

2.2　为什么说 BJT 是电流控制器件？

2.3　为什么要使放大电路正常工作，需要设置合适的 Q 点？分析如果 Q 点不合适可能导致什么后果。

2.4　在固定式共射电路中，为什么基极偏置电阻 R_b 远大于集电极偏置电阻 R_c 电路才能正常放大？

2.5　试画出题 2.5 图所示各电路的直流通路和交流通路。

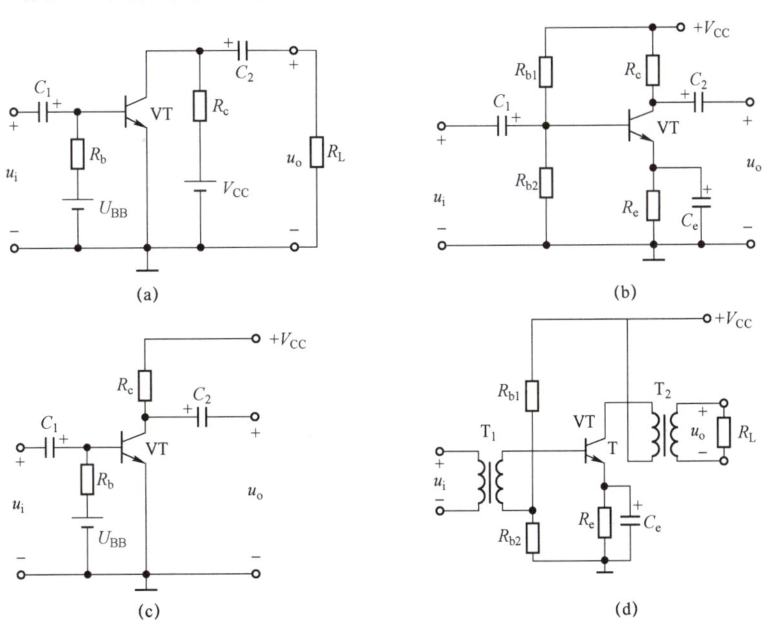

题 2.5 图

2.6　电路如题 2.6 图所示，已知β= 50、R_b = 560 kΩ、R_c = 4 kΩ、R_L = 4 kΩ、U_{cc} = 12 V。求：(1) 画出直流通路。

(2) 估算静态工作点。

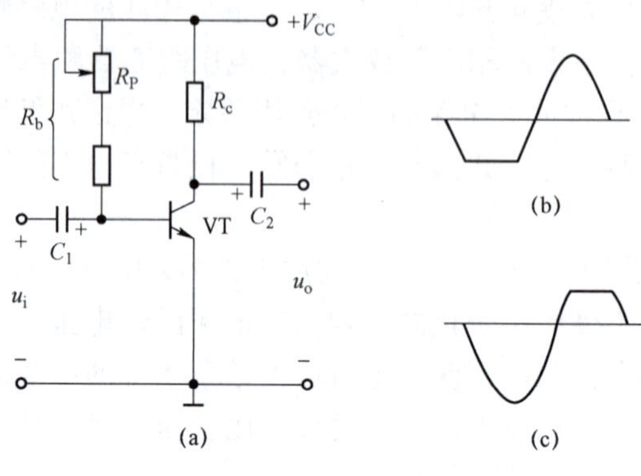

题 2.6 图

项目 3

设计与制作温度报警器

引导语

报警器在日常生产和生活中随处可见，图 3.1 所示为烟雾报警器的实物。报警器的种类繁多，如火灾报警器、烟雾报警器、水位报警器、声光报警器等。这些报警装置功能各异、报警方式等也有所不同，但其工作原理有共通之处。各类报警器的内部通常使用电压比较电路实现报警，图 3.2 所示为电压比较电路的原理图。通过本项目的学习，熟悉集成运放的特点，理解集成运放非线性应用电路（电压比较电路）的工作原理，在此基础上尝试设计和动手制作实用的简易报警器。

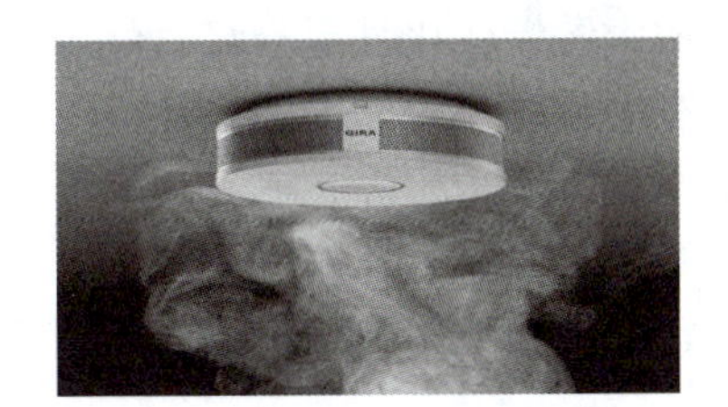

图 3.1　烟雾报警器实物

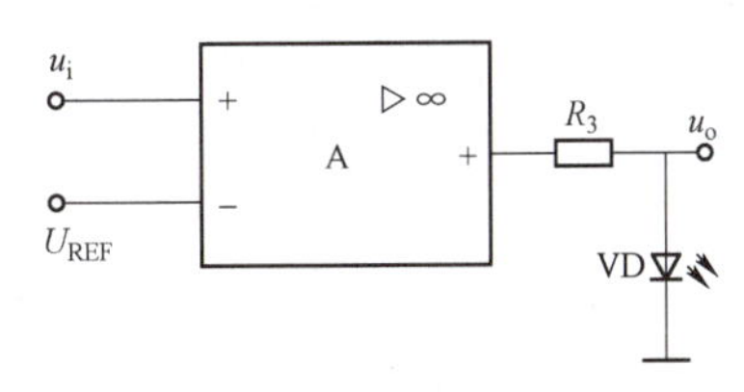

图 3.2　电压比较器电路

任务 3.1　认识集成运放和负反馈

温度报警实验现象

3.1.1　认识集成运算放大器

知识储备

集成电路按其功能来分，有数字集成电路和模拟集成电路。模拟集成电路种类繁多，有运算放大器、宽频带放大器、功率放大器、模拟乘法器、锁相环、集成稳压器等。其中，集成运算放大器（简称集成运放）是模拟集成电路中应用极为广泛的一种，也是其他模拟集成电路应用的基础。集成运放加上一定形式的外接电路，便可构成各种功能的电路，如能对信号进行加、减、微分和积分的运算电路，有源滤波电路，波形产生、放大和变换电路等。本项目学习集成运放构成的非线性应用电路，即电压比较器，在此基础上设计和制作一个由电

压比较器构成的简易报警器。

集成运算放大器是一种高增益、高输入阻抗和低输出阻抗的多级直接耦合放大器，是一个双端输入单端输出的通用模拟集成器件。它之所以被称为运算放大器（Operational Amplifier），是因为该器件最初主要用于模拟计算机中实现数值运算的缘故。如今集成运放的应用早已远远超出了模拟运算的范围，但仍沿用运算放大器（运放）的名称。

1. 集成运算放大器的基本性能特点

（1）集成电路中的所有元件同处在一小块硅片上，相互距离非常近，制作时工艺条件相同，因而，同一片内的元件参数值具有相同方向的偏差，温度特性基本一致，容易制成两个特性相同的管子或两个阻值相等的电阻，故特别适宜制作差动放大器。

（2）在集成电路中，电阻值一般在几十Ω至几十 kΩ的范围内。大阻值电阻往往外接或用晶体管制成有源负载电阻代替。

（3）集成电路中的电容不能做得太大，大约几十 pF，常用 PN 结电容构成。这是因为制造一个 10 pF 的电容所需的硅片面积，约等于 10 个晶体管所占的面积。所需的大电容，需采用外接方式。至于电感就更难制造。

（4）集成电路中的二极管一般都用三极管构成，常用形式是将基极与集电极短路和射极构成二极管。

综上所述，由于集成电路制造工艺的限制，电容、电感及大电阻常采用外接方式，集成运算放大器内部各级之间都采用直接耦合的方式。

直接耦合放大电路具有良好的低频特性，可以放大缓慢变化甚至直流信号，但却存在一个致命的弱点，即当温度变化或电路参数等因素稍有变化时，电路的工作点将随之变化，导致在放大器输入交流信号为零的情况下，输出端电压会偏离初始静态值（相当于交流信号零点），出现了缓慢而不规则的漂移，这种现象称为“零点漂移（Zero Drift）”。不难理解，在多级放大器中第一级放大器的零点漂移的影响最为严重，因为采用直接耦合方式，第一级的漂移被逐级放大，以致影响到整个放大电路的工作。

因此，集成运放输入级利用差分放大电路的良好对称性，来抑制零点漂移。

2. 集成运算放大器的组成及电路符号

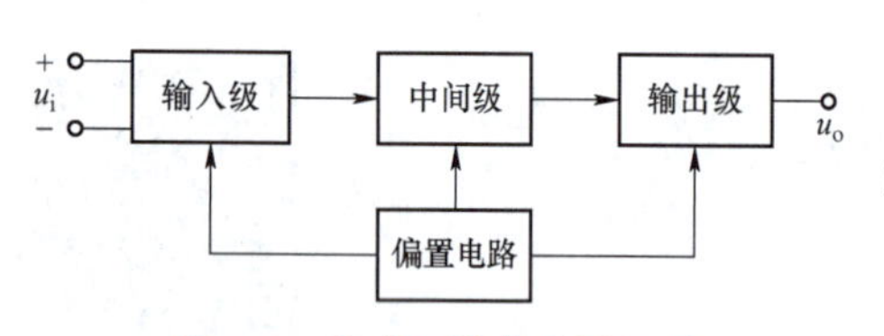

图 3.3　集成运算放大器组成

集成运算放大器的种类非常多，内部电路也不尽相同，但一般由以下四部分组成，如图 3.3 所示。

输入级：通常由具有恒流源的双端输入、单端输出的差分放大电路构成，其目的是减小放大电路的零点漂移、提高输入阻抗。输入级是提高集成运放质量的关键部分，它的两个输入端分别构成整个电路的同相输入端和反相输入端。

中间级：通常由带有源负载（即以恒流源代替集电极负载电阻）的共发射极放大电路构成，其目的是获得较高的电压增益。

输出级：一般是由电压跟随器或互补对称功放电路组成，以降低输出电阻，提高运放的输出功率和带负载能力。

偏置电路：一般由各种恒流源电路构成，其作用是为各级电路提供合适的工作点及能源。

此外，为获得电路性能的优化，集成运放内部还增加了一些辅助电路，如过载保护和频率补偿电路等。

集成运算放大器具有体积小、重量轻、功耗低、增益高、成本低、可靠性高、使用方便等优点，获得了非常广泛的应用。

图 3.4 给出了一个简单集成运算放大器的内部电路原理图及电路符号。它有两个输入端，标“+”的输入端称为同相输入端，输入信号由此端输入时，输出信号与输入信号相位相同；标“-”的输入端称为反相输入端，输入信号由此端输入时输出信号与输入信号相位相反。

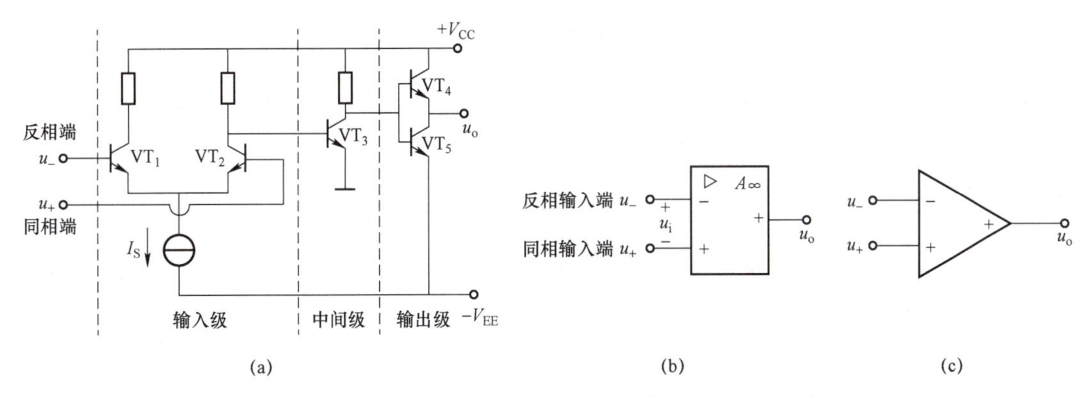

图 3.4　集成运算放大器内部的简单电路原理图及器件符号

（a）内部原理图；（b）国标符号；（c）惯用符号

在实际应用时，需要了解集成运放外部各引出端的功能及相应的接法，但一般不需要画出其内部电路。

3. 集成运放的主要参数和类型

集成运放的参数是正确、合理选择和使用运放的依据，因此了解各性能参数及其意义是十分必要的，集成运放有以下几个主要参数。

1）输入失调电压 U_{IO}

一个理想的集成运放，当输入电压为零时，输出电压也应为零（不加调零装置）。但实际上集成运放的差分输入级很难做到完全对称，通常在输入电压为零时，存在一定的输出电压。输入失调电压是指为了使输出电压为零而在输入端加的补偿电压。U_{IO} 的大小反映了运放的对称程度和电位配合情况。U_{IO} 越小越好，其量级在 2～20 mV，超低失调和低漂移运放的 U_{IO} 一般在 1～20μV。

为了消除失调，实际的运放在应用中往往采用调零电路。调零电路通常使用调零电位器接在差动放大器两管的发射极或集电极之间，调节该电位器可调整差动放大器的输出电流或负载的平衡性，从而使得运放在输入电压为零时输出电压也为零。

2）输入失调电流 I_{IO}

当输出电压为零时，差分输入级的差分对管基极的静态电流之差称为输入失调电流 I_{IO}，即

$$I_{IO}=|I_{B2}-I_{B1}| \tag{3.1}$$

由于信号源内阻的存在，I_{IO} 的变化会引起输入电压的变化，使运放输出电压不为零。I_{IO} 越小，输入级差分对管的对称程度越好，一般为 1 nA～0.1 μA。

3）输入偏置电流 I_{IB}

集成运放输出电压为零时，运放两个输入端静态偏置电流的平均值定义为输入偏置电流，即

$$I_{IB} = \frac{1}{2}(I_{B1} + I_{B2}) \tag{3.2}$$

从使用角度来看，偏置电流小好，由于信号源内阻变化引起的输出电压变化也越小，故输入偏置电流是重要的技术指标。一般 I_{IB} 为 10 nA～1 μA。

4）开环差模电压放大倍数 A_{ud}

开环差模电压放大倍数 A_{ud} 是指集成运放工作在线性区、接入规定的负载，输出电压的变化量与运放输入端口处的输入电压的变化量之比。运放的 A_{ud} 在 60～120 dB。不同功能的运放，A_{ud} 相差悬殊。

5）差模输入电阻 r_{id}

差模输入电阻 r_{id} 是指输入差模信号时运放的输入电阻。r_{id} 越大，对信号源的影响越小，运放的 r_{id} 一般都在几百千欧以上。

6）输出电阻 r_o

输出电阻 r_o 是指在开环条件下，从集成运放的输出端和地之间看进去的等效交流电阻。r_o 越小，带负载能力越强，r_o 的理想值为零，实际值一般为 100 Ω～1 kΩ。

7）共模抑制比 K_{CMR}

运放共模抑制比 K_{CMR} 的定义是差模电压放大倍数与共模电压放大倍数之比，常用分贝数来表示。不同功能的运放，K_{CMR} 也不相同，有的在 60～70 dB，有的高达 180 dB。K_{CMR} 越大，对共模干扰抑制能力越强。

$$K_{CMR} = 20\lg\left|\frac{A_{ud}}{A_{uc}}\right| \tag{3.3}$$

8）开环带宽 BW

开环带宽又称 –3 dB 带宽，是指运算放大器的差模电压放大倍数 A_{ud} 在高频段下降 3 dB 所对应的频率 f_H。

此外，集成运放还有输入失调电压温漂 dU_{IO}/dT、输入失调电流温漂 dI_{IO}/dT、最大差模输入电压 U_{idmax}、最大共模输入电压 U_{icmax}、静态功耗 P_c 等参数，其含义可查阅相关手册，在此不一一介绍。

需要说明的是，在实际的电路设计或分析过程中常常把集成运放理想化。

集成运算放大器的类型很多。按每片集成电路中运放数目的不同，可以分为单运放、双运放和四运放。按照集成运算放大器的技术指标及应用场合的不同，通常分为通用型和专用型两大类。通用型运算放大器的各种参数均比较适中，专用型运算放大器的某些技术指标很高。通用型按增益大小可分为通用Ⅰ型（低增益型，其增益小于 10^4）、通用Ⅱ型（中增益型，其增益介于 10^4～10^5）、通用Ⅲ型（高增益型，增益一般大于 10^5）。专用型又分为高输入阻抗型、高精度型、高压型（电源电压在±20 V 以上）、高速型、宽频带型、低功耗型、低温漂型、低噪声型（等效输入电压在 2 pV 以下）、高功率型等。在没有特殊要求的场合下，尽量选用通用型集成运放，如μA741（单运放）、LM358（双运放）、TL072（双运放）等可降低成本。

但一个电路中要使用多个运放时，尽量选用多元型即复合集成运放，如 LM324、LF347 等四运放封装在一起的集成电路。更多的集成运放的分类资料可以按照关键词到网上去查找。

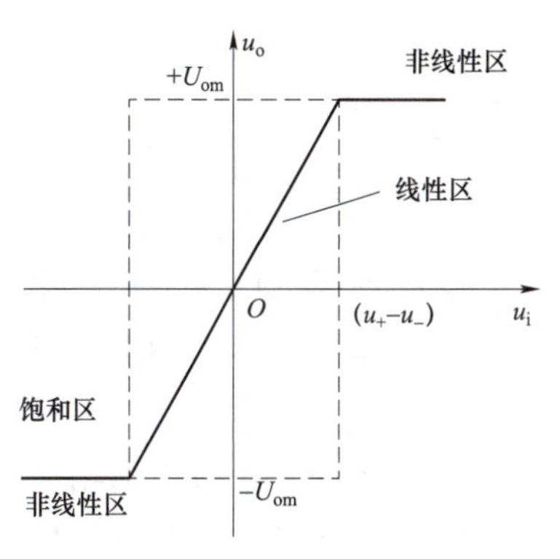

图 3.5　集成运放的传输特性

4. 集成运放的特性

1）集成运放的电压传输特性

集成运放的电压传输特性是指输出电压与输入电压的关系曲线，实际电路中集成运放的传输特性如图 3.5 所示，图中曲线上升部分的斜率为开环差模电压放大倍数 A_{ud}。以 μA741 为例，其开环电压放大倍数 A_{ud} 可达 10^5，最大输出电压受到电源电压的限制，不超过±18 V，此时，输入端的电压 $u_i=u_+-u_-=u_o/A_{ud}$，不超过±18 mV，也就是说，但$|u_i|$在 0～0.18 mV 时，u_o 与 u_i（$u_i=u_+-u_-$）是线性关系，称为线性工作区，即

$$u_o=A_{ud}(u_+-u_-) \tag{3.4}$$

若$|u_i|$超过 0.18 mV，则集成运放内部的输出级的三极管进入饱和工作区，输出电压 u_o 的值为正饱和或负饱和电压（$\pm U_{om}$），近似等于电源电压，与输入电压 u_i 的大小无关，称为非线性工作区。

2）理想集成运放的性能指标

目前，集成运放的应用极为广泛，已经可以作为晶体管一样的基本器件来使用。而且由于集成电路制造技术的发展，集成运算放大器性能越来越好，使用上越来越做到了模块化。尤其在一般场合，使用者完全可以将集成运算放大器当作理想器件来处理，而不会造成不可允许的误差。理想运放的主要性能指标如下。

（1）开环差模电压放大倍数为无穷大，即 $A_{ud}\to\infty$。

（2）差模输入电阻为无穷大，即 $r_{id}\to\infty$。

（3）输出电阻为 0，即 $r_o\to 0$。

（4）输入失调电压 U_{oI} 和输入失调电流 I_{oI} 都为 0。

（5）共模抑制比为无穷大，即 $K_{CMR}\to\infty$。

（6）开环带宽为无穷大，即 $BW\to\infty$。

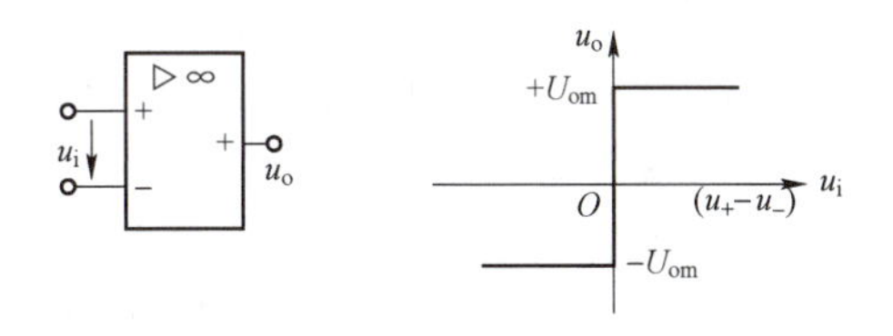

图 3.6　理想运放的电路符号和电压传输特性

理想运放的电路符号和电压传输特性如图3.6所示。图中的“∞”表示开环电压放大倍数为无穷大的理想化条件。以后如果没有特别注明，所有电路图中的运放均作为理想运放处理，无穷大的符号也不一定都画。

3）集成运放线性应用的两个重要特征

从理想运放的电压传输特性可以看出，理想运放的线性区为零，实际运放的线性区也很窄。要使得集成运放工作在线性区（即线性应用）的必要条件是引入深度负反馈。

当集成运放工作在线性区时，不难看出运放工作在线性区时有以下两个重要特征。

（1）由于运放的电压增益 $A_{ud}\to\infty$，而输出电压 u_o 有限，因而有

$$u_+ - u_- = \frac{u_o}{A_{ud}} \approx 0$$

即

$$u_+ \approx u_- \tag{3.5}$$

这说明运放同相与反相输入端的电压几乎相等，相当于短路，常称为“虚短”。

（2）由于运放的输入电阻 $r_{id} \to \infty$，因此反相端和同相端的输入电流等于 0，即

$$i_+ = i_- \approx 0 \tag{3.6}$$

这表明运放的两个输入端相当于开路，常称为“虚断”。

“虚短”与“虚断”的概念是分析理想运放应用电路的基本原则，可简化运放电路的计算。

4）集成运放非线性应用的特征

当集成运放工作在开环状态或外接正反馈时，由于集成运放的 A_{ud} 很大，只要有微小的电压信号输入，集成运放就一定工作在非线性区。其特点是：输出电压只有两种状态，不是正饱和电压 $+U_{om}$，就是负饱和电压 $-U_{om}$。

（1）当同相端电压大于反相端电压，即 $u_+ > u_-$ 时，$u_o = +U_{om}$。

（2）当反相端电压大于同相端电压，即 $u_+ < u_-$ 时，$u_o = -U_{om}$。

综上所述，在分析具体的集成运放应用电路时，首先判断集成运放工作在线性区还是非线性区，再运用线性区和非线性区的特点分析电路的工作原理。

知识拓展

集成运放的内部单元电路——差分放大电路

抑制零点漂移的方法有多种，如采用温度补偿电路、稳压电源以及精选电路元件等方法。但有效且广泛采用的方法是输入级采用差分放大电路。

1. 差分放大电路的结构

基本差分放大电路的结构如图 3.7 所示，它由完全相同的两个共发射极单管放大电路组成。要求两个晶体管特性一致，两侧电路参数对称。电路有两个输入端和两个输出端。当输入信号从某个管子的基极与“地”之间加入，称为单端输入，如 u_{i1}、u_{i2}；而输入信号从两个基极之间加入，称为双端输入 u_i，因此 $u_i = u_{i1} - u_{i2}$。若输出电压从某个管子的集电极和“地”之间取出，称为单端输出，如 u_{o1}、u_{o2}；而输出电压从两集电极之间取出，称为双端输出 u_o，显然 $u_o = u_{o1} - u_{o2}$。

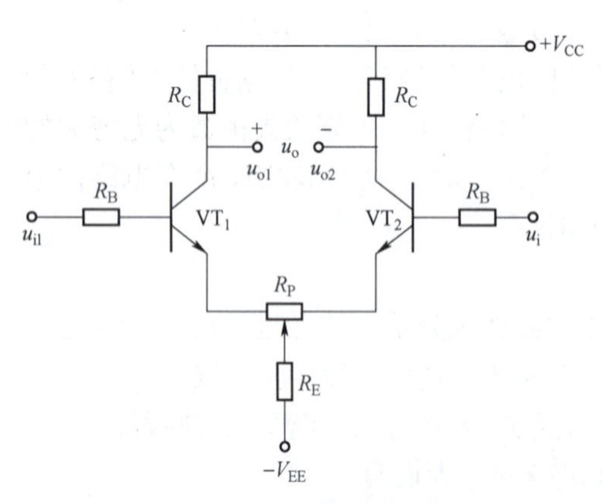

图 3.7　基本差分放大电路

2. 抑制零点漂移的原理

在静态时，$u_{i1} = u_{i2} = 0$，即在图 3.7 中将两个输入端短路，此时由负电源 V_{EE} 通过电阻 R_E 和两管发射极提供两管的基极电流。由于电路的对称性，两管的集电极电流相等，集电极电位也相等，即 $I_{C1} = I_{C2}$、$U_{C1} = U_{C2}$，故输出电压 $u_o = U_{C1} - U_{C2} = 0$。

当温度发生变化时，如当温度升高时，两管的

集电极电流都会增大，集电极电位都会下降。由于电路是对称的，所以两管的变化量相等，即 $\Delta I_{C1}=\Delta I_{C2}$、$\Delta U_{C1}=\Delta U_{C2}$。

虽然每个管子都产生了零点漂移，但是，由于两管集电极电位的变化是互相抵消的，所以输出电压依然为零，即 $u_o=(U_{C1}+\Delta U_{C1})-(U_{C2}+\Delta U_{C2})=\Delta U_{C1}-\Delta U_{C2}=0$。

可见，零点漂移完全被抑制了。对称差分放大电路对两管所产生的同向漂移（不管是什么原因引起的）都具有抑制作用，这是它的突出优点。

3. 信号输入

当有信号输入时，图 3.7 所示的对称差分放大电路的工作情况可以分为下列几种输入方式来分析。

（1）共模输入。若两个输入信号电压 u_{i1} 和 u_{i2} 的大小相等、极性相同，即 $u_{i1}=u_{i2}=u_{ic}$，这样的输入称为共模输入。

在共模输入信号作用下，对于完全对称的差分放大电路来说，显然两管的集电极电位变化相同，即 $u_{o1}=u_{o2}$，因而输出电压为 $u_o=u_{o1}-u_{o2}=0$。

可见，差分放大电路对共模信号没有放大能力，共模电压放大倍数为

$$A_{uc}=\frac{u_o}{u_{ic}}=0$$

实际上，差分放大电路对零点漂移的抑制就是该电路抑制共模信号的一个特例。因为折合到两个输入端的等效漂移电压如果相同，就相当于给放大电路加了一对共模信号。所以，差分放大电路抑制共模信号能力的大小，也反映出它对零点漂移的抑制水平。

（2）差模输入。若两个输入信号电压 u_{i1} 和 u_{i2} 的大小相等、极性相反，即 $u_{i1}=-u_{i2}=\frac{1}{2}u_{id}$，这样的输入称为差模输入。

设 $u_{i1}>0$、$u_{i2}<0$，则 VT_1 管集电极电流的增加量等于 VT_2 管集电极电流的减小量。这样，两个集电极电位一增一减，呈现异向变化，因而 VT_1 管集电极输出电压 u_{o1} 与 VT_2 管集电极输出电压 u_{o2} 大小相等、极性相反，即 $u_{o1}=-u_{o2}$，输出电压为

$$u_o=u_{o1}-u_{o2}=2u_{o1}\neq 0$$

可见在差模输入信号的作用下，差分放大电路的输出电压为两管各自输出电压变化量的两倍，即差分放大电路对差模信号有放大能力。

差模电压放大倍数为

$$A_{ud}=\frac{u_o}{u_{id}}=\frac{2u_{o1}}{2u_{i1}}=-\frac{\beta R_L'}{R_B+r_{be}} \tag{3.7}$$

式（3.7）与共发射极单管放大电路的电压放大倍数相同。式中 $R_L'=R_C//\left(\frac{R_L}{2}\right)$

差模输入电阻为

$$r_{id}=2(R_B+r_{be}) \tag{3.8}$$

差模输出电阻为

$$r_o=2r_{o1}=2R_C \tag{3.9}$$

（3）比较输入。两个输入信号电压的大小和相对极性是任意的，既非共模又非差模，这种输入称为比较输入。比较输入在自动控制系统中是常见的。

比较输入可以分解为一对共模信号和一对差模信号的组合，即

$$u_{i1}=u_{ic}+u_{id}，\quad u_{i2}=u_{ic}-u_{id}$$

式中　u_{ic}——共模信号；

u_{id}——差模信号。

由以上两式可解得

$$u_{ic}=\frac{1}{2}(u_{i1}+u_{i2}) \tag{3.10}$$

$$u_{id}=\frac{1}{2}(u_{i1}-u_{i2}) \tag{3.11}$$

例如，比较输入信号为$u_{i1}=10\ \text{mV}$、$u_{i2}=-4\ \text{mV}$，则共模信号$u_{ic}=3\ \text{mV}$，差模信号$u_{id}=7\ \text{mV}$。

对于线性差分放大电路，可用叠加定理求得输出电压为

$$u_{o1}=A_{uc}u_{ic}+A_{ud}u_{id}，\quad u_{o2}=A_{uc}u_{ic}-A_{ud}u_{id}$$

$$u_o=u_{o1}-u_{o2}=2A_{ud}u_{id}=A_{ud}(u_{i1}-u_{i2}) \tag{3.12}$$

式（3.12）表明，输出电压的大小仅与输入电压的差值有关，而与信号本身的大小无关，这就是差分放大电路的差值特性。

对于差分放大电路来说，差模信号是有用信号，要求对差模信号有较大的放大倍数；而共模信号是干扰信号，因此对共模信号的放大倍数越小越好。对共模信号的放大倍数越小，就意味着零点漂移越小，抗共模干扰的能力越强，当用作差动放大时，就越能准确、灵敏地反映出信号的偏差值。

4. 共模抑制比

上面讨论的是理想情况，在一般情况下，电路不可能绝对对称，$A_{uc}\neq 0$。为了全面衡量差分放大电路放大差模信号和抑制共模信号的能力，引入共模抑制比，以K_{CMR}表示。共模抑制比定义为A_{ud}与A_{uc}之比的绝对值，即

$$K_{CMR}=\left|\frac{A_{ud}}{A_{uc}}\right| \tag{3.13}$$

或用对数形式表示为

$$K_{CMR}=20\lg\left|\frac{A_{ud}}{A_{uc}}\right| \tag{3.14}$$

用对数形式表示的共模抑制比的单位为 dB。

显然，共模抑制比越大，表示差分电路放大差模信号和抑制共模信号的能力越强。

5. 差分放大电路的连接方式

差分放大电路有两个输入端和两个输出端，除了前面讨论的双端输入双端输出电路以外，还经常采用单端输入方式和单端输出方式。共有 4 种输入输出方式的差分放大电路，即双端输入双端输出、双端输入单端输出、单端输入双端输出、单端输入单端输出。

1）单端输入

单端输入信号 u_{i} 可看成是任意输入信号的一种，设在 u_{i1} 输入端输入信号。$u_{\mathrm{i1}}=u_{\mathrm{i}}$，$u_{\mathrm{i2}}=0$，可以有 $u_{\mathrm{i1}}=\frac{1}{2}u_{\mathrm{i}}+\frac{1}{2}u_{\mathrm{i}}$，$u_{\mathrm{i2}}=-\frac{1}{2}u_{\mathrm{i}}+\frac{1}{2}u_{\mathrm{i}}$，相当于其中的差模成分分别为 $\pm\frac{1}{2}u_{\mathrm{i}}$，共模成分为 $\frac{1}{2}u_{\mathrm{i}}$ 一对输入信号，所以对于输入方式来说，单端输入和双端输入并没有本质的区别。但差动放大电路毕竟是靠良好的对称性来达到抑制共模的目的的，单端输入时对共模的抑制与双端输入时相比稍差，这样，就要求射极电阻 R_{E} 足够大。因为射极电阻 R_{E} 越大，抑制共模的效果就越好，当射极电阻 R_{E} 足够大时，单端输入时差动放大电路的性能指标和双端输入时的性能指标就基本一致，这时直接利用双端输入时的公式进行计算即可。

2）单端输出

单端输出信号可以取自差放管 $\mathrm{VT_1}$、$\mathrm{VT_2}$ 任意一管的集电极与地之间的信号电压。由于所取输出端的位置不同，输出信号与输入信号之间的相位关系也就不同。

（1）单端输出时的差模电压放大倍数 A_{ud}。

因为单端输出时，差动放大电路中非输出管的输出电压未被利用，所以单端输出时的电压放大倍数只有双端输出时的一半。若带上负载，由于外接负载电阻 R_{L} 直接并联于输出管的集电极与地之间，因此交流等效负载电阻 $R_{\mathrm{L}}'=R_{\mathrm{C}}//R_{\mathrm{L}}$，由此可得单端输出时的差模电压放大倍数为

$$\left|A_{\mathrm{ud}}\right|=\frac{\beta R_{\mathrm{L}}'}{2(R_{\mathrm{B}}+r_{\mathrm{be}})} \tag{3.15}$$

根据单端输出位置的不同，差模电压放大倍数可正可负。

当输入和输出信号为同一个三极管，如加在 $\mathrm{VT_1}$ 的基极上，而从 $\mathrm{VT_1}$ 的集电极取出时，输出电压与输入电压反相。当输入和输出信号为不同的三极管时，如加在 $\mathrm{VT_1}$ 的基极上，而从 $\mathrm{VT_2}$ 的集电极取出时，输出电压与输入电压同相。

输入电阻与双端输入相同，即

$$r_{\mathrm{id}}=2(R_{\mathrm{B}}+r_{\mathrm{be}})$$

（2）单端输出时的共模电压放大倍数 A_{uc}。

因为单端输出时，仅取一管的集电极电压作为输出，使两管的零点漂移不能在输出端互相抵消，所以共模抑制比相对较低。但由于有 R_{E}，对共模信号的强烈抑制作用，因此其输出零漂比普通的单管放大电路还是小得多。

单端输出时，射极电阻 R_{E} 上流过两倍的射极电流，根据带射极电阻的单管共发射极放大电路的电压放大倍数公式，可得单端输出时差动放大电路的共模电压放大倍数为

$$A_{\mathrm{uc}}=-\frac{\beta R_{\mathrm{L}}'}{R_{\mathrm{B}}+r_{\mathrm{be}}+2(1+\beta)R_{\mathrm{E}}} \tag{3.16}$$

（3）单端输出时的共模抑制比为

$$K_{\mathrm{CMRR}}\approx\beta\frac{R_{\mathrm{C}}}{r_{\mathrm{be}}}$$

（4）单端输出时差动放大电路的输出电阻。

由于仅从一管的集电极取输出信号，因此输出电阻是从一管的集电极和接地点之间进去

的等效电阻，它是双端输出时的一半，即

$$r_{od} = R_C$$

为便于比较差动放大电路4种输入输出形式的特点，这4种接法电路的基本情况见表3.1。

表3.1　差动放大电路4种输入输出方式的比较

输入方式	双端输出		单端输出	
	双端输入	单端输入	双端输入	单端输入
电路	R_C R_C $+V_{CC}$ R_B $+u_o-$ R_B VT_1 R_L VT_2 u_i R_E $-V_{EE}$	R_C R_C $+V_{CC}$ R_B $+u_o-$ R_B VT_1 R_L VT_2 u_i R_E $-V_{EE}$	R_C R_C $+V_{CC}$ R_B R_B VT_1 u_o R_L VT_2 u_i R_E $-V_{EE}$	R_C R_C $+V_{CC}$ R_B R_B VT_1 u_o R_L VT_2 u_i R_E $-V_{EE}$
差模电压放大倍数	$A_{ud}=\frac{u_o}{u_i}=-\frac{\beta\left(R_C//\frac{R_L}{2}\right)}{R_B+r_{be}}$		$A_{ud}=\frac{u_o}{u_i}=-\frac{1}{2}\frac{\beta(R_C//R_L)}{R_B+r_{be}}$	
共模电压放大倍数及共模抑制比	$A_{uC}\to 0$ $K_{CMR}\to\infty$		A_{uC}很小 K_{CMR}高	
输出电阻	$2R_c$		R_c	
差模输入电阻	$2(R_B+r_{be})$			
用途	适用于输入输出均不接地的情况；常用于多级直接耦合放大器的输入级和中间级	适用于将单端输入转换为双端输出，常用于多级直接耦合放大器的输入级	适用于将双端输入转换为单端输出，常用于多级直接耦合放大器的输入级、中间级	适用于输入输出均要求接地的情况；选择不同管子输出，可使输出电压与输入电压反相或同相

自测习题答案

自 测 习 题

1. 填空

（1）集成运放是_____增益的_______耦合的集成的______级放大器。直接耦合放大器存在__________问题，解决的办法是运放的输入级采用_______________电路。

（2）集成运放存在________个工作区域，分别是____________区和___________区。理想集成运放的特点是___________、____________、_________________。

（3）集成运放内部一般包括4个组成部分，它们是____________、____________、___________和___________四部分。

2. 选择

（1）集成运放的输入级采用差分电路，是因为（　　）。

A. 输入电阻高　　B. 差模增益大　　C. 温度漂移小

（2）差分放大器是一种直接耦合放大器，它（　　）。

A. 只能放大直流信号　　　　B. 只能放大交流信号
C. 不能放大交流信号　　　　D. 可以抑制共模信号

（3）通用型集成运放的输入级采用差动放大电路，这是因为它（　　）。
A. 输入电阻高　　　　B. 输出电阻低
C. 抑制零点漂移　　　　D. 电压放大倍数大

（4）理想运放的共模抑制比是（　　）。
A. ∞　　　　B. 0　　　　C. 常数

（5）直接耦合放大电路零点漂移产生的主要原因是（　　）。
A. 输入信号较大　　　　B. 环境温度量　　　　C. 元器件太多

3. 判断

（1）温度对差动放大电路的影响可以看成是共模输入。（　　）
（2）凡是运算电路都可用“虚短”和“虚断”求解运算关系。（　　）

3.1.2　认识负反馈

知识储备

在实际工作中，多级放大电路的性能指标一般不能满足要求，往往需要在电路中引入负反馈电路。负反馈可以改善放大电路的性能，实用的放大电路都离不开负反馈。把电子系统的输出量（电压或电流）的一部分或全部，经过一定的电路（称为反馈网络）送回到它的输入端，与原来的输入量（电压或电流）共同控制该电子系统，这种连接方式称为反馈。

在讨论放大电路的工作点稳定问题时，其实已用到了反馈的概念。为此，把分压式偏置电路重画于图 3.8（a）中。

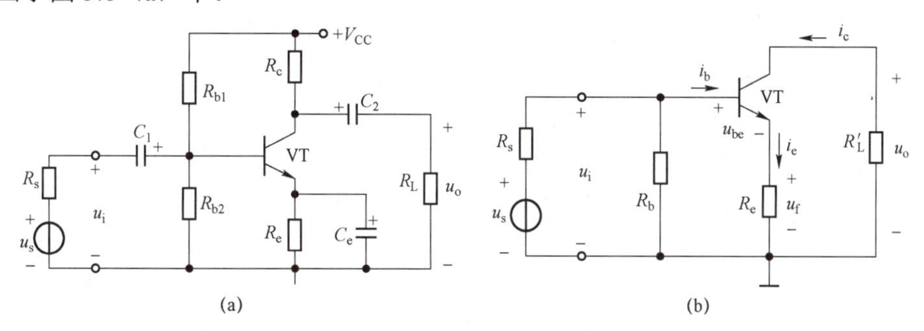

图 3.8　分压式偏置电路

（a）电路；（b）去掉 C_e 后的交流通路

此电路的工作点稳定就是通过反馈实现的：

$$(\text{温度}T\uparrow) \rightarrow I_C\uparrow \xrightarrow{(\text{通过}R_e)} U_E\uparrow \xrightarrow{(U_B\text{近似不变})} U_{BE}\downarrow \rightarrow I_B\downarrow \rightarrow I_C\downarrow$$

可见，该电路的输出电流 I_C 通过 R_e 的作用得到 U_E，它与原 U_B 共同控制 U_{BE}，从而达到稳定静态电流 I_C 的目的。由于此电路中 R_e 两端并联大电容 C_e，所以 R_e 两端的电压降只反映集电极电流直流分量 I_C 的变化，这种电路只对直流量起反馈作用，称为直流反馈。值得注意的是，当温度上升时，反馈的结果是抑制了 I_C 的增大，而不能误解为 I_C 会使比原来的还小。实际上，如果没有 I_C 的增大就不会出现上述的调节过程，所以反馈不可能使 I_C 一成不变，而是有少量的增大。

当去掉旁路电容 C_e 时，R_e 两端的电压降同时也反映了集电极电流交流分量的变化，即它对交流信号也起反馈作用，称为交流反馈。因此，这时电路同时存在直流反馈和交流反馈。图 3.8（b）所示为 C_e 开路时的交流通路，其中 $R_b=R_{b1}//R_{b2}$，$R_L'=R_C//R_L$。R_e 介于输出回路和输入回路之间，当 i_o 流过 R_e 时产生电压降 $u_e=i_eR_e$，由于输出电流 $i_o=i_c\approx i_e$，故 $u_e\approx i_cR_e$。u_e 是由输出电流产生的，又作用于输入回路，故称为反馈电压，用 u_f 表示，即 $u_f=u_e\approx i_cR_e$。u_f 抵消了输入电压 u_i 的一部分，使放大管的有效输入电压（或净输入电压）$u_{be}=u_i-u_f$ 减小，放大电路的输出电压及电压放大倍数也减小。这个电路能稳定输出电流 i_c。例如，当输入电压 u_i 不变而三极管 β 增大时，将有下述过程发生：

$$(\beta\uparrow)\rightarrow i_c\uparrow\rightarrow u_f=u_e\uparrow\rightarrow u_{be}=(u_i-u_f)\downarrow\rightarrow i_b\downarrow$$
$$i_c\downarrow\leftarrow$$

图 3.8 中的反馈是人为有意识的通过外接电路元件实现的，称为外部反馈或人工反馈。如果反馈是在器件内部产生的，则称为内部反馈或寄生反馈（它也可以是寄生电容或寄生电感引起的）。寄生反馈是有害的，应设法避免和消除。

带反馈的放大电路称为反馈放大电路。在反馈放大电路中，输入端信号经电路放大后传输到输出端，而输出端信号又经反馈网络反向传输到输入端（即存在反馈通路），形成闭合环路，这种情况称为闭环，所以反馈放大电路又称为闭环放大电路。如果一个放大电路不存在反馈，即只存在放大这一信号传输的途径，则不会形成闭合环路，这种情况称为开环，没有反馈的放大电路又称为开环放大电路。为了便于分析，一个反馈放大电路可以分为基本放大器和反馈网络两部分。基本放大器只起放大作用，即把输入信号放大为输出信号；反馈网络只起反馈作用，即把基本放大器的输出信号送回到输入端。

因此，一个放大电路是否存在反馈，主要分析输出信号能否被送回到输入端，即输入回路和输出回路之间是否存在反馈通路。若有反馈通路，则存在反馈；否则没有反馈。例如，在图 3.8 所示电路中，R_e 就构成输出回路与输入回路之间的反馈通路，因此存在反馈。

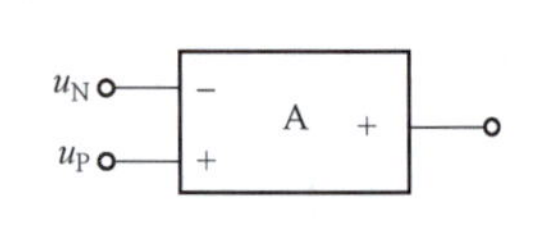

图 3.9　放大器的通用符号

如图 3.9 所示，集成运算放大器的符号“−”（Negative）、“+”（Positive）分别表示反相输入端和同相输入端，相应的输入电压分别用 u_N 和 u_P 表示。两个输入端的作用分别是：当反相输入端加输入信号时，输出信号与输入信号反相；而在同相输入端加输入信号时，输出信号与输入信号同相。运放应用电路中存在反馈的分析如同分立元件构成的反馈电路。

1. 电路中的反馈形式

电路中的反馈形式很多，主要有下述几种。

1）正反馈和负反馈

由于反馈放大电路的反馈信号与原输入信号共同控制放大电路，因此必然使输出信号受到影响，其放大倍数也将改变。根据反馈影响（即反馈极性）的不同，它可分为正反馈和负反馈两类。如果反馈信号削弱输入信号，即在输入信号不变时输出信号比没有反馈时变小，导致放大倍数减小，这种反馈称为负反馈；反之，则为正反馈。正反馈虽然使放大倍数增大，但却使电路的工作稳定性变差，甚至产生自激振荡而破坏其正常的放大作用，所以在放大电路中很少采用，而振荡器却是利用正反馈的作用来产生信号的。负反馈虽然降低了放大倍数，却使放大电路的性能得到改善，因此应用极为广泛，并且常把负反馈简称为反馈。

判别反馈的性质可采用瞬时极性法。先假定输入信号的瞬时值对地有一正向的变化，即瞬时电位升高（用“↑”表示），瞬时极性用“(+)”表示；然后按照信号先放大后反馈的传输途径，根据放大电路在中频区有关电压的相位关系，依次得到各级放大电路的输入信号与输出信号的瞬时电位是升高还是降低，即瞬时极性是（+）还是（−）；最后推出反馈信号的瞬时极性，从而判断反馈信号是加强还是削弱输入信号，加强的（即净输入信号增大）为正反馈，削弱的（即净输入信号减小）为负反馈。

在图 3.10 中，设 u_i 的瞬时极性为（+），则 u_{B1} 的瞬时极性也为（+），经 VT_1 反相放大，u_{C1}（即 u_{B2}）的瞬时极性为（−），u_{E2} 的瞬时极性也为（−），该电压经 R_f 加至 VT_1 的发射极，则 u_{E1} 的瞬时极性为（−），由于 $u_{BE1}=u_{B1}-u_{E1}$，则净输入电压增大，故为正反馈。上述过程可表示为

$$u_I\ (u_{B1})\uparrow \rightarrow u_{C1}\ (u_{B2})\downarrow \rightarrow u_{E2}\downarrow \rightarrow u_{E1}$$
$$u_{BE1}=(u_{B1}-u_{E1})\uparrow \leftarrow$$

注意：① 分析信号瞬时极性变化是在中频区进行的，所以应不考虑耦合元件产生的附加效应，即大电容视为短路，小电容视为开路等；② 引入反馈（正反馈或负反馈）并没有改变放大电路本身的特性，故反相输入端仍与本级的输出反相，同相亦然。

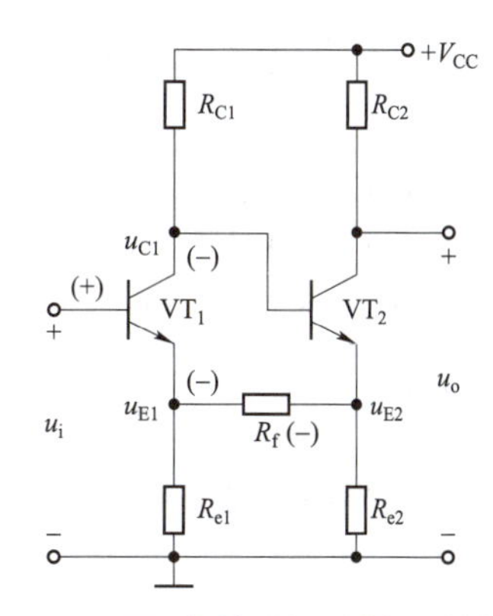

图 3.10 用瞬时极性法判断反馈极性

2）直流反馈和交流反馈

如果反馈回来的信号是直流量，则为直流反馈；如果反馈回来的信号是交流量，则为交流反馈。直流负反馈多用于稳定静态工作点，交流负反馈则用于改善放大电路的性能。此外，如果反馈回来的信号既有交流分量，又有直流分量，则同时存在交、直流反馈。

直流反馈和交流反馈可以通过观察反馈信号是直流量还是交流量来判断，也可以通过画出反馈放大电路的直流通路和交流通路来判断。例如，图 3.8（a）所示电路由于 C_e 的作用，交流信号被旁路，所以只有直流反馈而无交流反馈。本任务主要讨论交流负反馈。

3）反馈和电流反馈

根据基本放大器和反馈网络在输出端连接方式的不同，反馈放大电路分为电压反馈和电流反馈。

在反馈放大电路的输出端，如果基本放大器（一部分或全部）和反馈网络并联，则反馈信号 x_f 与输出电压 u_i 成正比，或者说反馈信号取自输出电压（称为电压采样），这种方式称为电压反馈，如图 3.11（a）所示。反之，如果在反馈放大电路的输出端，基本放大器和反馈网络串联，则反馈信号与输出电流 i_o 成正比，或者说反馈信号取自输出电流（称为电流采样），这种方式称为电流反馈，如图 3.11（b）所示。

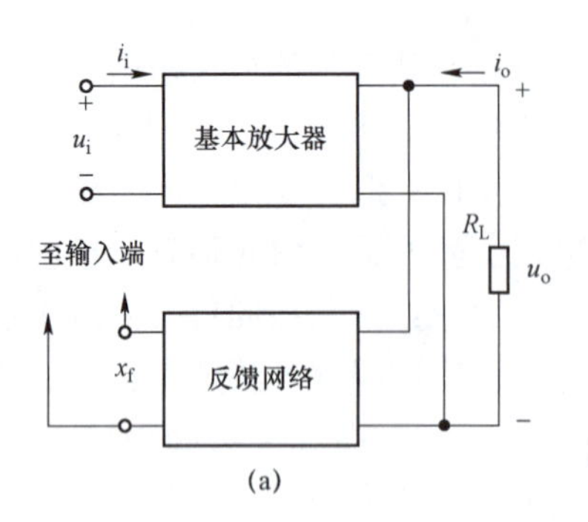

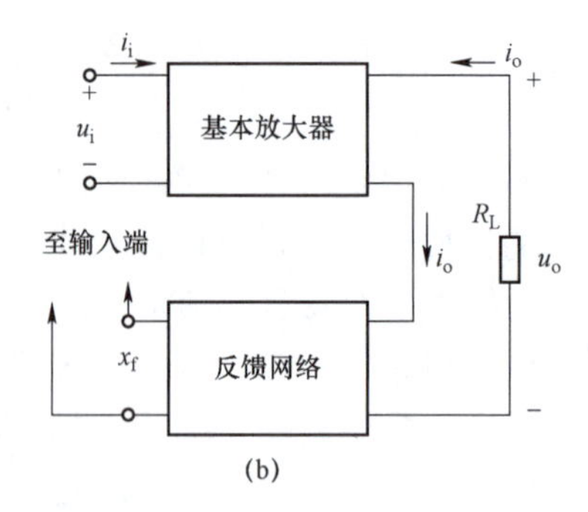

图 3.11　输出端的反馈类型

（a）电压反馈；（b）电流反馈

由于电压反馈的 x_f 与 u_i 成正比，电流反馈的 x_f 与 i_o 成正比，则若把放大电路的负载短路，即 $u_o=0$，电压反馈的 x_f 为零，而电流反馈的 x_f 不为零。因此，判断电压反馈和电流反馈可采用短路法：假定把放大电路的输出端短路，即使 $u_o=0$，这时如果反馈信号为零（即反馈不存在），则为电压反馈；如果反馈信号不为零（即反馈仍然存在），则为电流反馈。例如，图 3.8（b）中，若把 R_L' 短路，这时 $i_o=i_c$ 仍在 R_e 上形成反馈电压，故为电流反馈。

4）串联反馈和并联反馈

根据基本放大器和反馈网络在输入端连接方式的不同，反馈放大电路分为串联反馈和并联反馈。

在反馈放大电路的输入端，如果基本放大器和反馈网络串联，则反馈对输入信号的影响可通过电压求和形式（相加或相减）反映出来，即反馈电压 u_f 与输入电压 u_i 共同作用在基本放大器的输入端，在负反馈时，使净输入电压 $u_i'=u_i-u_f$ 变小（称为电压比较），这种方式称为串联反馈，如图 3.12（a）所示。反之，如果在反馈放大电路的输入端，基本放大器和反馈网络并联，则反馈对输入信号的影响可通过电流求和形式反映出来，即反馈电流 i_f 与输入电流 i_i 共同作用于基本放大器的输入端，在负反馈时使净输入电流 $i_i'=i_i-i_f$ 变小（称为电流比较），这种方式称为并联反馈，如图 3.12（b）所示。

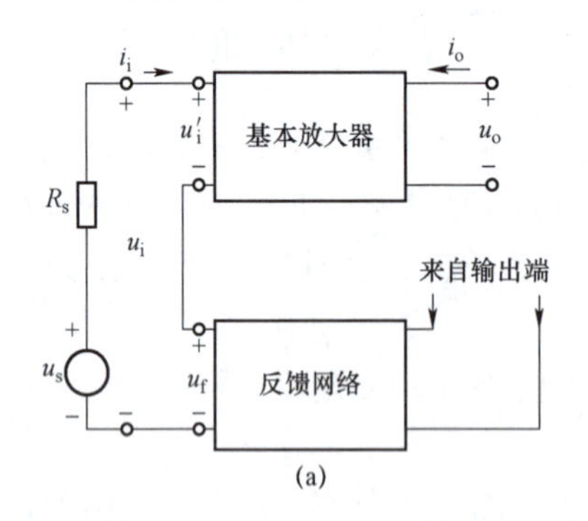

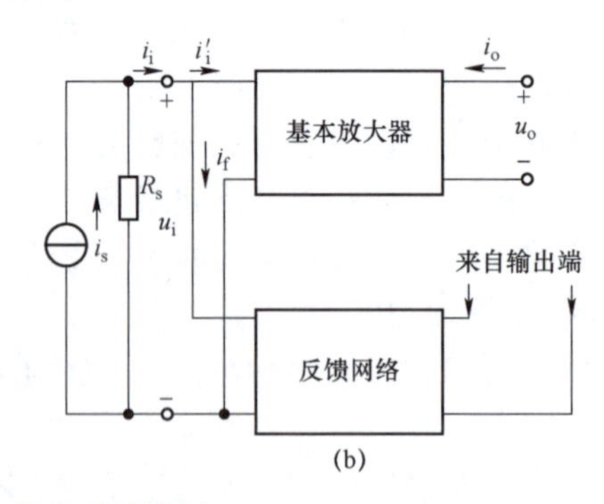

图 3.12　输入端的反馈类型

（a）串联反馈；（b）并联反馈

串联反馈和并联反馈很容易直接从电路中判别出来，即串联负反馈适于用电压比较的方式来反映反馈对输入信号的影响，$u_i-u_f=u_i'$；而并联负反馈则适于用电流比较的方式来反映反馈对输入信号的影响，$i_i-i_f=i_i'$。

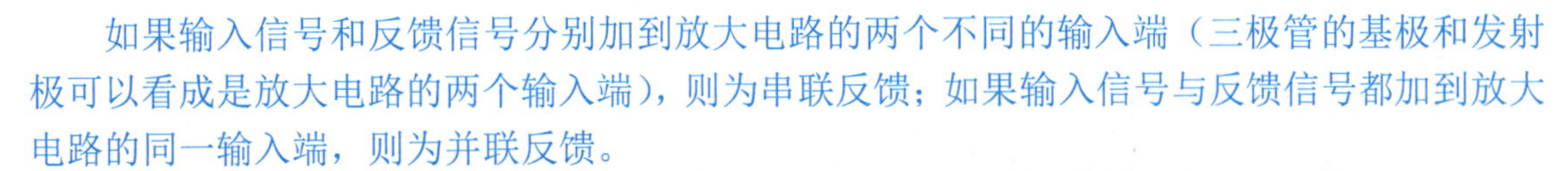
如果输入信号和反馈信号分别加到放大电路的两个不同的输入端（三极管的基极和发射极可以看成是放大电路的两个输入端），则为串联反馈；如果输入信号与反馈信号都加到放大电路的同一输入端，则为并联反馈。

由于串联负反馈的$u_i'=u_i-u_f$，故当输入电压u_i一定时，若反馈越强，u_f也越大，则净输入电压值就越小。显然，若将图3.12（a）中的信号源变为恒流源，可知，此时u_i'与u_i，无关，反馈不起作用；而当信号源为一恒压源时（图中$R_s=0$），$u_i=u_s$，反馈的影响最大。换言之，信号源的内阻越小，串联负反馈的作用就越强，或串联负反馈宜采用电压源作为激励信号源。同样可以说明，信号源的内阻越大，并联负反馈的作用就越强，或并联负反馈宜采用电流源作为激励信号源。

2. 负反馈电路的4种类型

根据基本放大器和反馈网络在输入端连接方式的不同和输出端采样对象的不同，负反馈放大电路可分为电压并联、电压串联、电流并联和电流串联4种组态，如图3.13所示，下面分别简单加以介绍。

1）电压并联负反馈

图3.13（a）所示为电压并联负反馈电路。该电路采样的是输出电压u_o，反馈网络与基本放大器并联连接，实现了输入电流i_i与反馈电流i_f相减，使净输入电流$i_i'=i_i-i_f$减小。

电压并联负反馈电路能够稳定输出电压。在i_i一定时，由于R_L减小使输出电压下降，其稳定输出电压是通过下述自动调整过程实现的：

$$R_L\downarrow \longrightarrow |u_o|\downarrow \longrightarrow i_f=F_g u_o\downarrow \longrightarrow i_i'=(i_i-i_f)\uparrow$$
$$|u_o|\uparrow \longleftarrow$$

2）电压串联负反馈

图3.13（b）所示为电压串联负反馈电路。该电路采样的是输出电压u_o，反馈网络与基本放大器串联连接，实现了输入电压u_i与反馈电压u_f相减，使净输入电压$u_i'=u_i-u_f$减小。

电压串联负反馈电路能稳定输出电压，其原理留给读者思考。

3）电流并联负反馈

图3.13（c）所示为电流并联负反馈电路。该电路采样的是输出电流i_o，反馈网络与基本放大器并联连接，实现了输入电流i_i与反馈电流i_f相减，使净输入电流$i_i'=i_i-i_f$减小。

电流并联负反馈电路能够稳定输出电流。在i_i一定时，若由于R_L增大使输出电流减小，则其稳定输出电流是通过下述自动调整过程实现的：

$$R_L\uparrow \longrightarrow i_o\downarrow \longrightarrow i_f=F_i i_o\downarrow \longrightarrow i_i'=(i_i-i_f)\uparrow$$
$$i_o\uparrow \longleftarrow$$

4）电流串联负反馈

图3.13（d）所示为电流串联负反馈电路。该电路采样的是输出电流i_o，反馈网络与基本放大器串联连接，实现了输入电压u_i与反馈电压u_f相减，使净输入电压$u_i'=u_i-u_f$减小。

电流串联负反馈电路能稳定输出电流，其原理也留给读者思考。

总之，凡是电压负反馈都能稳定输出电压，凡是电流负反馈都能稳定输出电流，即负反馈具有稳定被采样输出量的作用。

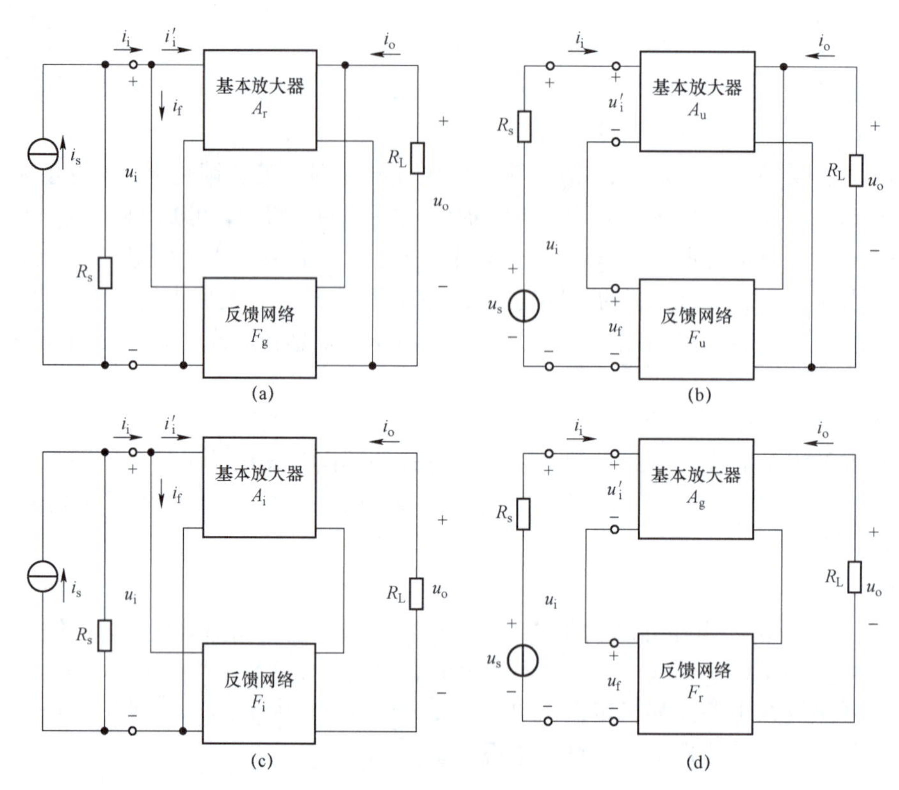

图 3.13　负反馈放大电路的 4 种组态

（a）电压并联；（b）电压串联；（c）电流并联；（d）电流串联

例 3.1　如图 3.14 所示的电路，试分析它们的交流反馈的极性和组态。

解　（1）对于图 3.14（a）所示电路，设 u_i（即 u_b）的瞬时极性为（+），此时 i_b 增大，则 i_e 增大，故 $u_e=u_f$ 也增大，$u'_i=u_{be}=u_i-u_f$ 减小，因此属于串联负反馈，R_e 为反馈元件。又当 R_L 短路时，$u_e=0$，$u'_i=u_{be}=u_i$，反馈消失，故为电压反馈。综合起来，图 3.14（a）所示的射极跟随器引入的是电压串联负反馈。

（2）对于图 3.14（b）所示电路，设 u_i（即 u_b）的瞬时极性为（+），经 VT_1 反相放大后，u_{c1}（即 u_{b2}）的瞬时极性为（–），u_{e2} 的瞬时极性也为（–），u_{e2} 通过 R_f 削弱 u_i，故为负反馈。

当 $u_o=0$ 时，输出电流 i_o（$i_o=i_{c2}$）仍在 R_{e2} 两端建立起电压，故反馈电流 i_f 仍存在，属于电流反馈；输入端满足 $i''_i=i_i-i_f$，故为并联反馈。综合起来，该电路是电流并联负反馈电路。

（3）对于图 3.14（c）所示电路，设 u_i 的瞬时极性为（+），即同相输入端电压瞬时极性为（+），由于输出端与同相输入端的极性是相同的，因而此时输出电压的瞬时极性为正。通过反馈支路将输出电压反送到反相输入端，用 u_f 表示，且瞬时极性为正。由于 $u_{id}=u_i-u_f$，u_f 的正极性会使净输入量 u_{id} 减小，因此这个电路的反馈是负反馈。

当 $u_o=0$ 时，输出电流 i_o 仍在 R_2 两端建立起电压，故反馈电压 u_f 仍存在，属于电流反馈；输入端满足 $u_{id}=u_i-u_f$，故为串联反馈。综合起来，该电路是电流串联负反馈电路。

（4）对于图 3.14（d）所示电路，设 u_i 的瞬时极性为（+），则反相输入端电压 u_N 的瞬时极性也为（+），经放大器反相后，u_o 的瞬时极性为（–），该电压通过 R_f 反馈到反相输入端，使 u_N 被削弱，因此是负反馈。

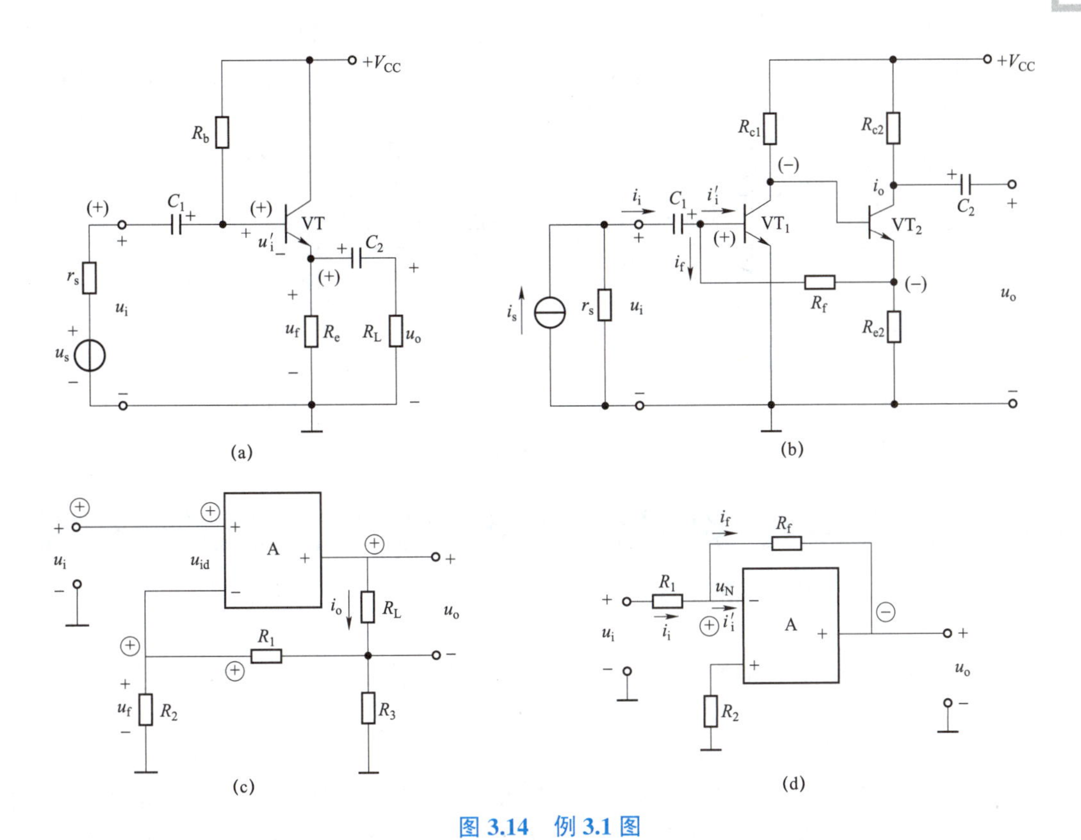

图 3.14　例 3.1 图

当 $u_o=0$ 时，反馈信号消失，故为电压反馈。输入端满足 $i_i'=i_i-i_f$，故为并联反馈。综合起来，该电路是电压并联负反馈电路。

自 测 习 题

1. 判断

（1）若放大电路的放大倍数为负，则引入的反馈一定是负反馈。（　　）

（2）反馈信号取自输出电压的反馈称为电压反馈。（　　）

2. 选择

（1）在输入量不变的情况下，如果引入反馈后（　　），则说明引入的反馈是负反馈。

A. 输入电阻增大　　B. 输出量增大

C. 净输入量增大　　D. 净输入量减小

（2）分压式偏置电路稳定静态工作点的原理是利用了（　　）。

A. 交流电流负反馈　　B. 交流电压负反馈

C. 直流电流负反馈　　D. 直流电压负反馈

（3）电路如题 2（3）图所示，试判断电路中的反馈类型（　　）。

A. 电压串联负反馈　　B. 电压并联负反馈　　C. 电流串联负反馈

（4）电路如题 2（4）图所示运算电路，负反馈类型为（　　）。

A. 电压串联　　　　　　B. 电压并联　　　　　　C. 电流串联

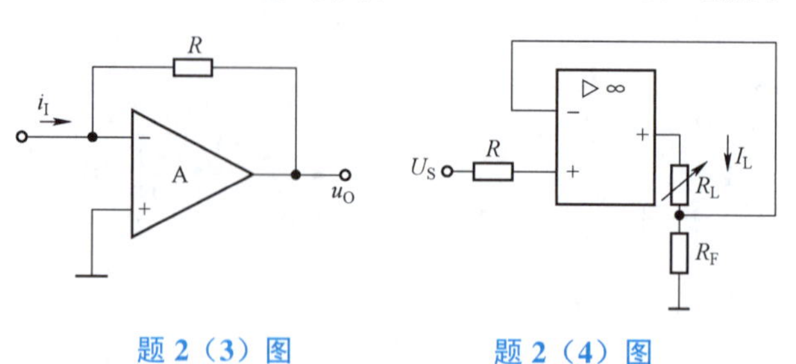

题 2（3）图　　　　题 2（4）图

3.1.3　分析负反馈对放大器性能的改善

知识储备

1. 负反馈对放大电路性能的影响

负反馈虽然使放大电路的放大倍数下降，却从多方面改善了放大电路的性能，如提高放大电路放大倍数的稳定性、减小非线性失真、扩展频带、改变输入、输出电阻等。下面分别加以讨论。

1）提高放大倍数（增益）的稳定性

电源电压的变化、负载的变化、环境温度的改变和元器件的老化或更换所引起电路元器件参数的变化，都会导致放大电路放大倍数的改变。而在深度负反馈条件下，采用性能比较稳定的无源线性元件组成反馈网络，闭环放大倍数就比较稳定。下面分析一般情况下负反馈使放大倍数稳定的程度，它可用引入负反馈前后放大倍数的相对变化量之间的关系来表示。

为了使分析简化，设信号的频率为中频，反馈网络是电阻网络，则开环放大倍数、反馈系数、闭环放大倍数均为实数，分别用 A、F、A_f 表示。此时，闭环增益的一般表达式就化为

$$A_f = \frac{A}{1+AF} \tag{3.17}$$

假设由于某种原因使开环放大倍数由 A 变为 $A+\Delta A$，其变化量为 ΔA，相对变化量为 $\Delta A/A$。它将引起闭环放大倍数由 A_f 变为 $A_f+\Delta A_f$，变化量为 ΔA_f，相对变化量为 $\Delta A_f/A_f$。在 F 不变时，有

$$(A_f+\Delta A_f) = \frac{(A+\Delta A)}{[1+(A+\Delta A)F]}$$

不难得到

$$\frac{\Delta A_f}{A_f} = \frac{1}{1+(A+\Delta A)F}\frac{\Delta A}{A} \approx \frac{1}{1+AF}\frac{\Delta A}{A}$$

上式表明，引入负反馈后，放大倍数的相对变化量 $\Delta A_f/A_f$ 是未加反馈时放大倍数相对变化量 $\Delta A/A$ 的 1/（$1+AF$)）倍。也就是说，负反馈使放大倍数降低为 1/（$1+AF$)，但放大倍数的稳定性却提高了 $1+AF$ 倍。例如，某放大电路的 $A_u=1\,000$，若温度上升 30 ℃时 A_u 变为 1 100，即相对变化量 $\Delta A/A=10\%$。现引入电压串联负反馈，$F_u=0.099$，则电压放大倍数 $A_f=10$，

温度上升 30 ℃时$\Delta A_{uf}/A_{uf}=0.1\%$，即 A_{uf} 只从 10 升到 10.01，变化很小。

值得注意的是，负反馈只能减小由基本放大器引起的放大倍数变化量，而对反馈系数的变化引起的放大倍数变化量就无能为力了。此外，对于不同组态的负反馈放大电路，稳定的效果也是不同的。

2）减小非线性失真

由于电路中存在非线性器件，所以或多或少地总存在一定的非线性失真，即输入信号为正弦波时，输出信号已经不是正弦波了。引入负反馈能减小非线性失真，下面以图 3.15 所示的电压串联负反馈放大电路为例加以说明。

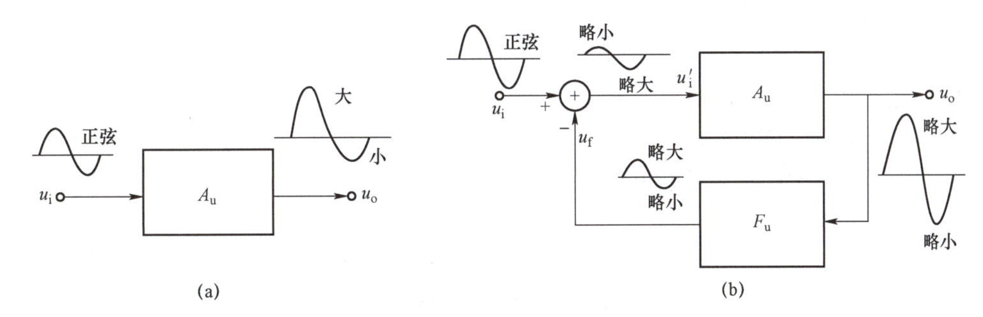

图 3.15　负反馈减小非线性失真示意图

（a）基本放大器的非线性失真；（b）负反馈减小非线性失真

设基本放大器的放大特性是对正半周的放大作用较强，对负半周放大作用较弱，则在正弦输入电压的作用下，输出电压为正半周幅度大、负半周幅度小的失真波形，如图 3.15（a）所示。引入电压串联负反馈后，各处的电压波形如图 3.15（b）所示。由于反馈电压 u_f 与输出电压 u_o 成正比，则 u_f 也是正半周幅度大于负半周幅度的失真波形，它与正弦波输入电压 u_i 相减后，净输入电压 $u_i'=u_i-u_f$ 将是一个正半周幅度小于负半周幅度的失真波形（称为预失真），这正好部分地补偿了基本放大器的放大特性，使输出电压 u_o 的正、负半周幅度趋于一致，减小了非线性失真。注意，输出电压还是正半周幅度略大于负半周幅度的失真波形，只不过它与未加负反馈时相比较，失真大大减小了。

值得注意的是，负反馈只能减小反馈环内所产生的失真，而对于输入信号本身存在的失真，负反馈是无能为力的。

3）扩展频带

基本放大器在高频区（若是 RC 耦合的还包括低频区）的增益将减小，这可理解为因工作频率变化而引起增益的变化。引入负反馈后，由于负反馈能稳定增益，因此对于工作频率不同引起的增益变化，它也有稳定的作用。这样，原来使增益下降 3 dB 的频率，加负反馈后下降不到 3 dB 了，也就是频带展宽了。在深度负反馈条件下，如果反馈网络由电阻构成，则增益近似为一常数，这可理解为频带展宽很多。频带的展宽，意味着频率失真的减小，因此负反馈能减小频率失真。

设基本放大器的上限截止频率为 f_H，带宽 f_{bw}。引入负反馈后的上限截止频率为 f_{Hf}，带宽为 f_{bwf}。对于单极点的电路（指其等效电路只有一个 RC 回路），可以证明

$$f_{Hf}=(1+AF)f_H$$

故

$$f_{bwf}=(1+AF)f_{bw} \tag{3.18}$$

又

$$|A_f|f_{bwf}=|A|f_{bw}$$

因此，引入负反馈前后的增益带宽积为一常数。负反馈使电路的频带展宽为原来的 1+*AF* 倍的同时，却付出了增益下降为原来的 1/（1+*AF*）的代价。注意，对于多极点的电路（指其等效电路含有几个 *RC* 回路），由于增益带宽积不再为常数，上述结论不成立。但无论是哪一种电路，负反馈越深，增益下降就越多，频带也越宽。

4）改变输入电阻和输出电阻

放大电路引入负反馈后，其输入输出电阻都要发生变化。下面在分析负反馈放大电路的输入电阻和输出电阻时，设工作频率为中频，所以各个量均不用复数符号。

（1）对输入电阻的影响。

负反馈对输入电阻的影响取决于放大电路输入端的连接方式，即是串联反馈还是并联反馈，而与输出端的连接方式无关。

在串联负反馈中，由于反馈网络和基本放大器是串联的，输入电阻的增大是不难理解的。由图 3.13（b）或（d）可求得串联负反馈放大电路的输入电阻为

$$r_{if}=\frac{u_i}{i_i}=\frac{u_i'+u_f}{i_i}=\frac{u_L'+AFu_j'}{i_i}=(1+AF)\frac{u_i'}{i_i}=(1+AF)r_i \tag{3.19}$$

由式（3.19）可知，与基本放大器相比，引入串联负反馈后，电路的输入电阻增大为原来的 1+*AF* 倍。

在并联负反馈中，由于反馈网络和基本放大器是并联的，因此势必造成输入电阻的减小。由图 3.13（a）或（c）可求得并联负反馈放大电路的输入电阻为

$$r_{if}=\frac{u_i}{i_i}=\frac{u_i}{i_i'+i_f}=\frac{u_i}{i_i'+AFi_f'}=\frac{1}{(1+AF)}\frac{u_i'}{i_i}=\frac{1}{(1+AF)}r_i \tag{3.20}$$

由式（3.20）可知，与基本放大器相比，引入并联负反馈后，电路的输入电阻减小为原来的 1/（1+*AF*）。

（2）对输出电阻的影响。

负反馈对输出电阻的影响取决于放大电路输出端的连接方式，即是电压反馈还是电流反馈，而与输入端的连接方式无关。

电压负反馈具有稳定输出电压的作用，即当负载变化时，输出电压的变化很小，这意味着电压负反馈放大电路的输出电阻减小了。若基本放大器的输出电阻为 r_o，可以证明，电压负反馈放大电路的输出电阻为

$$r_{of}=\frac{r_o}{1+A'F} \tag{3.21}$$

式中　A'——基本放大器在输出端开路（$R_L\to\infty$）情况下的源电压放大倍数。

因此，与基本放大器相比，电压负反馈使电路的输出电阻减小为原来的 1/（1+$A'F$）。

由于电流负反馈具有稳定输出电流的作用，即当负载变化时，输出电流的变化很小，这意味着电流负反馈放大电路的输出电阻增大了。若基本放大器的输出电阻为 r_o，可以证明，

电流负反馈放大电路的输出电阻为

$$r_{of}=(1+A''F)r_o \tag{3.22}$$

式中　A''——基本放大器在输出端短路（$R_L\to 0$）情况下的源电压放大倍数。

因此，与基本放大器相比，流负电反馈使电路的输出电阻增大到原来的 $1+A''F$ 倍。

2. 引入负反馈的一般原则

放大电路引入负反馈后能改善它的性能，并且不同组态的负反馈放大电路具有不同的特点，因此可以得到引入负反馈的一般原则。

（1）要稳定直流量（如静态工作点），应引入直流负反馈。

（2）要改善交流性能（如放大倍数、频带、失真、输入和输出电阻等），应引入交流负反馈。

（3）要稳定输出电压，或减小输出电阻，应引入电压负反馈；要稳定输出电流，或提高输出电阻，应引入电流负反馈。

（4）要提高输入电阻，或减小放大电路向信号源索取的电流，应引入串联负反馈；要减小输入电阻，应引入并联负反馈。

（5）要使反馈效果好，在信号源为电压源时应引入串联负反馈，在信号源为电流源时应引入并联负反馈。

例 3.2　在图 3.16 所示电路中，为了实现下述的性能要求，各应引入何种类型的负反馈？将结果画在电路上。

（1）希望 $u_s=0$ 时，元件参数的改变对末级的集电极电流影响小。

（2）希望输入电阻较大。

（3）希望输出电阻较小。

（4）希望接上负载后，电压放大倍数基本不变。

（5）希望信号源为电流源时，反馈的效果比较好。

解　假设 u_i 瞬时极性为（+），根据信号传输的途径，依次标出有关各处相应的瞬时极性，如图 3.16 所示。可以看出，只有从 VT_3 集电极通过 R_{f1} 引到 VT_1 发射极的反馈通路（用①表示）和从 VT_3 发射极通过 R_{f2} 引到 VT_1 基极的反馈通路（用②表示）才是负反馈。不难判断，前者为电压串联负反馈，后者为电流并联负反馈。这是跨级负反馈，由于反馈通路只由电阻构成，所以它们是交、直流负反馈。

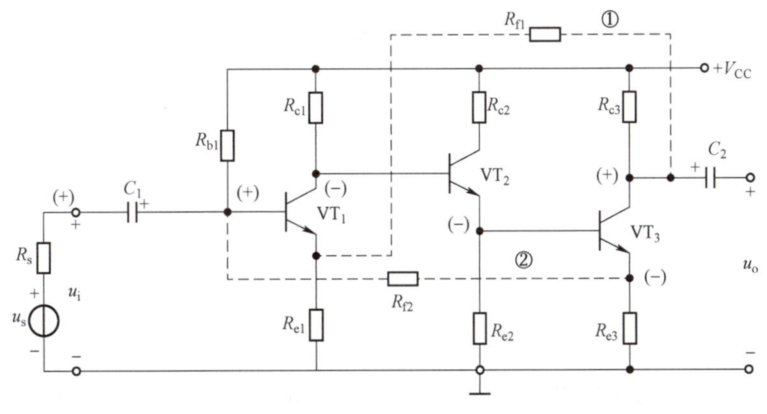

图 3.16　例 3.2 电路

（1）希望 $u_s=0$ 时，元件参数的改变对末级的集电极电流影响小，可引入直流电流负反馈，如图 3.16 中②所示。

（2）希望输入电阻较大，可引入串联负反馈，如图 3.16 中①所示。

（3）希望输出电阻较小，可引入电压负反馈，如图 3.16 中①所示。

（4）希望接上负载后，电压放大倍数基本不变，可引入电压串联负反馈，如图 3.16 中①所示。

（5）希望信号源为电流源时，反馈的效果比较好，可引入并联负反馈，如图 3.16 中②所示。

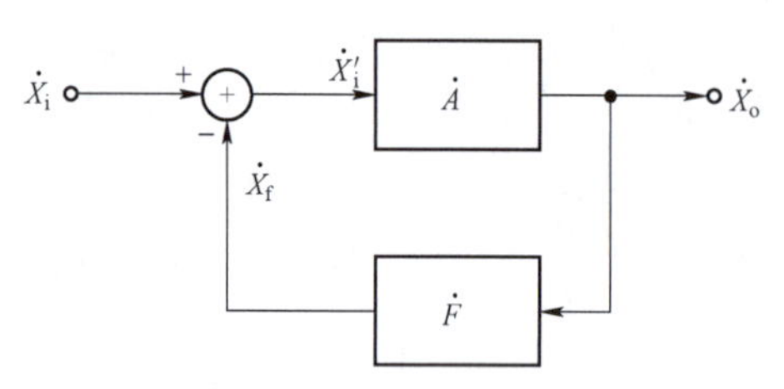

图 3.17　负反馈放大电路的方框图

3. 深度负反馈放大器放大倍数的分析

1）负反馈放大电路的方框图

上述的 4 种组态的负反馈电路，可用图 3.17 所示的方框图来表示。因为主要讨论交流信号的反馈，并考虑到一般的情形，所以各量均用复数表示。图中 $\dot{X}$ 表示一般的信号量，既可为电压又可为电流（但每一组态的反馈只能是其中的一种），$\dot{X}_i$、$\dot{X}_f$、$\dot{X}_i'$、$\dot{X}_o$ 分别表示输入量、反馈量、净输入量和输出量。图中，箭头表示传输方向，符号“⊕”表示比较环节，小黑点“·”表示采样环节，$\dot{A}$ 为基本放大器的放大倍数，$\dot{F}$ 为反馈网络的反馈系数。

从图 3.17 可知，基本放大器只能正向传输，而反馈网络只能反向传输，这两点称为单向化条件。在实际电路中，由于基本放大器的寄生反馈和反馈网络的直通作用很小，它们可忽略，所以单向化条件近似成立。

采样环节对输出信号 $\dot{X}_o$ 进行采样，使反馈网络输出的反馈信号 $\dot{X}_f \propto \dot{X}_o$。比较环节则对输入信号 $\dot{X}_i$ 与反馈信号 $\dot{X}_f$ 进行比较，输出为误差信号（净输入信号）$\dot{X}_i'$，即 $\dot{X}_i' = \dot{X}_i - \dot{X}_f$。由基本放大器和反馈网络组成的闭合环路称为反馈环，负反馈放大电路的放大倍数称为闭环放大倍数（或闭环增益）$\dot{A}_f$，即

$$\dot{A}_f = \frac{\dot{X}_o}{\dot{X}_i} \tag{3.23}$$

基本放大器为一开环放大器，由图 3.17 得到它的放大倍数为

$$\dot{A} = \frac{\dot{X}_o}{\dot{X}_i'} \tag{3.24}$$

由于去掉反馈（即开环）时，$\dot{X}_f = 0$，则 $\dot{X}_i = \dot{X}_i'$，此时电路的放大倍数为 $\dot{A}$，故 $\dot{A}$ 称为开环放大倍数（或开环增益）。而反馈系数为

$$\dot{F} = \frac{\dot{X}_f}{\dot{X}_o} \tag{3.25}$$

由于对于不同组态的负反馈，$\dot{A}$ 和 $\dot{F}$ 有 4 种表示形式，故 $\dot{A}_f$ 与 $\dot{A}$ 一样，也有 4 种表示形式，参见表 3.2。而闭环源放大倍数为

$$\dot{A}_{sf}=\frac{\dot{X}_o}{\dot{X}_s} \tag{3.26}$$

表 3.2　4 种组态的负反馈放大电路比较

反馈方式	$\dot{X}_i,\dot{X}_f,$ $\dot{X}_i',\dot{X}_o'$	$\dot{A}=\frac{\dot{X}_o}{\dot{X}_i}$	$\dot{F}=\frac{\dot{X}_f}{\dot{X}_o}$	$\dot{A}_f=\frac{\dot{X}_o}{\dot{X}_i}=\frac{\dot{A}}{1+\dot{A}\dot{F}}$	r_{if}	r_{of}
电压并联	$\dot{I}_i,\dot{I}_f,$ $\dot{I}_i',\dot{U}_o$	$\dot{A}_r=\frac{\dot{U}_o}{\dot{I}_i'}$	$\dot{F}_g=\frac{\dot{I}_f}{\dot{U}_o}$	$\dot{A}_{rf}=\frac{\dot{U}_o}{\dot{I}_i}=\frac{\dot{A}_r}{1+\dot{A}_r\dot{F}_g}$	$\frac{r_i}{1+A_rF_g}$	$\frac{r_o}{1+A_{rso}F_g}$
电压串联	$\dot{U}_i,\dot{U}_f,$ $\dot{U}_i',\dot{U}_o$	$\dot{A}_u=\frac{\dot{U}_o}{\dot{U}_i'}$	$\dot{F}_u=\frac{\dot{U}_f}{\dot{U}_o}$	$\dot{A}_{uf}=\frac{\dot{U}_o}{\dot{U}_i}=\frac{\dot{A}_u}{1+\dot{A}_u\dot{F}_u}$	$(1+A_uF_u)r_i$	$\frac{r_o}{1+A_{uso}F_u}$
电流并联	$\dot{I}_i,\dot{I}_f,$ $\dot{I}_i',\dot{I}_o$	$\dot{A}_i=\frac{\dot{I}_o}{\dot{I}_i'}$	$\dot{F}_i=\frac{\dot{I}_f}{\dot{I}_o}$	$\dot{A}_{if}=\frac{\dot{I}_o}{\dot{I}_i}=\frac{\dot{A}_i}{1+\dot{A}_i\dot{F}_i}$	$\frac{r_i}{1+A_iF_i}$	$(1+A_{iss}F_i)r_o$
电流串联	$\dot{U}_i,\dot{U}_f,$ $\dot{U}_i',\dot{U}_o$	$\dot{A}_g=\frac{\dot{I}_o}{\dot{U}_i'}$	$\dot{F}_r=\frac{\dot{U}_f}{\dot{I}_o}$	$\dot{A}_{gf}=\frac{\dot{I}_o}{\dot{I}_i}=\frac{\dot{A}_g}{1+\dot{A}_g\dot{F}_r}$	$(1+A_gF_r)r_i$	$(1+A_{gss}F_r)r_o$

2）负反馈放大电路的一般表达式

由图 3.17 可得

$$\dot{X}_f'=\dot{X}_i-\dot{X}_f$$

$$\dot{X}_f=\dot{F}\dot{X}_o=\dot{A}\dot{F}\dot{X}_i'$$

$\dot{A}$ 称为开环放大倍数（或环路增益），它是无量纲的。由上述各式可得到闭环增益的一般表达式为

$$\dot{A}_f=\frac{\dot{X}_o}{\dot{X}_i}=\frac{\dot{A}}{1+\dot{A}\dot{F}} \tag{3.27}$$

式（3.27）是负反馈放大电路的重要关系式。该式表明，引入负反馈后放大电路的闭环增益为不引入反馈时的开环增益的 1/（$1+\dot{A}\dot{F}$）倍。显然，$1+\dot{A}\dot{F}$ 是衡量反馈程度的一个很重要的量，称为反馈深度。当满足（$1+\dot{A}\dot{F}$）$\gg 1$ 的条件时，称为深度负反馈。

4. 深度负反馈情况下的闭环增益

一般来说，电路理论和线性网络的分析理论也可以用于负反馈放大器的计算，因为负反馈放大器也是一种线性网络，只不过是有源的，并带有反馈回路而已。但是，当电路比较复杂时，此类方法的计算量太大，很不方便，因此很少采用。

由于集成运算放大器等各类具有高增益的模拟集成电路的出现，在实际运用中，负反馈放大器往往满足深度负反馈的条件，同时引入深度负反馈也是改善放大器性能所必需的，因此这里只讨论深度负反馈放大器的计算。

对于图 3.17，在深度负反馈情况下，放大器闭环增益近似为

$$\dot{A}_f=\frac{\dot{X}_o}{\dot{X}_i}=\frac{\dot{A}}{1+\dot{A}\dot{F}}\approx\frac{1}{\dot{F}} \tag{3.28}$$

由式（3.28）可知，在深度负反馈条件下，值与 $\dot{A}$ 无关，仅与 $\dot{F}$ 有关，因此只要求出 $\dot{F}$ 就可得到。显然求得 $\dot{A}$ 过程比较复杂，但求 $\dot{F}$ 则简单多了。不过负反馈有 4 种组态，也有 4 种形式，有时求解和转换运算不尽方便。实际上还有更为简便的直接计算方法。

如图 3.17 所示，由于深度负反馈情况下放大器实际净输入信号近似为 0(但不绝对等于 0)，这就意味着净输入电压或净输入电流近似为 0，同时与净输入电压相对应的输入电流和与净输入电流相对应的输入电压也近似为 0，即不管是串联反馈还是并联反馈，基本放大器的实际输入电压和电流均可认为近似等于 0。因此，从电压的角度来看，由于基本放大器的输入电压近似为 0，即近似为短路，这种情况称为“虚短”（并非真正短路）；而从电流的角度来看，由于基本放大器的输入电流近似为 0，即近似为开路，这种情况称为“虚断”（并非真正开路）。

利用“虚短”和“虚断”的概念为深度负反馈放大器的分析和计算带来了极大的方便。具体方法是，在求解反馈放大器外电路各电压及相互间的关系时，可将基本放大器输入端开路。这就完全回避了对基本放大器本身进行的复杂分析和计算，而只要对较简单的外电路进行分析和计算即可。

知识拓展

负反馈的应用非常广泛，在很多实用电路中都引入了负反馈来改善电路的工作性能。例如，在稳态电路中，硅稳压管稳压电路简单，但受稳压管最大稳定电流的限制，负载电流不能太大。另外，输出电压不可调且稳定性也不够理想。若要获得稳定性高且连续可调的输出直流电压，可以采用由三极管或集成运算放大器所组成的串联型直流稳压电路。下面来分析串联型直流稳压电路的特性。

1. 串联型稳压电路的组成

串联型直流稳压电路的基本原理如图 3.18 中虚线框所示，一般由四部分组成，即取样电路、基准电压、比较放大电路和调整元件，各组成部分作用如下。

（1）由 R_1、R_P、R_2 组成取样电路。它将输出电压 U_o 分出一部分作为取样电压 U_f 送到比较放大管的基极；取样电阻要选择合适，否则太大会导致控制灵敏度下降，太小会使带负载能力减弱。

（2）基准电压。它由稳压二极管 VD_Z 和电阻 R_3 构成的稳压电路组成，为比较放大管的发射极提供一个稳定的基准电压 U_Z，作为调整、比较的标准。R_3 为限流电阻，保证 VD_Z 有一个合适的工作电流。

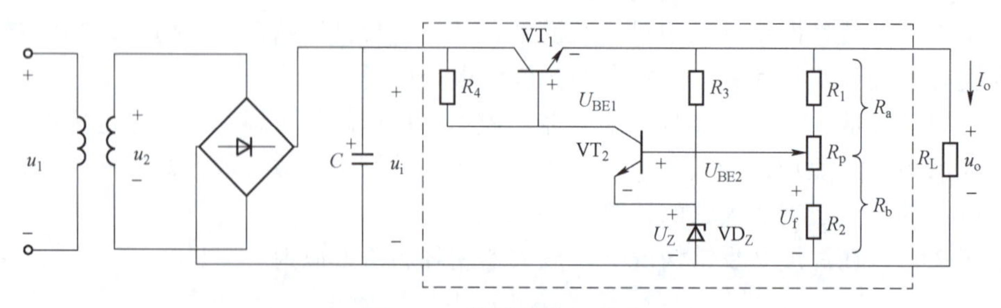

图 3.18　串联型稳压电路

设 VT_2 发射结电压 U_{BE2} 可以忽略，则

$$U_f = U_z = \frac{R_b}{R_a + R_b} U_o$$

或

$$U_o = \frac{R_a + R_b}{R_b} U_z$$

调节电位器 R_P 即可改变输出电压 U_o 的大小，但 U_o 必定大于 U_Z。

（3）比较放大电路。它由 VT_2 和 R_4 构成的直流放大电路组成，其作用是将取样电压 U_f 与基准电压 U_Z 之差放大后去控制调整管 VT_1。

（4）调整元件由工作在线性放大区的调整管 VT_1 组成。VT_1 的基极电流 I_{B1} 受比较放大电路输出的控制，它的改变又可使集电极电流 I_{C1} 和集－射极电压 U_{CE1} 改变，从而达到自动调整稳定输出电压的目的。调整管 VT_1 与负载串联，又工作在线性放大状态，故称此电路为串联型线性稳压电路。

2. 串联型线性稳压电路的工作原理

当输入电压 U_i 或输出电流 I_o 变化引起输出电压 U_o 增加时，取样电压 U_f 相应增大，使 VT_2 管的基极电流 I_{B2} 和集电极电流 I_{C2} 随之增加，VT_2 管的集电极电位 U_{C2} 下降，因此 VT_1 管的基极电流 I_{B1} 下降，I_{C1} 下降，U_{CE1} 增加，U_o 下降，从而使 U_o 保持基本稳定。这一自动调压过程可以表示如下：

$$U_o\uparrow \rightarrow U_F\uparrow \rightarrow I_{B2}\uparrow \rightarrow I_{C2}\uparrow \rightarrow U_{C2}\downarrow \rightarrow I_{B1}\downarrow \rightarrow U_{CE1}\uparrow \rightarrow U_o\downarrow$$

同理，当 U_i 或 I_o 变化使 U_o 降低时调整过程相反，U_{CE1} 将减小，使 U_o 保持基本不变。由此可以看出，稳压的过程实质上是通过负反馈使输出电压维持稳定的过程，所以又把该电路称为串联负反馈稳压电路。项目 1 分析的 78××、79××系列等集成三端稳压器就是集成的串联型稳压电路。

串联型稳压电源的调整管工作在线性放大区，通常集电极、发射极电压在 3 V 以上，因此管耗大（$P_{CM}=U_{CE}I_C$），电源效率较低（40%～60%）。为了克服上述缺点和提高输出电压范围，可采用开关稳压电源，使调整管工作在开关状态，即调整管工作在饱和和截止两种状态。饱和时趋近于 0 V，截止时趋近于 0 A，大大地减小了功耗，电源效率可以提高到 80%～90%。目前，开关稳压电源已广泛应用于计算机、电视机及其他电子设备中，它的主要缺点是输出电压纹波较大，电路比较复杂。

自测习题答案

自 测 习 题

1. 选择

（1）若要降低某放大器的输入电阻和输出电阻，可加入（　　）负反馈。

A. 电流串联　　B. 电压串联　　C. 电流并联　　D. 电压并联

（2）为了实现下列目的，应引入：A. 直流负反馈；B. 交流负反馈。

① 为了稳定静态工作点，应引入（　　）。

② 为了稳定放大倍数，应引入（　　）。

③ 为了改变输入电阻和输出电阻，应引入（　　）。

2. 填空

引入负反馈后，放大倍数________（增大、减小），放大倍数的稳定性________（提高、衰退）；串联负反馈使得输入电阻________（增大、减小），电压负反馈使得输出电阻________（增大、减小）；负反馈使得通频带________（变宽、变窄）。

3. 分析

在题 3 图所示的放大器中按要求引入适当的反馈。

（1）希望加入信号后，I_{C3} 的数值基本不受 R_6 改变的影响。

（2）希望接入负载后，输出电压 U_o 基本稳定。

（3）希望输入端向信号源索取的电流小。

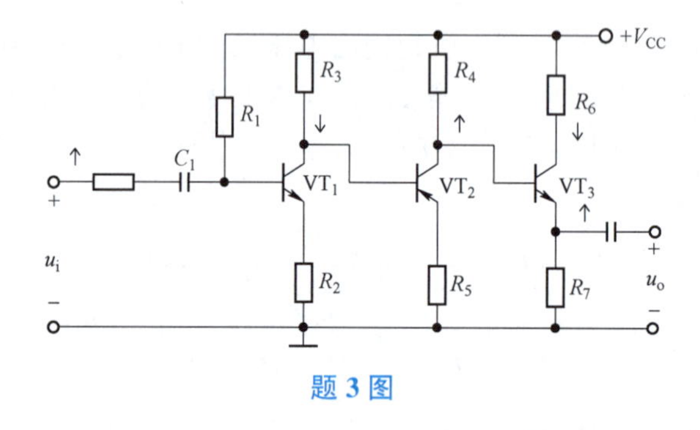

题 3 图

任务 3.2　分析与测试集成运放的线性应用电路

3.2.1　分析比例运算电路

知识储备

1. 理想集成运放的性能指标

目前，集成运放的应用极为广泛，已经可以作为晶体管一样的基本器件来使用。而且由于集成电路制造技术的发展，集成运算放大器性能越来越好，使用上越来越做到了模块化。尤其在一般场合，使用者完全可以将集成运算放大器当作理想器件来处理，而不会造成不可允许的误差。理想运放的主要性能指标如下。

（1）开环差模电压放大倍数为无穷大，即 $A_{ud}\to\infty$。

（2）差模输入电阻为无穷大，即 $r_{id}\to\infty$。

（3）输出电阻为 0，即 $r_o\to0$。

（4）输入失调电压 U_{oI} 和输入失调电流 I_{oI} 都为 0。

（5）共模抑制比为无穷大，即 $K_{CMR}\to\infty$。

（6）开环带宽为无穷大，即 $BW\to\infty$。

理想运放的电路符号和电压传输特性如图 3.19 所示。图中的“∞”表示开环电压放大倍数为无穷大的理想化条件。以后如果没有特别注明，所有电路图中的运放均作为理想运放处理，无穷大的符号也不一定都画。

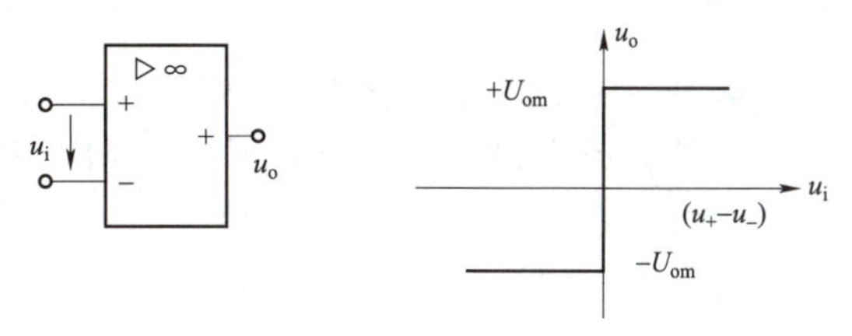

图 3.19　理想运放电路符号和电压传输特性

2. 集成运放线性应用的两个重要特征

从理想运放的电压传输特性可以看出，理想运放的线性区为零，实际运放的线性区也很窄。要使得集成运放工作在线性区（即线性应用）的必要条件是引入深度负反馈。

当集成运放工作在线性区时，不难看出运放工作在线性区时有两个重要特征如下。

（1）由于运放的电压增益 $A_{ud}\to\infty$，而输出电压 u_o 有限，因而有

$$u_+ - u_- = \frac{u_o}{A_{ud}} \approx 0$$

即

$$u_+ \approx u_- \tag{3.29}$$

这说明运放同相与反相输入端的电压几乎相等，相当于短路，常称为“虚短”。

（2）由于运放的输入电阻 $r_{id}\to\infty$，因此反相端和同相端的输入电流等于 0，即

$$i_+ = i_- \approx 0 \tag{3.30}$$

这表明，运放的两个输入端相当于开路，常称为“虚断”。

“虚短”与“虚断”的概念是分析理想运放应用电路的基本原则，可简化运放电路的计算。

实现输出信号与输入信号成比例关系的电路，称为比例运算电路。根据输入方式的不同，有反相输入和同相输入比例运算两种形式。

3. 反相输入比例运算电路

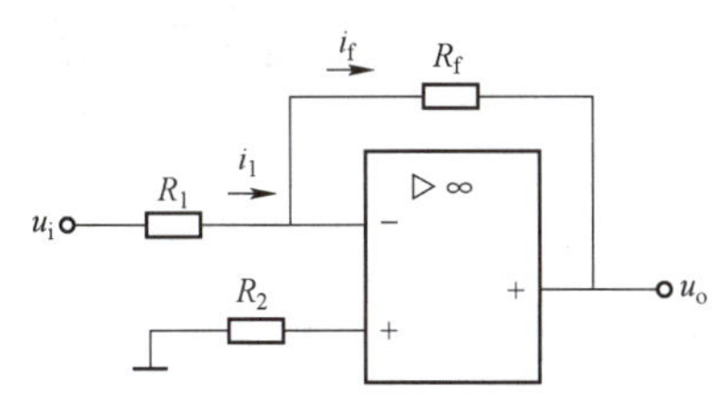

图 3.20　反相比例运算电路

反相输入比例运算电路如图 3.20 所示，输入信号 u_i 通过 R_1 加到集成运放的反相输入端，输出信号通过 R_f 反馈到运放的反相输入端，构成电压并联负反馈，该电路可实现对输入电压的反相放大。

由于电路存在“虚短”和“虚断”，有 $u_- = u_+ = 0$，即运放的两个输入端与地等电位，常称为“虚地”（Virtual Ground）；根据“虚断”的概念，流过 R_1、R_f 的电流相等，即

$$\frac{u_i}{R_1} = -\frac{u_o}{R_f}$$

得到

$$u_o = -\frac{R_f}{R_1}u_i \tag{3.31}$$

输出电压与输入电压成比例关系且相位相反，因此该电路称为反相输入比例运算电路。为

了减小输入级偏置电流引起的运算误差，因而在实际电路中同相输入端接入了平衡电阻 $R_2=R_1//R_f$。

当 $R_1=R_f=R$ 时，$u_o=-\frac{R_f}{R_1}u_i=-u_i$。

4. 同相输入比例运算电路

电路如图 3.21 所示，输入信号 u_i 通过 R_2 加到集成运放的同相输入端，输出信号通过 R_f 反馈到运放的反相输入端，构成电压串联负反馈；反相输入端经电阻 R_1 接地。根据“虚短”和“虚断”的概念，有 $u_-=u_+=u_i$，流过 R_1、R_f 的电流相等，即

$$\frac{u_i}{R_1}=-\frac{u_o-u_i}{R_f}$$

则输出电压为

$$u_o=\left(1+\frac{R_f}{R_1}\right)u_i \tag{3.32}$$

输出电压与输入电压成比例关系且相位相同，因此该电路称为同相输入比例运算电路。为了减小输入级偏置电流引起的运算误差，因而在实际电路中同相输入端接入了平衡电阻 $R_2=R_1//R_f$。

当 $R_1\to\infty$ 时，$U_{o1}=U_i$，称为电压跟随器，如图 3.22 所示，其电压跟随效果比共集电极放大器更好。

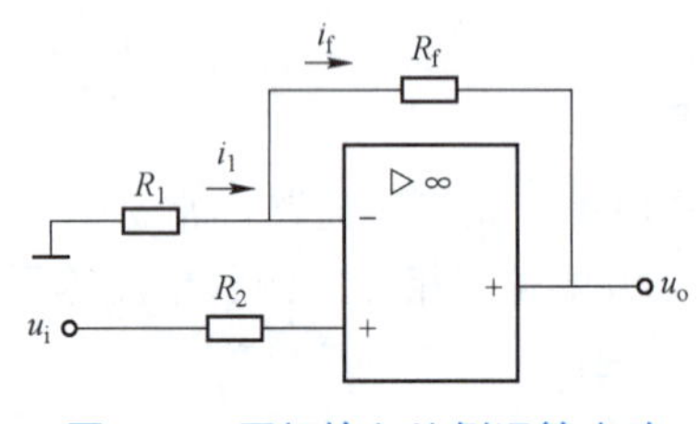

图 3.21　同相输入比例运算电路

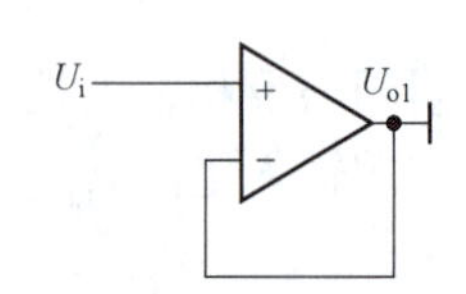

图 3.22　电压跟随器电路

自 测 习 题

自测习题答案

1. 判断

（1）理想运放接有负反馈时，将工作在非线性区。（　　）

（2）凡是运算电路都可利用“虚短”和“虚断”的概念求解运算关系。（　　）

（3）使用集成运算放大器器件来组成比例运算电路，这时可按比例运算关系任意选用电阻值。（　　）

2. 填空

（1）比例运算电路中集成运放工作在________区，分析时可以利用其________和________两个特点。

（2）理想运算放大器在线性应用时，“虚短”是指________；“虚断”是指________。

3. 分析

（1）电路如题 3（1）图所示，当 R_L 的值由大变小时，I_L 是否会变化？如果会变化，将如何变化（变大、变小）？

（2）电路如题 3（2）图所示，分析图中第一、第二、第三级分别为运放的哪几典型应用电路？并求输出电压 U_{o1}、U_{o2} 及 U_o 的表达式。

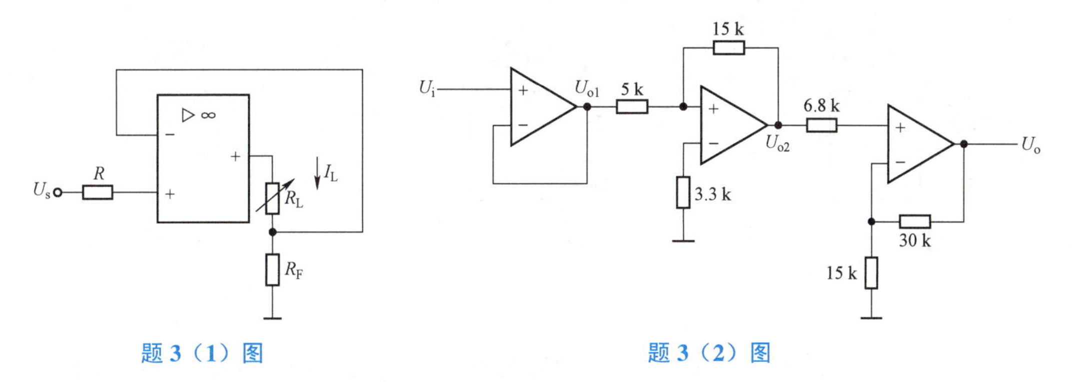

题 3（1）图　　题 3（2）图

3.2.2　分析加减法运算电路

知识储备

加法运算电路是对多个输入信号进行和运算的电路，减法运算电路是对输入信号进行差运算的电路。

1. 反相加法运算电路

反相加法运算电路如图 3.23 所示，根据“虚断”的概念可得

$$i_f = i_i$$

其中

$$i_i = i_1 + i_2 + \cdots + i_n$$

再根据“虚地”的概念可得

$$i_1 = \frac{u_{i1}}{R_1}, i_2 = \frac{u_{i2}}{R_2}, \cdots, i_n = \frac{u_{in}}{R_n}$$

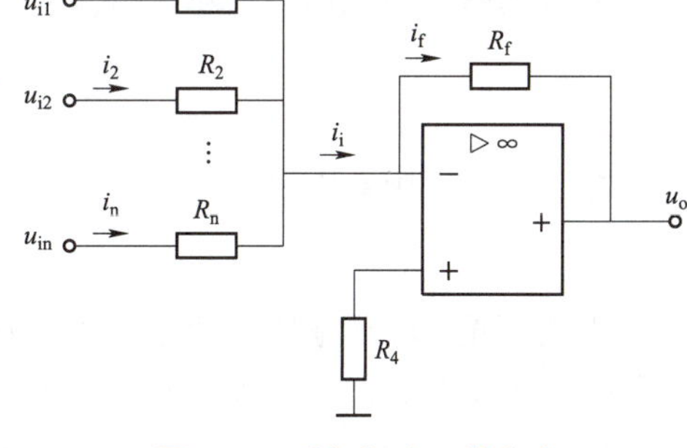

图 3.23　反相加法运算电路

则

$$u_o = -R_1 i_f = -R_f\left(\frac{u_{i1}}{R_1} + \frac{u_{i2}}{R_2} + \cdots + \frac{u_{in}}{R_n}\right) \tag{3.33}$$

式（3.20）为加法运算的表达式，式中负号是由于反相输入引起的。若 $R_1 = R_2 = \cdots = R_n = R_f$，则式（3.20）变为

$$u_o = -(u_{i1} + u_{i2} + \cdots + u_{in})\ u_o = -(u_{i1} + u_{i2} + \cdots + u_{in})$$

如图 3.23 所示的输出端再接一级反相电路，则可消去负号，实现符合常规的算术加法。

2. 减法运算电路

减法运算电路如图 3.24（a）所示，利用叠加定理可以得到输出与输入的关系。

u_{i1} 单独作用时，如图 3.24（b）所示，电路为同相输入比例运算电路，同相端电压为

$$u_+ = \frac{R_3}{R_2 + R_3} u_{i1}$$

其输出电压为

$$u_{o1}=\left(1+\frac{R_f}{R_1}\right)u_+=\left(1+\frac{R_f}{R_1}\right)\left(\frac{R_3}{R_2+R_3}\right)u_{i1}$$

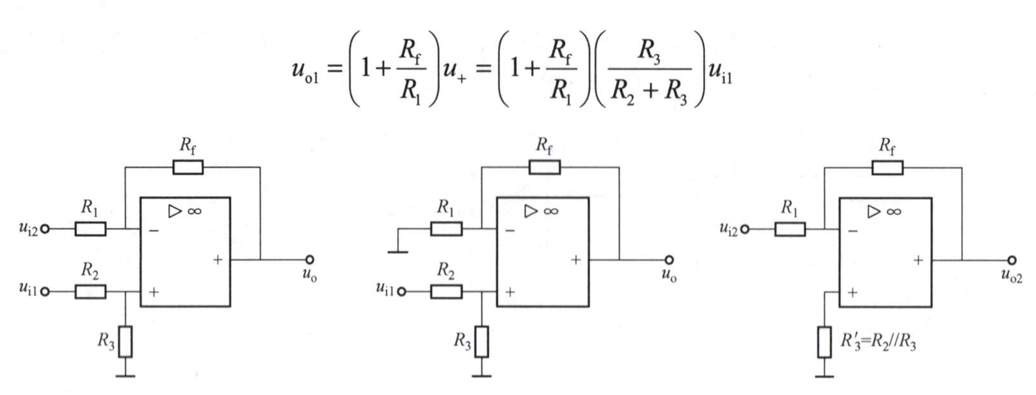

图 3.24　减法运算电路

u_{i2} 单独作用时，如图 3.24（c）所示，电路为反相输入比例运算电路，其输出电压为

$$u_{o2}=-\frac{R_f}{R_1}u_{i2}$$

根据叠加定理，u_{i1} 和 u_{i2} 共同作用时，输出电压为

$$u_o=u_{o1}+u_{o2}=\left(1+\frac{R_f}{R_1}\right)\left(\frac{R_3}{R_2+R_3}\right)u_{i1}-\frac{R_f}{R_1}u_{i2} \tag{3.34}$$

如果选取电阻值满足 $R_f/R_1=R_3/R_2$，则输出电压为

$$u_o=\frac{R_f}{R_1}(u_{i1}-u_{i2})$$

若 $R_f=R_1$，则输出电压为

$$u_o=u_{i1}-u_{i2}$$

由此可见，输出电压与两个输入电压之差成正比，所以图 3.24（a）所示电路实际上是一个差分（差动）式放大电路。值得注意的是，该电路中存在共模电压，应当选择共模抑制比较高的集成运放，才能保证一定的运算精度。为提高其性能，在工程中常采用多级运放组成的差分式放大电路来完成对差模信号的放大。

除了上述采用差分式电路来实现减法运算以外，还可利用反相器和加法运算电路级联构成减法电路，如图 3.25 所示。

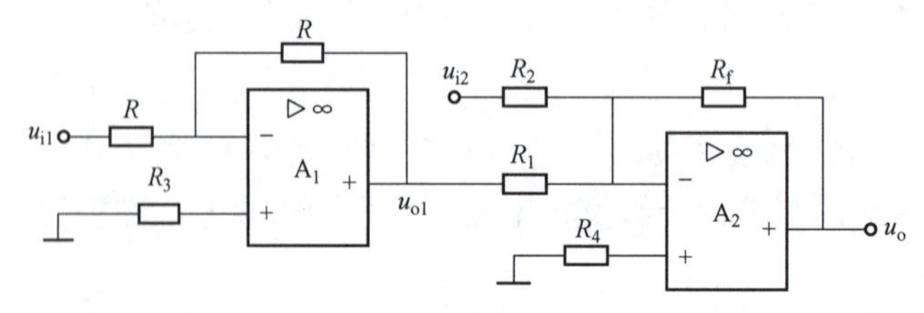

图 3.25　利用反相器和加法运算电路级联构成减法电路

第一级为反相器，其输出为

$$u_{o1}=-u_{i1}$$

第二级为反相加法运算电路，其输出为

$$u_o = -R_f\left(\frac{u_{o1}}{R_1}+\frac{u_{i2}}{R_2}\right)=\frac{R_f}{R_1}u_{i1}-\frac{R_f}{R_2}u_{i2}$$

若 $R_f=R_1=R_2$，输出电压为

$$u_o = u_{i1}-u_{i2}$$

图 3.25 所示电路是反相输入的减法电路，由于出现“虚地”，放大电路没有共模信号，故允许的共模电压范围较大，且输入阻抗较低。

自 测 习 题

自测习题答案

1. 写出题 1 图所示电路输出电压 u_o 与输入电压 u_{i1}、u_{i2} 的关系。

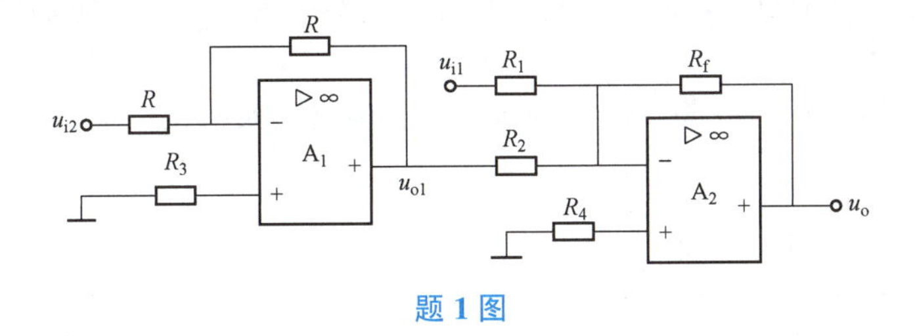

题 1 图

2. 写出题 2 图电路输出电压 u_o 与输入电压 u_{i1}、u_{i2} 的关系。

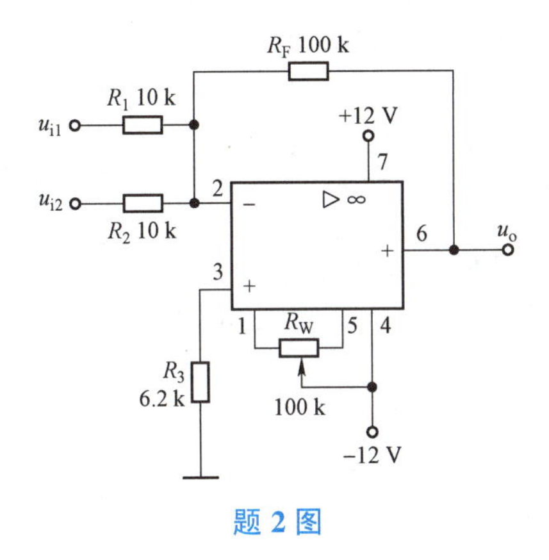

题 2 图

3.2.3　分析微积分电路

知识储备

积分电路是对输入信号进行积分运算的电路；微分电路是对输入信号进行微分运算的电路。积分、微分电路常用来作为波形变换。

1. 积分运算电路

积分运算电路如图 3.26 所示。

利用“虚断”和“虚地”的概念，可得

$$i_+ = i_- = 0$$

$$u_A = 0$$

则

$$i_R = i_C = \frac{u_i}{R}$$

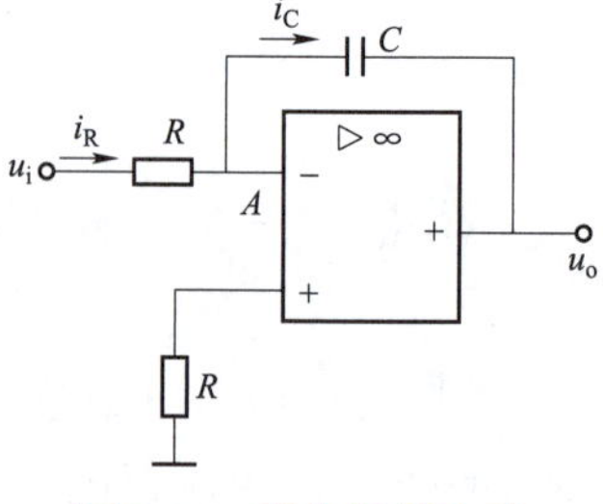

图 3.26　积分运算电路

假设电容初始电压为零，则

$$u_o = -\frac{1}{C}\int i_C \mathrm{d}t = -\frac{1}{C}\int \frac{u_i}{R}\mathrm{d}t = -\frac{1}{RC}\int u_i \mathrm{d}t \qquad (3.35)$$

式（3.35）表明，输出电压为输入电压对时间的积分，且相位相反，RC 为积分时间常数。

积分电路的波形变换作用如图 3.27 所示，能将方波转换成三角波输出。常用来作为显示器的扫描电路、模/数转换器、数学模拟运算等。

为防止低频信号增益过大，在实际电路中常在电容上并联一个电阻加以限制。

2. 微分运算电路

将积分电路中的 R 和 C 互换，就得到微分运算电路，如图 3.28 所示。

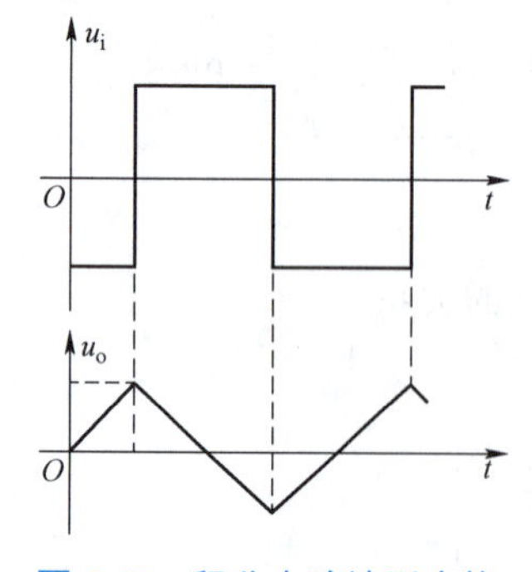

图 3.27　积分电路波形变换

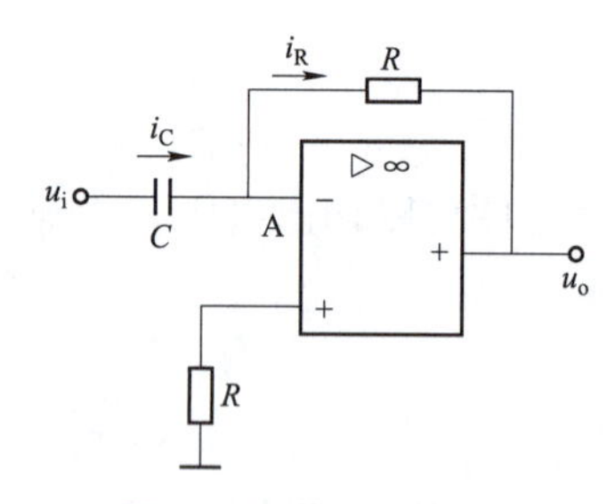

图 3.28　微分运算电路

利用“虚断”和“虚地”的概念，可得

$$i_+ = i_- = 0$$

$$u_A = 0$$

则

$$i_C = i_R$$

假设电容初始电压为零，则

$$i_C = C\frac{\mathrm{d}u_i}{\mathrm{d}t}$$

输出电压为

$$u_o = -i_R R = -RC\frac{\mathrm{d}u_i}{\mathrm{d}t} \qquad (3.36)$$

式（3.36）表明，输出电压为输入电压对时间的微分且相位相反，RC 为微分时间常数。

微分电路的波形变换作用如图 3.29 所示，能将方波转换成尖脉冲输出。常用于脉冲数字电路、自动控制系统中。

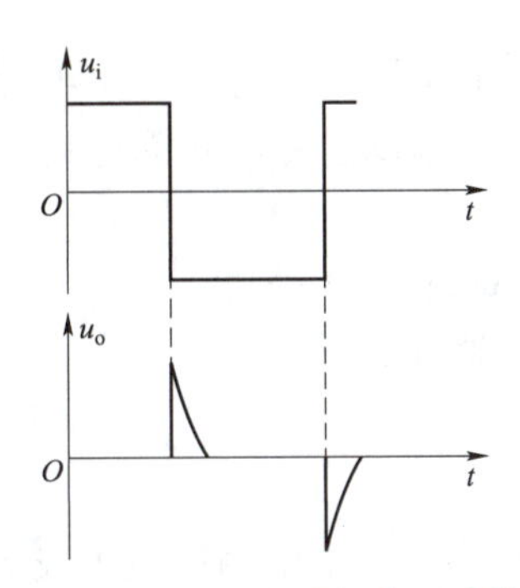

图 3.29　微分电路的波形变换

由于微分电路对输入电压变化特别敏感，抗干扰性差，很可能干扰信号淹没有用信号，因此在实际电路中有时在输入端串一小电阻 R_1，可以减小干扰信号进入反相端；有时在 R 两端并接一个合适的电容以衰减干扰信号的作用。

自测习题答案

自 测 习 题

1. 填空

（1）积分电路输入方波输出________________波形。

（2）微分电路输入方波输出________________波形。

（3）积分电路中的集成运放的工作在________工作状态，微分电路中的集成运放的工作在________工作状态。

2. 选择

（1）欲将方波电压转换成三角波电压，应选用（　　）。

A. 反相比例运算电路　　B. 同相比例运算电路　　C. 积分电路

（2）欲将方波电压转换成尖脉冲，应选用（　　）。

A. 反相比例运算电路　　B. 微分电路　　C. 积分电路

3. 判断

（1）微分电路能将方波转换成三角波。（　　）

（2）积分电路是集成运放的线性应用电路。（　　）

（3）运放电路中只要引入了负反馈，运放就工作在线性工作状态。（　　）

3.2.4　任务训练：仿真分析集成运放线性应用电路

仿真训练 1

1. 测试任务

（1）反相输入比例运算电路的测试。

（2）同相输入比例运算电路的测试。

2. 任务要求

测试前要看清运放组件各管脚的位置；切忌正、负电源极性接反和输出端短路；否则将会损坏集成块。按测试步骤完成所有测试内容，并撰写测试报告。

3. 测试器材

（1）测试设备：计算机、Multisim 2014 平台。

（2）器件：Multisim 2014 仿真器件。

4. 任务实施步骤

1）反相输入比例运算电路的测试

（1）按图 3.30 所示画好仿真电路，其中本测试中集成运放选用 UA741。

（2）输入 $f=100$ Hz，$U_i=0.5$Vp 的正弦交流信号，输出端接上示波器观察波形，记入表 3.3 中。逐渐增大输入信号幅度，观察输出波形变化。

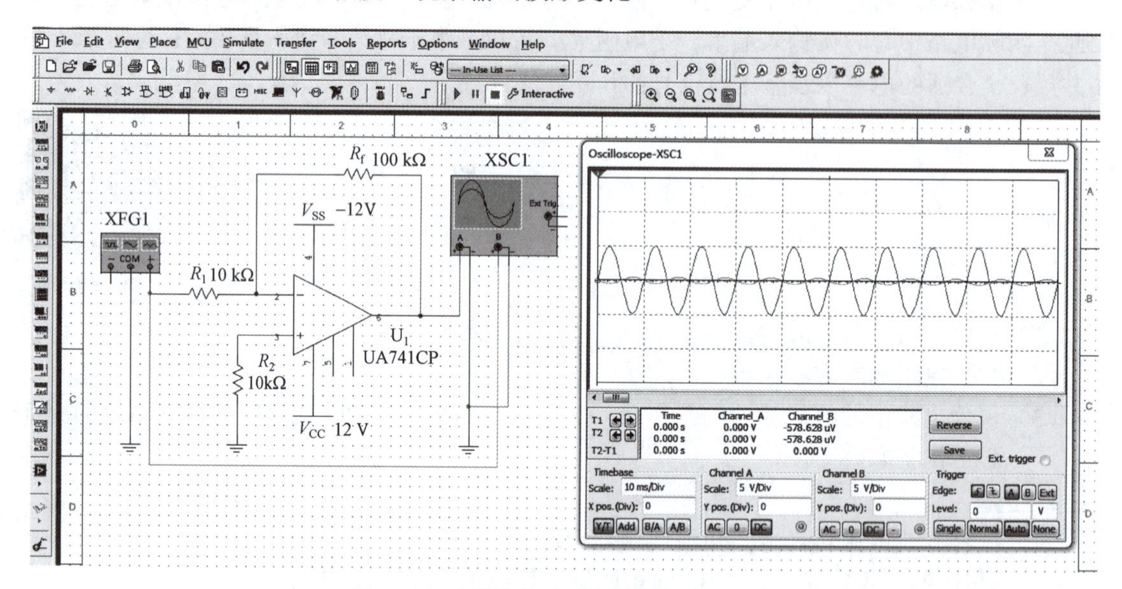

图 3.30　反相输入比例运算仿真测试电路

表 3.3　反相输入比例运算电路研究 $U_i=0.5$Vp、$f=100$ Hz

U_i/Vp	U_o/Vp	u_i 波形	u_o 波形	实测值 A_u
0.5 V		t	t	

2）同相输入比例运算电路的测试

（1）按图 3.31 所示画好仿真电路，其中本测试中集成运放选用 UA741。

（2）输入 $f=100$ Hz、$U_i=0.5$ Vp 的正弦交流信号，输出端接上示波器观察波形，记入表 3.4 中。

（3）将图 3.31 中的 R_1 断开，将 R_2、R_f 均改为 10 kΩ，如图 3.32 重复内容（1）、（2）。

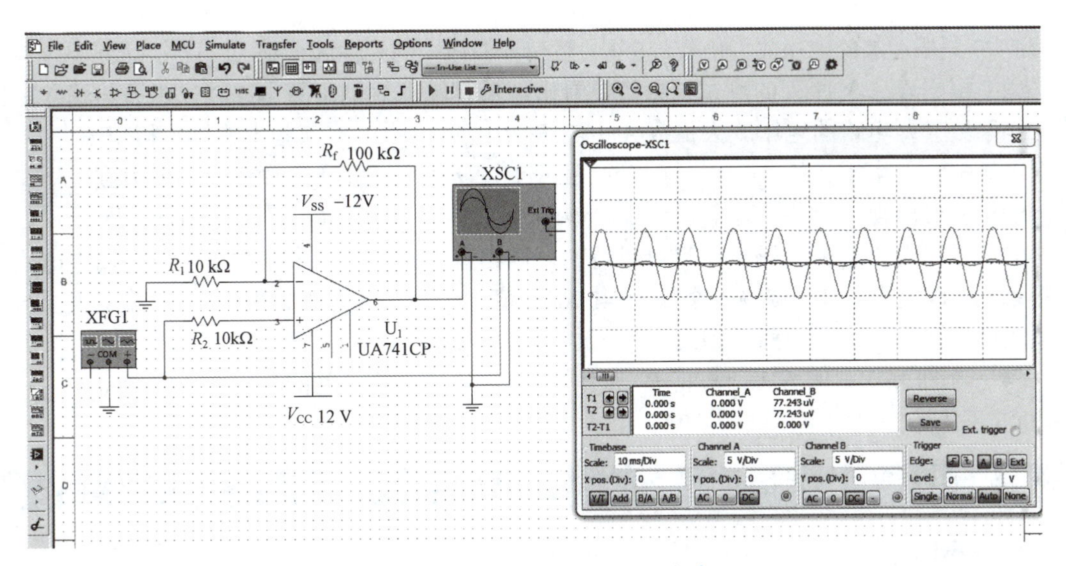

图 3.31　同相输入比例运算仿真测试电路（一）

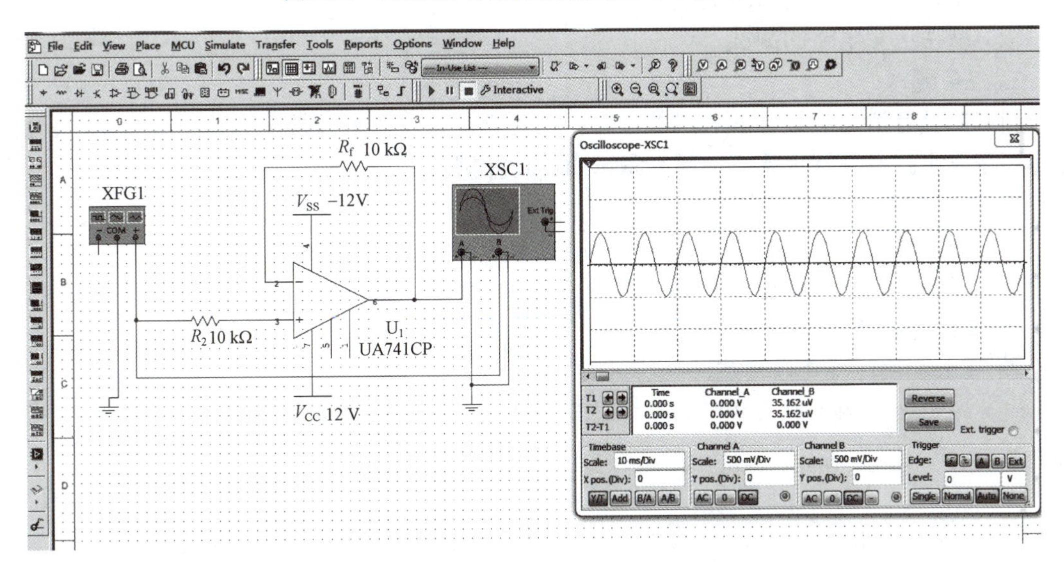

图 3.32　同相输入比例运算仿真测试电路（二）

表 3.4　同相输入比例运算电路研究 $U_i = 0.5$ V，$f = 100$ Hz

阻值	U_i/Vp	U_o/Vp	u_i 波形	u_o 波形	实测值 A_u
$R_1 = 10$ kΩ $R_2 = 9.1$ kΩ	0.5		t	t	
$R_1 = \infty$ $R_2 = R_f = 10$ kΩ	0.5		t	t	

5. 任务完成结论

（1）根据上述测试电路及所得测试结果可以看出，集成运放加入负反馈后，________（降低、增大）集成运放的电压放大倍数，电压传输特性曲线中的线性区得到________（展宽、缩减）。

（2）根据表 3.3 所列的测试结果可以看出，反相输入比例运算电路输出电压与输入电压的比例系数（即电路的电压放大倍数 A_u）与 R_f/R_1 值的________（基本相等、相差很大），且输出电压与输入电压相位________（相同、相反）。逐步增大输入信号幅度，当增大到________时，输出波形出现________现象，这说明该电路进入________（线性、非线性）区。

（3）根据表 3.4 所列测试结果可以看出，同相输入比例运算电路输出电压与输入电压的比例系数（即电路的电压放大倍数 A_u）与 R_f/R_1 值________（有关、无关），且输出电压与输入电压相位________（相同、相反）。

（4）当图 3.32 中的 R_1 断开，将 R_2、R_f 均改为 10 kΩ后，该电路的输出电压波形将________（跟随、不跟随）输入电压波形变化。

仿真训练 2

1. 测试任务

（1）反相加法运算电路的测试。

（2）减法运算电路的测试。

2. 任务要求

测试前要看清运放组件各管脚的位置；切忌正、负电源极性接反和输出端短路，否则将会损坏集成块。按测试步骤完成所有测试内容，并撰写测试报告。

3. 测试器材

（1）测试设备：计算机、Multisim 2014 平台。

（2）器件：Multisim 2014 仿真器件。

4. 任务实施步骤

1）反相加法运算电路测试

（1）按图 3.33 画好仿真电路，其中本测试中集成运放选用 UA741。

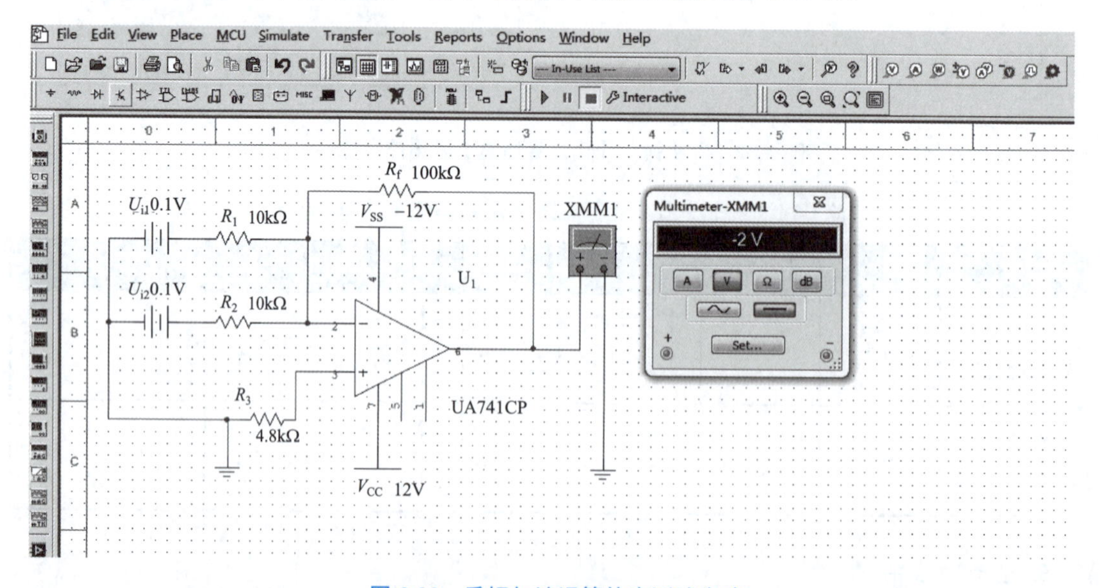

图 3.33 反相加法运算仿真测试电路

（2）输入信号采用直流信号，在 R_1 和 R_2 端同时加上信号电压 0.1 V，并逐渐增大所加的电压，用万用表测出不同的信号电压输入时（测试时要注意选择合适的直流信号幅度以确保集成运放工作在线性区），输入电压 U_{i1}、U_{i2} 及输出电压 U_o，记入表 3.5 中。

表 3.5 反相加法运算电路研究

U_{i1}/V	0.1 V	0.3 V			
U_{i2}/V	0.1 V	0.3 V			
U_o/V					

2）减法运算电路测试

（1）按图 3.34 画好仿真电路，其中本测试中集成运放选用 UA741。

（2）输入信号采用直流信号，在 R_1 和 R_2 端按照表 3.6 同时加上直流信号电压，用直流电压表测出不同的信号电压输入时（测试时要注意选择合适的直流信号幅度以确保集成运放工作在线性区），输入电压 U_{i1}、U_{i2} 及输出电压 U_o，记入表 3.6 中。

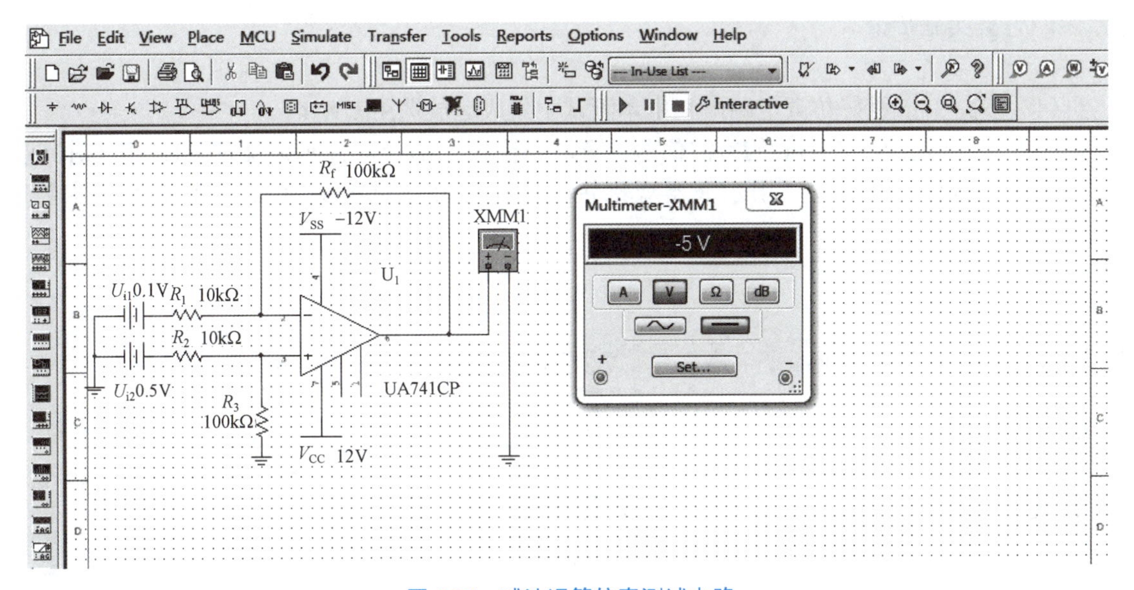

图 3.34 减法运算仿真测试电路

表 3.6 减法运算电路研究

U_{i1}/V	1 V	2 V	0.2 V		
U_{i2}/V	0.5 V	1.8 V	−0.2 V		
U_o/V					

5. 任务完成结论

（1）根据表 3.5 所列的测试结果可以看出，图 3.33 所示电路输出电压与两输入电压之和的比例系数与 R_f/R_1 值的________（基本相等、相差很大），且两者极性________（相同、相反），说明该电路________（能、不能）实现输入电压相加。

（2）根据表 3.6 测试结果可以看出，图 3.34 所示电路输出电压与两输入电压之差（$U_{i2}-U_{i1}$）的比例系数与 R_f / R_1 值________（有关、无关），且两者极性________（相同、相反），说明该电路________（能、不能）实现输入电压相减。

仿真训练 3

1. 测试任务

（1）积分运算电路的测试。

（2）微分运算电路的测试。

2. 任务要求

测试前要看清运放组件各管脚的位置；切忌正、负电源极性接反和输出端短路，否则将会损坏集成块。按测试步骤完成所有测试内容，并撰写测试报告。

3. 测试器材

（1）测试设备：计算机、Multisim 2014 平台。

（2）器件：Multisim 2014 仿真器件。

4. 任务实施步骤

1）积分运算电路测试

（1）按图 3.35 画好仿真电路，其中本测试中集成运放选用 UA741。

（2）输入幅值为 0.2 Vpp 的方波信号，输入和输出分别接双踪示波器的 CH1 和 CH2 通道，改变输入信号的频率，用示波器观察并比较输入输出波形的相位和幅值变化，结果填入表 3.7 中。

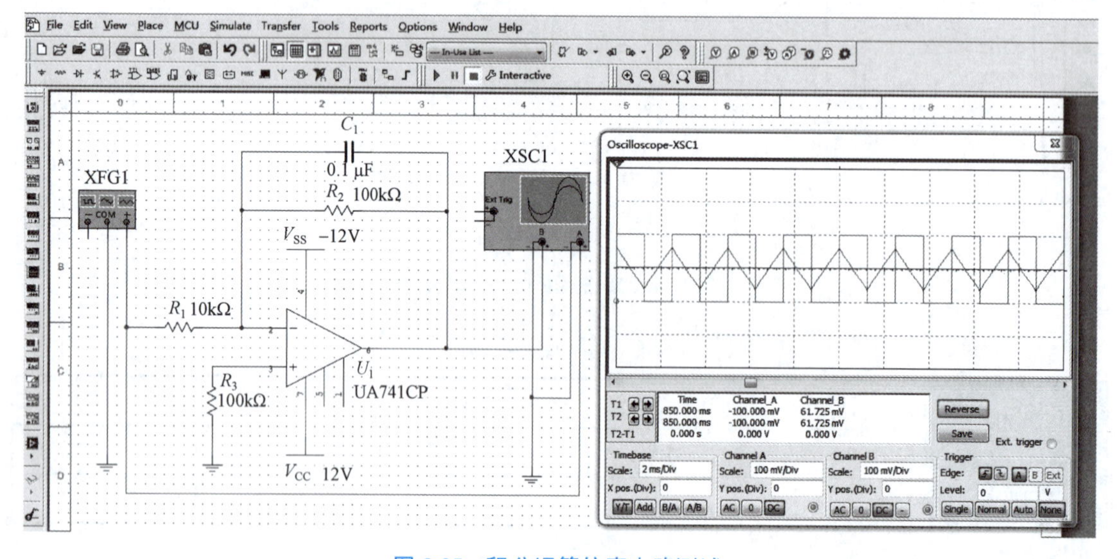

图 3.35 积分运算仿真电路测试

表 3.7　积分运算电路研究

输入方波信号频率/Hz	输出电压 U_{oPP}/V	输入输出波形
100		t
200		t
400		t
800		t

2）微分运算电路的测试

（1）按图 3.36 所示画好仿真电路，其中本测试中集成运放选用 UA741。

（2）输入幅值为 0.1 Vpp 的方波信号，输入和输出分别接双踪示波器的 CH1 和 CH2 通道，改变输入信号的频率，用示波器观察并比较输入输出波形的相位和幅值的变化，结果填入表 3.8 中（注意：微分电路对高频噪声特别敏感，以至高频噪声可能完全淹没微分信号，有时在 R_1 两端并接一个合适的电容以衰减高频噪声的作用）。

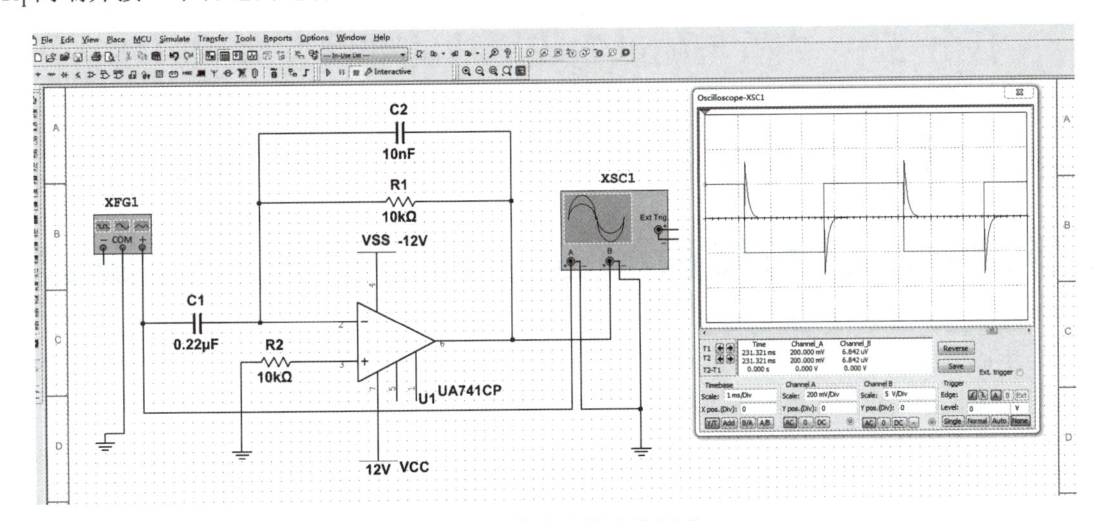

图 3.36　微分运算电路测试

表 3.8　微分运算电路研究

输入方波信号频率/Hz	输出电压 U_{oPP}/V	输入输出波形
100		t

续表

输入方波信号频率/Hz	输出电压 U_{oPP}/V	输入输出波形
200		t
400		t
500		t

5. 任务完成结论

（1）根据表 3.7 所列的测试结果可以看出，输出电压为________元件上的电压，当输入信号为高电平时，电容 C________（充电、放电）；当输入信号为低电平时，电容 C________（充电、放电）。随着输入信号频率的增大，输出信号的幅度________（增大、减小）；积分电路能将方波转换成________波。

（2）根据表 3.8 所列的测试结果可以看出，微分电路能将方波转换成________波。

任务 3.3　分析与测试集成运放的非线性应用电路

3.3.1　分析电压比较器

知识储备

1. 集成运放非线性应用的特性

当集成运放工作在开环状态或外接正反馈时，由于集成运放的 A_{ud} 很大，只要有微小的电压信号输入，集成运放就一定工作在非线性区。其特点如下。

（1）输出电压只有两种状态，不是正饱和电压 $+U_{om}$，就是负饱和电压 $-U_{om}$。

当同相端电压大于反相端电压，即 $u_+ > u_-$ 时，$u_o = +U_{om}$。

当反相端电压大于同相端电压，即 $u_+ < u_-$ 时，$u_o = -U_{om}$。

（2）由于集成运放的输入电阻 $r_{id} \to \infty$，工作在非线性区的集成运放的净输入电流仍然近似为 0，即 $i_+ = i_- \approx 0$，“虚断”的概念仍然成立。

综上所述，在分析具体的集成运放应用电路时，首先判断集成运放工作在线性区还是非线性区，再运用线性区和非线性区的特点分析电路的工作原理。

2. 单门限电压比较器

电压比较器的基本功能是比较两个或多个模拟量的大小，并由输出端的高、低电平来表示比较结果。电压比较器是集成运放非线性应用的典型电路。其中较为简单的一种电压比较器为单门限电压比较器。

单门限电压比较器输入电压只有一个参考电压，输入电压变化（增大或减小）经过参考电压时，输出电压发生跃变。基本电路如图 3.37（a）所示，集成运放处于开环状态时，工作在非线性区，输入电压 u_i 加在反相输入端，参考电压 U_{REF} 接在同相输入端，称为反相输入单门限电压比较器。当 $u_i > U_{REF}$ 时，即 $u_- > u_+$，$u_o = -U_{om}$；当 $u_i < U_{REF}$ 时，即 $u_- < u_+$，$u_o = +U_{om}$。传输特性如图 3.37（b）所示。

当输入电压 u_i 加在同相输入端时，参考电压接在 U_{REF} 的反相输入端，如图 3.37（c）所示，称为同相输入单门限电压比较器。其传输特性如图 3.37（d）所示。

如果参考电压 $U_{REF}=0$，则输入电压过零时，输出电压发生跳变，这种比较器称为过零电压比较器，如图 3.37（e）所示，其传输特性如图 3.37（f）所示。

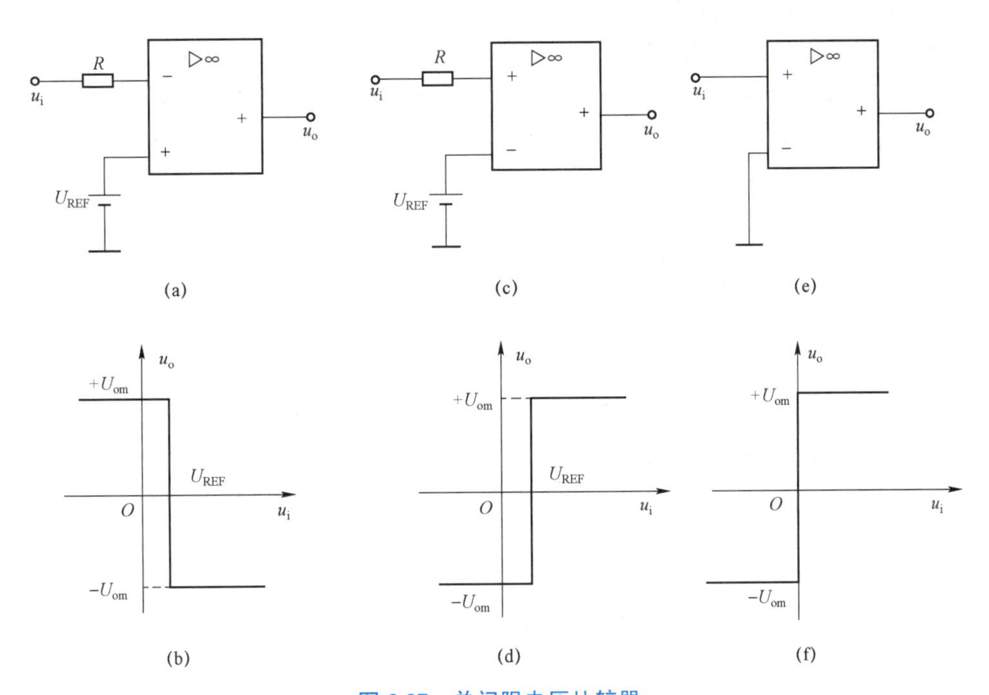

图 3.37　单门限电压比较器

（a）反相输入单门限比较器；（b）反相输入单门限比较器传输特性；（c）同相输入单门限比较器；（d）同相输入单门限比较器传输特性；（e）过零比较器；（f）过零比较器传输特性

由上述分析可看出，输入电压 u_i 的变化经过 U_{REF} 时，输出电压发生翻转。因此，把比较器的输出状态发生跳变的时刻，所对应的输入电压值叫做比较器的阈值电压，简称阈值或门限电压，也可简称为门限。用 U_{TH} 表示。

利用单门限电压比较器可以将任意波形的信号转换为矩形波，如可以将正弦波转换为周期性矩形波。

在实际应用时，为了与接在输出端的数字电路的电平配合，常在比较器的输出端与“地”之间接双向稳压管 D_Z，作双向限幅用。稳压管的稳定电压为 U_Z，输出电压 u_o 被限制在 $+U_Z$

和 $-U_Z$。电路及电压传输特性如图 3.38 所示。

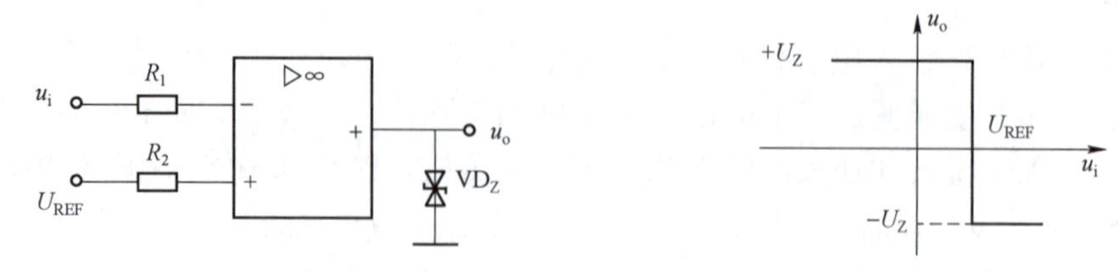

图 3.38　电路及电压传输特性

（a）带双向限幅的电压比较器电路；（b）双向限幅比较器电压传输特性

3. 迟滞电压比较器

单门限电压比较器虽然有电路简单、灵敏度高等特点，但抗干扰能力差。正弦波信号受到外界干扰，即在正弦波上叠加了高频干扰，过零比较器就容易出现多次误翻转。提高抗干扰能力的一种方案是采用迟滞电压比较器。

迟滞电压比较器的基本电路如图 3.39（a）所示，它是在单门限电压比较器的基础上增加了正反馈元件 R_f 和 R_2，运算放大器工作于非线性状态，因此它的输出只可能有两种状态，即正向饱和电压 $+U_{om}$ 和反向饱和电压 $-U_{om}$。由图 3.39（a）可知，集成运放的同相端电压 u_+ 是由输出电压和参考电压共同作用叠加而成，因此集成运放的同相端电压 u_+ 也有两个。

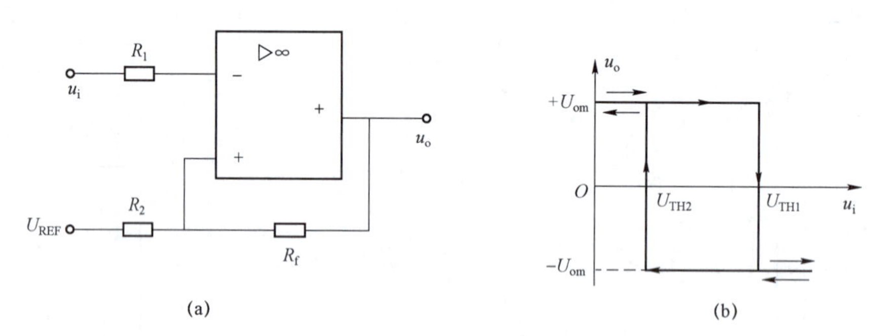

图 3.39　迟滞电压比较器基本电路

（a）迟滞电压比较器电路；（b）传输特性曲线

利用叠加定理可得

$$u_+ = U_{REF}\frac{R_f}{R_f+R_2} + u_o\frac{R_2}{R_f+R_2}$$

根据输出电压 u_o 的不同值（$+U_{om}$ 或 $-U_{om}$），可分别求出上门限电压 U_{TH1} 和下门限电压 U_{TH2} 分别为

$$U_{TH1} = U_{REF}\frac{R_f}{R_f+R_2} + U_{om}\frac{R_2}{R_f+R_2}$$

和

$$U_{TH2} = U_{REF}\frac{R_f}{R_f+R_2} - U_{om}\frac{R_2}{R_f+R_2}$$

把上门限电压 U_{TH1} 与下门限电压 U_{TH2} 之差称为回差电压，用ΔU_{TH} 表示，即

$$\Delta U_{TH}=U_{TH1}-U_{TH2}=2U_{om}\frac{R_2}{R_2+R_f}$$

当 u_i 很小时，电路输出为正向饱和电压 $+U_{om}$，同相端电压为 U_{TH1}。u_i 逐渐增加到接近 U_{TH1} 前，u_o 一直保持 $+U_{om}$ 不变。当 u_i 增加到略大于 U_{TH1}，则 u_o 由 $+U_{om}$ 跳变到 $-U_{om}$，同时使 u_+ 跳变到 U_{TH2}，u_i 再增加，u_o 保持反向饱和电压 $-U_{om}$ 不变。

若 u_i 减小，只要 $u_i>U_{TH2}$，则 u_o 将始终保持 $-U_{om}$ 不变，只有当 $u_i<U_{TH2}$ 时，u_o 才由 $-U_{om}$ 跳变到 $+U_{om}$。完整的传输特性曲线如图 3.39（b）所示。

由此可见，只有输入电压超过上下门限电压时，输出电压才会改变极性，大大提高了电路的抗干扰能力。只要干扰信号的峰值小于半个回差电压，比较器就不会因为干扰而误动作。

自测习题答案

自 测 习 题

1. 填空

（1）电压比较器中集成运放工作在＿＿＿＿＿＿区，条件是电路需引入＿＿＿＿反馈或＿＿＿＿＿＿。

（2）过零比较器输入正弦波输出＿＿＿＿＿＿。

2. 判断

（1）分析非线性集成运放电路时，不能应用的重要结论是“虚短”。（　　）

（2）迟滞比较器的抗干扰能力比单门限比较器差。（　　）

（3）过零比较器抗干扰能力强。（　　）

3. 分析

（1）如题 3（1）图中（a）所示，运算放大器的 $U_{OM}=\pm12$ V，双向稳压管的稳定电压 U_z 为 6 V，参考电压 U_R 为 2 V，已知输入电压 U_i 的波形如题 3（1）图（b）所示，试对应画出输出电压 U_o 的波形及电路的电压传输特性曲线。

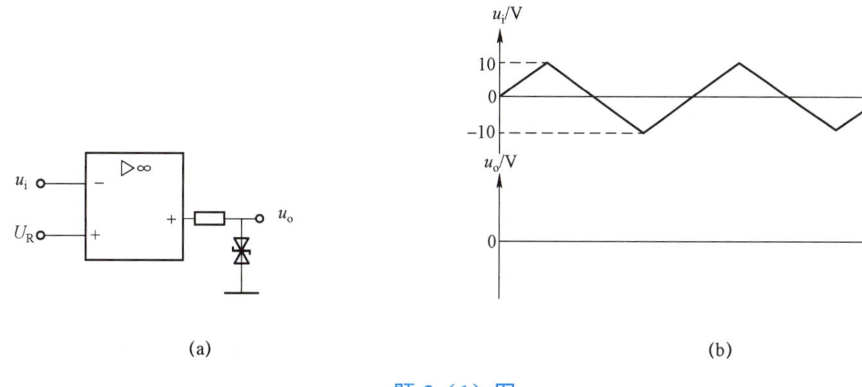

题 3（1）图

（2）在题 3（2）（a）图所示电路中，运算放大器的 $U_{OM}=\pm 12$ V，双向稳压管的稳定电压 U_z 为 6 V，参考电压 U_{REF} 为 2 V，$R_1=30$ kΩ，$R_2=10$ kΩ，$R_3=2$ kΩ，$R_4=10$ kΩ，已知输入电压 u_i 的波形如题 3（2）（b）图所示，试对应画出输出电压 u_o 的波形及电路的电压传输特性曲线。

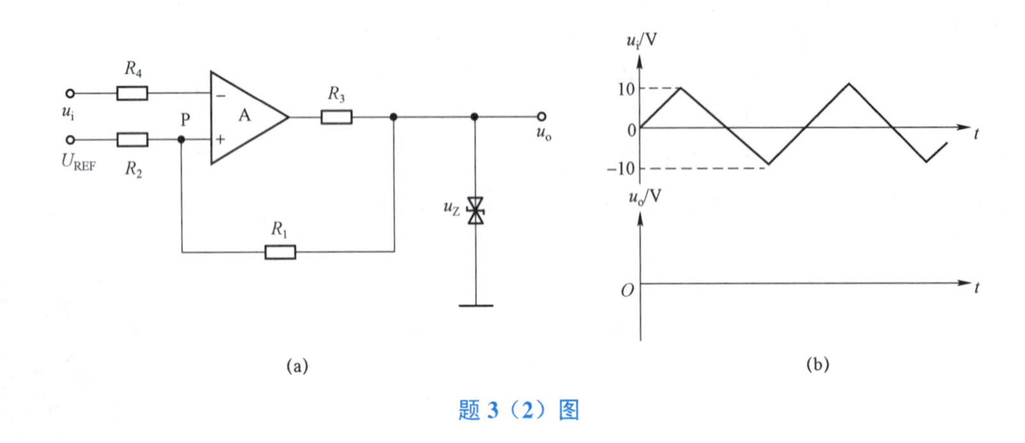

题 3（2）图

3.3.2 任务训练：仿真分析电压比较器

仿真训练 1

1. 测试任务

（1）过零电压比较器的测试。

（2）单门限电压比较器的测试。

2. 任务要求

测试前要看清运放组件各管脚的位置；切忌正、负电源极性接反和输出端短路，否则将会损坏集成块。按测试步骤完成所有测试内容，并撰写测试报告。

3. 测试器材

（1）测试设备： Multisim 2010 平台。

4. 任务实施步骤

1）过零电压比较器的测试

（1）按图 3.40 所示画好仿真电路，其中本测试中集成运放选用 3 554 AM。

（2）在输入端加 $f=1$ KHz，信号幅值为 1 V_{P-P} 的正弦波，用示波器观察输入、输出波形并记录。

（3）在输入端加不同的直流电压，用万用表直流电压挡测出输出电压的值，填于表 3.9 中。

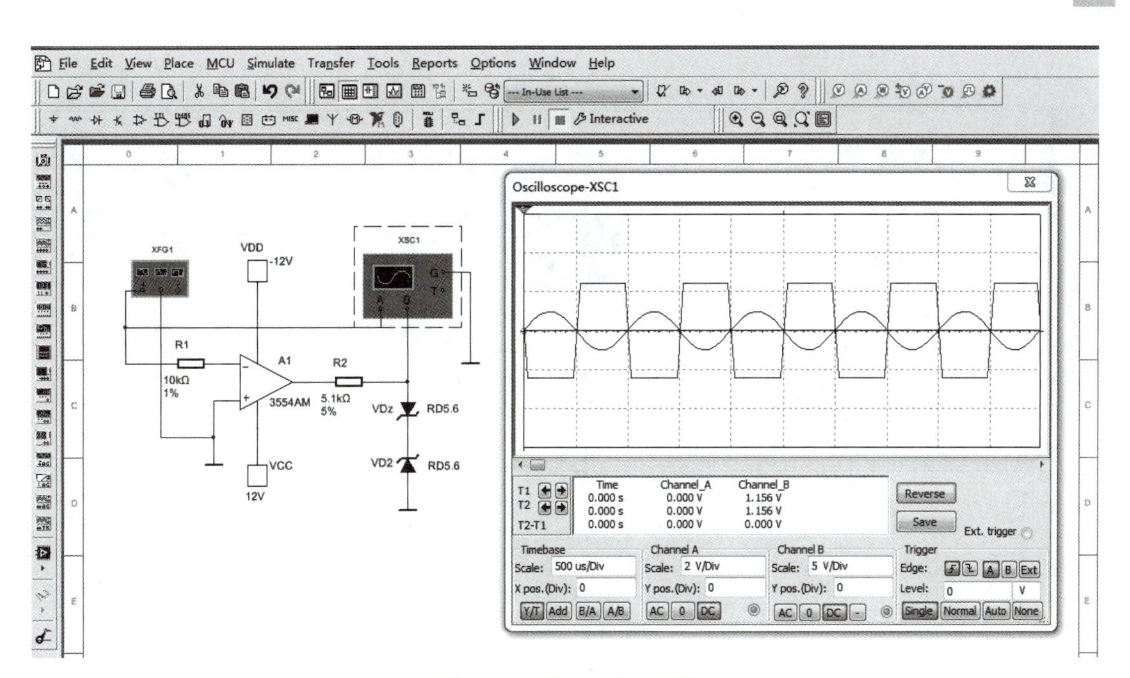

图 3.40　过零电压比较器

表 3.9　过零电压比较器的研究

U_i/V	−3	−2	−1	1	2	3
U_o/V						

（4）在输入端加可调的直流电压，从 −5 V 变化到 +5 V，用万用表直流电压挡测量并观察输出直流电压的变化情况，记录当输出电压由高电平向低电平翻转或由低电平向高电平翻转时的 U_I=________V（精确测量）。

（5）根据步骤（3）、（4）测量数据画出过零电压比较器的传输特性曲线。

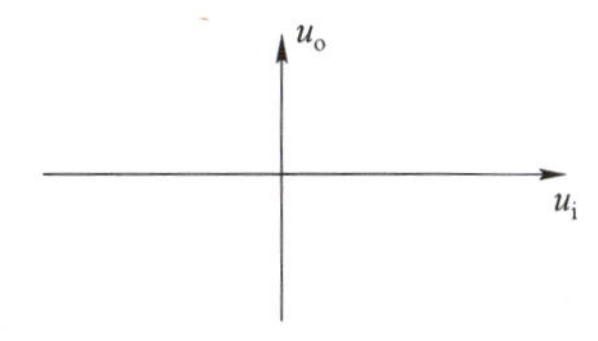

2）单门限电压比较器的测试

（1）按图 3.42 画好仿真电路，其中本测试中集成运放选用 3 554 AM（见图 3.41）。

（2）在输入端加 f=500 Hz，信号幅值为 10V_{P-P}的正弦波，用示波器观察输入、输出波形并记录在图 3.43 所示。

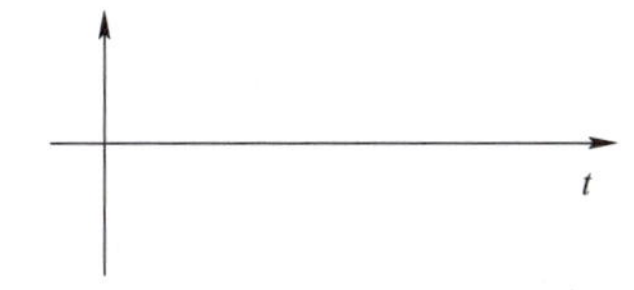

（3）在输入端加不同的直流电压，用万用表直流电压挡测出输出电压的值，填于表 3.10 中。

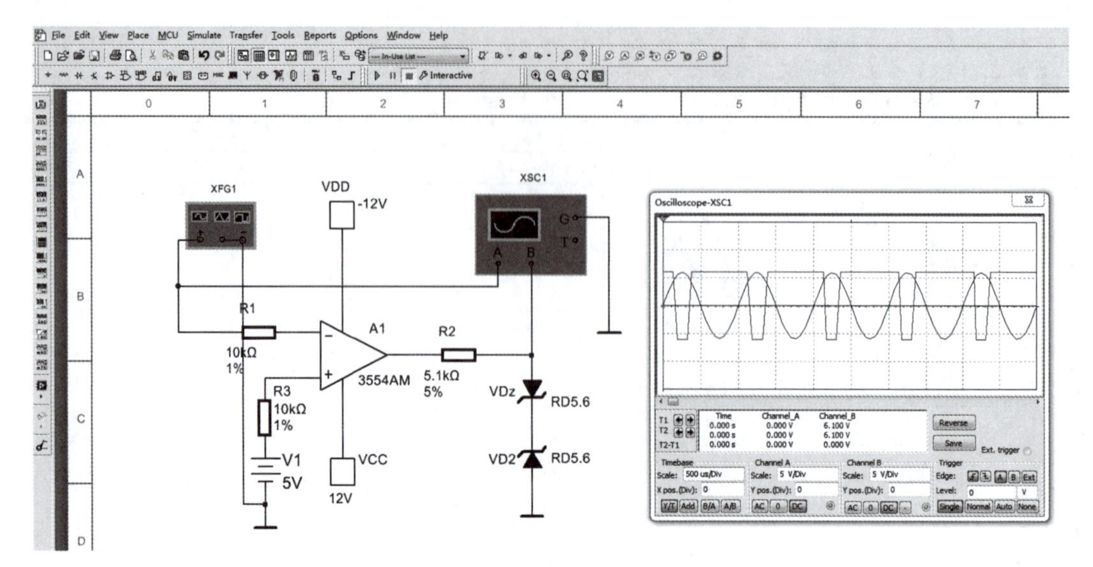

图 3.41　单门限电压比较器

表 3.10　单门限电压比较器的研究

U_i/V	2	3	4	6	7	8
U_o/V						

（4）在输入端加可调的直流电压，从 3 V 变化到 7 V，用万用表直流电压挡测量并观察输出直流电压的变化情况，记录当输出电压由高电平向低电平翻转或由低电平向高电平翻转时的 U_I=________V（精确测量）。

（5）根据步骤（2）、（3）测量数据画出单门限电压比较器的传输特性曲线。

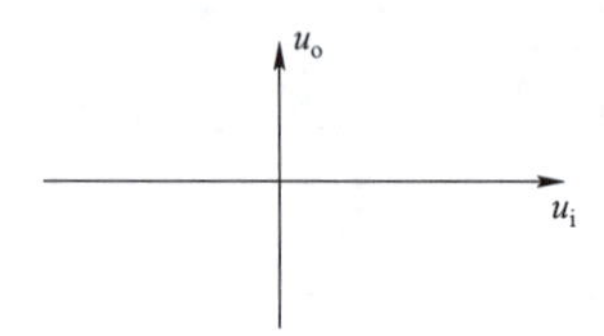

5. 任务完成结论

（1）根据图 3.40 过零电压比较器的测试结果可知，该电路中的集成运放工作在________（线性、非线性）区，当 u_i________时，输出电压为高电平；当 u_i________时，输出电压为低电平。输出电压跳变时所对应的输入电压值与 0 V 相比较________（很接近、有较大差距）。能将正弦波转换成________波。

（2）根据图 3.43 单门限电压比较器的测试结果可知，该电路中的集成运放工作在________（线性、非线性）区，当 u_i________时，输出电压为高电平；当 u_i________时，输出电压为低电平。输出电压跳变时所对应的输入电压值与 5 V 相比较________（很接近、有较大差距）。能将正弦波转换成________波。

所以，图 3.40 和图 3.43 所示电路________（能、不能）实现电压比较的作用。

仿真训练 2

1. 测试任务

迟滞电压比较器的测试。

2. 任务要求

测试前要看清运放组件各管脚的位置；切忌正、负电源极性接反和输出端短路，否则将会损坏集成块。按测试步骤完成所有测试内容，并撰写测试报告。

3. 测试器材

（1）测试设备：Multisim 2010 平台。

4. 任务实施步骤

（1）按图 3.42 画好仿真电路，其中本测试中集成运放选用 3 554AM。

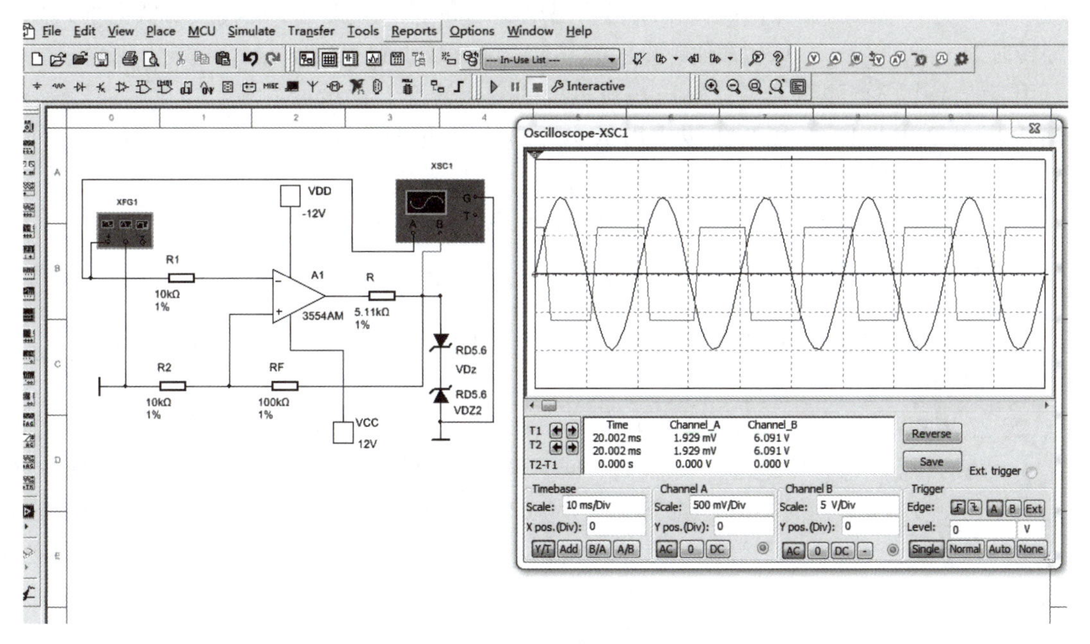

图 3.42　迟滞电压比较器

（2）在输入端加正弦波，用示波器观察输入、输出波形并记录（见表 3.11）。

表 3.11　迟滞电压比较器输入正弦波时输出电压的研究

u_i	1 kHz，0.1V_{P-P}	5 kHz，1V_{P-P}
u_i 波形	t	t
uo 波形	t	t
uo 周期/s		

（3）调节 R_F 为 100 kΩ，将输入端接直流电压，改变输入电压值用万用表直流电压挡测出输出电压，将测量数据填于表 3.12 中。

表 3.12　迟滞电压比较器输入直流电压时输出电压的研究

U_i 由小到大/V	−4	−3	−2	−1	0	1	2	3	4
U_o/V									
U_i 由大到小/V	4	3	2	1	0	−1	−2	−3	−4
U_o/V									

（4）在输入端加可调的直流电压，从 −5 V 逐渐增大到 +5 V，用万用表直流电压档测量并观察输出直流电压的变化情况，记录当输出电压由高电平向低电平翻转或由低电平向高电平翻转时的 U_i=________V（精确测量）；从 +5 V 逐渐减小到 −5 V，用万用表直流电压挡测量并观察输出直流电压的变化情况，记录当输出电压由高电平向低电平翻转或由低电平向高电平翻转时的 U_i=________V（精确测量）。

u_o

u_i

（5）根据步骤（2）、（3）测量数据画出迟滞电压比较器的传输特性曲线。

5. 任务完成结论

（1）由图 3.42 可知，集成运放外接________（正、负）反馈，集成运放工作在________（线性、非线性）区，计算出 u_+=________V。

（2）由步骤（2）、（3）、（4）数据可知，当输入端加直流电压由小逐渐增大时，输出电压由_____（高、低）电平跳变到_____（高、低）电平；当输入端加直流电压由大逐渐减小时，输出电压由_____（高、低）电平跳变到_____（高、低）电平。测量出的两次跳变所对应的输入电压值_____（相等、不等），与计算出 u+值_____（几乎相等、不等），因此迟滞电压比较器的阈值电压有_____（一、两）个。

（3）由步骤（5）数据可知，当 u_i 在±0.1 V 之间变化时，u_o__________（无变化、有跳变），当 u_i 在±1 V 之间变化时，u_o__________（无变化、有跳变），说明该比较器__________（具有、不具有）抗干扰能力。

所以，图 3.42 所示电路__________（能、不能）实现迟滞电压比较的作用。

任务 3.4　分析与制作温度报警器

知识应用

报警器的应用非常广泛，报警器有各种类型，如温度报警器、湿度报警器、烟雾报警器等。结合本项目所学内容，设计一个简易报警器。简易报警器相关技术指标如下。

（1）电源工作电压：±12 V。

（2）报警方式：发光二极管发光。

（3）传感器：负温度系数的热敏电阻。

（4）特点：高温或低温报警器。

图 3.43 和图 3.44 均为简易温度报警器原理图，图中 R_t 为负温度系数的热敏电阻。图 3.43 中 U_{REF} 为固定的参考电压，可通过调整电阻 R_1 和 R_2 的大小进行适当设定，正常情况下设定 $U_{REF} < u_i$，输出为低电平，发光管灭，不报警。当温度逐渐升高，热敏电阻 R_t 阻值逐渐减小，u_i 逐渐增大。当温度升高到一定值，$u_i > U_{REF}$ 时，输出变为高电平，发光管亮，输出报警。图 3.43 所示电路为高温报警器。图 3.44 为声光报警的温度报警器，当温度升高到一定值，输出由低电平跳变为高电平时，三极管 Q1 开始导通，发光管 D1 变亮的同时，蜂鸣器鸣叫，实现声光报警。

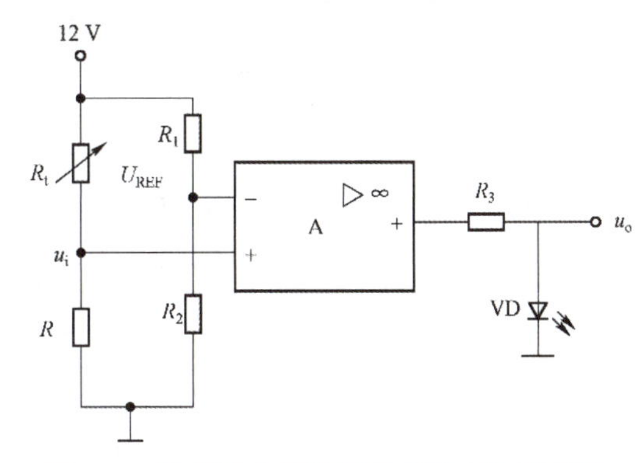

图 3.43　简易温度报警器原理图（发光报警）

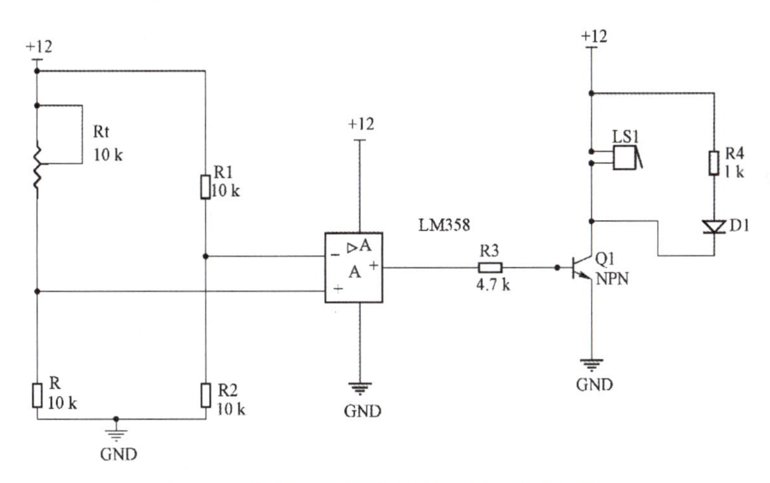

图 3.44　简易温度报警器原理图（声光报警）

项目拓展　分析与制作温度变送器

知识应用

生活中的温度计多种多样，其中常用的一种是电子温度计。温度变送器是一种将温度的高低转化为电信号大小的一种电子产品，图 3.45 所示为一种温度变送器的原理图，请读者自行分析其工作原理。

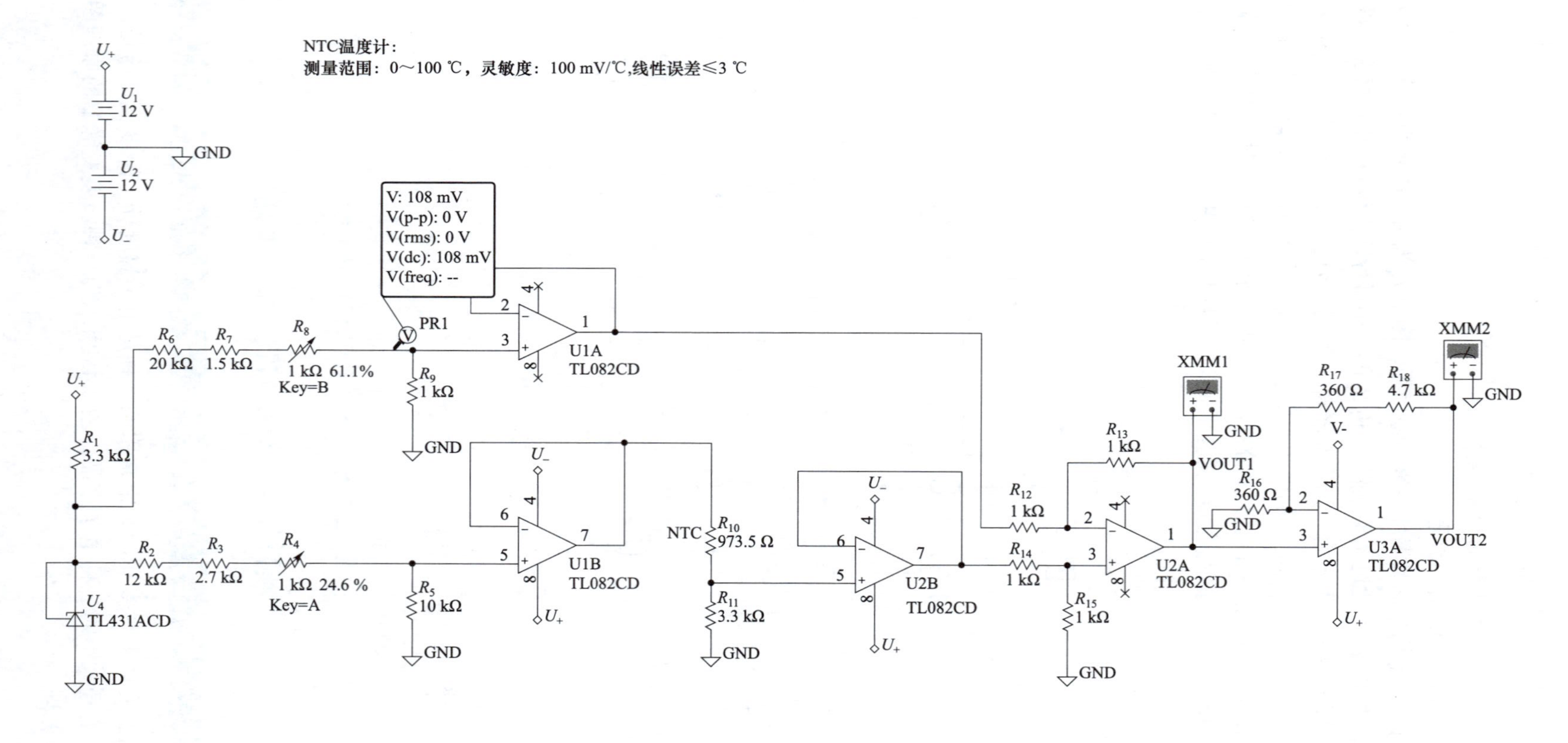

图 3.45 温度变送器原理

温度变送器仿真实验

小　　结

★ 集成运放的应用分成两方面，即线性应用和非线性应用。采用深度负反馈组态是集成运放线性应用的必要条件，理想运放线性应用时具有“虚短”（$u_+=u_-$）、“虚断”（$i_+=i_-=0$）两特性，这是分析集成运放线性电路最重要的基本概念；若是开环或是有正反馈，则集成运放工作在非线性区，即非线性应用。

★ 集成运放线性应用组成的放大电路具有反相、同相、差动输入 3 种组态。分析反相输入放大电路可用“虚地”概念，反相放大器的放大倍数是 $A_{uf}=-\dfrac{R_f}{R_1}$；同相输入放大器的放大倍数是 $A_{uf}=1+\dfrac{R_f}{R_1}$，电压跟随器是 $A_{uf}\approx1$ 的同相输入放大电路；差动输入放大电路是一减法运算电路，常用于要求 K_{CMR} 较高场合。在这 3 种组态的基础上可组成加、减、比例运算及微、积分运算等电路。

★ 集成运放是模拟集成电路的典型组件。对于它的内部电路只要求定性了解，目的在于掌握它的主要技术指标，能根据电路系统的要求正确选用。集成运放在低频工作时，可将其视为理想运放。集成运放种类很多，要考虑性能价格比合理选用，在使用时应注意外接电阻的选取、调零、消振等问题，并根据需要加接保护电路。

★ 集成运放的应用分成两方面，即线性应用和非线性应用。采用深度负反馈组态是集成运放线性应用的必要条件，理想运放线性应用时具有“虚短”（$u_+=u_-$）、“虚断”（$i_+=i_-=0$）两特性，这是分析集成运放线性电路最重要的基本概念；若是开环或是有正反馈，则集成运放工作在非线性区，即非线性应用。

★ 集成运放非线性应用时输出只有高电平 U_{om} 和低电平 $-U_{om}$ 两种状态。集成运放开环可组成过零电压比较器、单限电压比较器，正反馈组态可组成迟滞比较器。比较器翻转时的输入电压为门限电压，迟滞比较器的上、下门限电压之差称为回差电压，门限电压可用翻转瞬间 $u_+=u_-$ 的条件进行分析计算。非正弦波振荡电路是在电压比较器的基础上组成的。

习　　题

3.1　电路如题 3.1 图所示，求下列情况下 U_o 和 U_i 的关系式：

（1）S_1 和 S_3 闭合，S_2 断开时；

（2）S_1 和 S_2 闭合，S_3 断开时。

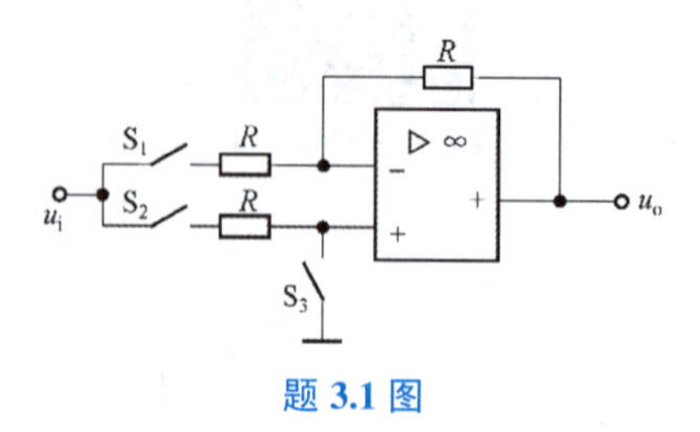

题 3.1 图

3.2　电路如题 3.2 图所示，试计算输出电压 u_o 的值。

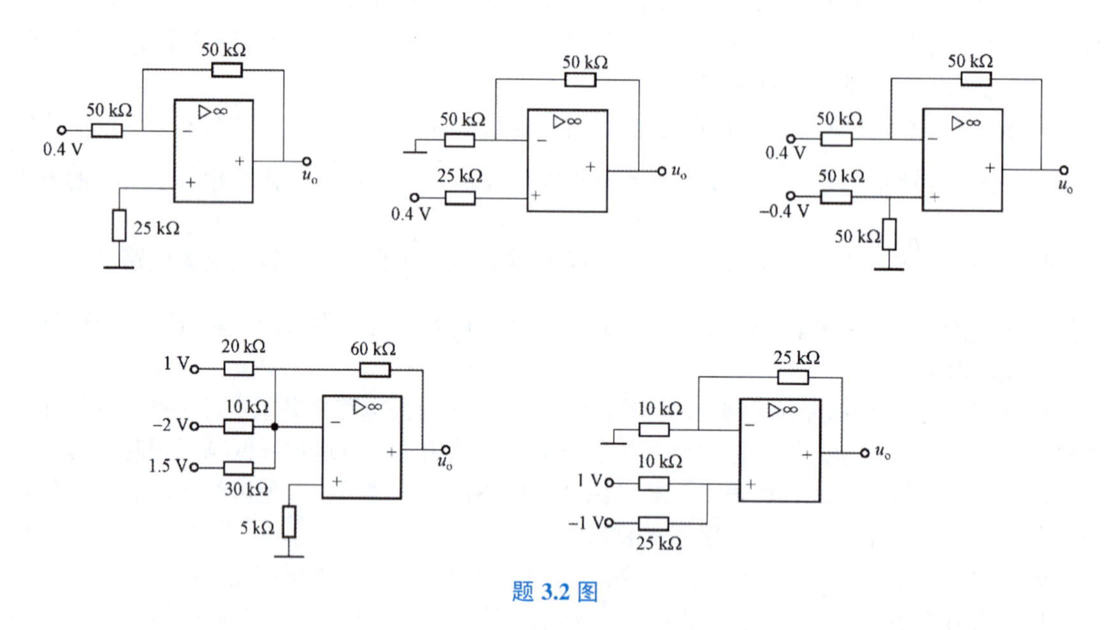

题 3.2 图

3.3　电路如题 3.3 图所示，试求输出电压 u_o 与输入电压 u_i 之间的关系表达式。

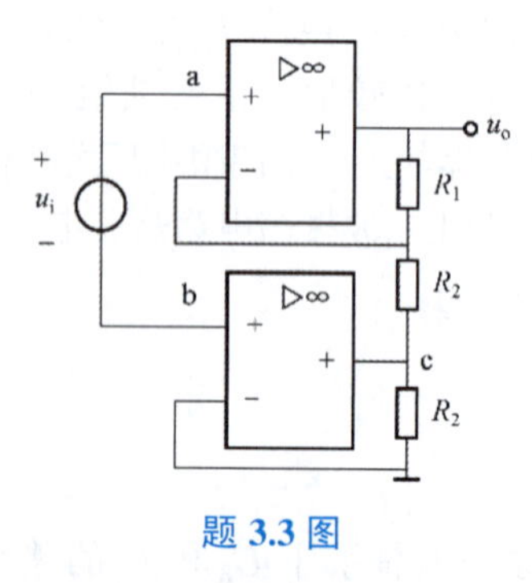

题 3.3 图

3.4　在题 3.4 图所示的电路中，稳压管稳定电压 $U_Z=6\ \text{V}$，电阻 $R_1=10\ \text{k}\Omega$，电位器 $R_f=10\ \text{k}\Omega$，试求调节 R_f 时输出电压 u_o 的变化范围，并说明改变电阻 R_L 对 u_o 有无影响。

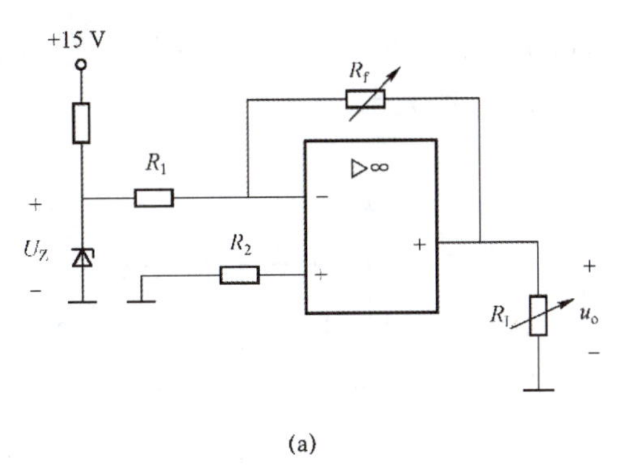

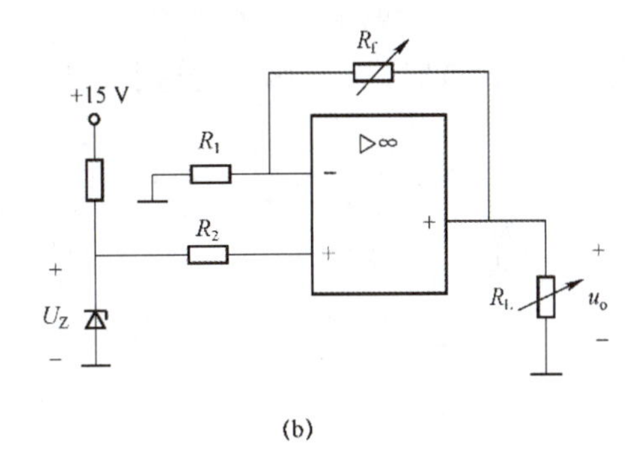

题 3.4 图

3.5　求题 3.5 图所示各电路中 u_o 和 u_{i1}、u_{i2} 的关系式。

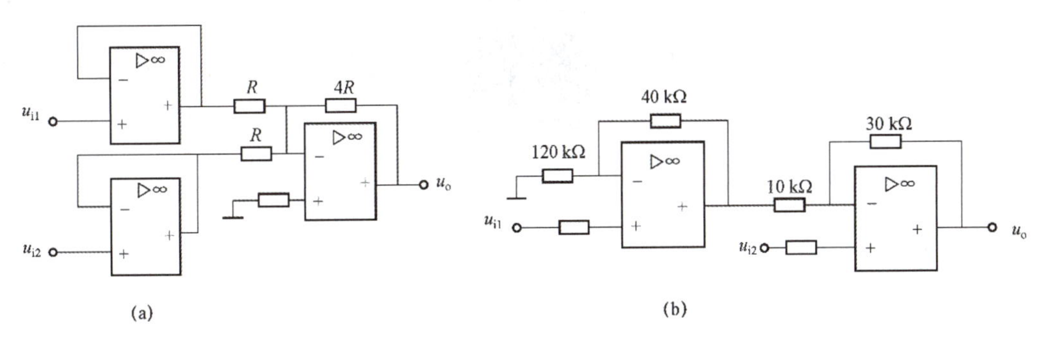

题 3.5 图

3.6　求题 3.6 图所示电路中的 u_o 和 u_{i1}、u_{i2}、u_{i3} 的关系式。

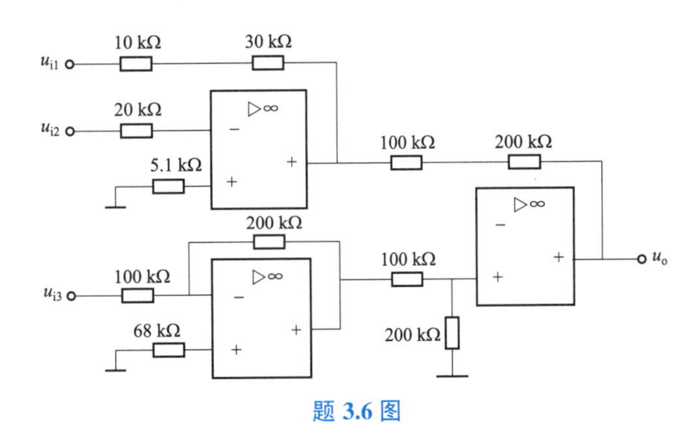

题 3.6 图

3.7　按下列运算关系设计运算电路，并计算各电阻的阻值。

（1）$u_o = -2u_i$（已知 $R_f = 100\ \text{k}\Omega$）。

（2）$u_o = 2u_i$（已知 $R_f = 100\ \text{k}\Omega$）。

（3）$u_o = -2u_{i1} - 5u_{i2} - u_{i3}$（已知 $R_f = 100\ \text{k}\Omega$）。

（4）$u_o = 2u_{i1} - 5u_{i2}$（已知 $R_f = 100\ \text{k}\Omega$）。

3.8　积分电路和微分电路分别如题3.8图（a）、（b）所示，输入电压 u_i 如题3.8图（c）所示，且 $t=0$ 时，$u_C=0$，试分别画出电路输出电压 u_{o1}、u_{o2} 的波形。

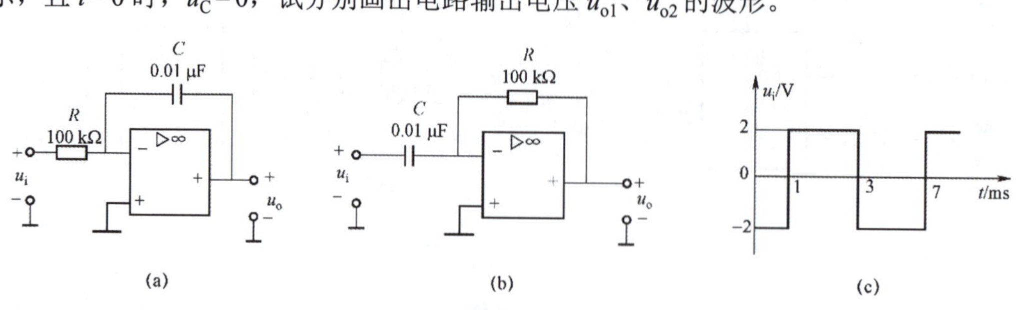

题3.8图

项目习题答案

项目 4

分析与制作扩音器

引导语

扩音器在日常生活中应用广泛，图 4.1 所示为扩音器的实物。扩音器帮助人们解决了因为场合太大、一些比较嘈杂热闹的地方说话听不清的困扰。在电影院、在家庭里，扩音器所营造的声的世界也将人们带入一个想象的世界。而功率放大电路在扩音器中起到关键作用，图 4.2 是功率放大电路的原理图。功率放大电路的工作原理是什么？功率放大电路在扩音器中起什么作用？通过本项目的学习，将理解扩音器是如何工作的，并且尝试设计和动手制作一个简易扩音器。

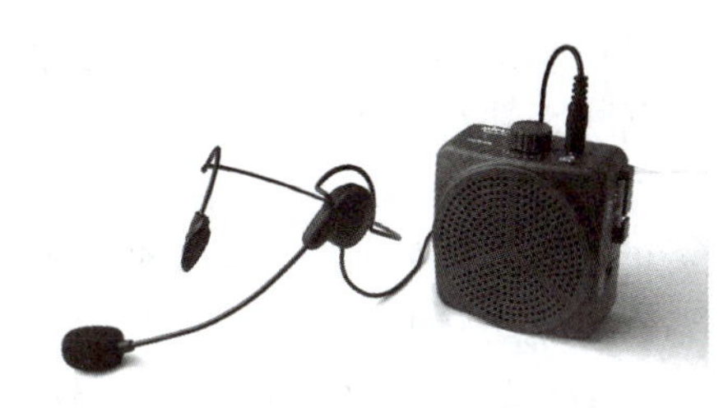

图 4.1　扩音器的实物

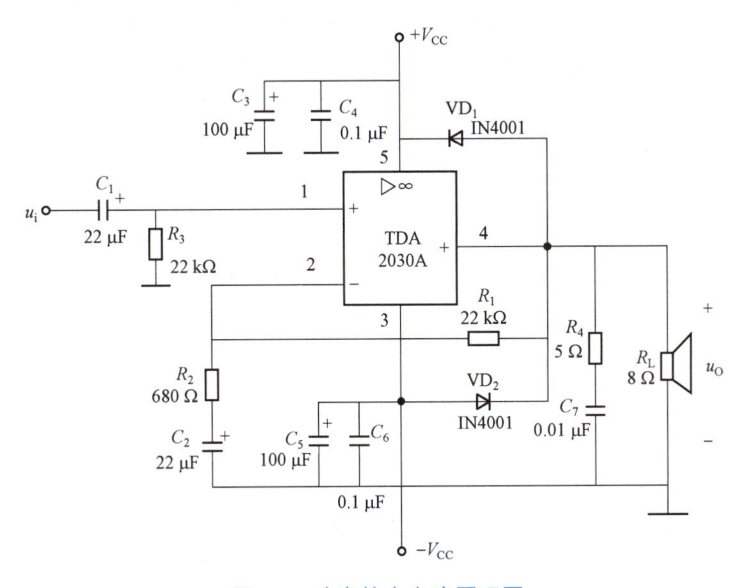

图 4.2　功率放大电路原理图

任务 4.1　认识滤波器和音调电路

4.1.1　认识滤波器

知识拓展

1. 滤波器的基础知识

滤波电路（也称滤波器）的作用实质上是“选频”，是对输入信号的频率具有选择性的一个二端网络。它允许某些频率（通常是某个频带范围）的信号通过，而其他频率的信号受到衰减或抑制，这些网络可以是 *RLC* 元件或 *RC* 元件构成的无源滤波器，也可以是 *RC* 元件和有源器件构成的有源滤波器。滤波器在无线电通信、信号检测、信号处理、数据传输和干扰抑制等方面获得广泛应用。

20 世纪 20～60 年代，滤波器主要是由无源元件 *R*、*L*、*C* 构成的无源滤波器。为了提高无源滤波器的质量，要求所用的电感元件具有较高的品质因数 Q_L，但同时又要求有一定的电感量，这就必然增加电感元件的体积、重量与成本。这种矛盾在低频时尤为突出。为了解决这一矛盾，20 世纪 50 年代有人提出用电阻、电容与晶体管组成的有源网络替代电感元件，由此产生了用有源元件和无源元件（一般是 *R* 和 *C*）共同组成的有源滤波器。

60 年代以来，集成运放得到了迅速发展，由于集成运放的开环电压增益和输入阻抗均很高，输出阻抗又很低，由集成运放和 *R*、*C* 组成的有源滤波器，不但从根本上克服了 *R*、*L*、*C* 无源滤波器在低频时存在的体积和重量上的严重问题，而且成本低、质量可靠及寄生影响小。有源滤波电路中，集成运放工作在线性区，即有源滤波器实际上是一种具有特定频率响应的放大器，它具有一定的电压放大和缓冲作用，这是无源滤波器所不能做到的。但是，由于集成运放固有的带宽限制，使绝大多数有源滤波器仅限于音频范围（$f \leqslant 20$ kHz）内应用，而无源滤波器没有这种上限频率的限制，适用的频率范围可高达 500 MHz。

尽管如此，在声频（$f \leqslant 4$ kHz）范围内有源滤波器在经济和性能上要比无源滤波器优越得多，因此在世界各国先进的电话通信系统中得到极其广泛的应用。

2. 滤波器的理想幅频特性

根据通过或阻止信号频率范围的不同，滤波器可分为低通滤波器（Low－Pass Filter，LPF）、高通滤波器（High－Pass Filter，HPF）、带通滤波器（Band－Pass Filter，BPF）和带阻滤波器（Band－Elimination Filter，BEF）4 种。它们的理想幅频特性如图 4.3 所示。

把能够通过的信号频率范围定义为通带，把阻止通过或衰减的信号频率范围定义为阻带。而通带与阻带的分界点的频率称为截止频率或称转折频率 f_c，A_{up} 为通带内的电压放大倍数，f_o 为中心频率（Center frequency），f_L 为低频段的截止频率，f_H 为高频段的截止频率。

从图 4.3 所示滤波电路的理想幅频特性可以看出以下几点。

（1）低通滤波器是一种用来传输低频段信号，抑制高频段信号的电路。当信号的频率高于截止频率 f_c 时，通过该电路的信号会被衰减（或被阻止），而低于 f_c 的信号则能够畅通无阻地通过该滤波器。

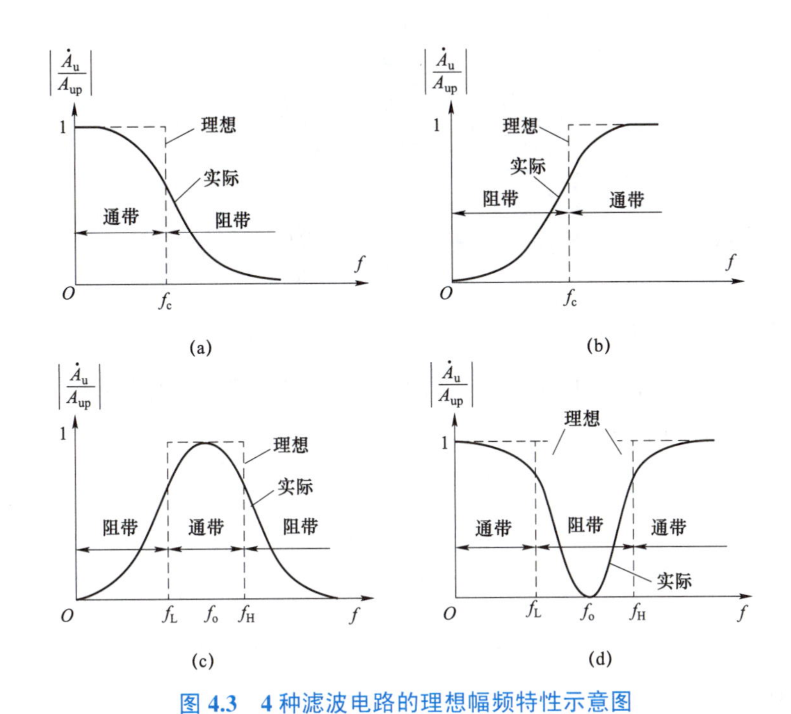

图 4.3　4 种滤波电路的理想幅频特性示意图

（a）低通；（b）高通；（c）带通；（d）带阻

（2）高通滤波器是一种用来传输高频段信号，抑制或衰减低频段信号的电路。

（3）带通滤波器用来使某频段（$f_L \sim f_H$）内的有用信号通过，而将高于或低于此频段的信号衰减。

（4）带阻滤波器可以用来抑制或衰减某一频段（$f_L \sim f_H$）信号，并让该频段以外的所有信号都通过。

具有理想幅频特性的滤波器是很难实现的，只能用实际的幅频特性去逼近理想的幅频特性。

滤波器分为一阶、二阶和高阶滤波器。阶数越高，其幅频特性越接近于理想特性，滤波器的性能就越好。

3. 一阶低通滤波器

图 4.4 所示为同相输入一阶低通滤波器，RC 为无源低通滤波电路环节，输入信号通过它加到同相比例运算电路的输入端，即集成运放的同相输入端。

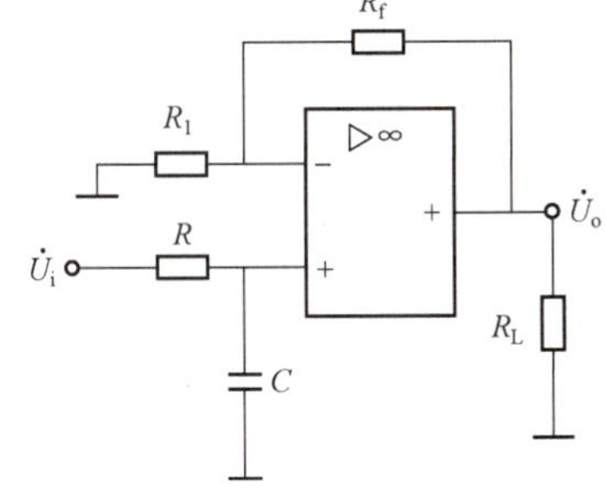

图 4.4　一阶低通滤波器

输出信号通过 R_f 反馈到运放的反相输入端，构成电压并联负反馈，其输出电压为

$$\dot{U}_o = \left(1+\frac{R_f}{R_1}\right)\dot{U}_+ = \left(1+\frac{R_f}{R_1}\right)\frac{\dfrac{1}{(j\omega C)}}{R+\dfrac{1}{(j\omega C)}}\dot{U}_i = \left(1+\frac{R_f}{R_1}\right)\frac{1}{1+j\omega RC}\dot{U}_i$$

则可得该电路的频率特性为

$$\dot{A}_u=\frac{\dot{U}_o}{\dot{U}_i}=\frac{1+\frac{R_f}{R_1}}{1+j\omega RC}=\frac{A_{up}}{1+j\frac{f}{f_o}} \tag{4.1}$$

式中　A_{up}——$f=0$ 时的放大器的放大倍数，$A_{up}=1+\frac{R_f}{R_1}$ 又称为通带增益；

f_o——特征频率，$f_o=\frac{1}{2\pi RC}$。

在式（4.1）的分母中，由于频率 f 为一次幂，故称为一阶低通滤波器。

由式（4.1）可得到幅频特性为

$$\left|\frac{\dot{A}_u}{A_{up}}\right|=\frac{1}{\sqrt{1+\left(\frac{f}{f_o}\right)^2}} \tag{4.2}$$

由式（4.2）可知，当 $f=f_o$ 时，$\left|\dot{A}_u\right|=\frac{1}{\sqrt{2}}A_{up}$，所以通带截止频率为

$$f_c=f_o=\frac{1}{2\pi RC} \tag{4.3}$$

对应的幅频特性曲线如图 4.5 所示。由式（4.3）可得到对数幅频特性为

$$20\lg\left|\frac{\dot{A}_u}{A_{up}}\right|=20\lg\frac{1}{\sqrt{1+\left(\frac{f}{f_o}\right)^2}} \tag{4.4}$$

根据式（4.4）作出的对数幅频特性曲线如图 4.6 所示。图 4.6 中的“－20 dB/十倍频”是指当频率从 f_c 增加到 10 倍时，电压增益衰减 20 dB。

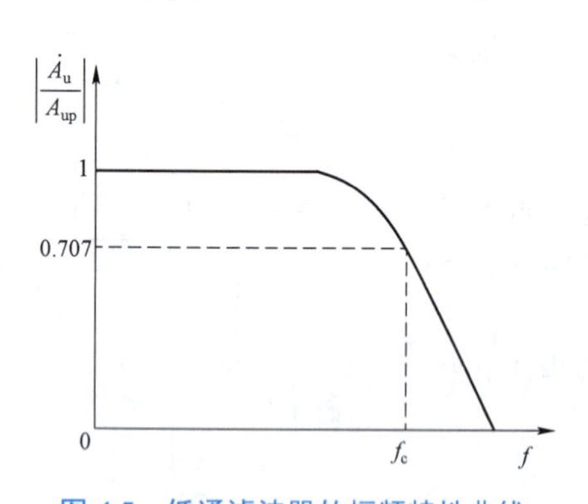

图 4.5　低通滤波器的幅频特性曲线

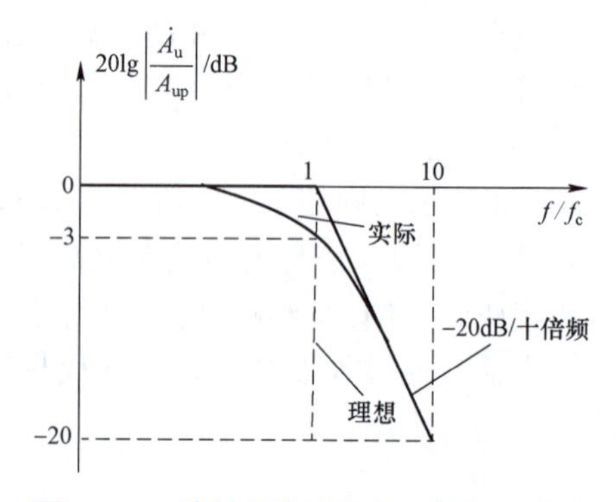

图 4.6　一阶低通滤波器的对数幅频曲线

一阶低通滤波器电路虽然简单，但幅频特性的衰减斜率只有－20 dB/十倍频，与理想幅频特性的垂直衰减相差太远，故选择性较差，只适用于要求不高的场合。

4. 二阶低通滤波器

图 4.7 所示为典型的二阶有源低通滤波器。它由两级 RC 滤波环节与同相比例运算电路组

成，其中第一级电容 C 接至输出端，引入适量的正反馈，以改善幅频特性。

经推导，该电路的频率特性为

$$\dot{A}_u = \frac{\dot{A}_{up}}{1-\left(\frac{f}{f_c}\right)^2 + j(3-A_{up})\frac{f}{f_c}} \tag{4.5}$$

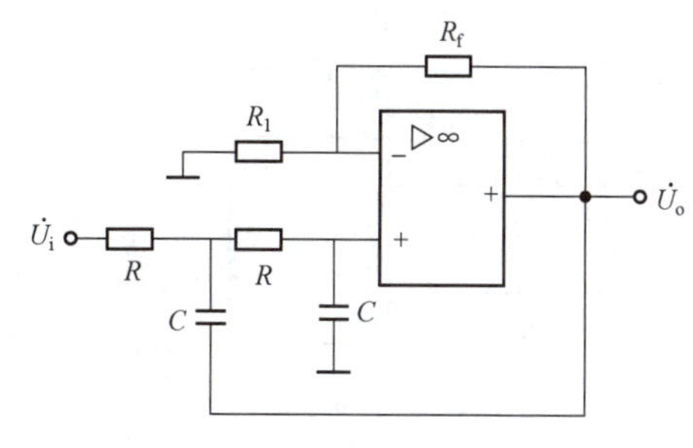

图 4.7　二阶低通滤波器

式中　A_{up}——通带增益，$A_{up}=1+\frac{R_f}{R_1}$；

f_c——截止频率，$f_c=\frac{1}{2\pi RC}$；

Q——品质因数，令 $Q=\frac{1}{3-A_{up}}$，

则

$$\dot{A}_u = \frac{A_{up}}{1-\left(\frac{f}{f_c}\right)^2 + j\frac{1}{Q}\frac{f}{f_c}} \tag{4.6}$$

根据式（4.6）可作出图 4.7 所示的二阶低通滤波器的幅频特性曲线，如图 4.8 所示。

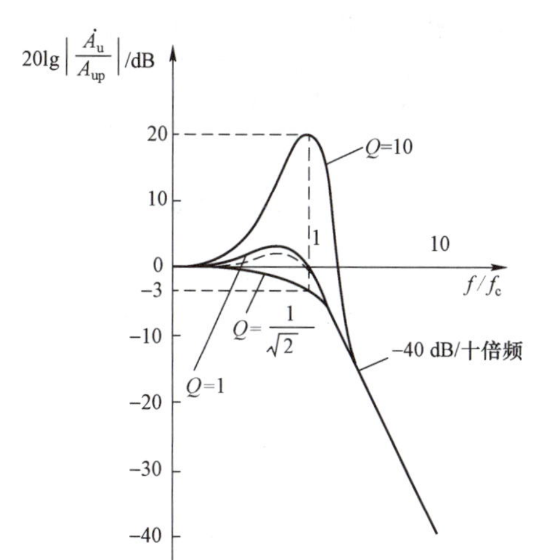

图 4.8　二阶低通滤波器的幅频特性

由图可见，当 $Q=0.707$ 时，幅频特性响应曲线较平坦。而当 $Q>0.707$ 时，幅频特性将出现升峰，这是不希望的。在 $Q=0.707$ 条件下，当 $f=f_c$ 时，$20\lg\left|\frac{\dot{A}_u}{A_{up}}\right|=-10\lg\frac{1}{(0.707)^2}=-3\text{ dB}$，即 f_c 就是 −3 dB 截止频率，当 $f<f_c$ 时，$\left|\dot{A}_u\right|\approx A_{up}$，为通带放大倍数，当 $f\gg f_c$ 时，曲线按 −40 dB/十倍频下降，比一阶低通滤波器的衰减斜率大一倍，因此比一阶低通滤波器的特性好得多。

需要指出的是，当 $A_{up}=3$ 时，Q 将趋于无穷大，$\left|\dot{A}_u\right|$ 也趋于无穷大，说明电路此时产生自激振荡，所以要求 $A_{up}<3$。

5. 一阶高通滤波器

将图 4.4 所示的低通滤波电路中起滤波作用的电阻、电容互换，即可变成一阶有源高通滤波器，如图 4.9 所示。在图 4.9 中，滤波电容接在集成运放输入端，它将阻隔、衰减低频信号，而让高频信号通过。其输出电压为

$$\dot{U}_o=\left(1+\frac{R_f}{R_1}\right)\dot{U}_+=\left(1+\frac{R_f}{R_1}\right)\frac{R}{R+\frac{1}{j\omega C}}\dot{U}_i=\left(1+\frac{R_f}{R_1}\right)\frac{1}{1-\frac{j}{\omega RC}}\dot{U}_i$$

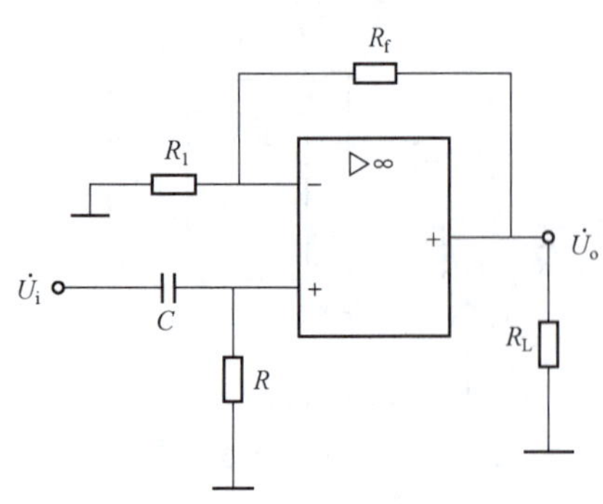

图 4.9　一阶高通滤波器

则可得该电路的频率特性为

$$\dot{A}_u=\frac{\dot{U}_o}{\dot{U}_i}=\frac{1+\dfrac{R_f}{R_1}}{1-\dfrac{j}{\omega RC}}=\frac{A_{up}}{1-j\dfrac{f_c}{f}} \qquad (4.7)$$

式（4.7）中，$f_c=\dfrac{1}{2\pi RC}$为截止频率，$A_{up}=1+\dfrac{R_f}{R_1}$为通带放大倍数。

一阶高通滤波器的幅频特性如图 4.10 所示。可以看出，当$f \ll f_c$时，其衰减斜率为 20 dB/十倍频。

6. 二阶高通滤波器

将图 4.7 中的 *RC* 低通网络中的 *R* 与 *C* 对换，即组成图 4.11 所示的二阶高通滤波器。

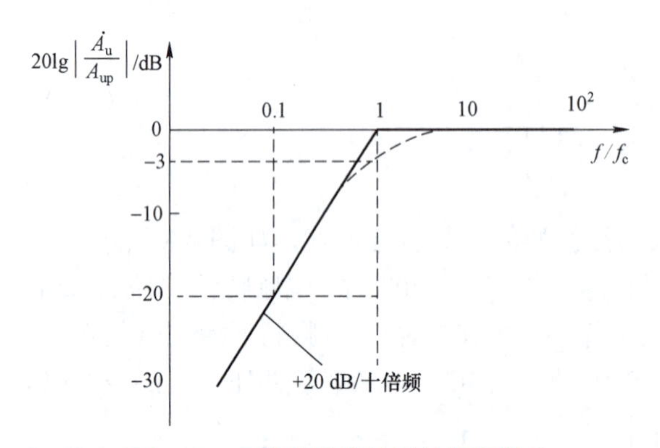

图 4.10　一阶高通滤波器的幅频特性

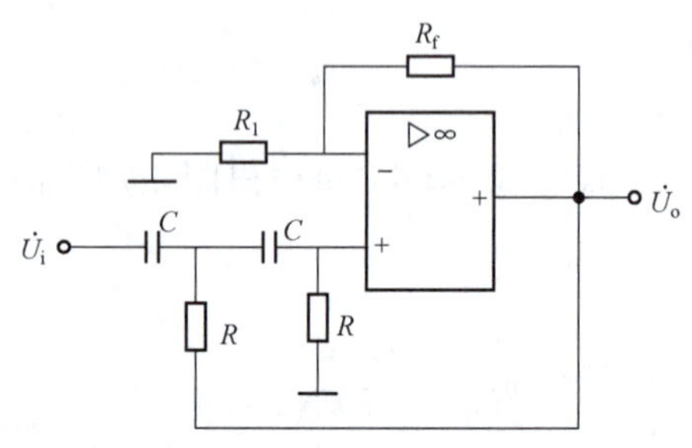

图 4.11　二阶高通滤波器

经推导，该电路的频率特性为

$$\dot{A}_u=\frac{A_{up}}{1-\left(\dfrac{f_c}{f}\right)^2-j\dfrac{1}{Q}\dfrac{f_c}{f}} \qquad (4.8)$$

式中　A_{up}——通带放大倍数，$A_{up}=1+\dfrac{R_f}{R_1}$；

f_c——截止频率，$f_c=\dfrac{1}{2\pi RC}$；

Q——品质因数，$Q=\dfrac{1}{3-A_{up}}$。

其幅频特性如图 4.12 所示。

在 $Q=0.707$ 时，-3 dB 的截止频率 $f_L=f_0$，$f<<f_L$时，其幅频特性曲线以 40 dB/十倍频的斜率上升，比一阶高通滤波特性好得多。同样，只有当 $A_{up}<3$ 时，电路才能稳定地工作。

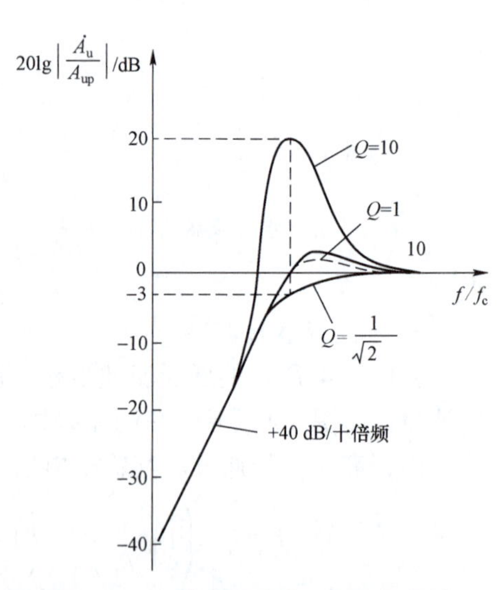

图 4.12　二阶高通滤波器的幅频特性

可见，滤波器的阶数越高，幅频特性越接近理想

高通特性。

7. 二阶带通滤波器

带通滤波器用来使某频段内的有用信号通过，而将高于或低于此频段的信号衰减。由图 4.3 所示低通、高通与带通的理想幅频特性进行比较不难发现，带通滤波器可用低通和高通滤波器串联而成，条件是 LPF 的通带截止频率应高于 HPF 的通带截止频率，这样就构成了带通滤波器。图 4.13 所示为带通滤波器的构成框图。

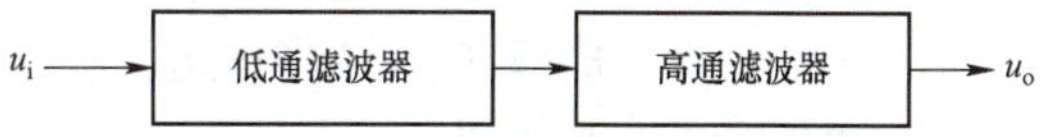

u_i → 低通滤波器 → 高通滤波器 → u_o

图 4.13　带通滤波器构成框图

常用的有源二阶带通滤波器电路有两种形式：一种是压控电压源（VCVS）有源二阶带通滤波器电路；另一种是无限增益多路负反馈有源二阶带通滤波器电路。下面主要介绍实际运用中常采用的压控电压源（VCVS）有源二阶带通滤波器电路，典型的带通滤波器可以从二阶低通滤波器中将其中一级改成高通而成，如图 4.14 所示。图中，R、C 组成低通网络，R_2、C 组成高通网络，两者串联构成 BPF，它们与 R_3 等则构成二阶压控电压源 BPF。

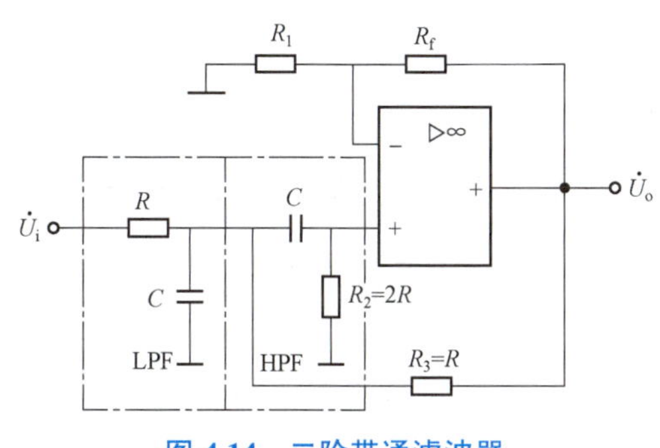

图 4.14　二阶带通滤波器

为了使计算简便，设 $R_2=2R$，$R_3=R$，经推导，可以得到二阶带通滤波器的频率特性，即

$$\dot{A}_u=\frac{j\omega RCA_{uf}}{1-\omega^2R^2C^2+j\omega RC(3-A_{uf})} \quad (4.9)$$

式（4.9）中，$A_{uf}=1+R_f/R_1$ 为同相比例电路的电压放大倍数，同样要求 $A_{uf}<3$ 时，电路才能稳定地工作。令

$$f_o=\frac{1}{2\pi RC},\quad Q=\frac{1}{3-A_{uf}},\quad A_{up}=\frac{A_{uf}}{3-A_{uf}}$$

则有

$$\dot{A}_u=\frac{A_{up}}{1+jQ\left(\frac{f}{f_o}-\frac{f_o}{f}\right)} \quad (4.10)$$

式（4.10）表明，当 $f=f_o$ 时，图 4.14 所示电路具有最大电压放大倍数 A_{up}，即 f_o 为带通滤波器的中心频率，$A_{up}=A_{uf}/（3-A_{uf}）$为 BPF 的通带电压放大倍数。令 $|\dot{A}_u|=\frac{1}{\sqrt{2}}A_{up}$，可求得带通滤波器的两个截止频率，从而得到带通滤波器的通带宽度为

$$BW=\frac{f_o}{Q}=\left(2-\frac{R_f}{R_1}\right)f_o \quad (4.11)$$

式（4.11）表明，改变电阻 R_f 或 R_1 可改变通带宽度，而不影响带通滤波器的中心频率。

根据式(4.10)可画出电路的幅频特性曲线，如图 4.15 所示。在同一条特性曲线 −3 dB 处的通带范围即为通带宽度 BW，且由图中可以看出 Q 值越大，带宽 BW 越窄，选

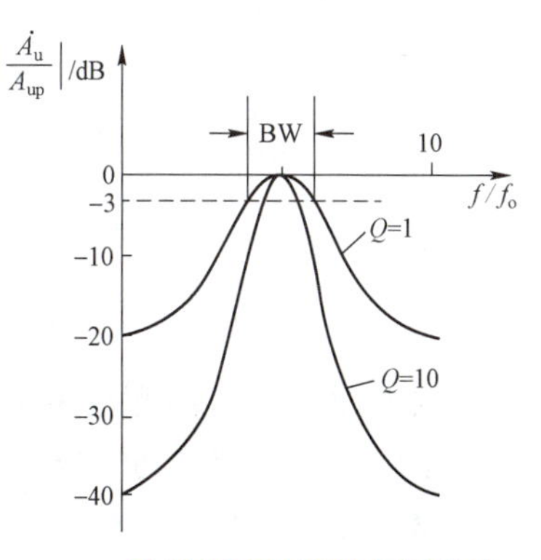

图 4.15　二阶带通滤波器的幅频特性

频特性越好。

8. 二阶带阻滤波器

与带通滤波器相反，带阻滤波器是用来抑制或衰减某一频段信号，并让该频段以外的所有信号都通过，这种滤波器也称为陷波器。带阻滤波器可由低通和高通滤波器并联而成，两者对某一频段均不覆盖，形成带阻频段，图 4.16 所示为典型的双 T 带阻滤波器。其低通和高通 RC 网络并联形成双 T 网络，与运放和电阻 R_1、R_f形成二阶压控电压源的 BEF。

该电路的频率特性为

$$\dot{A}_u = \frac{A_{up}}{1 + j\dfrac{1}{Q}\dfrac{ff_o}{f_o^2 - f^2}} \tag{4.12}$$

式中 A_{up}——通带的电压放大倍数，$A_{up} = 1 + \dfrac{R_f}{R_1}$；

f_o——BEF 的中心频率，$f_o = \dfrac{1}{2\pi RC}$；

Q——带阻滤波器的品质因数，$Q = \dfrac{1}{2(2 - A_{up})}$。

令 $|\dot{A}_u| = \dfrac{1}{\sqrt{2}}A_{up}$，可求得带阻滤波器的两个截止频率，从而得到带阻滤波器的通带宽度，即

$$BW = \frac{f_o}{Q} = \left(2 - \frac{R_f}{R_1}\right)f_o \tag{4.13}$$

由式（4.13）可知，为使 BW>0，必须满足 A_{up}<2。由式（4.12）可得电路的幅频特性如图 4.17 所示。在同一条特性曲线 –3 dB 处的频率范围即为阻带宽度 BW，且由图中可以看出 Q 值越大，BW 越窄，选择性越好。

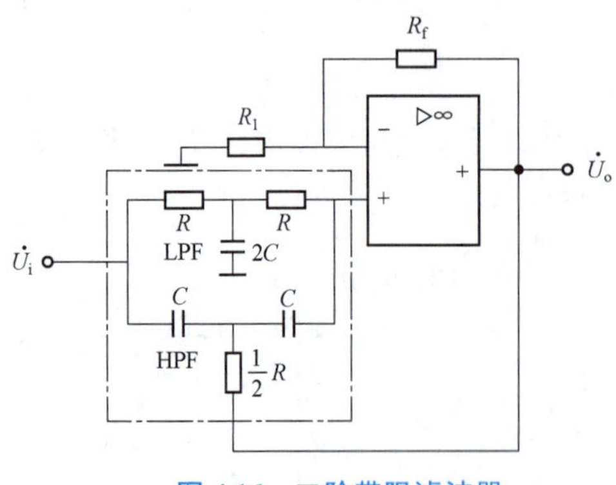

图 4.16　二阶带阻滤波器

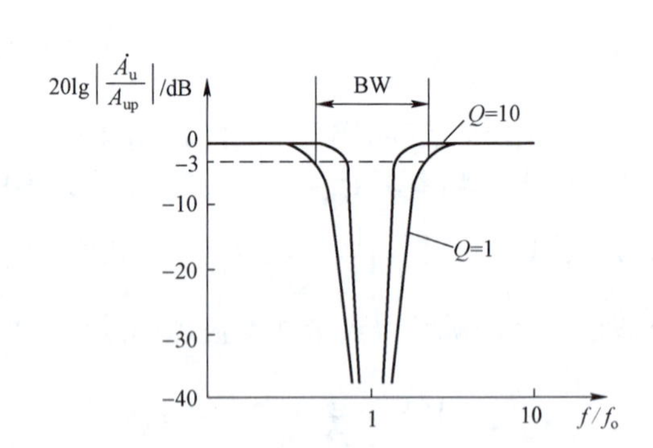

图 4.17　二阶带阻滤波器幅频特性

带阻滤波器在检测仪表中应用较多，常用于消除 50 Hz 的交流电源引起干扰信号。这时带阻的中心频率选为 50 Hz，使对应于该中心频率的电压放大倍数为零。

例 4.1　在工业检测仪表中，为了消除 50 Hz 的交流干扰，在电路中串入了图 4.16 所示的陷波器。要求 Q=10，试求电路中各电阻和电容值。

解　已知 BEF 的中心频率 $f_o=50$ Hz。设 $C=0.1$ μF。有

$$f_o=\frac{1}{2\pi RC}=50\ \text{Hz}$$

则
$$R=\frac{1}{2\pi\times 50\times 0.1\times 10^{-6}}\ \text{k}\Omega=31.8\ \text{k}\Omega$$

取标称值 $R=33$ kΩ，$\frac{1}{2}R$ 用两只 33 kΩ电阻并联，电容 $2C$ 可用两只 0.1 μF 电容并联。

因为 $Q=\frac{1}{2(2-A_{up})}=10$，则 $A_{up}=1.95$。

由 $A_{up}=1+\frac{R_f}{R_1}=1.95$，则 $R_f=0.95R_1$，由从运放同相与反相两输入端外接直流电阻平衡的要求，可知　$R_1//R_f=R+R=2\times 33$ kΩ$=66$ kΩ。

可求得 $R_1=135.47$ kΩ，取标称值 $R_1=120$ kΩ$+15$ kΩ组成，故 $R_f=128.7$ kΩ，取标称值 $R_f=120$ kΩ$+8.1$ kΩ组成。

自测习题答案

自 测 习 题

1. 填空

根据频率不同，滤波器可以分为_____类，分别是____________、____________、____________、____________。

2. 分析

是否可以根据滤波器的幅频特性判断滤波器的类型（题 2 图）？

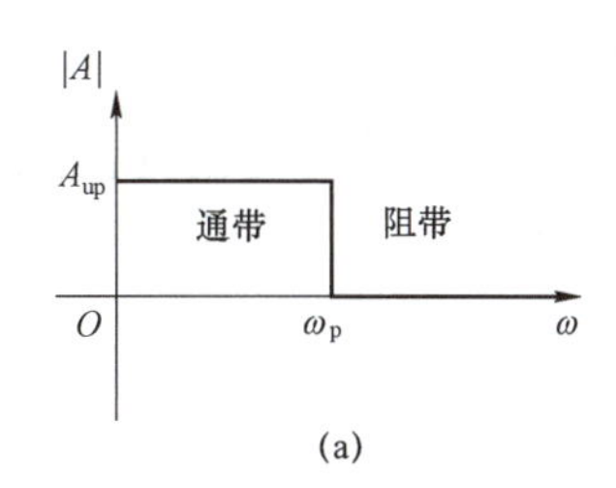

(a)

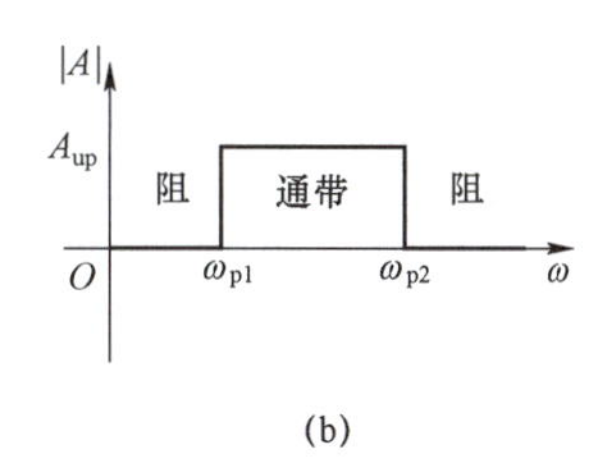

(b)

题 2 图

3. 简答

滤波器有何功能？什么是通带、阻带及截止频率？

4.1.2　认识音调电路

知识拓展

音调控制就是人为地改变信号里高、低频成分的比例，以满足听者的爱好、渲染某种气氛、达到某种效果或补偿扬声器系统及放音场所的音响不足。这个控制过程其实并没有改变

节目里各种声音的音调（频率），“音调控制”只是个习惯叫法，实际上是“高、低音控制”或“音色调节”。高保真扩音机大都装有音调控制器。然而，从保证信号传送质量来考虑，音调控制倒不是必需的。一个良好的音调控制电路，要有足够的高、低音调节范围，但又同时要求高、低音从最强到最弱的整个调节过程里，中音信号（通常指 1 000 Hz）不发生明显的幅度变化，以保证音量大致不变。

而提升或衰减高、低音，都是相对于中音而言的。先把中音作一个固定衰减（或加深负反馈），然后让高音或低音衰减小一些（或负反馈轻一些），就算是得到提升。因此，为了弥补音调控制电路的增益损失，常需增加一到两级放大电路。

音调控制电路大致可分为两大类，即衰减式和负反馈式。衰减式音调控制电路的调节范围可以做得较宽，但因中音电平要作很大衰减，并且在调节过程中整个电路的阻抗也在变。所以噪声和失真大些。负反馈式音调控制电路的噪声和失真较小，但调节范围受最大负反馈量的限制，所以实际的电路常和输入衰减联合使用，成为衰减负反馈混合式。

1. 衰减式音调控制电路

图 4.18 所示为一个典型的衰减式音调控制电路，图中高音、低音分开调节。它的控制特性如图 4.19 所示，由图 4.19 可见，音调控制器对低音频和高音频的增益进行提升和衰减。所以音调控制电路由低通滤波器和高通滤波器共同组成。组成音调电路的元件值必须满足以下关系。

（1）$R_1 \geqslant R_2$。

（2）电位器 R_{p_1} 和 R_{p_2} 的阻值远大于 R_1、R_2。

（3）与有关电阻相比，C_1、C_2 的容抗在高频时足够小，在中、低频时足够大；而 C_3、C_4 的容抗则在高、中频时足够小，在低频时足够大。C_1、C_2 能让高频信号通过，但不让中、低频信号通过，即 C_1 与 C_2 对于高音信号可视为短路，而对于中、低音信号则视为开路；而 C_3、C_4 则让高、中频信号都通过，但不让低频信号通过，即 C_3 与 C_4 对于高、中音信号可视为短路，而对于低音信号则视为开路。

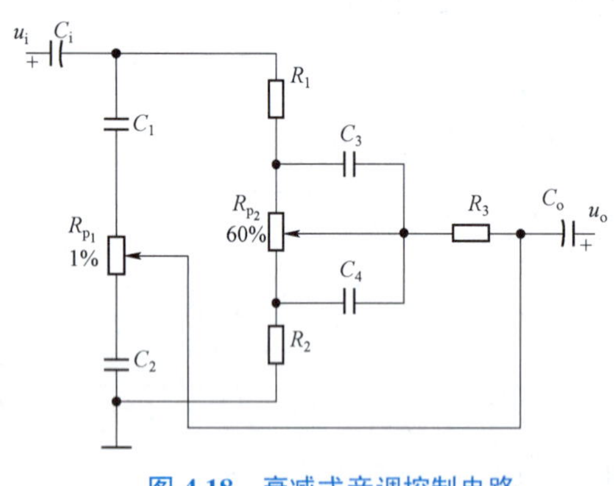

图 4.18　衰减式音调控制电路

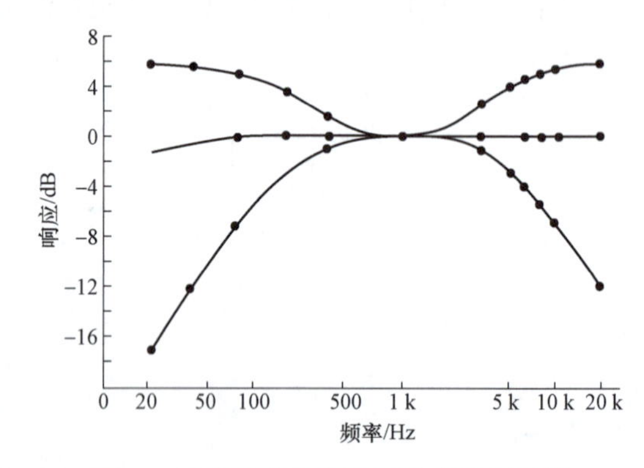

图 4.19　衰减式音调控制电路控制特性

只有满足上述条件，衰减式音调控制电路才有足够的调节范围，C_1、C_2、R_{p_1} 构成高音调节器，R_1、R_2、C_3、C_4、R_{p_2} 构成低音调节器。并且 R_{p_1}、R_{p_2} 分别只对高音、低音起调节作用，调节时中音的增益基本不变，其值约等于 R_2/R_1。

当高音控制 R_{p_1} 的滑动端移向图 4.18 所示位置上端时（相应于滑动端与上端之间阻值最小，R_{p_2} 相同），高音提升达最大，因为通过 C_1 的高音全部送到输出端；反之，当 R_{p_1} 滑动端处于最下端时高音衰减最大，因为通过 C_1、R_{p_1} 的高音经 C_2 衰减到地。

当低音控制 R_{p_2} 的滑动端处于上端时，因 C_4、R_2 的阻抗随频率的降低而上升，因而来自 R_1 的所有频率的低音获得最大提升；反之，当中心抽头位于下端时，因 R_1、C_3 的阻抗随频率的降低而增大，致使输出端的低音衰减最大。

当高、低音控制 R_{p_1} 和 R_{p_2} 的滑动端均处于中间位置时，该控制电路组成一个衰减量为 $20\lg(R_2+0.5R_{p_2})/(R_2+R_1+R_{p_2})$ dB 的分压器，控制曲线呈一水平线，响应十分平直。

2. 负反馈式音调控制电路

图 4.20 所示为一个典型的由运算放大器构成的负反馈式音调控制电路，这种电路调试方便、信噪比高，在一般收录机、音响放大器中应用较多。控制曲线如图 4.21 所示。

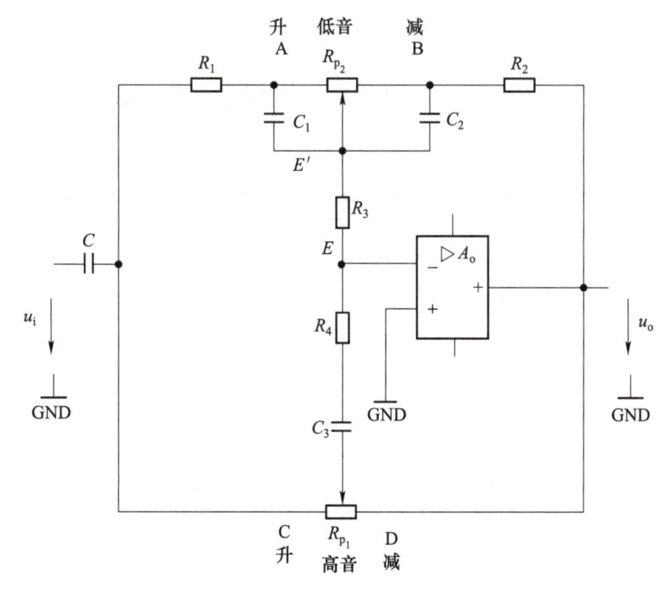

图 4.20　反馈式音调控制电路

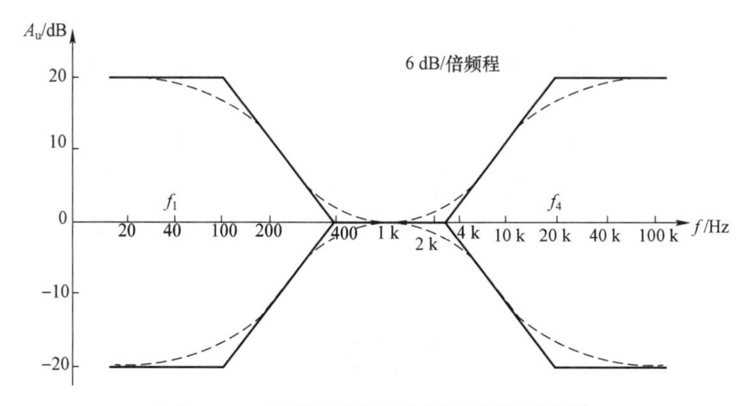

图 4.21　负反馈式音调控制电路控制特性

图 4.20 中 $R_1=R_2=R_3=R$；$C_1=C_2\gg C_3$；$R_{p_1}=R_{p_2}\approx 9R$，在中低音频区，$C_3$ 可视为开路，在中高音频区，C_1、C_2 可视为短路。

1）信号在低频区

在低频区，因为 C_3 很小，所以 C_3、R_4 支路可视为开路，反馈网络主要是上半部分电路起作用。

当电位器 R_{p_2} 的滑动端移至最左端（即 A 点）时，C_1 被短路，其等效电路如图 4.22 所示。

当输入信号频率很低时，C_2 对低音信号容抗很大，可视为开路，低音信号经 R_1、R_3 直接送入运放，输入量最大，而低音输出则经过 R_2、R_{p_2}、R_3 负反馈送入运放，负反馈量最小，可以得到低音最大提升量，此时的增益（分析过程中利用运放线性应用的“虚短”和“虚断”可知 R_3 的影响可忽略）为

$$A_u=\frac{R_{p_2}+R_2}{R_1}$$

按实际测试电路参数 $R_1=R_2=R_3=20\ \text{k}\Omega$，$R_{p_1}=R_{p_2}=220\ \text{k}\Omega$，$C_1=C_2=0.022\ \mu\text{F}$，可得 $A_u=8.5$（约 18.6 dB）。

当电位器 R_{p_2} 的滑动端移至最右端（即 B 点）时，C_2 被短路，其等效电路如图 4.23 所示。同理 R_3 的影响可忽略。

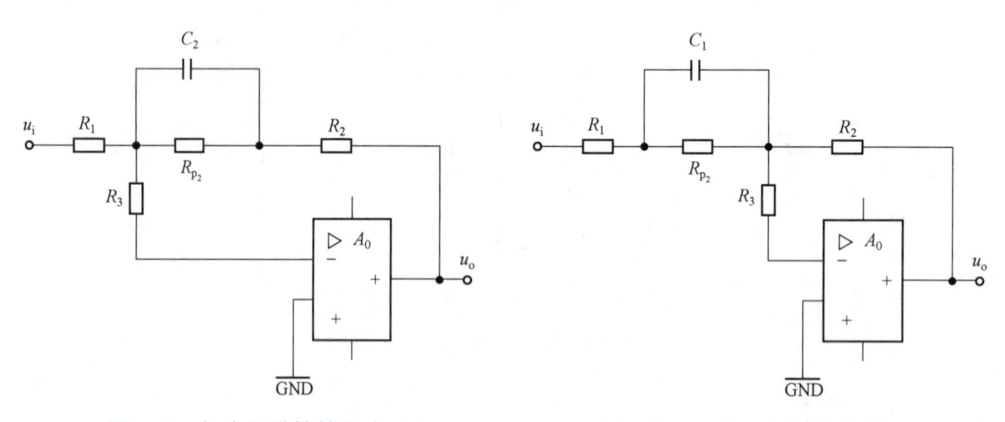

图 4.22　低音提升等效电路　　图 4.23　低音衰减等效电路

当输入信号频率很低时，C_1 对低音信号容抗很大，可视为开路，低音信号经 R_1、R_{p_2}、R_3 直接送入运放，输入量最小，而低音输出则经过 R_2、R_3 负反馈送入运放，负反馈量最大，可以得到低音最大衰减量，此时的增益（分析过程中因为运放为线性应用，由“虚短”和“虚断”可知 R_3 的影响可忽略）为

$$A_u=\frac{R_2}{R_1+R_{p_2}}$$

按实际测试电路参数可得 $A_u=0.118$（约 -18.6 dB）。

不论 R_{p_2} 滑动端怎样滑动，C_1、C_2 对高音信号可视为短路，所以此时对高音信号无任何影响。

2）信号在高频区

在高频区，因为 C_1 和 C_2 较大，对高频可视为短路，而 C_3 较小，故 C_3、R_4 支路起作用，其等效电路可画成图 4.24（a）所示形式。

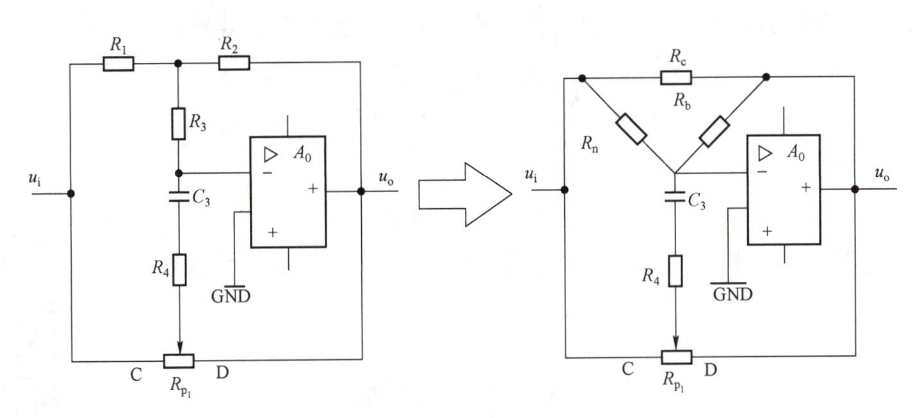

图 4.24　高频区等效电路

（a）高频区等效电路；（b）高频区等效变换电路

为了便于分析，将电路中接成 Y 形的 R_1、R_2、R_3 电路变换成图 4.24（b）所示接成的△形电路，这里 $R_a=R_b=R_c=3R$（当 $R_1=R_2=R_3=R$ 时）。设前级输出电阻很小（如小于 500 Ω），输出电压 U_o 通过 R_c 反馈到输入端的信号被前级输出电阻所旁路，故 R_c 的影响可忽略（视为开路）。因此当 R_{p_1} 滑动到 C 点或 D 点时，可分别画出图 4.25 和图 4.26 所示的等效电路（因 R_{p_1} 的数值很大，为简单起见，可视为开路）。

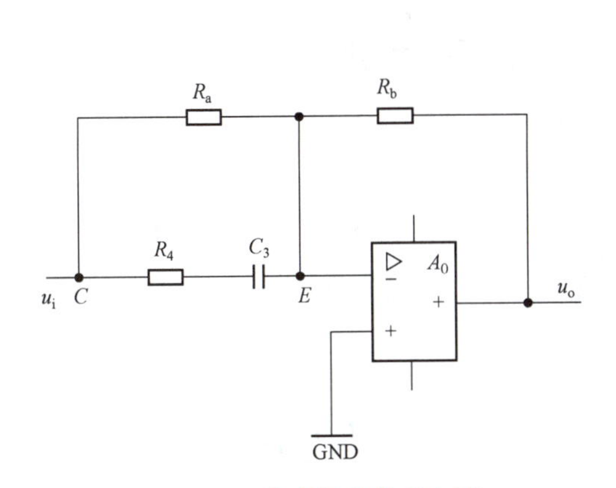

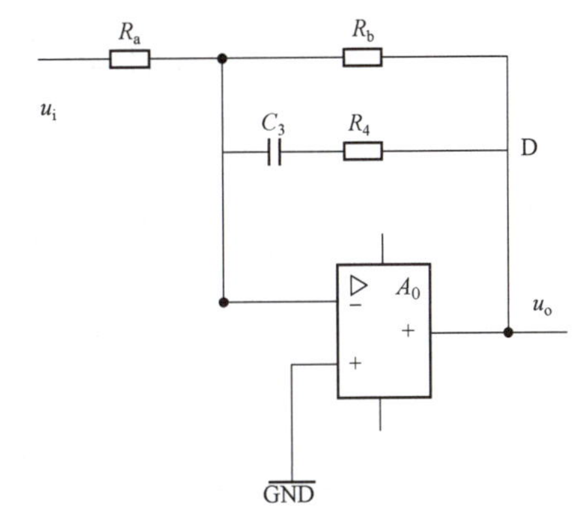

图 4.25　高音提升等效电路　　图 4.26　高音衰减等效电路

当电位器 R_{p_2} 的滑动端移至最左端（即 C 点）时，因 C_3 对高音信号可视为短路，此时，输入量最大，负反馈量最小，显然具有高音提升作用，其最大提升量为

$$A_u=\frac{R_b}{R_a//R_4}=\frac{R_4+3R}{R_4}$$

按电路实际参数 $R=20\ \text{k}\Omega$，$R_4=8.2\ \text{k}\Omega$，$C_3=1\ 000\ \text{P}$，所以

$$A_{uC}\approx 8.3\text{（约 18 dB）}$$

当电位器 R_{p_1} 的滑动端移至最右端（即 D 点）时，因 C_3 对高音信号可视为短路，此时，输入量最小，负反馈量最大，显然具有高音衰减作用，其最大衰减量为

$$A_u=\frac{R_b /\!/ R_4}{R_a}=\frac{R_4}{R_4+3R}$$

按电路实际参数

$$A_{uD}\approx 0.12\text{（约 }-18\text{ dB）}$$

不论 R_{p_1} 滑动端怎样滑动，C_3 对中、低音信号可视为开路，所以此时对中、低音信号无任何影响。

自 测 习 题

自测习题答案

1. 分析：题 1 图是衰减式音调控制电路，请问 C_1、C_2、R_{p_1} 及 R_1、R_2、C_3、C_4、R_{p_2} 的作用分别是什么？

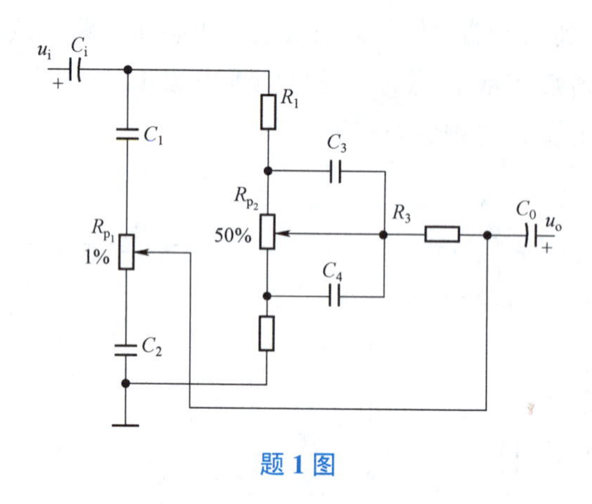

题 1 图

任务 4.2　分析与测试功率放大电路

4.2.1　分析乙类功率放大器

知识储备

1. 功率放大电路的特点

功率放大电路简称功放，它和其他放大电路一样，实际上也是一种能量转换电路，这

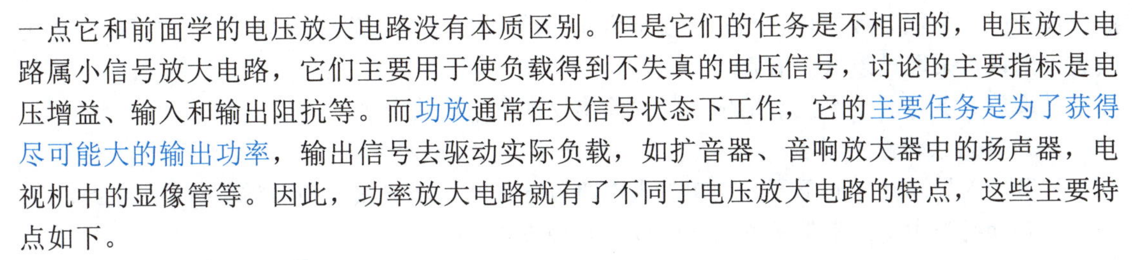

一点它和前面学的电压放大电路没有本质区别。但是它们的任务是不相同的，电压放大电路属小信号放大电路，它们主要用于使负载得到不失真的电压信号，讨论的主要指标是电压增益、输入和输出阻抗等。而功放通常在大信号状态下工作，它的主要任务是为了获得尽可能大的输出功率，输出信号去驱动实际负载，如扩音器、音响放大器中的扬声器，电视机中的显像管等。因此，功率放大电路就有了不同于电压放大电路的特点，这些主要特点如下。

1）输出功率 P_o 足够大

为了获得足够大的输出功率，要求功放管的电压和电流都有足够大的输出幅度，所以，功放管工作在接近极限运用的状态下。

输出功率 P_o 等于输出电压与输出电流的有效值乘积，即

$$P_o = I_o U_o = \frac{1}{\sqrt{2}} I_{om} \frac{1}{\sqrt{2}} U_{om} = \frac{1}{2} I_{om} U_{om} \tag{4.14}$$

式中　I_o——输出电流有效值；

I_{om}——输出电流振幅；

U_o——输出电压有效值；

U_{om}——输出电压振幅。

最大输出功率 P_{om} 是在电路参数确定的情况下，输出波形不超过规定的非线性指标时，负载上可能获得的最大交流功率。

2）效率（Efficiency）η要高

从能量转换的观点看，功率放大器是将直流电源提供的能量转换为交流电能传送给负载，在转换的同时还有一部分能量会损耗在功放管上。在输出功率比较大时，反映能量转换率的效率问题尤为突出，功率放大电路的效率η是指负载上的有用信号功率 P_o 与电源供给的直流功率 P_v 之比，即 $\eta = \frac{P_o}{P_v}$，这个比值越大越好。

3）非线性失真（Total Harmonic Distortion，THD）要小

功率放大电路是在大信号状态工作，所以输出信号不可避免地会产生非线性失真，而且输出功率越大，非线性失真往往越严重，这使输出功率和非线性失真成为一对矛盾。但在实际应用时不同场合对这两个参数的要求是不同的。例如，在工业控制系统中，主要以输出足够的功率为目的，对非线性失真的要求不是很严格，但在测量系统和音响设备中非线性失真就显得非常重要了。

为衡量非线性失真的程度，常用 THD 来描述，即

$$\mathrm{THD} = \frac{1}{I_{m1}} \sqrt{I_{m2}^2 + I_{m3}^2 + \cdots} = \frac{1}{U_{m1}} \sqrt{U_{m2}^2 + U_{m3}^2 + \cdots} \tag{4.15}$$

式中，I_{m1}、I_{m2}、I_{m3}…和 U_{m1}、U_{m2}、U_{m3}…分别表示输出电流和输出电压中的基波分量和各次谐波分量的振幅。

4）功放管需散热和保护

在功率放大电路中功放管承受着高电压大电流，其本身的管耗也大，在工作时，管耗产生的热量使功放管温度升高，当温度太高时，功放管容易老化，甚至损坏。通常把功放管做

成金属外壳，并加装散热片。同时，功放管承受的电压高、电流大，这样损坏的可能性也比较大，所以常采取过载保护措施。

功率放大电路的主要技术指标为最大输出功率 P_{om} 和效率 η。

2. 功率放大电路的种类

按照输入信号频率的不同，功率放大电路可分为低频功率放大和高频功率放大电路。

低频功率放大电路常常又可以按照以下几种方式分类。

1）按照功率放大电路与负载之间的耦合方式不同分类

（1）变压器耦合功率放大电路。

（2）阻容耦合功率放大电路，也称为无输出变压器功率放大电路，即 OTL（Output Transformer Less）功率放大电路。

（3）直接耦合功率放大电路，也称为无输出电容功率放大电路，即 OCL（Output Capacitor Less）功率放大电路。

（4）桥接式功率放大电路，即 BTL 功率放大电路。

2）根据功放电路是否集成分类

可分为分立元件式和集成功放。

3）按照三极管静态工作点选择的不同分类

可将功率放大电路分为以下几类，其静态工作点的位置及波形如图 4.27 所示。

（1）甲类功率放大电路。三极管工作在正常放大区，且 Q 点在交流负载线的中点附近；输入信号的整个周期都被同一个晶体管放大，所以静态时管耗较大，效率低（最高效率也只能达到 50%）。

（2）乙类互补对称功率放大电路。工作在三极管的截止区与放大区的交界处，且 Q 点为交流负载线和 $i_B=0$ 的输出特性曲线的交点。输入信号的一个周期内，只有半个周期的信号被晶体管放大，因此，需要放大一个周期的信号时，必须采用两个晶体管分别对信号的正负半周放大。在理想状态下静态管耗为零，效率高。

（3）甲乙类互补对称功率放大电路。工作状态介于甲类和乙类之间，Q 点在交流负载线的下方，靠近截止区的位置。输入信号的一个周期内，有半个多周期的信号被晶体管放大，晶体管的导通时间大于半个周期小于一个周期。甲乙类功率放大电路也需要两个互补类型的晶体管交替工作才能完成对整个信号周期的放大。

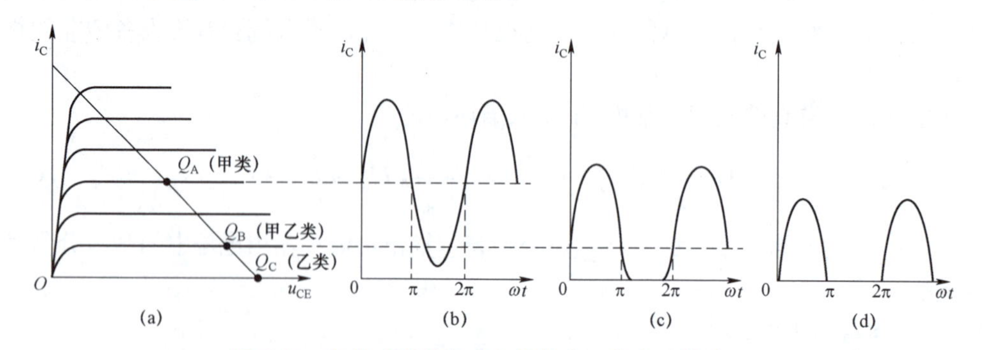

图 4.27 各类功率放大电路的静态工作点及其波形

（a）工作点位置；（b）甲类波形；（c）甲乙类波形；（d）乙类波形

（4）丙类互补对称功率放大电路。它的工作点在截止区，晶体管的导通时间小于半个周期，它属于高频功放，多用于通信电路中对高频信号的放大，在此不做介绍。

前面学习的小信号放大电路基本上都工作在甲类状态，下面将要分析的 OCL、OTL 功率放大电路工作在乙类或甲乙类状态。

3. 乙类功率放大器

1）乙类 OCL 功率放大电路组成和工作原理

图 4.28 所示的功率放大电路是由两个射极输出器组成的，VT_1 和 VT_2 分别为 NPN 型管和 PNP 型管，两管的材料和参数相同（即特性对称），且电源由 $+V_{CC}$ 和 $-V_{CC}$ 对称的双电源提供。图中，两管基极没有偏置电流，静态损耗为 0，电路工作在乙类工作状态，信号从基极输入，从射极输出，R_L 为负载，输出端没有耦合电容。所以，把图 4.28 所示电路称为无输出电容的乙类功率放大电路，简称乙类 OCL 功率放大电路。

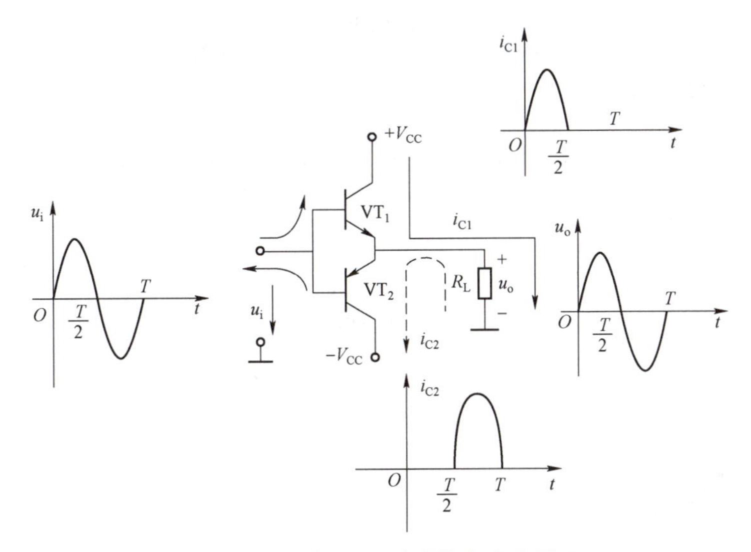

图 4.28　乙类 OCL 功率放大电路原理

设两管的死区电压均等于零，由于电路对称，当输入信号 $u_i=0$，则各三极管的集电极电流 $i_{CQ}=0$，两管均处于截止状态，故输出 $u_o=0$。当输入端加一正弦交流信号，在正半周时，由于 $u_i>0$，即 VT_1 发射结正偏导通、VT_2 反偏截止，i_{C1} 流过负载电阻 R_L，即 VT_1 把信号的正半周传递给 R_L；在负半周时，由于 $u_i<0$，VT_1 发射结反偏截止、VT_2 正偏导通，电流 i_{C2} 通过负载电阻 R_L，但方向与正半周相反。

VT_1、VT_2 管交替工作，轮流导电，组成推挽式电路，流过的 R_L 电流为一完整的正弦波信号，这样能解决效率与失真的矛盾。同时由于两个管子互补对方的不足，工作性能对称，所以这种电路通常称为乙类 OCL 互补对称功率放大电路。

2）主要性能指标估算及功放管的选择

（1）输出功率 P_o。

在 OCL 电路中，当输入正弦信号时，每个功放管只在半个周期内工作，在不考虑失真的情况下，输出电压是一个完整的正弦信号。输出功率是输出电压有效值 U_o 和输出电流有效值 I_o 的乘积，即

$$P_o = U_o I_o = \frac{1}{2} U_{om} I_{om} = \frac{1}{2} \frac{U_{om}^2}{R_L} \tag{4.16}$$

乙类 OCL 互补对称电路中的 VT_1、VT_2 为共集电极状态，即 $A_u=1$。所以，当输入信号足够大，功放管将进入临界饱和工作区，输出电压将达到最大值。其最大输出电压的幅度 $U_{om}=V_{CC}-U_{CES}$，其中 U_{CES} 为功放管的临界饱和压降，通常忽略不计，所以 $U_{om} \approx V_{CC}$，最大输出功率为

$$P_{om} = \frac{1}{2} \frac{U_{om}^2}{R_L} = \frac{1}{2} \frac{(V_{CC}-U_{CES})^2}{R_L} \approx \frac{1}{2} \frac{V_{CC}^2}{R_L} \tag{4.17}$$

（2）直流电源提供的功率 P_v。

两个电源各提供半个周期的电流，则每个电源提供的平均电流为

$$I_C = \frac{1}{2\pi} \int_0^{\pi} I_{om} \sin(\omega t) \mathrm{d}(\omega t) = \frac{I_{om}}{\pi} = \frac{U_{om}}{\pi R_L}$$

因此两个电源提供的功率为

$$P_v = 2 I_C V_{CC} = 2 \frac{I_{om} V_{CC}}{\pi} = 2 \frac{U_{om} V_{CC}}{\pi R_L} \tag{4.18}$$

因在输出功率最大时 $U_{om} \approx V_{CC}$，此时电源提供的功率也最大。

$$P_{v\max} = \frac{2 V_{CC}^2}{\pi R_L} \tag{4.19}$$

（3）效率η。

$$\eta = \frac{P_o}{P_v} = \frac{\pi}{4} \frac{U_{om}}{V_{CC}} \tag{4.20}$$

当 $U_{om} \approx V_{CC}$ 时，则

$$\eta = \frac{P_{om}}{P_{v\max}} = \frac{\pi}{4} = 78.5\%$$

这是 OCL 电路在理想状态下的最高效率，由于功放管的饱和压降的存在，实际的 OCL 电路仅能达到 60%左右。

（4）管耗 P_c。

直流电源提供的功率 P_v，一部分转化为输出功率 P_o，另一部分转化成热能损耗在三极管上，这部分能量称为管耗 P_C。总的管耗为

$$P_C = P_v - P_o = 2 \frac{U_{om} V_{CC}}{\pi R_L} - \frac{1}{2} \frac{U_{om}^2}{R_L} \tag{4.21}$$

可见管耗与输出电压有关。工作在乙类的基本互补对称电路在静态时，输出电压为零，同时管子几乎不取电流，管耗接近于零。当 $U_{om} \approx 0.64\ V_{CC}$ 时，三极管的管耗最大，其值为

$$P_{C\max} = \frac{2 V_{CC}^2}{\pi^2 R_L} = \frac{4}{\pi^2} P_{om} \approx 0.4 P_{om}$$

每个管子的最大管耗 P_{C1max} 为总管耗最大值 P_{Cmax} 的一半，即

$$P_{C1max}=P_{C2max}\approx 0.2P_{om} \tag{4.22}$$

（5）功放管的选择。

互补对称电路的功放管必须选用材料和特性相同的 NPN 和 PNP 管。功放管的选择原则是在满足输出功率和安全的前提下，确保不超过其极限参数。应同时满足下列条件，即

$$U_{(BR)CEO}\geqslant 2V_{CC} \tag{4.23}$$

$$P_{cm}\geqslant 0.2P_{om} \tag{4.24}$$

$$I_{cm}\geqslant \frac{V_{CC}}{R_L} \tag{4.25}$$

自 测 习 题

1. 填空

（1）功率放大器按静态工作点位置不同可以分为__________、__________、__________、__________。

（2）乙类互补对称功率放大电路是由一对特性相同的________和________的三极管组成。

（3）互补对称功率放大器中 OCL 电路是__________（单、双）电源供电，输出______（有、无）电容。

2. 选择

（1）以下（　　）功率放大电路的能量转换效率最高。

A. 甲类　　B. 乙类　　C. 甲乙类

（2）以下（　　）功率放大电路输入信号在整个周期内导通。

A. 甲类　　B. 乙类　　C. 甲乙类

（3）以下（　　）功率放大电路输入信号在半个周期内导通。

A. 甲类　　B. 乙类　　C. 甲乙类

（4）根据题 2（4）图所示的静工作点的位置，可判断出该功放电路属于（　　）。

A. 甲类　　B. 乙类　　C. 甲乙类

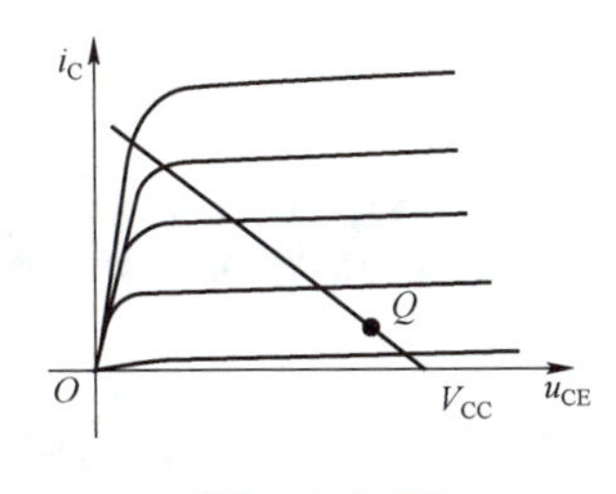

题 2（4）图

（5）在理想情况下，乙类推挽功率放大器的最高效率可以达到（　　）。

A. 75%　　B. 50%　　C. 78%　　D. 78.5%

（6）功率放大电路采用乙类工作状态是为了（　　）。

A. 提高输出功率　　　　B. 提高放大倍数

C. 提高效率　　　　D. 提高负载能力

3. 判断

（1）对功率放大电路的基本要求是在不失真的情况下能有尽可能大的功率输出。（　　）

（2）在功率放大电路中，输出功率越大，功放管的功耗越大。（　　）

4. 分析

双电源乙类互补对称电路如题 4 图所示，已知电源电压 12 伏，负载电阻 10 欧，输入信号为正弦波。

问：（1）晶体管 U_{CES} 忽略不计的情况下，求负载上可以得到的最大输出功率。

（2）每个功放管上允许的管耗？

（3）功放管的耐压是大于 12 V 还是 24 V？

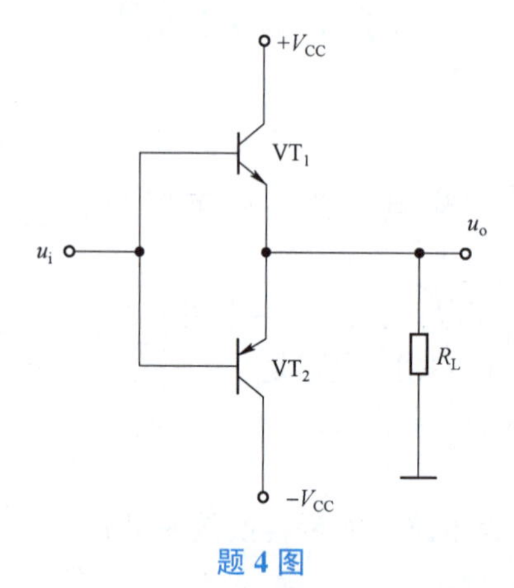

题 4 图

自测习题答案

4.2.2　分析甲乙类功率放大器

知识储备

1. 乙类 OCL 的缺点

实际上仅由两个射极输出器组成的乙类互补对称的电路并不能使输出波形很好地反映输入的变化。因为在乙类互补对称功率放大电路中，静态时三极管处于截止区。由于三极管存在死区电压（NPN 硅管约为 0.5 V，PNP 锗管约为 0.1 V），当输入信号小于死区电压时，三极管 VT_1、VT_2 都不导通，输出电压 u_o 也为零。因此在输入信号正、负半周交界的附近，无输出信号，输出波形出现一段失真（死区），如图 4.29（b）所示，这种失真称为交越失真。

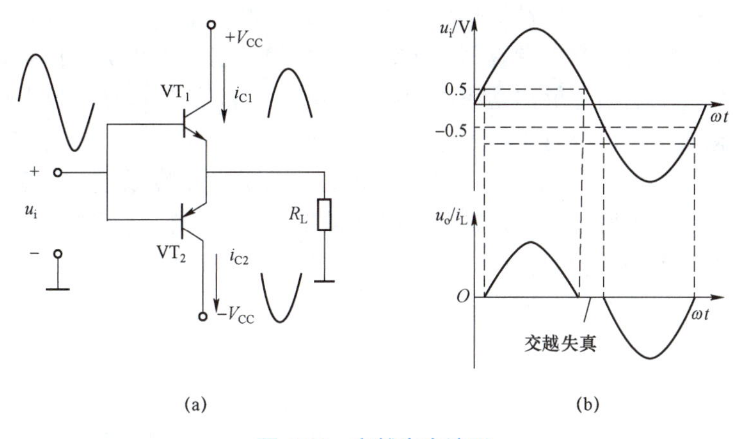

图 4.29　交越失真波形

（a）乙类功率放大电路；（b）交越失真波形

2. 交越失真的消除电路（甲乙类 OCL）

为了减小和克服交越失真，改善输出波形，通常给两个功放管的发射结加一个较小的正向偏置，使两功放管在输入信号为零（静态）时，都处于微导通状态，如图 4.30 所示。图中的 R_1、R_2、VD_1、VD_2 组成的偏置电路，提供 VT_1 和 VT_2 的偏置，适当选择 R_1、R_2 的阻值，可使 VD_1、VD_2 连接点的静态电位为 0，VT_1、VT_2 的发射极电位也为 0，这样，VD_1、VD_2 上的导通电位分别为 VT_1、VT_2 提供发射结正向偏置电压，使三极管在输入信号过零时都处于微导通，对小于死区电压的小信号也能正常放大，克服了交越失真。同时，VD_1、VD_2 还有温度补偿作用，使 VT_1、VT_2 管的静态电流基本不随温度的变化而变化。

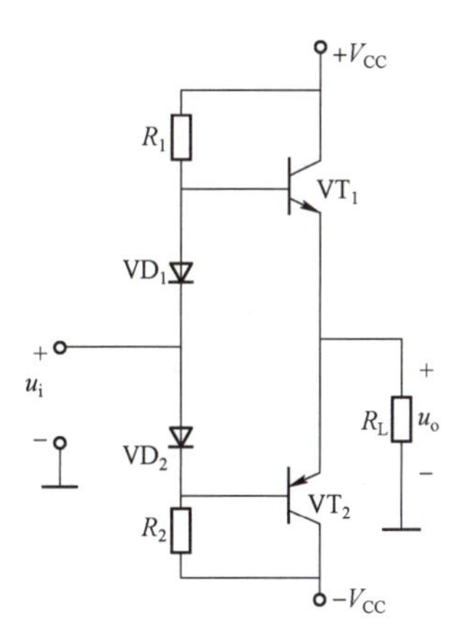

图 4.30　甲乙类互补对称式功率放大器

功放管静态工作点不为零，而是有一定的正向偏置，电路工作在甲乙类工作状态，把这种电路称为甲乙类 OCL 互补对称功率放大电路。

甲乙类互补对称功率放大电路中，两功放管发射结偏置在一定范围内增大时，功放管工作状态靠近甲类，有利于改善交越失真。两功放管发射结偏置在一定范围内减少时，功放管工作状态就靠近乙类，有利于提高功放电路的效率。

OCL 电路两功放管互补对称，所以，把它们发射极的连接点称为中点，该点对地电压称为中点电压。在静态时，两功放管互补对称，导通能力相同，所以，中点电压为零。这是 OCL 电路的一个重要参数，它反映了两功放管的导通状态是否对称。同时，也决定了功放电路能否处于最佳工作状态。在功放电路的维修和调试中，经常需要测量中点电压。

3. 带推动级的甲乙类 OCL

在实际甲乙类互补对称功率放大电路中，通常带有推动级（激励级），如图 4.31 所示。图中由三极管 VT_1 组成推动级。功放管 VT_2 和 VT_3 的基极偏置由 R_1、R_2、VD_1、VD_2 和 VT_1

提供，静态时，调整 R_w 大小，可以改变 VT_1 的静态工作点，从而改变 VT_2 和 VT_3 的导通状态，使中点电压也随之改变。例如，增大 R_w 的电阻值时，中点电压将随之升高。

但采用二极管给功放管发射结提供偏置的电路的缺点是偏置电压不易调整。而在图 4.32 所示为 U_{BE} 扩大偏置电路，VT_1 是激励（推动）放大管，工作在甲类工作状态，其任务是对输入信号进行放大，以输出足够的功率去激励（推动）VT_2 和 VT_3 功率放大管工作。若 VT_4 管的基极电流可忽略不计，则可求出 $U_{CE4}=U_{BE4}（R_2+R_3）/R_3$，适当调节 R_2 和 R_3 的比值，就可改变功放管 VT_2 和 VT_3 的偏压值。由于三极管 VT_4 的负温度系数，能稳定静态电流，这种方法常在集成电路中采用。另外，在安装时通常把三极管 VT_4 与功放管固定在同一块散热板上或贴装在其中一个功放管上。

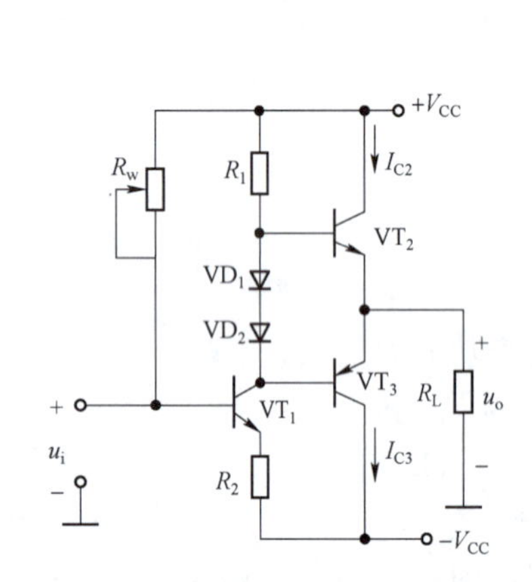

图 4.31　带推动级的 OCL 电路

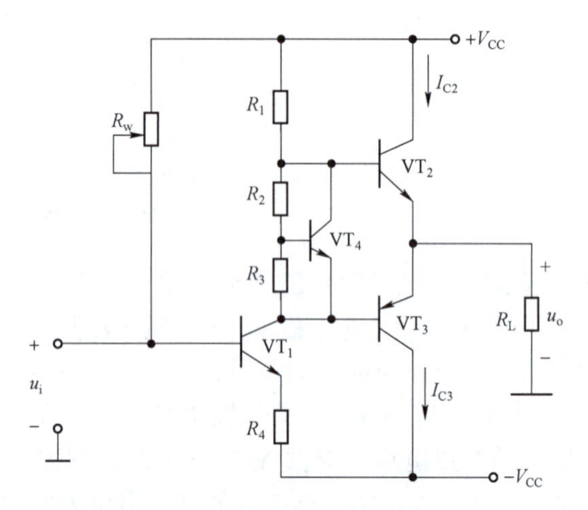

图 4.32　利用 U_{BE} 扩大电路进行偏置的互补对称电路

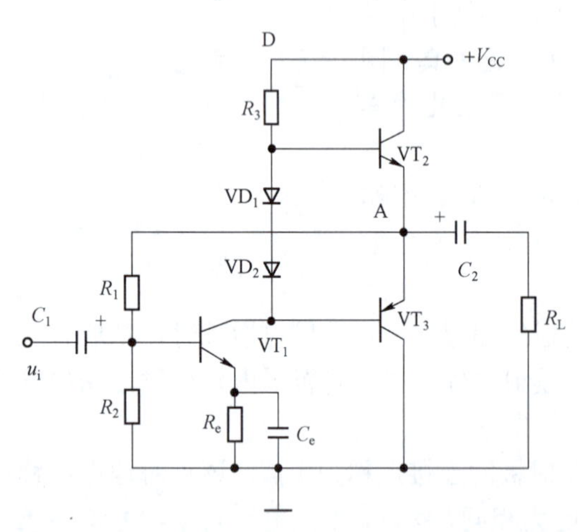

图 4.33　OTL 甲乙类互补对称功率放大基本电路

4. 甲乙类 OTL 电路结构

双电源互补对称功率放大电路由于静态时输出端电位为零，负载可以直接连接，不需要耦合电容，因而它具有低频响应好、输出功率大、便于集成等优点，但需要双电源供电，使用起来有时会感到不便，如果采用单电源供电，只需在两管发射极与负载之间接入一个大容量电容 C_2 即可。这种电路通常又称为无输出变压器的电路，简称 OTL 电路，如图 4.33 所示。

图 4.33 中由 VT_1 组成推动级，VT_2 和 VT_3 组成互补对称功率放大器的输出级。静态时，只要选择合适的 R_1 和 R_2，就可以给 VT_2 和 VT_3 提供一个合适的偏置，从而使中点电压 U_A 为 $V_{CC}/2$，这个电压对电容 C_2 充电，电容 C_2 充得左正右负的电压，电压值也为 $V_{CC}/2$。这样 VT_2 的集电极和发射极的直流电压 $U_{CE2}=V_{CC}/2$，VT_3 的集电极和发射极的直流电压 $U_{CE3}=-V_{CC}/2$。所以，只要选择足够大的电容 C_2，就可以认为 VT_2 由 $U_{CE2}=V_{CC}/2$ 供电，VT_3 由 $U_{CE3}=-V_{CC}/2$ 供电，单电源供电的互补对称功率放大器实质是具有 $\pm V_{CC}/2$ 的双电源互补对称功率放

大器。

值得指出的是，在进行主要参数估算时，其方法和前面 OCL 电路是相同的，只不过这时的电源已不是 $\pm V_{CC}$，而是 $\pm V_{CC}/2$，即前面导出的计算 P_{om}、P_{v}、P_{vmax}、η、$U_{(BR)CEO}$ 的公式中的 V_{CC} 要以 $V_{CC}/2$ 代替。

为了提高电路工作点的稳定性能，常将 A 点通过电阻 R_1、R_2 组成的分压器与推动级的基极相连，以引入负反馈。例如，若由于温度变化使 $U_A\uparrow$，则

$$U_A\uparrow\rightarrow U_{B1}\uparrow\rightarrow I_{B1}\uparrow\rightarrow I_{C1}\uparrow\rightarrow U_{B3}\downarrow\rightarrow U_A\downarrow$$

其中 I_{B1}、I_{C1} 分别为管 VT_1 的基极和集电极电流，引入负反馈的结果，最后使 U_A 趋于稳定。值得指出，R_1、R_2 还引入了交流负反馈，使放大电路的动态性能指标得到了改善。

电路虽然解决了互补对称电路工作点的偏置和稳定问题，但是，实际上还存在其他方面的问题。在额定输出功率的情况下，通常功放管是在接近充分利用状态下工作。例如，当输入信号 u_i 为负半周最大值时，VT_1 的集电极电流 I_{C1} 最小，u_{B2} 接近于 $+V_{CC}$，此时希望 VT_2 在接近于饱和状态工作，故 A 点电位 $U_A=V_{CC}-U_{CES2}\approx V_{CC}$。当 u_i 为正半周最大值时，VT_2 截止，VT_3 接近饱和导通，$U_A=U_{CES3}\approx 0$。因此，负载 R_L 两端得到的交流输出电压幅值 $U_{om}\approx V_{CC}/2$。

上述情况是理想的。实际上，输出电压幅值达不到 $U_{om}\approx V_{CC}/2$，这是因为当 u_i 为负半周时 VT_2 导通，因而 i_{B2} 增加，由于 R_3 上的压降和 VT_2 的管压降 u_{BE2} 的存在，当 A 点电位向 $+V_{CC}$ 接近时，VT_2 的基极电流将受限制而不能增加很多，因而限制 VT_2 输向负载的电流，使 R_L 两端得不到足够的电压变化量。即中点电压 U_A 不可能达到 $+V_{CC}$。这样，最终导致 OTL 电路输出电压一边大一边小，产生不对称失真。

5. 带自举的 OTL 甲乙类互补对称功率放大电路

如何解决这个矛盾呢？如果把图 4.34 中 D 点电位升高，使 $U_D>V_{CC}$，问题即可以得到解决。例如，将图 4.34 中 D 点与 $+V_{CC}$ 的连线切断，由另一组比 $+V_{CC}$ 电压高的电源供电，这样需要两组电源。所以，通常的办法是在电路中引入 R_5、C_3 等元件组成的所谓自举电路，如图 4.34 所示。

在图 4.34 中，当 $u_i=0$ 时，D 点的对地电压 $U_D=V_{CC}-I_{C1}R_5$，I_{C1} 为 VT_1 的集电极电流。电容 C_3 两端电压被充到 $U_{C3}=V_{CC}/2-I_{C1}R_5$，由于 $I_{C1}R_5$ 较小，所以 $U_{C3}\approx V_{CC}/2$，在输入信号为负半周时，由于电容器两端的电压不能突变，随着 A 点电位升高，D 点电位也自动升高。这种能自动把 D 点电位提升起来的电路称为自举电路。

与 OCL 电路相比，OTL 电路少用了一个电源，但由于输出端的耦合电容容量大，则电容器内铝箔卷绕圈数多，呈现的电感效应大，它对不同频率的信号会产生不同的相移，输出信号有附加失真，这是 OTL 电路的缺点。

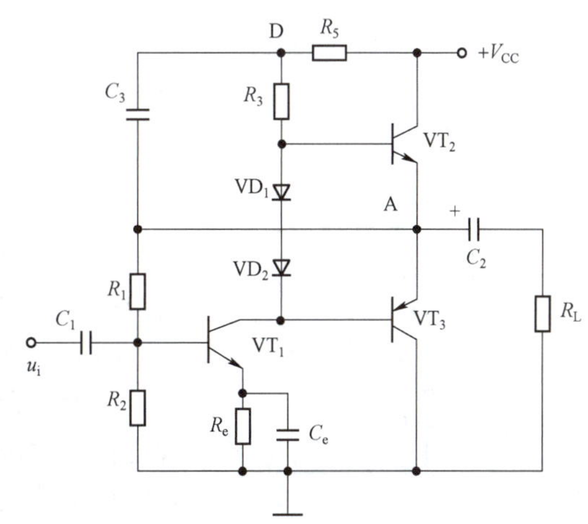

图 4.34　带自举的 OTL 甲乙类互补对称功率放大电路

知识拓展

1. 复合管互补对称功率放大电路

互补对称功率放大电路要求功放管要互补对称，但在实际情况中，功放需要输出足够大的功率，即要求功放管为一对大电流、高耐压的大功率管，对大功率 NPN 管和 PNP 管要配对是比较困难的，为此常常采用复合管的接法来实现互补，以解决大功率管互补配对困难的问题。

1）复合管的结构

把两个或两个以上的三极管的电极按一定原则连接起来，等效一个管子使用，即为复合管，又称为达林顿管。连接成复合管的原则是：在复合时，第一个管子为小功率管，第二个管子为大功率管；复合管内部各晶体管的各极电流方向都符合原来的极性，并符合基尔霍夫电流定律。

几种常见的复合管类型如图 4.35 所示。图 4.35（a）、（b）由两只同类型管子构成复合管，图 4.35（c）、（d）则由不同类型的两只管子构成复合管。

由图 4.35 可以看出，复合管的类型是由第一个管子的类型来决定的。图 4.35（a）中，第一个管子为 NPN 型，第二个管子为 NPN 型，复合管等效为 NPN 型，图 4.35（c）中，第一个管子为 NPN 型，第二个管子为 PNP 型，则复合管仍然等效为 NPN 型。

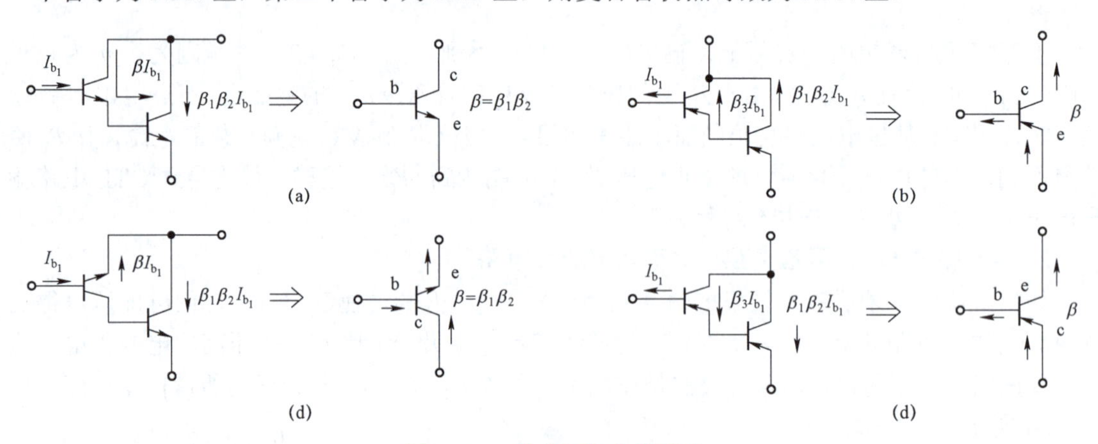

图 4.35　4 种常见复合管形式

（a）NPN 管；（b）PNP 管；（c）NPN 管；（d）PNP 管

2）复合管的特点

（1）电流放大系数很大。

复合管的电流放大系数大大提高，总的电流放大系数近似为两单管电流放大系数的乘积，即$\beta\approx\beta_1\beta_2$。

（2）穿透电流大。

由于复合管中第一个晶体管的穿透电流会进入下一级晶体管进行放大，使得总的穿透电流比单管穿透电流大得多，使其温度稳定性变差，这是复合管的缺点。为了减小穿透电流的影响，常在两个晶体管之间并接一个泄放电阻，如图 4.36 所示。

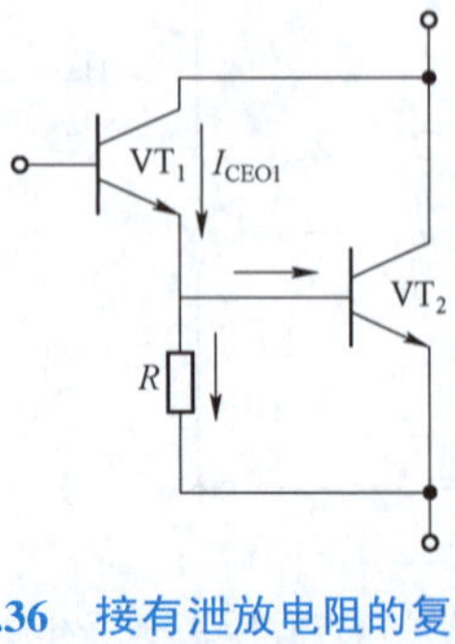

图 4.36　接有泄放电阻的复合管

泄放电阻 R 的接入将 VT_1 管的穿透电流 I_{CEO1} 分流，R 越小，分流作用越大，复合管总的穿透电流越小。但是，R 的接入也会使复合管的电流放大倍数下降。

3）复合管构成的互补对称功率放大电路

（1）分立元件驱动的复合管互补对称功率放大电路。

图 4.37 所示是采用复合管的互补对称功率放大电路，其原理和图 4.34 相同，VT_2 和 VT_4 复合成一个 NPN 型三极管，VT_3 和 VT_5 复合成一个 PNP 型管。图中 R_6、R_7 分别为 VT_2、VT_3 的电流负反馈电阻，同时，也可以说为 VT_4、VT_5 提供基极偏置，有的也把 R_6、R_7 称为复合管的泄放电阻。R_8 和 C_4 组成移相网络，改善输出的负载特性。

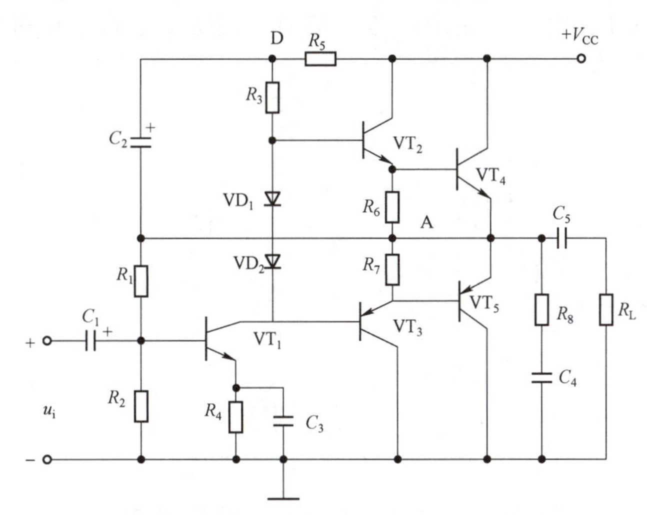

图 4.37　采用复合管的互补对称功率放大器

图 4.38 所示是采用复合管的准互补对称功率放大器，图中 VT_2 和 VT_4 复合成一个 NPN 型三极管，VT_3 和 VT_5 复合成一个 PNP 型管。由于 VT_4 和 VT_5 都为 NPN 型管，不是互补型管，但两个复合管是互补的，把这种情况的功率放大器称为准互补对称功率放大器。

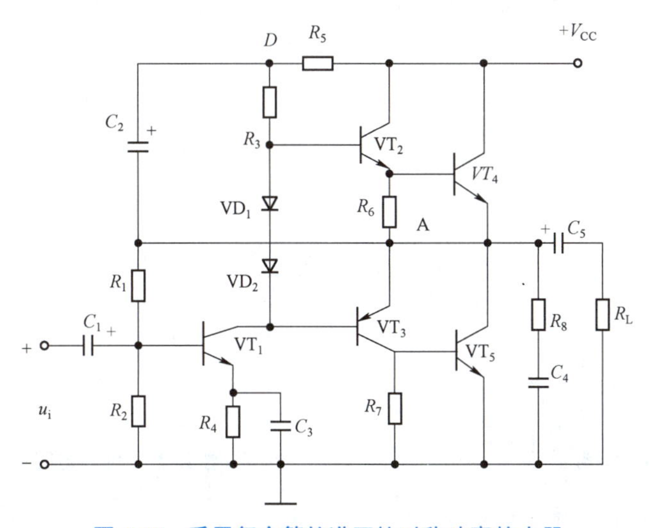

图 4.38　采用复合管的准互补对称功率放大器

（2）集成运放驱动的复合管互补对称功率放大电路。

图 4.39 是一种集成运放驱动、复合管构成的 OTL 功率放大电路。在图 4.39 中，运算放大器 A 对输入信号先进行适当放大，以驱动功放管工作，常称为前置放大级。其中 R_2、R_3 将运放输入端电位提升，是双电源集成运放在单电源供电下能正常工作。VT_1～VT_4 构成 OTL 互补对称电路，其中，VT_1 和 VT_2 组成 NPN 型复合管，VT_3 和 VT_4 组成 PNP 型复合管。R_4、R_5、VD_1、VD_2 和 VD_3 为功放管的基极提供静态偏置电压，使其静态时处于微导通状态。R_7 和 R_8 称为泄放电阻，用来减小复合管的穿透电流。电阻 R_6 是 VT_1 和 VT_3 管的平衡电阻，电阻 R_9 和 R_{10} 用来稳定电路的静态工作点，减小非线性失真，并具有过流保护的作用。电阻 R_1 和 R_{11} 构成电压并联负反馈电路，用来稳定电路的输出电压，提高电路的带负载能力。

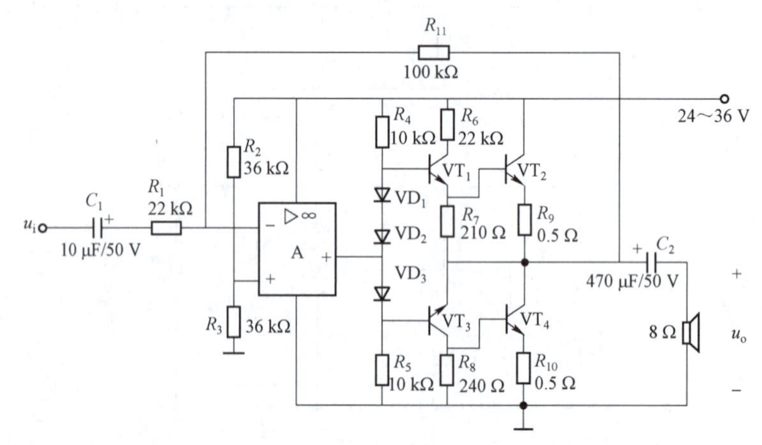

图 4.39　集成运放驱动的互补对称功率放大电路

2. BTL 功率放大电路

BTL 功率放大电路是桥接式推挽电路的简称，也叫双端推挽电路，它是在 OCL、OTL 功放的基础上发展起来的一种功放电路。图 4.40 所示是 BTL 电路的结构，BTL 电路的原理图如图 4.41 所示，4 个功放管连接成电桥形式，负载电阻 R_L 不接地，而是接在电桥的对角线上。

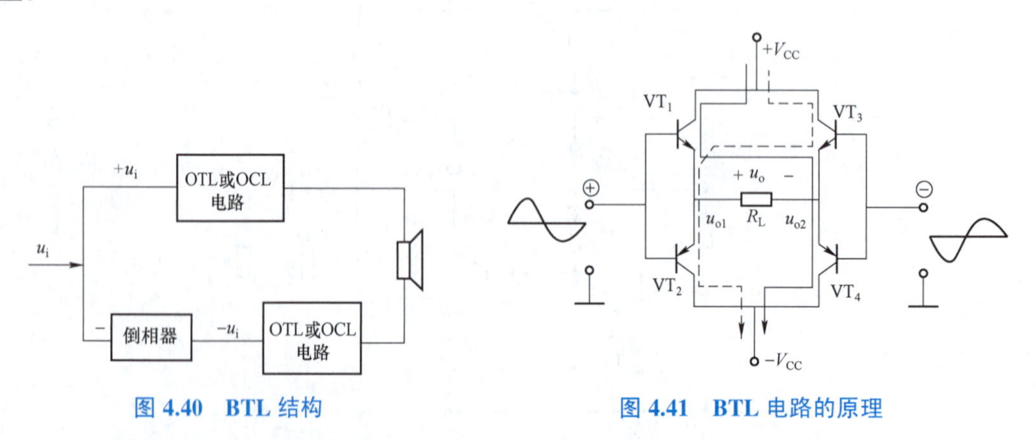

图 4.40　BTL 结构　　图 4.41　BTL 电路的原理

BTL 功率放大器的工作原理如下。

从电路结构上来看，两个 OCL 电路的输出端分别接在负载的两端。

电路在静态时，两个输出端保持等电位，这时负载两端电位相等，无直流电流流过负载。

在有信号输入时，两输入端分别加上了幅度相等、相位相反的信号。在输入正半周时，VT_1、VT_4导通，VT_2、VT_3截止。导通电流由电源→VT_1→负载R_L→VT_4→地，电流流向如图4.41中实线所示，负载得到了正半周波形。

在输入负半周时，VT_2、VT_3导通，VT_1、VT_4截止。导通电流由电源→VT_3→负载R_L→VT_2→地，电流流向如图4.41中虚线所示，负载得到负半周波形。

4只功率放大管以推挽方式轮流工作，共同完成了对一个周期信号的放大。VT_1导通时，VT_4也导通，在这半个周期内，负载两端的电位差为$2\Delta u_{o1}$。在理想情况下，VT_1导通时u_{o1}从0上升到V_{CC}，即$\Delta u_{o1}=V_{CC}$；而VT_4导通时u_{o2}从0下降到$-V_{CC}$，即$\Delta u_{o2}=-V_{CC}$。这样，负载上的电位差为$\Delta U_L=2V_{CC}$。在另半个周期内，VT_2和VT_3导通，负载上的电位为$\Delta U_L=2V_{CC}$，即BTL电路负载上的正弦波最大峰值电压为电源电压的两倍。由于输出功率与输出电压的平方成正比，因此在同样条件下，BTL的输出功率为OTL或OCL电路的4倍。

BTL功率放大器可以由两个完全相同的OTL或OCL电路按图4.41所示的方式组成一个BTL电路。由图可见，BTL电路需要的元件比OTL或OCL电路多一倍，因此用分立元件来构成BTL电路就显得复杂且成本也比较高。根据电桥平衡原理，BTL电路左右两臂的三极管分别配对即可实现桥路的对称。这种同极性、同型号间三极管的配对显然比互补对管的配对更加容易也更经济，特别适宜制作输出级为分立元件的功放。但由于集成功放的外接元件少，保护功能完备，加之集成芯片内部的差分对管、互补对管的一致性较好，因而实际产品普遍采用的是集成功放来制作BTL功放。

目前成熟的商品化BTL电路一般通过增加一级由三极管或运放等有源器件构成的反相电路以实现输入信号的反相；然后把这两路幅值相等、相位相反的信号经两组完全相同的放大器放大后输出至负载。

OTL电路采用BTL方式不仅可以获得较大的功率输出，而且由于两组放大器的中点电位都近似等于电源电压的一半，故可省去原有的大容量输出耦合电容，这在很大程度上改善了原有功放的低频响应。在BTL电路中一般都采用低噪声、高转换速率的优质集成运放作为倒相器。

自测习题

自测习题答案

1. 填空

（1）甲乙类互补对称功率放大器中OCL电路是__________（单、双）电源供电，输出________（有/无）电容。

（2）加上直流电源后，甲乙类互补对称功率放大器工作在____________状态。

2. 选择

（1）OCL功放电路中，中点电位应为（　　）。

A. 0　　B. $V_{CC}/2$　　C. V_{CC}

（2）在OCL电路中，引起交越失真的原因是（　　）。

A. 输入信号大　　B. 晶体管β过大

C. 电源电压太高　　　　　　　　　　D. 晶体管输入特性非线性

（3）题 2（3）图是典型的（　　）功率放大电路。

A. 甲类　　　　　　B. 乙类　　　　　　C. 甲乙类

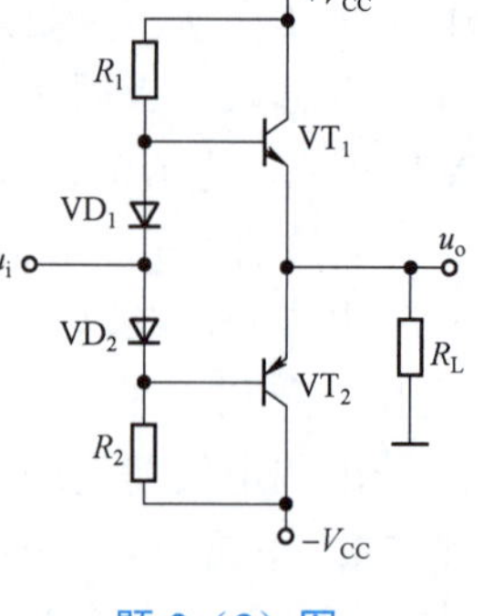

题 2（3）图

3. 判断

（1）甲乙类功率放大电路不能克服交越失真。（　　）

（2）甲乙类功放电路信号在整个周期内导通。（　　）

（3）OTL 功率放大电路是由单电源供电，输出端不接电容。（　　）

4. 分析

（1）电路如题 4（1）图所示，

1）按 Q 点的位置该电路 VT_1、VT_2 工作在哪一类？（甲类、甲乙类）

2）是 OTL 还是 OCL 电路？

3）若 $U_{CC}=+15$ V，静态时 A 点电位、B 点电位是多少？

4）动态时若输出出现下图波形为何种失真？

5）若 C 足够大，$U_{CC}=+15$ V，U_{CES} 忽略，$R_L=8\ \Omega$，则 R_L 上最大不失真输出功率 $P_{Omax}=$？

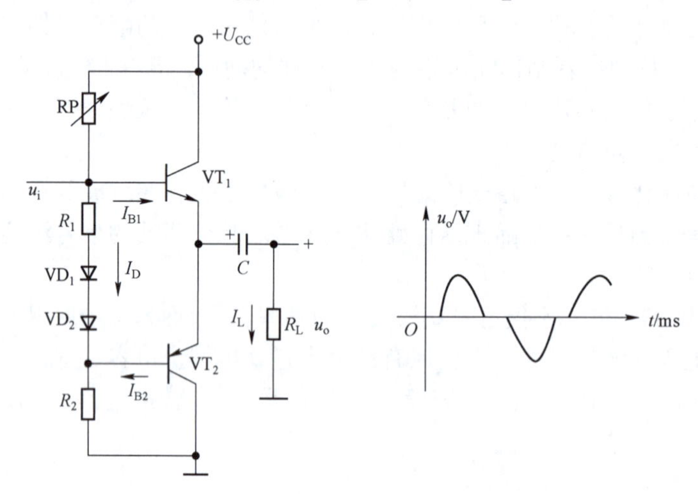

题 4（1）图

（2）试判断题 4（2）中符合功率管子的类型？

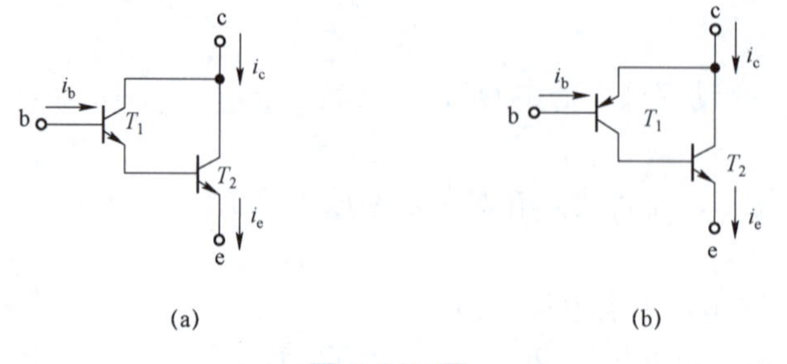

题 4（2）图

二维码：自测习题答案

4.2.3　任务训练：仿真分析功率放大电路

仿真测试 1

1. 测试任务

乙类互补对称功率放大电路的仿真测试。

2. 任务要求

按测试步骤完成所有测试内容。

3. 测试器材

Multisim 2010 软件 1 套。

4. 任务实施步骤

（1）按图 4.42 所示画好仿真电路。

（2）将电路输入端接函数信号发生器（Function Generator1－XFG）输入 1 kHz 的正弦信号，输出端接示波器（Oscilloscope－XSC）观察输出波形，用直流电流表测量两个电源提供的平均直流电流。

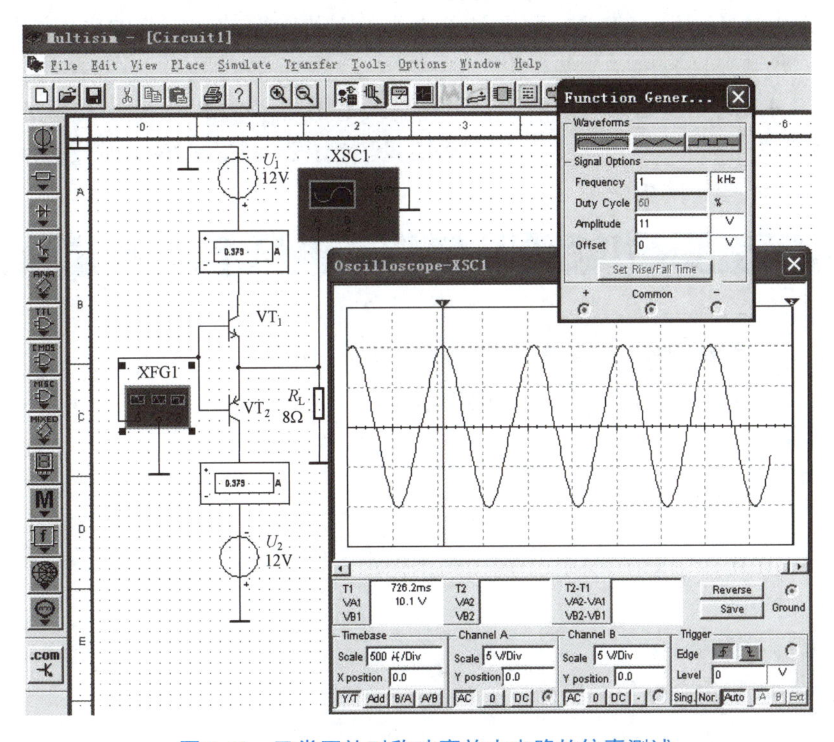

图 4.42　乙类互补对称功率放大电路的仿真测试

（3）在输入电压 U_{im} 为 0 时，观察示波器上的输出电压幅度，此时 U_{om} = ________，观察并记录电流表上的读数，I_c = ________。

（4）按表 4.1 中数据改变函数信号发生器输入电压峰值 U_{im}，观察并记录电流表上读数，并通过移动示波器测试游标测量输出电压 U_{om} 并填入表 4.1 中。

表 4.1　OCL 乙类互补对称功率放大电路的研究

U_{im}/V	0	5	9	12
U_{om}/V				
I_c/A				
$P_o=\frac{1}{2}\frac{U_{om}^2}{R_L}$				
$P_v=2U_1I_c$				
$\eta=\frac{P_o}{P_v}$				

5. 任务完成结论

（1）根据上述测试电路及所得测试结果可以看出，输入电压 U_{im} 为 0 时，示波器上的输出电压幅度几乎为 0，集电极上直流电流表的读数为________（μA、mA）数量级，说明乙类互补对称功率放大电路的静态功耗________（基本为 0、仍较大）。

（2）当输入电压 U_{im} 为 11 V 时，观察到乙类互补对称功率放大电路的输出波形________（基本不失真、严重失真）。

（3）根据表 4.1 的测试结果可以看出，随着输入电压 U_{im} 的增大，输出功率 P_o________，直流电源提供的总功率 P_v________（同步增大、基本不变、同步减小），而效率 η 则________（同步增大、基本不变、同步减小）。

仿真测试 2

1. 测试任务

（1）OCL 乙类互补对称功率放大电路的失真现象观察。

（2）OCL 甲乙类互补对称功率放大电路的测试。

2. 任务要求

按测试步骤完成所有测试内容。

3. 测试器材

Multisim 2010 软件 1 套。

4. 任务实施步骤

1）乙类互补对称功率放大电路失真的仿真测试。

（1）按图 4.43 所示画好仿真电路。

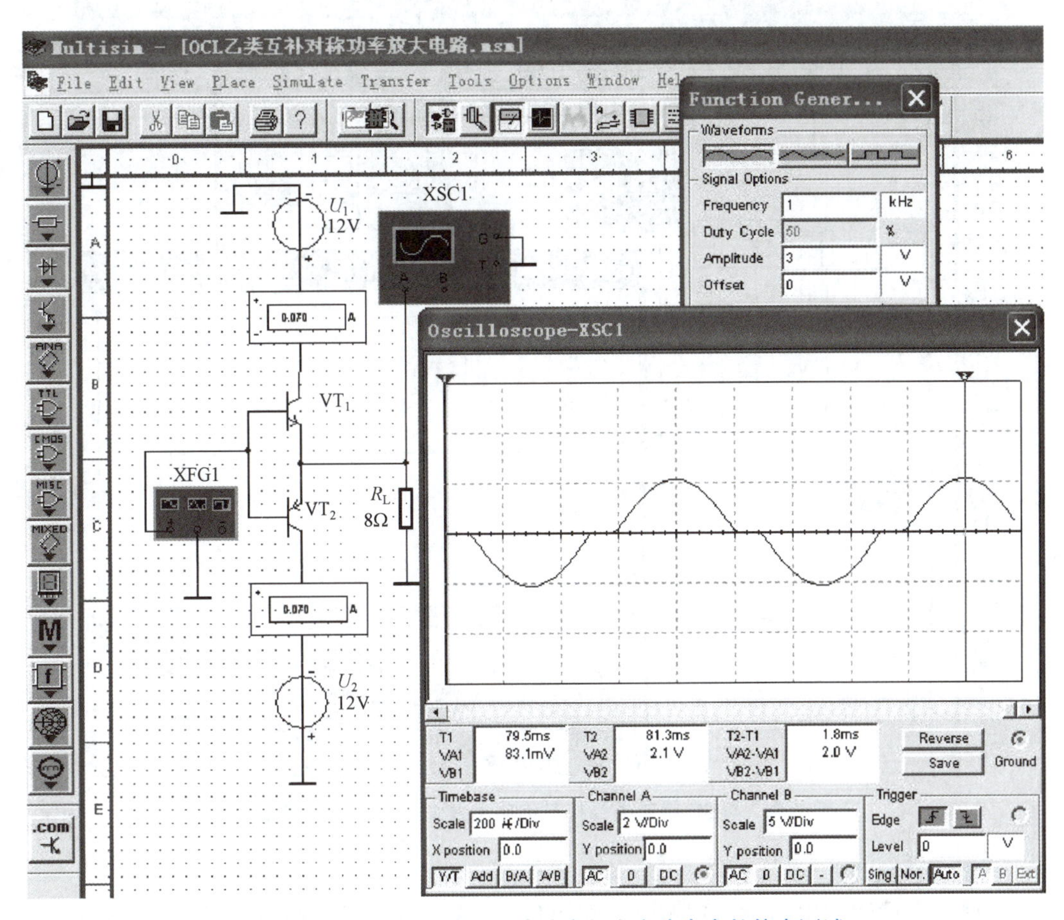

图 4.43　OCL 乙类互补对称功率放大电路失真的仿真测试

（2）电路输入端接函数信号发生器（Function Generator1－XFG），输入 1 kHz、3 V 的正弦信号，输出端接示波器（Oscilloscope－XSC），观察输出波形。

2）甲乙类互补对称功率放大电路的仿真测试

（1）按图 4.44 所示。画好仿真电路。

（2）电路输入端接函数信号发生器（Function Generator1－XFG），输入 1 kHz 的正弦信号，输出端接上示波器（Oscilloscope－XSC），观察输出波形，用直流电流表测量电源提供的平均直流电流。

（3）在输入为 0 时，观察示波器上的输出电压幅度，此时 $U_{om}=$__________，观察并记录电流表上读数，$I_c=$__________。

（4）改变函数信号发生器输入电压峰值 $U_{im}=3$ V，观察示波器输出波形，并通过移动示波器测试游标测量输出电压 $U_{om}=$__________________；改变函数信号发生器输入电压峰值 $U_{im}=5$ V，观察示波器输出波形，并通过移动示波器测试游标测量输出电压 $U_{om}=$______________。

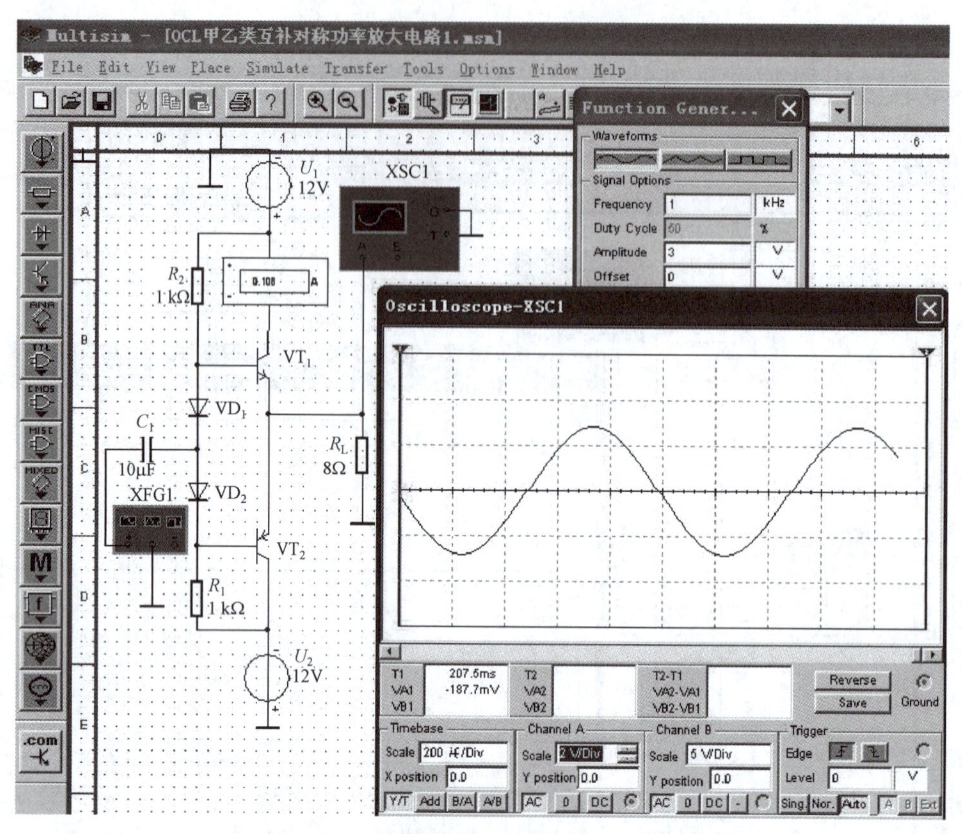

图 4.44 OCL 甲乙类互补对称功率放大电路的仿真测试

5. 任务完成结论

（1）根据上述测试电路及所得测试结果可以看出，乙类互补对称功率放大电路的输出波形在过零点处________（基本不失真、有明显失真）；相对于乙类互补对称功率放大电路而言，甲乙类互补对称功率放大电路的输出波形在过零点处________（基本不失真、有明显失真）。

（2）根据图 4.44 的测试结果可以看出，输入电压 $U_{im}=0$ 时，示波器上的输出电压幅度几乎为 0，集电极上直流电流表的读数为________（μA、mA）数量级，说明甲乙类互补对称功率放大电路的静态功耗________（大于、小于）乙类互补对称功率放大电路的静态功耗。

（3）当输入电压 $U_{im}=5$ V 时，观察到甲乙类互补对称功率放大电路的输出幅度________（大于、小于）乙类互补对称功率放大电路输入电压 $U_{im}=5$ V 时对应的输出幅度。

任务 4.3　分析集成功率放大器

知识储备

1. 集成功率放大器的种类

集成功率放大器是在集成运放基础上发展起来的，其内部电路与集成运放相似。但是，由于其安全、高效、大功率和低失真的要求，使得它与集成运放又有很大的不同。电路内部多施加深度负反馈。

由于集成功率放大器使用和调试方便、体积小、重量轻、成本低、温度稳定性好、功耗低、电源利用率高、失真小，并具有过流保护、过热保护、过压保护及自启动、消噪等功能，所以使用非常广泛。集成功率放大器广泛应用于收录机、电视机、开关功率电路、伺服放大电路中，输出功率由几百毫瓦到几十瓦。

集成功率放大器的种类很多。根据它的制造工艺分为薄膜混合集成功率放大器和厚膜集成功率放大器；按芯片内部的电路构成分为单通道功率放大器和双通道功率放大器；按频率可以分为高频功率放大器和低频功率放大器；按照使用场合可以分为通用型和专用型两大类，通用型是指可以应用多种场合的功率放大器，专用型是指只用于某种特定场合的功率放大器，如电视机、音响设备等集成功率放大器。

2. 集成功率放大器芯片

集成功率放大器芯片和集成运放一样，对于不同规格、型号的集成功率放大器，其内部组成电路千差万别。但其内部总体上主要包括前置级、中间级、输出级、偏置电路四部分电路。本任务以 LM 386、TDA2030、LA4100 等单片集成音频功率放大器为例，介绍其主要参数和典型应用电路。

下面先对 LM386 集成功率放大器作一个简单的介绍。

LM386 是一种小功率通用型集成功率放大器，其特点是电源电压范围宽（5～18 V）、频带宽（300 kHz）、功耗低（常温下是 660 mW）。此外，电路的外接元件少，应用时不必加散热片，因而被广泛应用于通信设备、音响设备和信号发生器等方面。

LM386 引脚功能及排列如图 4.45 所示，采用 8 脚双列直插式封装。LM386 有两个信号输入端，2 脚为反相输入端，3 脚为同相输入端；每个输入端的输入阻抗均为 50 kΩ，而且输入端对地的直流电位接近于零，即使输入端对地短路，输出端直流电平也不会产生大的偏离。

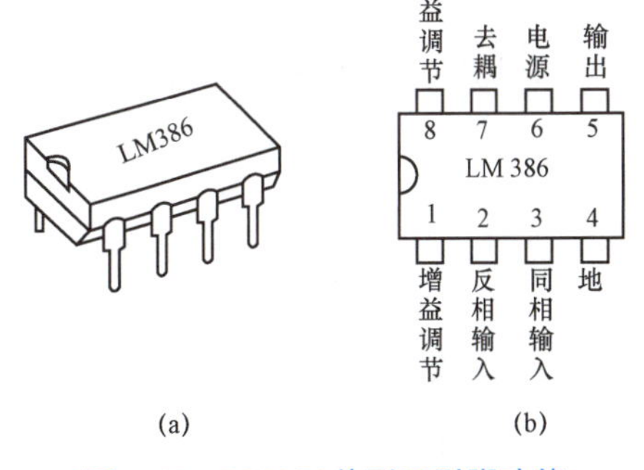

图 4.45　LM386 外形及引脚功能

（a）外形；（b）管脚排列

3. LM386 集成功率放大器及其应用

1）LM386 的内部原理电路

LM386 内部电路简图如图 4.46 所示。

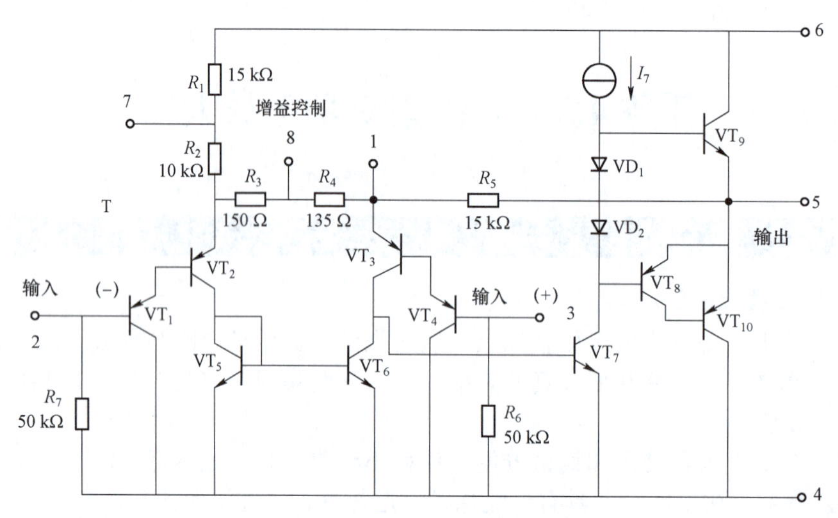

图 4.46　LM386 内部电路简图

三极管 VT_1 和 VT_2、VT_3 和 VT_4 构成复合管差动输入级，VT_5、VT_6 构成的镜像恒流源作为差放有源负载以提高单端输出时差动放大器的放大倍数。输入级的单端输出信号送给由 VT_7 组成的中间级进行电压放大，中间级也采用恒流源 I_7 作负载以提高增益。由三极管 VT_8、VT_9、VT_{10} 和二极管 VD_1、VD_2 组成通常的互补对称输出级，其中 VT_8 和 VT_{10} 组成 PNP 型复合管，弥补集成电路中 PNP 管的电流放大系数较低的问题。输出级由 VT_8～VT_{10} 组成准互补推挽功放，其中 VD_1、VD_2 组成功放的偏置电路以消除交越失真。

从图 4.46 可以看出，引脚 1 和 8 为增益控制端，当引脚 1、8 脚间外接电阻 R 时，则该电路的电压增益为

$$A_{uf} \approx \frac{2R_5}{R_3 + R_4 // R}$$

当引脚 1、8 脚间外接电容 C，即对交流信号相当于短路时，有

$$A_{uf} \approx \frac{2R_5}{R_3} = 200$$

当引脚 1、8 脚间开路时，有

$$A_{uf} \approx \frac{2R_5}{R_3 + R_4} = 20$$

所以，当引脚 1、8 脚间外接不同阻值电阻及电容串联支路时，A_u 的调节范围为 20～200（26～46 dB）。

2）LM386 典型应用电路

用 LM386 组成的 OTL 功放电路如图 4.47 所示，交流输入信号加在 LM386 的同相输入端，反相输入端接地。输出端通过一个大耦合电容 C_4（220 μF）接到负载电阻（扬声器）上，6 脚接直流电源 V_{CC}，4 脚接地，此时 LM386 组成 OTL 互补对称电路。

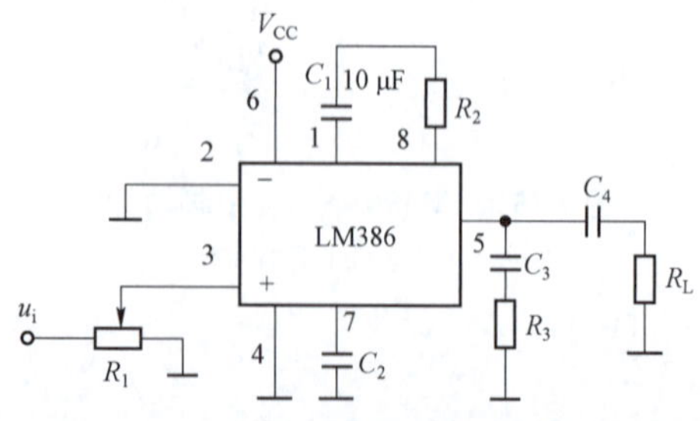

图 4.47　LM386 组成的 OTL 功率放大电路

7 脚所接电容 C_2 为去耦滤波（旁路）电容。1 脚与 8 脚所接电容、电阻是用于调节电路的闭环电压增益，电容取值为 10 μF，电阻 R_2 在 0～20 kΩ范围内取值；改变电阻值，可使集成功放的电压放大倍数在 20～200 之间变化，R_2 值越小，电压增益越大。当需要高增益时，可取 $R_2=0$，只将一只 10 μF 电容接在 1 脚与 8 脚之间即可。

由于扬声器为感性负载，容易使电路产生自激振荡或过压，损坏集成块，故输出端 5 脚所接 10 Ω电阻 R_3 和 0.1 μF 电容 C_3 组成阻抗校正网络，抵消负载中的感抗分量，防止电路自激，有时也可省去不用。该电路如用作收音机的功放电路，输入端接收音机检波电路的输出端即可。

4. TDA2030A 集成功率放大器及其应用

1）TDA2030A 的引脚排列和内部电路

TDA2030A 是目前使用较为广泛的一种集成功率放大器，与性能类似的其他功放相比，它的引脚和外部元件都较少。TDA2030A 外形如图 4.48 所示，采用 5 脚封装。其应用比较灵活，既可以采用双电源供电构成 OCL 电路，也可以采用单电源供电构成 OTL 电路。

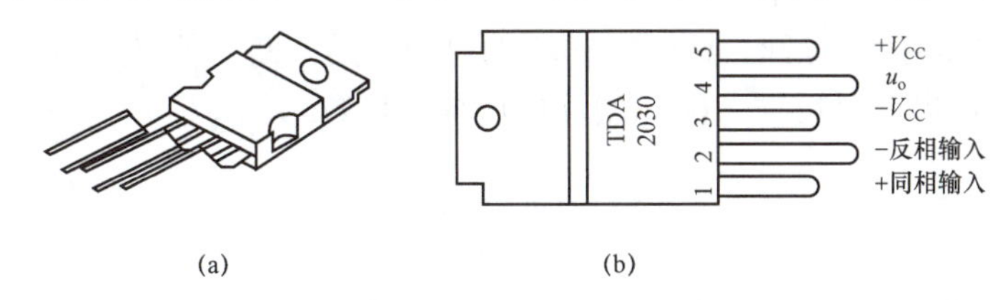

图 4.48　TDA2030A 的外形及引脚排列

（a）外形；（b）引脚排列

TDA2030A 的电器性能稳定，能适应长时间连续工作，内部集成了过载保护和热切断保护电路。其金属外壳与负电源引脚相连，所以在单电源使用时，金属外壳可直接固定在散热片上并与地线（金属机箱）相接，无须绝缘，使用很方便。

TDA2030A 的内部电路如图 4.49 所示。

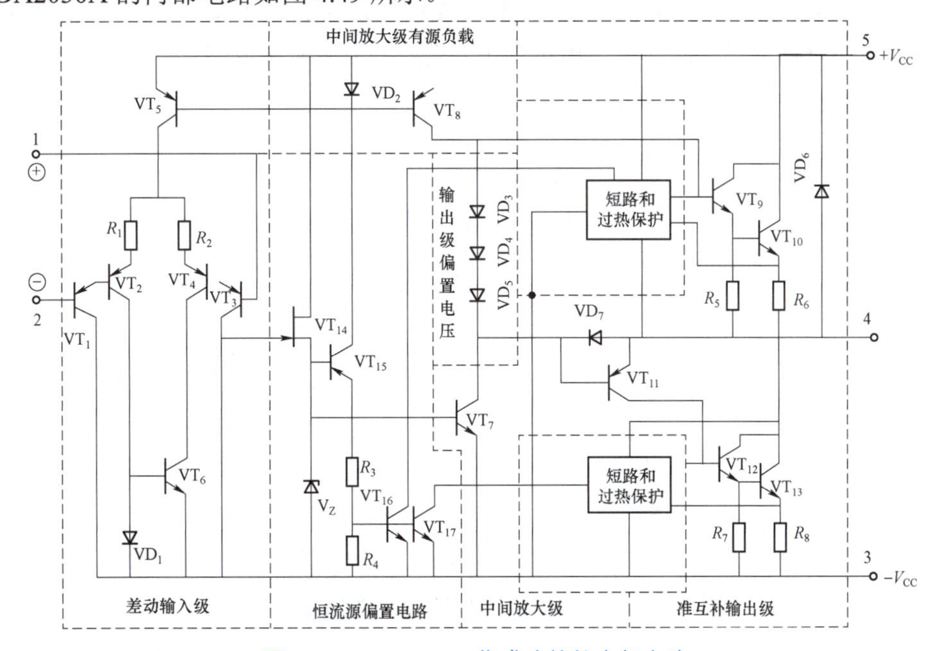

图 4.49　TDA2030A 集成功放的内部电路

TDA2030A 适用于收录机和有源音箱中，作音频功率放大器，也可作其他电子设备中的功率放大。因其内部采用的是直接耦合，也可作直流放大。其主要性能指标如下。

（1）电源电压 V_{CC} 为±3～±18 V。

（2）输出峰值电流为 3.5 A。

（3）输入电阻＞0.5 MΩ。

（4）静态电流＜60 mA（测试条件：V_{CC} ＝±18 V）。

（5）电压增益为 30 dB。

（6）频响 BW 为 0～140 kHz。

（7）谐波失真 THD＜0.5%。

（8）在电源为±15 V、$R_L=4\ \Omega$时输出功率为 14 W。

2）TDA2030A 集成功放的典型应用电路

（1）双电源（OCL）应用电路。

图 4.50 所示电路是双电源时 TDA2030A 的典型应用电路。信号 u_i 由同相端输入，R_1、R_2、C_2 构成交流电压串联负反馈，因此闭环电压放大倍数为

$$A_{uf}=1+\frac{R_1}{R_2}=33$$

输入信号由 C_1 耦合到 TDA2030A 的 1 脚，R_3 为输入端的直流平衡电阻，保证输入级的偏置电流相等，选择 $R_3=R_1$，经集成电路内部的放大，由 4 脚输出的信号送至扬声器负载。

C_3、C_5 为电源低频去耦电容，C_4、C_6 为电源高频去耦电容，用于减少电源内阻对交流信号的影响。

R_4 与 C_7 组成阻容吸收网络，用以避免电感性负载产生过电压击穿芯片内功率管。同时 VD_1、VD_2 为保护二极管，组成输出电压限幅电路，用来泄放负载 R_L 产生的感生电压，防止输出电压过大，将输出端的最大电压钳位在±（V_{CC} +0.7）V 范围内。

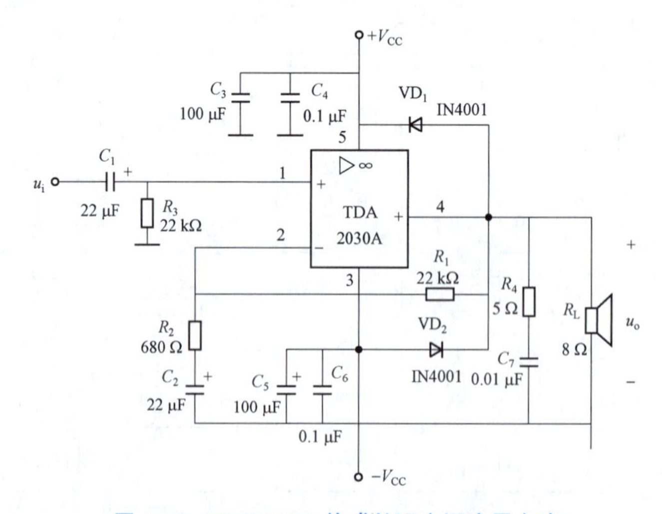

图 4.50　TDA2030A 构成的双电源应用电路

（2）单电源（OTL）应用电路。

对仅有一组电源的中、小型录音机的音响系统，可采用图 4.51 所示的单电源连接方式。由于采用单电源供电，故同相输入端用阻值相同的 R_1、R_2 组成分压式电路，使 K 点电位为 $V_{CC}/2$，通过 R_3 向输入级提供直流偏置。在静态时，同相输入端、反相输入端和输出端皆为 $V_{CC}/2$。其他元件作用与双电源电路相同。

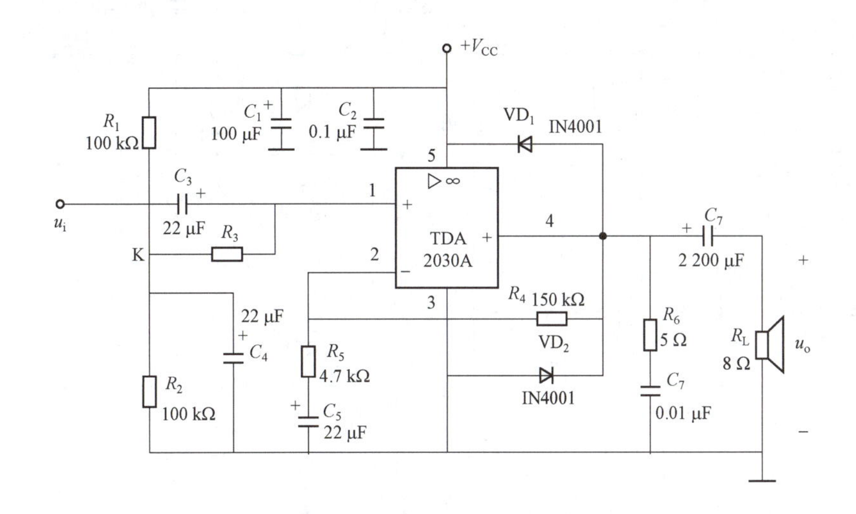

图 4.51　TDA2030A 构成的单电源应用电路

5. LA4100 集成功率放大器及其应用

LA4100 是日本三洋公司生产的 OTL 功放集成电路，我国生产的同一类型产品有 DL4100、TB4100、SF4100 等，它们的内部电路、外形尺寸、引脚分布均是一致的，在使用中可以互换。该集成功率放大器广泛用于收录机对讲机等小功率电路中。电源电压推荐使用 6 V，带负载（扬声器）为 4 Ω，输出功率大于 1 W。

1）LA4100 的引脚排列和内部框图

LA4100 引脚分布如图 4.52 所示。它是带散热片的 14 脚双列直插式塑料封装，其引脚是从散热片顶部起按逆时针方向依次编号的，各引脚功能如图中标注。

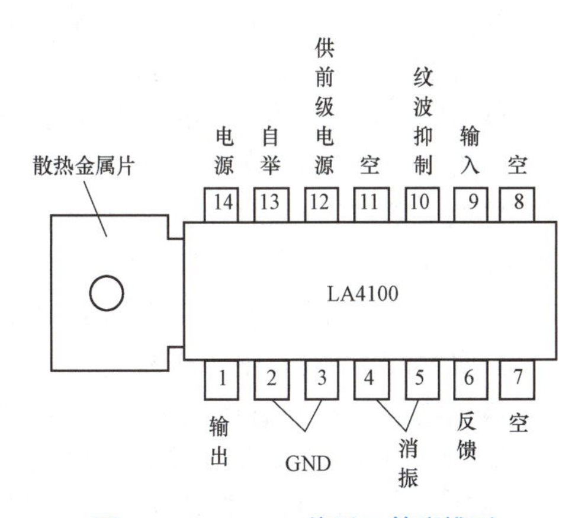

图 4.52　LA4100 外形及管脚排列

图 4.53 中虚线框内为 LA4100 系列单片集成功放内部电路。它由三级直接耦合放大电路和一级互补对称放大电路构成，并由单电源供电，输入及输出均通过耦合电容与信号源和负载相连，是 OTL 互补对称功率放大电路。

输入级为差动放大电路；激励级为高增益共射放大电路；输出级为复合管构成的准互补对称电路。

因为反馈由输出端直接引至输入端，且放大器的开环增益很高（三级电压放大），整个放

大电路为深度负反馈放大器。所以，放大器的闭环电压增益约为 $1/F$，即

$$A_{uf} = \frac{R_f + R_{11}}{R_f}$$

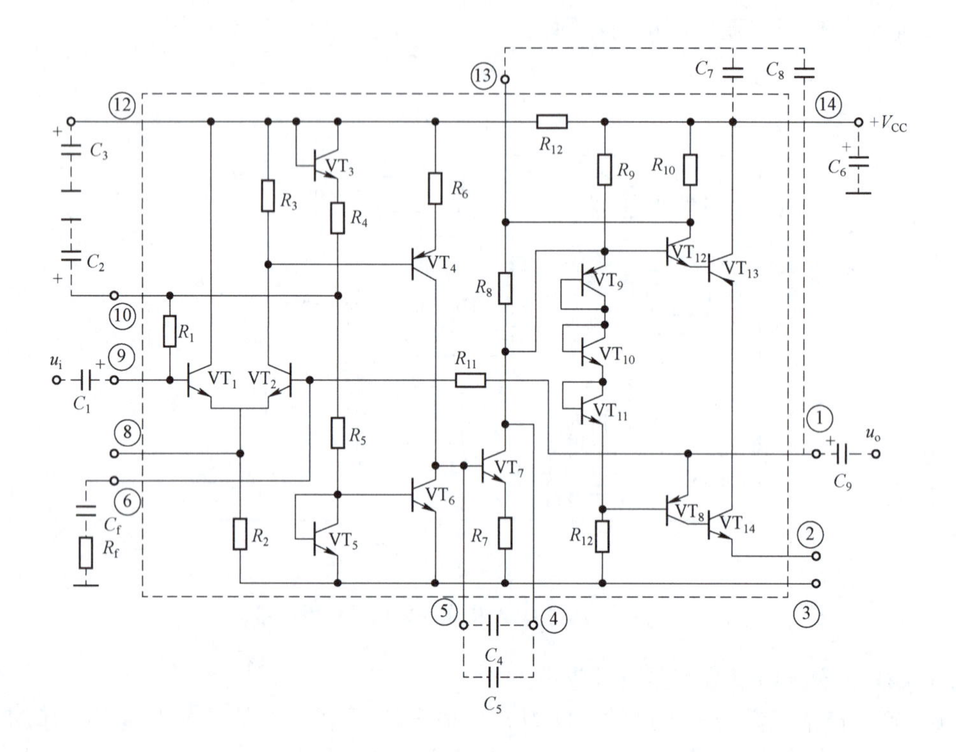

图 4.53　LA4100 内部电路

当信号 u_i 正半周输入时，VT_2 输出也为正半周，经两级中间放大后，VT_7 输出仍为正半周，因此 VT_{12}、VT_{13} 复合管导通，VT_8、VT_{14} 管截止，在负载 R_L 上获得正半周输出信号；当 u_i 负半周输入时，经过相应的放大过程，在 R_L 上取得负半周输出信号。

2）LA4100 集成功放的典型应用

图 4.54 所示为 LA4100 功放集成电路组成的互补对称功率放大电路。

图 4.54 中 C_1 为输入电容；C_2、C_3 为滤波去耦合电容，作用是保证引脚 10、12 电位稳定；C_4、C_5 为消振电容，其作用为对高频端进行相位补偿，防止电路可能产生的高频振荡，若增大 C_4、C_5，则工作稳定性增加，但高频增益降低；C_f、R_f 为闭环负反馈支路，C_f 为隔直电容，R_f 为负反馈电阻，其阻值大小可根据输入信号大小和对增益的要求选取，一般在 27～200 Ω，阻值调小，可降低反馈深度，提高放大倍数；C_6 为电源滤波电容，作用是滤除电源电压的交流成分；C_7 为防振电容，其作用是抵消扬声器线圈的影响，使之近于线性电阻，防止高频自激；C_8 为自举电容，用于自举升压，消除输出波形上部的顶部失真；C_9 为输出隔直耦合电容，当负载为 4 Ω时输出功率为 1 W，负载为 8 Ω时输出功率为 0.5 W。

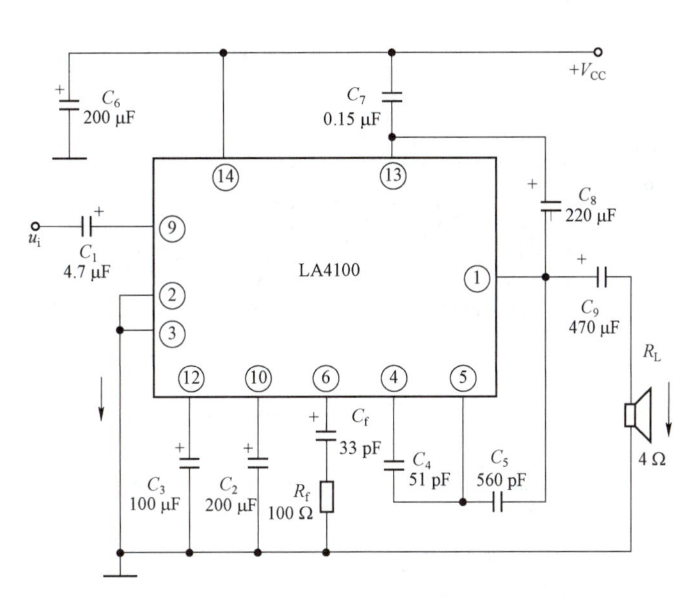

图 4.54　LA4100 集成功放的典型应用电路

6. LM1875 集成功率放大器及其应用

LM1875 是美国国家半导体公司（NS）推出的高保真集成电路，其优越的性能和诱人的音色已被众多发烧友所接受。LM1875 采用 TO－220 封装结构，形如一只中功率三极管，体积小巧，外围电路简单，且输出功率较大（最大不失真功率达 30 W）。该集成电路内部设有过载过热及感性负载反向电势安全工作保护，用 LM1875 做成的音响放大器音域宽广、音色诱人，输出的功率与性能均优于同类的产品，如 TDA2030，是中高档音响的理想选择之一。

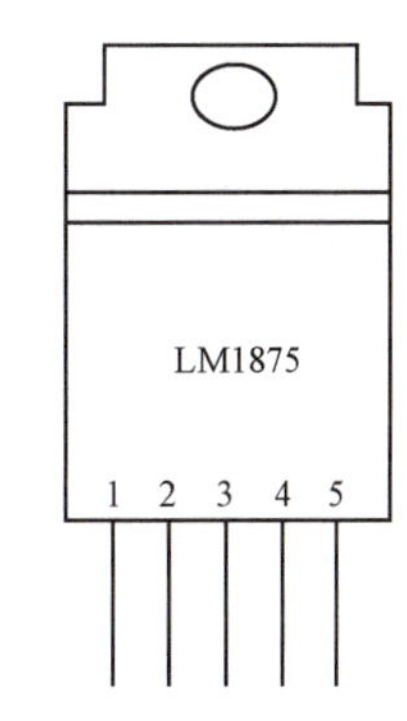

图 4.55　LM1875 的引脚排列

1）LM1875 的引脚排列

LM1875 的引脚排列如图 4.55 所示，其中 1 脚为同相输入端，2 脚为反相输入端，3 脚为负电源端，4 脚为输出端，5 脚为正电源端。

2）LM1875 主要参数

（1）电压范围：±16～±60 V。

（2）静态电流：＞50 mA。

（3）输出功率：30 W。

（4）谐波失真：＞0.02%。

（5）额定增益：26 dB。

（6）工作电压：±25 V。

（7）转换速率：18 V/μs。

（8）输出峰值电流：4 A。

3）LM1875 的典型应用

用 LM1875 集成功放构成的 OCL 电路如图 4.56 所示，用 LM1875 集成功放构成的 OTL 电路如图 4.57 所示，用 LM1875 集成功放构成的 BTL 电路如图 4.58 所示。

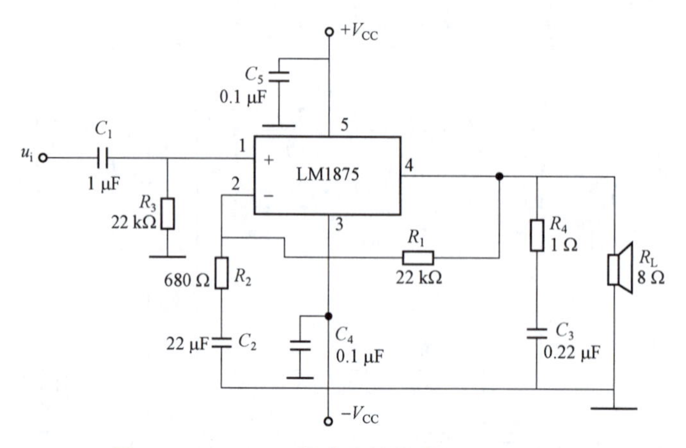

图 4.56　LM1875 集成功放构成的 OCL 电路

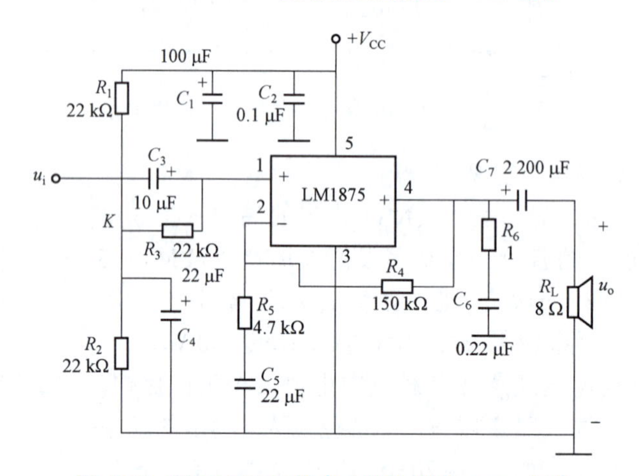

图 4.57　用 LM1875 集成功放构成的 OTL 电路

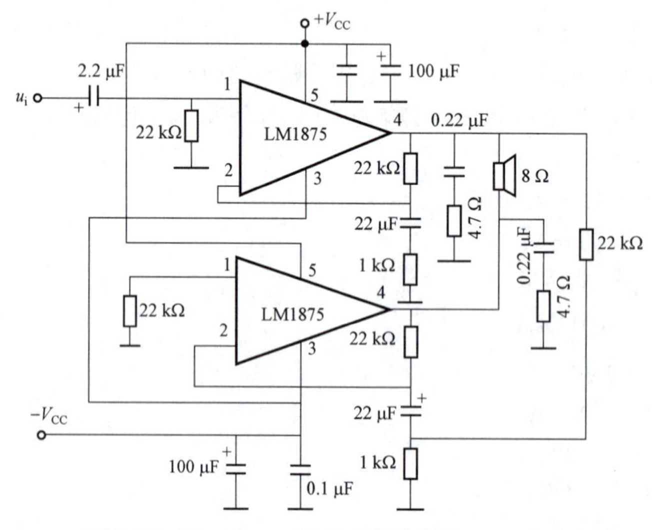

图 4.58　用 LM1875 集成功放构成的 BTL 电路

自 测 习 题

1. 填空

集成功率放大器按频率分，可分为________________和________________。

集成功放一般是由前置级、___________、_____________和偏置电路组成。

2. 分析

查阅集成电路手册画出 LM386、TDA2030 集成功放的管脚排列图。

3. 计算

题 3 图所示为集成功放 TDA2030A 典型应用电路，试分析：

（1）构成的是 OTL 电路还是 OCL 电路？

（2）指出电路中的反馈通路，并判断反馈极性和组态。

（3）若电路处于深度负反馈，求闭环电压放大倍数?

（4）$V_{CC}=16$ V，求最大不失真输出功率?

（5）R_6、C_6 的作用是什么？

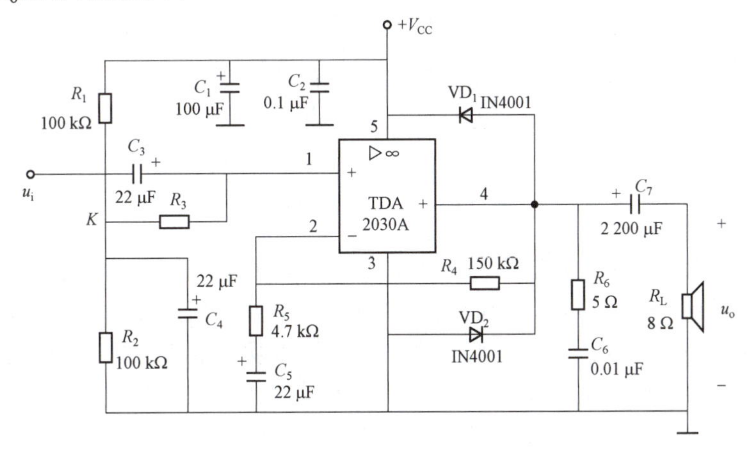

题 3 图

自测习题答案

任务 4.4　分析与制作扩音器

知识应用

在大型会议室、学校、公园、影剧院等一些地方都配备有一定功率的扩音器。在家庭中普遍应用的各种高保真音响、电脑有源音响等，也都属于扩音器设备。扩音器的使用已渗透到了日常生活中，成为日常生活中不可缺少的一部分。

1. 设计指标

设计一台输出功率 5 W 的扩音器。技术指标如下。

（1）电源电压：12 V。

（2）输入信号源灵敏度：5 mV。

（3）最大不失真输出功率：8 W。

（4）输入阻抗：＞50 kΩ。

（5）负载阻抗：8 Ω。

（6）频率响应：（300 Hz～15 kHz）±3 dB。

（7）失真度 THD≤3%。

（8）音调控制范围：中音（1 kHz）0 dB；低音（100 Hz）±12 dB；高音（10 kHz）±12 dB。

2. 扩音器电路结构设计

扩音器是音响系统中必不可少的主要设备，扩音器的原理框图如图 4.59 所示。由图可见，这是一个小型的模拟电路系统，集装成箱就是一个小型的电子设备。

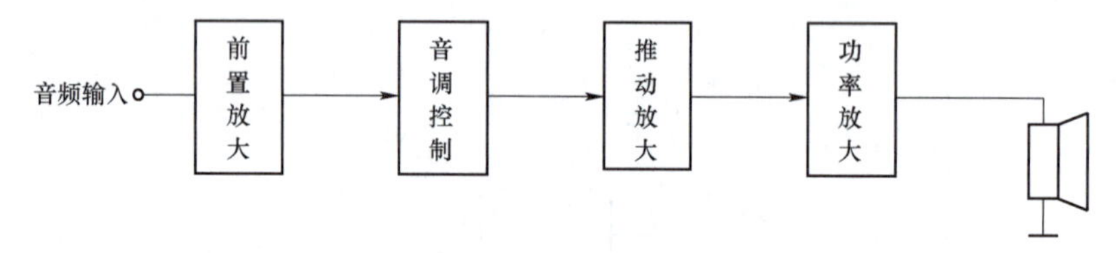

图 4.59　扩音器原理框图

通常扩音器输入信号非常微弱，一般都要设计一级前置放大级，完成输入小信号的放大，为改善信噪比，提高扩音器性能，因而要求前置放大级输入阻抗要高，输出阻抗要低，频带宽度要宽，噪声要小，再经推动级激励放大，最后送入功率放大级进行功率放大，输出至扬声器发声。为达到美化音色的目的，通常扩音器中设计音调控制级提升和衰减输入信号高、低音以及调节音量的大小，以满足各类人的音质欣赏要求。

功率放大器决定了整机的输出功率、非线性失真系数等指标，要求输出功率大、效率高、失真尽可能小。因而应先根据扩音器的技术指标要求，对整机电路进行适当安排，确定各级的增益分配，然后再对各级电路进行具体设计。

因为 $P_{omax}=8$ W，所以依此可知扩音器输出电压为

$$U_o=\sqrt{P_oR_L}=\sqrt{8\times 8}=8(\mathrm{V})$$

最小的话筒输入信号的总电压放大倍数为：$A_u=\dfrac{u_o}{u_i}=\dfrac{8}{0.005}=1\,600$，即电压增益为 64 dB。

扩音器各级增益的分配为：前置放大级电压放大倍数为 10，即 20 dB；音调控制放大器的中频增益一般为 1，即 0 dB；推动级放大倍数为 10，即 20 dB；功率放大器的电压放大倍数为 20，即 26 dB，总电压放大倍数 2 000（需考虑适当留有余量）。

1）前置放大级

前置放大级的作用是高保真的放大较微弱的声音信号（如话筒输出的信号），话筒又称传

声器，其作用是把声音信号转换为电信号，通常将输出阻抗低于 600 Ω的称为低阻话筒，而将输出阻抗高于 600 Ω的称为高阻话筒。此外，话筒输入信号非常小，加强屏蔽和匹配等措施，抑制噪声非常重要。

前置放大电路可采用运放构成的同相放大器或反相放大器来实现，设计的放大器放大倍数为 10。用作前置放大器的运放组件除了要求输入失调电压小、低噪声外，还要求其输入阻抗远大于话筒的输出阻抗，一般而言，双极性运算放大器适合于低阻抗话筒。场效应管型运算放大器适合于高阻抗话筒。

2）音调控制器

音调控制器的功能是根据需要按一定的规律调节扩音器输出信号的频率响应，从而达到补偿声学特性、美化音色等目的。它能对音频范围内的若干个频段点分别进行提升和衰减。

音调控制电路有多种不同形式，如衰减式和负反馈式。为简便起见，可采用衰减式音调控制电路，电路如图 4.60 所示。

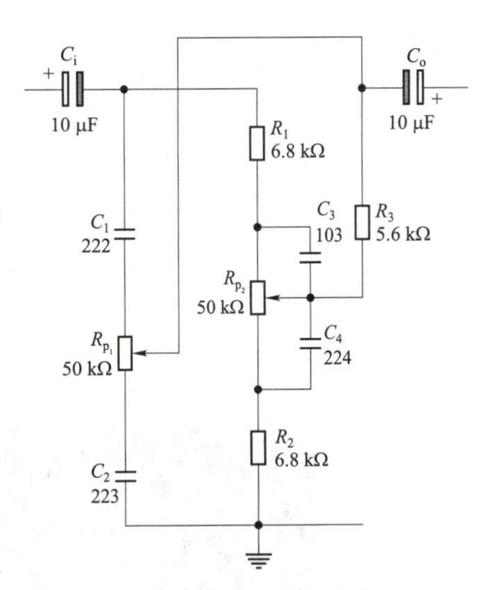

图 4.60　音调控制电路

图中 C_1、C_2、R_{p_1} 构成高音调节器，R_1、R_2、C_3、C_4、R_{p_2} 构成低音调节器。其中电路参数满足 $R_1 \geqslant R_2$，电位器 R_{p_1} 和 R_{p_2} 的阻值远大于 R_1、R_2。

与有关电阻相比，C_1、C_2 的容抗在高频时足够小，在中、低频时足够大，C_1、C_2 能让高频信号通过，但不让中、低频信号通过，即 C_1 与 C_2 对于高音信号可视为短路，而对于中、低音信号则视为开路；而 C_3、C_4 的容抗则在高、中频时足够小，在低频时足够大，C_3、C_4 则让高、中频信号都通过，但不让低频信号通过，即 C_3 与 C_4 对于高、中音信号可视为短路，而对于低音信号则视为开路。

当高音控制 R_{p_1} 的滑动端移向图示位置上端时（相应于滑动端与上端之间阻值最小，R_{p_2} 相同），高音提升达最大，因为通过 C_1 的高音全部送到输出端；反之，当 R_{p_1} 滑动端处于最下端时高音衰减最大，因为通过 C_1、R_{p_1} 的高音经 C_2 衰减到地。

当低音控制 R_{p_2} 的滑动端处于上端时，因 C_4、R_2 的阻抗随频率的降低而上升，因而来自 R_1 的所有频率的低音获得最大提升；反之，当中心抽头位于下端时，因 R_1、C_3 的阻抗随频率的降低而增大，致使输出端的低音衰减最大。

当高音控制 R_{p_1} 和低音控制 R_{p_2} 的滑动端均处于中间位置时，该控制电路组成一个衰减量为 $20\lg(R_2+0.5R_{p_2})/(R_2+R_1+R_{p_2})$ dB 的分压器，控制曲线呈一水平线，响应十分平直。

3）推动放大级

推动放大级主要是为最后的功率放大级提供激励信号，弥补衰减式音调电路损失的增益，同时与音量电位器之间起到了一定的隔离作用。要求该级电压增益为 20 dB，也可采用运放构成的同相放大器或反相放大器实现。

4）功率放大器

功率放大器的电路结构形式很多，可以选择分立元件组成的功放，也可选择集成电路组成的功率放大器。目前，音响设备中广泛采用由集成电路组成的功率放大器，集成功率放大

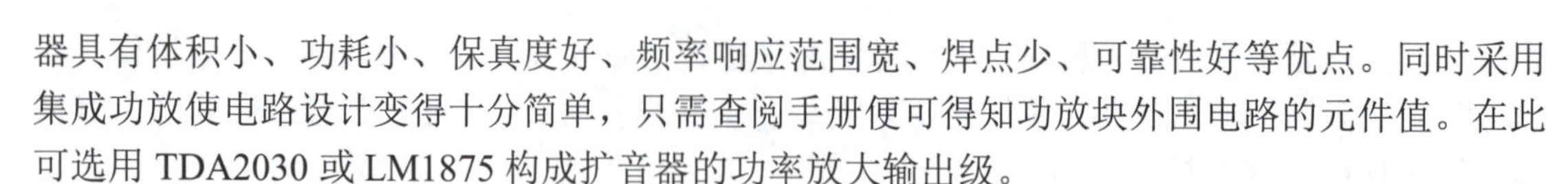

器具有体积小、功耗小、保真度好、频率响应范围宽、焊点少、可靠性好等优点。同时采用集成功放使电路设计变得十分简单，只需查阅手册便可得知功放块外围电路的元件值。在此可选用 TDA2030 或 LM1875 构成扩音器的功率放大输出级。

3. 扩音器电路

扩音器电路原理如图 4.61 所示，扩音器 PCB 图如图 4.62 所示。

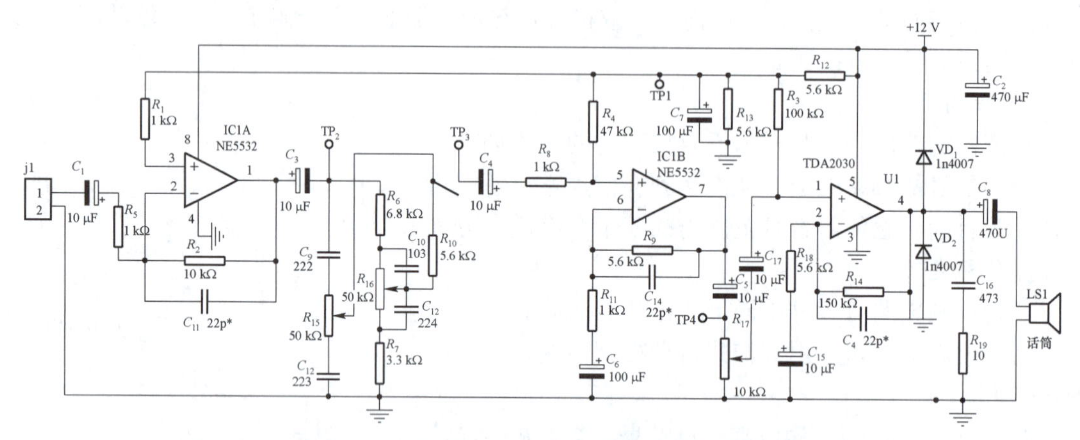

图 4.61 扩音器电路原理

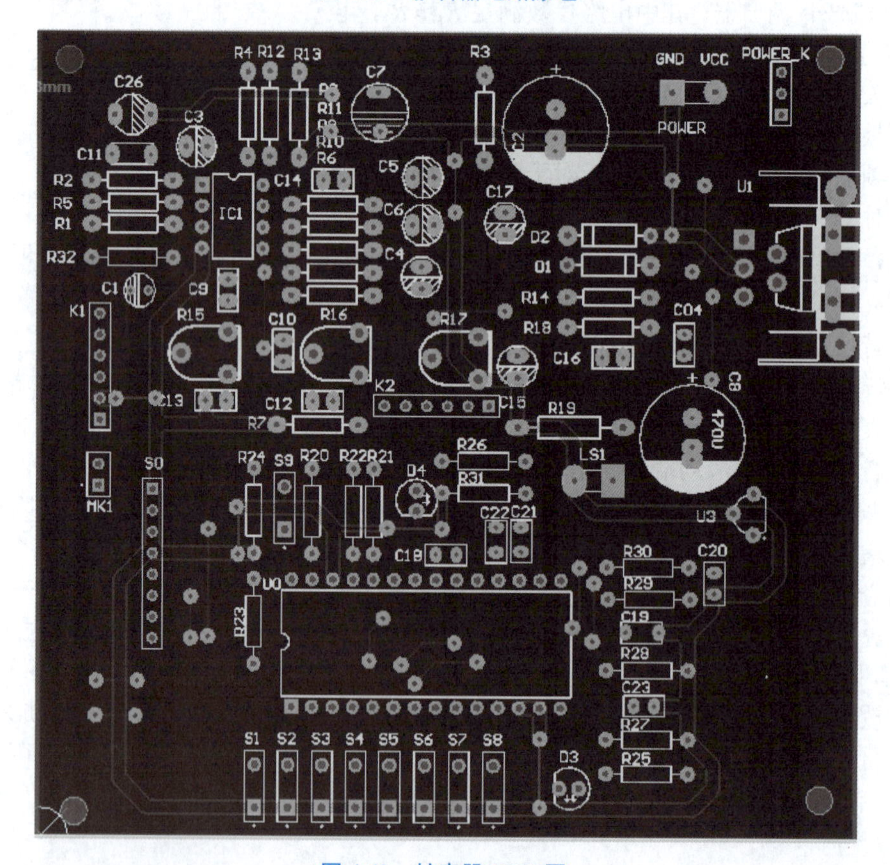

图 4.62 扩音器 PCB 图

数 字 功 放

数字功放也称为 D 类功放，与模拟功放的主要差别在于功放管的工作状态。传统模拟放大器有甲类、乙类和甲乙类、丙类等。一般的小信号放大都是甲类功放，即 A 类，放大器件需要偏置，放大输出的幅度不能超出偏置范围，所以，能量转换效率很低，理论效率最高才 25%。乙类放大，也称 B 类放大不需要偏置，靠信号本身来导通放大管，理想效率高达 78.5%。但这样的放大在小信号时失真严重。实际电路都要略加一点偏置，形成甲乙类功放，这么一来效率也就随之下降，虽然高频发射电路中还有一种丙类，即 C 类放大，效率可以更高，但电路复杂、音质差，音频放大中一般都不用，这几种模拟放大电路的共同特点是晶体管都工作在线性放大区域中，它按照输入音频信号大小控制输出的大小，就像串在电源与输出间的一只可变电阻控制输出，但同时自身也在消耗电能。

数字功放的功放管工作在开关状态，理论状态晶体管导通时内阻为零，两端没有电压，当然没有功率消耗；而截止时，内阻无穷大，电流又为零，也无功率消耗。所以，作为控制元件的晶体管本身不消耗功率，电源的利用率就特别高。

开关晶体管输出的是脉宽调制波形，要成为可听的模拟音频信号，还需经过一路带宽为 20 kHz 的低通滤波器，滤去脉冲波形中的高频成分。一般来说，功放的输出电压对选取电容的耐压不成问题，只是电感最大允许电流要设计正确。

数字功放由于效率高，管子的损耗小，功放的散热结构可以做得非常小巧、简单，整个电路可以做得很小。所以，首先在笔记本电脑、有源音箱和声卡上采用。带有数字功放的声卡可直接接普通音箱，这样使用就方便得多。随着技术的发展，数字功放也进入了音响领域，国外多家芯片公司已推出带各种功能的数字功放 IC 器件，为整机生产厂更新产品提供了便利条件。

数字功放的另一优点是可以直接放大数字音频信号。CD 和 DVD 碟片上输出的音频信号是数字化的，现在播放机解码后经过数模变化，变成模拟音频后再送出。而采用数字功放后，就可以把解码后的 PWM（脉冲编码调制）数字音频信号直接进入数字信号处理电路处理成 PWM 码进行放大。省去了播放机中的数模变换和数字功放中的数模变换两个较贵重部分，不但音质受损少，成本也可以降低。

利用数字功放技术生产整机时，音量调节方案会成为几种档次的分界线。简单方案就像传统模拟功放那样，由电位器衰减模拟信号的输入幅度，实现音量衰减。这种方式数字信号的量化比特率得不到充分利用，小音量时信噪比下降，动态范围变小，而且也不能用于数字音频直接输入系统。

较好的方案是采用调节电源电压的方式来衰减音量，以改变加到低通滤波器上的脉冲电压幅度来改变输出功率。这样量化比特率仍可充分利用，由于电压下降，量化噪声也随之下降，所以音量减小，但信噪比和动态范围仍能保持不变。由于功放电源的功率较大，改变电源电压不能用电阻衰减或分压方式来实现，必须从电源整流稳压部分就开始。TACT 公司采用的方法是在数字稳压电源的 DC－DC 逆变过程中，改变占空比来改变最终输出电压。这类方案目前还只能在分立元件做功率输出部分的整机中采用，集成化数字功放 IC 仍用衰减模拟输入为主来调节音量。

由于功耗和体积的优势，数字功放首先在能源有限的汽车音响和要求较高的重低音有源音箱中得到应用。随着DVD家庭影院、迷你音响系统、机顶盒、个人电脑、LCD电视、平板显示器和移动电话等消费类产品日新月异的发展，尤其是SACD、DVDAudio等一些高采样频率的新音源规格的出现，以及音响系统从立体声到多声道环绕系统的进化，都加速了数字功放的发展。

自测习题

自测习题答案

1. 分析：如题1图所示的集成功放应用电路中，$V_{CC}=10\ \text{V}$，试估算最大不失真输出功率P_{om}，指出电路中电容C_3的主要作用。

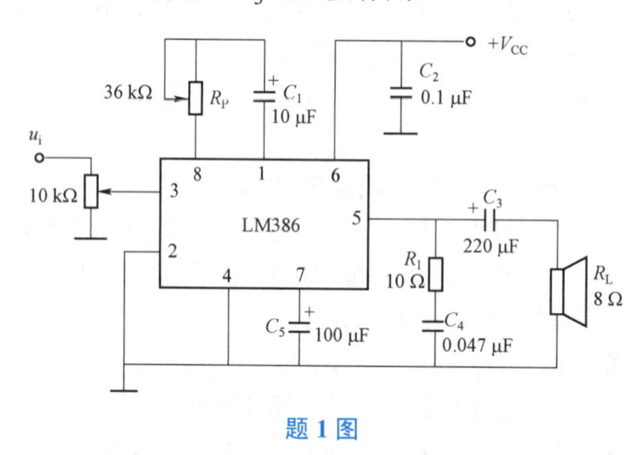

题1图

小　　结

★ 有源滤波器是用来选取所需频段信号、抑制不需要频率成分的信号处理电路，按通频带的不同分为低通、高通、带通、带阻滤波器等。用集成运放组成的有源滤波器与无源滤波器相比，具有在通频带内提供一定的增益、负载R_L对滤波器特性影响小等优点。有源滤波器的阶数越高，在带阻内衰减速度越快。其幅频特性越接近于理想特性，滤波器的性能就越好。

★ 有源滤波电路是集成运算放大器的一个重要应用，通常是由运放和RC反馈网络组成，一般均引入电压负反馈，因而集成运放工作在线性区，故分析方法与运算电路基本相同。有源滤波电路的主要性能指标有通带放大倍数A_{up}、通带截止频率f_p、特征频率f_0、带宽f_{bw}、品质因数Q等。

★ 音调控制电路的作用是通过对声音某部分频率信号进行提升或衰减，达到不同的听觉效果。一般音响系统中通常设有低音控制和高音控制电路，用来对音频信号中的低频成分和高频成分进行提升或衰减，即对低音频和高音频的增益进行提升和衰减。高、低音分别控制，可以达到高音、低音同时提升和压低的效果。音调控制电路一般由低通滤波器和高通滤波器共同组成。

★ 高、低音调节的音调电路，根据在整机电路中的位置，可分为衰减式、负反馈式以及衰减负反馈混合式音调控制电路。

★ 功率放大电路要求输出足够大的功率，这样输出电压和电流的幅度都很大，对它的要求为输出功率大、效率高、非线性失真小，并保证功放管安全可靠地工作。对功率放大电路研究的重点是如何在允许的失真情况下，尽可能提高输出功率和效率。

★ 与甲类功率放大电路相比，乙类互补对称功率放大电路的主要优点是效率高，在理想情况下，其最大效率可达 78.5%。为保证功放管安全工作，双电源互补对称电路工作在乙类时，所选用的功放管的极限参数应满足 $U_{(BR)CEO}>2V_{CC}$，$I_{CM}>V_{CC}/R_L$，$P_{CM}>0.2P_{om}$。

★ 由于三极管输入特性存在死区电压，乙类互补对称功率放大电路会产生交越失真，克服交越失真的方法是采用甲乙类互补对称电路。通常利用二极管或 U_{BE} 扩大电路进行偏置。

★ 互补对称的功率放大电路有 OCL 和 OTL 两种电路，前者为双电源供电，后者为单电源供电。在单电源互补对称电路中，计算输出功率、效率、管耗和电源供给的功率等参数时，可借用双电源互补对称电路的计算公式，但要用 $V_{CC}/2$ 代替原公式中的 V_{CC}。

★ 集成功放具有功耗低、失真小、效率高、安装调试方便等优点，只需外接少量元件，就可成为 OTL、OCL 电路，使用日趋广泛。在应用集成功率放大器电路时，应注意查阅器件手册，按手册提供的典型应用电路连接外围元器件。

★ 功放管的散热和保护十分重要，关系到功放电路能否输出足够的功率，并且是以不损坏功放管作为前提条件。

习　题

4.1　试判断题 4.1 图中的各种电路是什么类型的滤波器（低通、高通、带通还是带阻滤波器，有源还是无源，几阶滤波）。

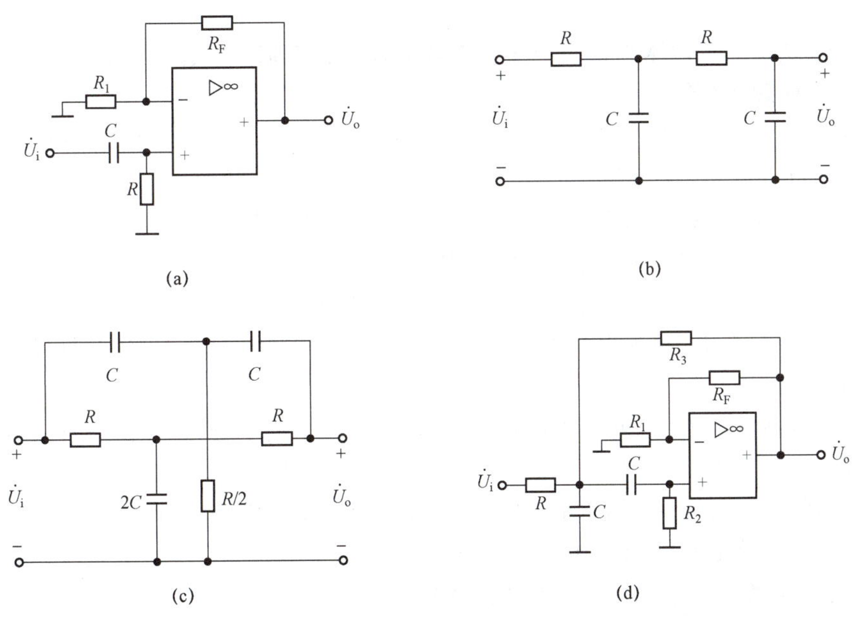

题 4.1 图

4.2 试判断题 4.2 图所示各电路属于哪种类型（低通、高通、带通、带阻）的有源滤波电路，是几阶滤波电路。

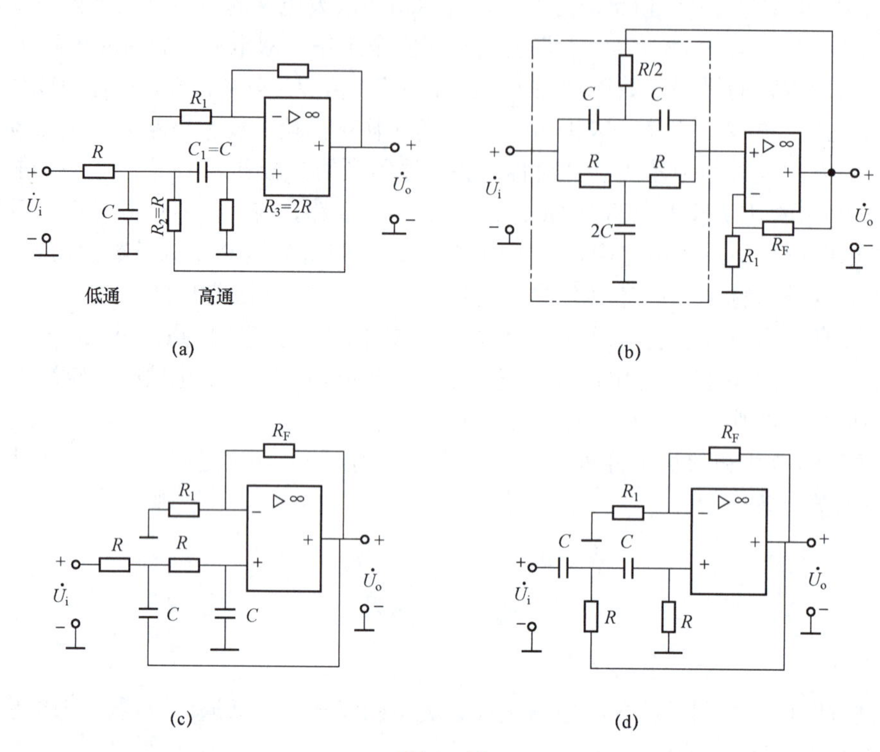

题 4.2 图

4.3 乙类功率放大电路为什么会产生交越失真？如何消除交越失真？

4.4 电路如题 4.4 图所示，

试分析：(1) 按 Q 点的位置该电路 VT_1、VT_2 工作在哪一类？（甲类、甲乙类）

(2) 是 OTL 还是 OCL 电路？

(3) 若 $U_{CC}=+15$ V，静态时 A 点电位、B 点电位是多少？

(4) 动态时若输出出现下图波形为何种失真？

(5)若 C 足够大，$U_{CC}=+15$ V，U_{CES} 忽略，$R_L=8\ \Omega$，则 R_L 上最大不失真输出功率 $P_{Omax}=$？

4.5 双电源乙类互补对称电路如题 4.5 图所示，已知电源电压 12 伏，负载电阻 10 欧，输入信号为正弦波。

问：(1) 构成的是 OTL 电路还是 OCL 电路？若输入为小信号，此电路存在双向失真还是交越失真？

(2) 晶体管 U_{CES} 忽略不计的情况下，求负载上可以得到的最大输出功率。

(3) 每个功放管上允许的管耗？

(4) 功放管的耐压是大于 12 V 还是 24 V？

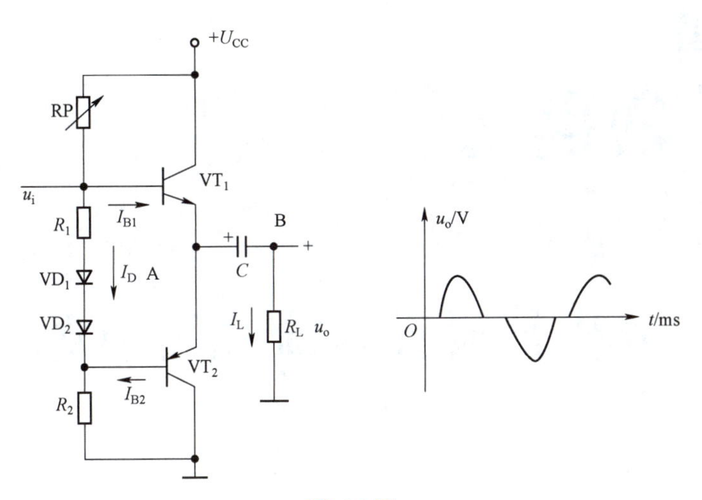

题 4.4 图

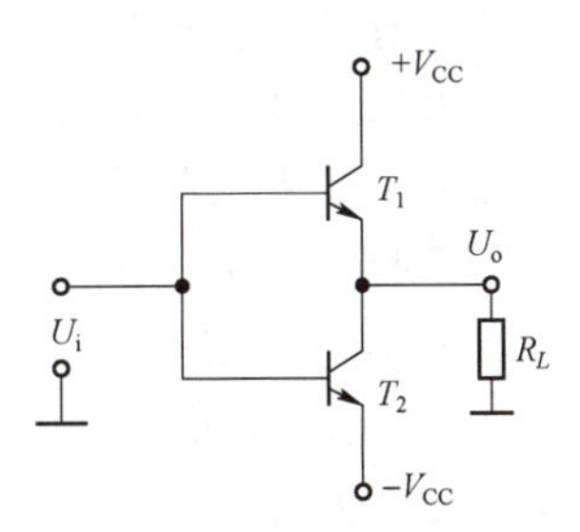

题 4.5 图

项目习题答案

项目 5

分析与设计直流稳压电源

引导语

在日常生活和生产中直流电源随处可见，电子设备一般都需要直流电源供电，如电动自行车蓄电池的充电以及手机、笔记本的电源等，图 5.1 所示为某直流稳压电源的实物。这些直流电除了少数直接利用干电池和直流发电机外，大多数是采用将交流电（市电）变换为直流电的直流稳压电源。直流稳压电源主要包括变压器、整流、滤波和稳压电路，最关键部分是半导体二极管构成的整流电路，图 5.2 所示为直流稳压电源中常见的整流电路的原理图。本项目重点研究整流、滤波、稳压电路的特点和直流稳压电源的工作原理。通过本项目的学习，理解交流电变换为直流电的电路原理，并且能够分析和设计一个实用的直流稳压电源。

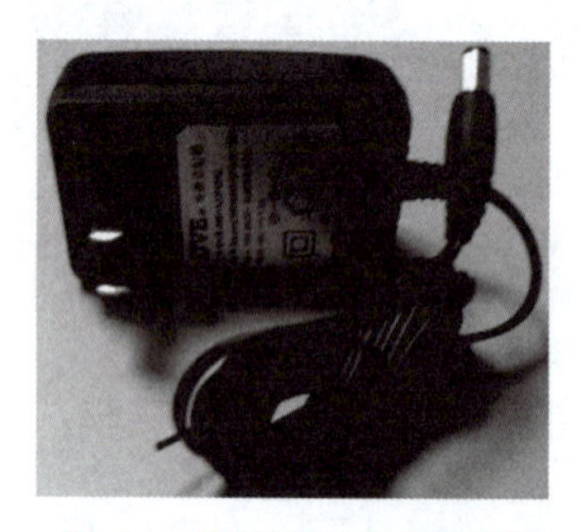

图 5.1　直流稳压电源的实物

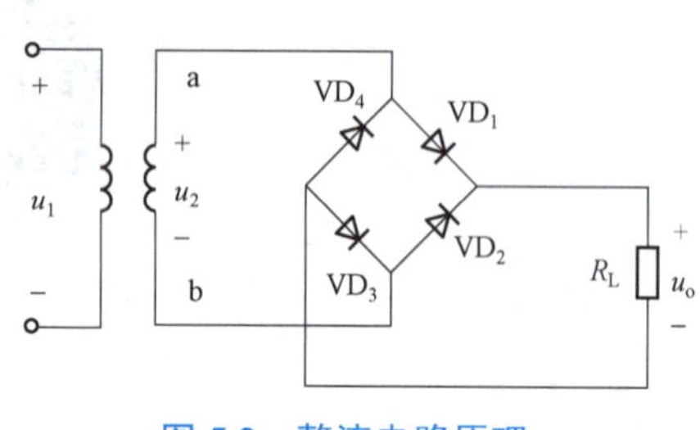

图 5.2　整流电路原理

任务 5.1　分析与测试整流电路

5.1.1　分析整流电路

知识储备

1. 单相半波整流电路

单相半波整流电路是最简单的整流电路，仅仅需要一个整流二极管。实际应用中，半波

整流电路的输入电压是经过整流变压器变压后输出的合适的交流电压信号。设变压器副边电压为

$$u_2=\sqrt{2}U_2\sin\omega t$$

在图 5.3（a）中，为了分析方便，利用二极管的理想模型进行分析，即把二极管当作开关，当处于正向偏置时，二极管导通，相当于开关闭合；处于反向偏置时，二极管截止，相当于开关断开。图 5.3（b）中分别为负载上电压波形、二极管的电流和电压波形。

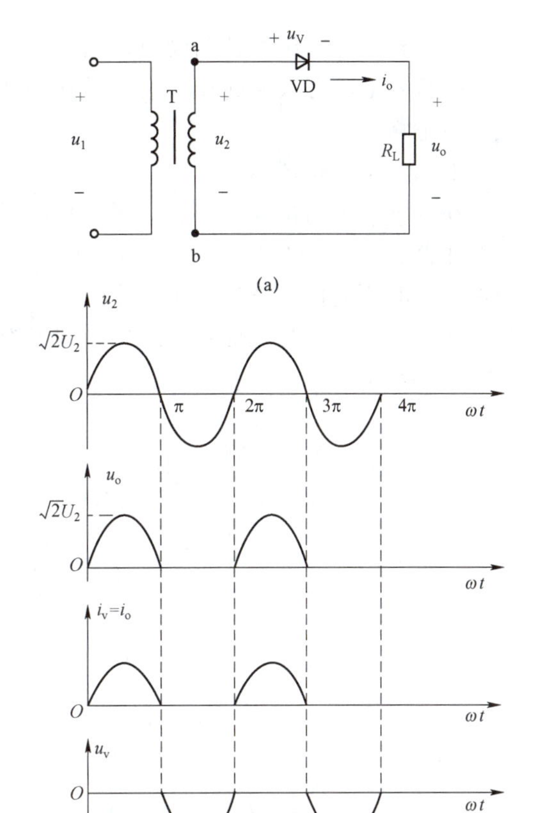

图 5.3　半波整流电路分析

（a）电路（b）波形

1）输出电压分析

当 u_2 处于正半周时，二极管阳极电位高于阴极电位，二极管正向导通。因为假设二极管为理想二极管，正向导通时无导通压降，所以负载上的输出电压与 u_2 相同。

当 u_2 处于负半周时，二极管阳极电位低于阴极电位，二极管反向截止，则负载上的输出电压为零。

输入信号是双极性信号，经过整流电路后的输出信号为单极性信号，且只在半个周期内才存在波形，所以称之为半波整流。

经过整流后的信号称为脉动直流信号，不再具备交流信号的特征。负载上直流输出电压 U_o 是指在一个周期内的平均值，则

$$U_o=\frac{1}{2\pi}\int_0^{\pi}\sqrt{2}U_2\sin\omega t\mathrm{d}(\omega t)=0.45U_2 \tag{5.1}$$

2）二极管参数分析

正半周时二极管导通，电路中存在电流；负半周时二极管截止，电路中没有电流。因为二极管和负载串联，所以流经二极管的电流和流经负载的电流相同，都仅有半波波形。

$$I_D=I_o=\frac{U_o}{R_L}=0.45\frac{U_2}{R_L} \tag{5.2}$$

二极管正向导通时两端不存在压降，所以在正半周 u_V 没有波形；负半周时二极管截止，因电路中不存在电流，负载上无压降，$u_V=u_2$。当输入 u_2 达到负半周最大值时，二极管两端承受最大反向电压

$$U_{RM}=\sqrt{2}U_2 \tag{5.3}$$

根据 I_D 和 U_{RM} 可以选择合适的整流二极管。整流二极管安全工作的条件为

$$I_F>I_D$$
$$U_R>U_{RM}$$

半波整流电路虽然结构简单，但只利用交流电压半个周期，电源利用率低，直流输出电压只有输入电压有效值的 0.45 倍，输出电压波动大，整流效率低。目前应用比较广泛的是桥式整流电路。

2. 桥式整流电路

桥式整流电路由 4 个二极管搭成桥状组成，图 5.4（a）所示为单相桥式整流电路，电路由变压器、4 只二极管和负载组成。在与外电路相连接时要注意连接方法，两个二极管相同极性连接的两端作为桥式整流的输出，与负载相连接；两个二极管相异极性连接的两端作为整流桥的输入，与交流信号相连接。为了绘图的方便，常常将整流桥简化，其简便画法如图 5.4（b）所示。

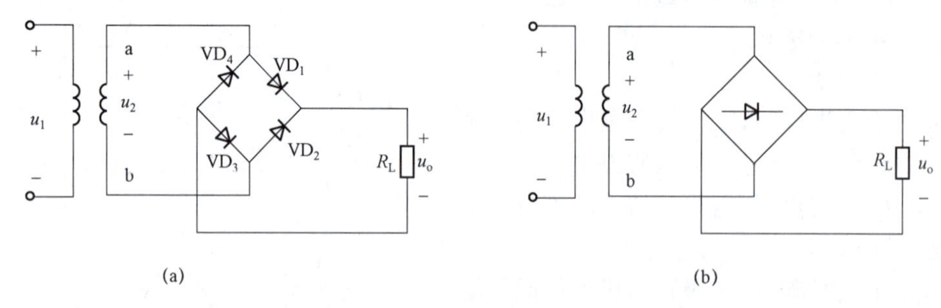

图 5.4 单相桥式整流电路及简化图

（a）单相桥式整流电路；（b）单相桥式整流电路简化图

1）单相桥式整流电路工作原理

单相桥式整流电路的工作原理如下。

（1）当输入信号 u_2 处于正半周时，VD_1 和 VD_3 导通，VD_2 和 VD_4 截止，负载 R_L 上得到 u_o 的半波电压，如图 5.5（a）所示。

（2）当输入信号 u_2 处于负半周时，VD_2 和 VD_4 导通，VD_1 和 VD_3 截止，负载 R_L 上得到与正半周时的电压波形相同的半波电压，如图 5.5（b）所示。

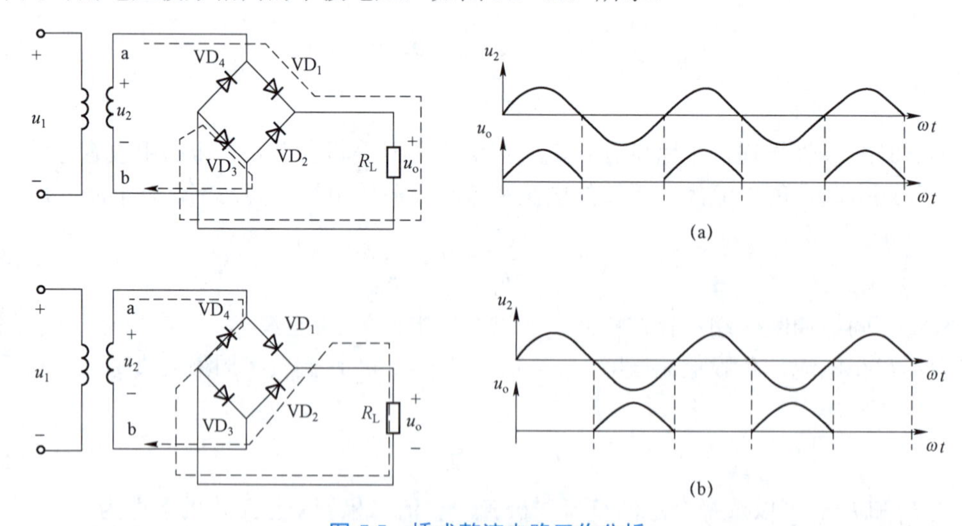

图 5.5 桥式整流电路工作分析

（a）正半周工作情况；（b）负半周工作情况

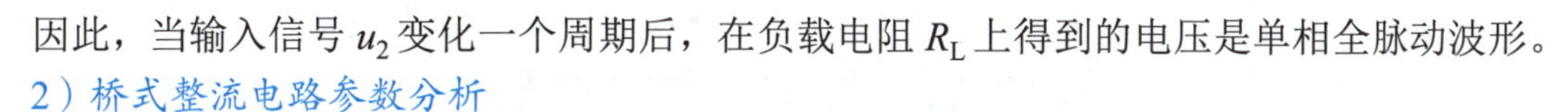

因此，当输入信号 u_2 变化一个周期后，在负载电阻 R_L 上得到的电压是单相全脉动波形。

2）桥式整流电路参数分析

桥式整流电路在整个周期内都有输出电压，所以桥式整流后输出电压 U_o 的平均值为

$$U_o = \frac{1}{\pi}\int_0^{\pi}\sqrt{2}U_2\sin\omega t\mathrm{d}(\omega t) = \frac{2\sqrt{2}}{\pi}U_2 = 0.9U_2 \tag{5.4}$$

负载电流为

$$I_o = \frac{U_o}{R_L} = 0.9\frac{U_2}{R_L} \tag{5.5}$$

桥式整流电路中每两个二极管串联导通半个周期，所以流经每个二极管的电流平均值为负载电流的一半，即

$$I_D = \frac{1}{2}I_o = 0.45\frac{U_2}{R_L} \tag{5.6}$$

每个二极管在截止时承受的最高反向电压为 u_2 的最大值，即

$$U_{RM} = \sqrt{2}U_2 \tag{5.7}$$

在实际工作中，选择二极管时取其最大整流电流 $I_F > I_D$，最高反向工作电压 $U_R > \sqrt{2}U_2$。

桥式整流电路的优点是输出电压高，纹波电压较小，管子所承受的最大反向电压较低，同时因电源变压器在正负半周内都有电流供给负载，电源电压利用率高，因而整流效率也较高。因此，这种电路在半导体整流电路中得到了颇为广泛的应用。电路的缺点是二极管用得较多，而且 4 个二极管的极性绝对不能接错，如果其中一个二极管的极性接错，就会导致电路损坏。

3. 整流桥堆简介

除了用分立组件组成整流电路外，现在半导体器件厂已将整流二极管封装在一起，制造成单相整流桥模块（桥堆），这些模块只有输入交流和输出直流引脚，减少了接线，提高了电路工作的可靠性，使用起来非常方便。图 5.6 所示为常用的单相整流桥模块的外形。

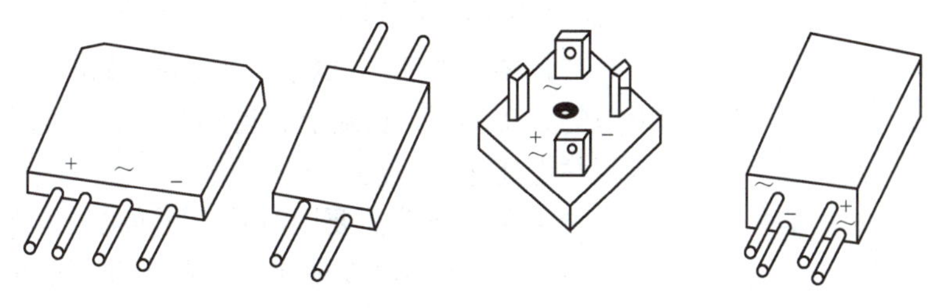

图 5.6　单相整流桥模块外形

整流桥堆与实际电路相连接时要注意标有“+”“-”极性的两个端子代表是直流电压的输出端，标有“～”的两个端子代表是交流电压的输入端。

知识拓展

1. 全波整流电路

全波整流电路如图 5.7 所示，它由次级具有中心抽头的电源变压器 T、两个整流二极管 VD_1 和 VD_2 和负载 R_L 组成。变压器次级电压 u_{21} 和 u_{22} 大小相等、相位相反，即

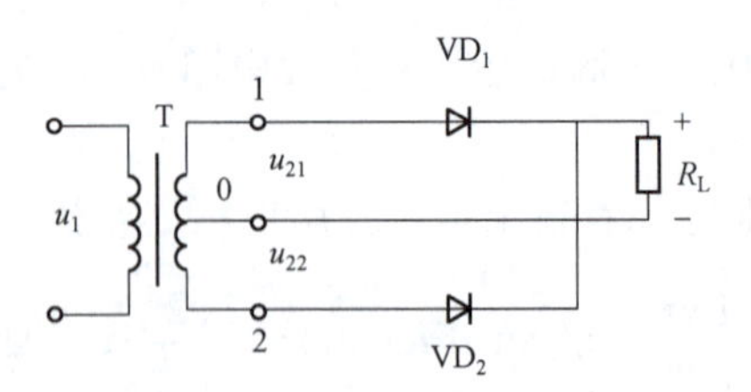

图 5.7　全波整流电路

$$u_{21} = -u_{22} = \sqrt{2}U_2 \sin\omega t$$

式中　U_2——变压器次级半边绕组交流电压的有效值。

整流电路的工作过程是：在 u_2 的正半周，VD_1 导通，VD_2 截止，负载上有自上而下的电流流过，如果忽略二极管的导通压降，则负载上的电压与 u_{21} 相同。

在 u_2 的负半周，VD_1 截止，VD_2 导通，负载上有自上而下的电流流过，如果忽略二极管的导通压降，则负载上的电压与 u_{22} 相同。

从以上分析可知，负载上得到的也是一单相脉动电流和脉动电压。其平均值分别为

$$U_L = \frac{1}{\pi}\int_0^{\pi}\sqrt{2}U_2 \sin\omega t \mathrm{d}(\omega t) = \frac{2\sqrt{2}}{\pi}U_2 = 0.9U_2 \tag{5.8}$$

流过负载的平均电流为

$$I_L = \frac{U_L}{R_L} = 0.9\frac{U_2}{R_L} \tag{5.9}$$

流过二极管的平均电流为

$$I_{D1} = I_{D2} = \frac{1}{2}I_L = \frac{U_L}{R_L} = 0.45\frac{U_2}{R_L} \tag{5.10}$$

加在二极管两端的最高反向电压为

$$U_{RM1} = U_{RM2} = 2\sqrt{2}U_2 \tag{5.11}$$

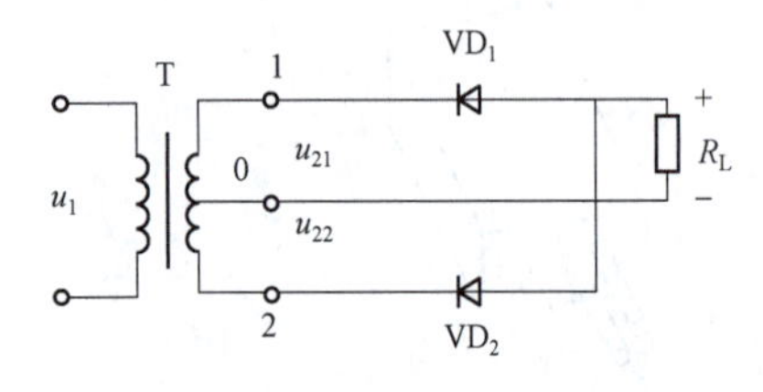

图 5.8　输出负电压的全波整流电路

若将图中的两个二极管均反向，如图 5.8 所示，在输入电压的正负半周，负载上获得的都是自下而上的电流，计算过程与上述相同。

如果在负载端需要同时获得正负电压，则可以将上述两种电路组合，如图 5.9 所示，负载上获得的电流、电压大小以及二极管参数的相关计算与上述相同。

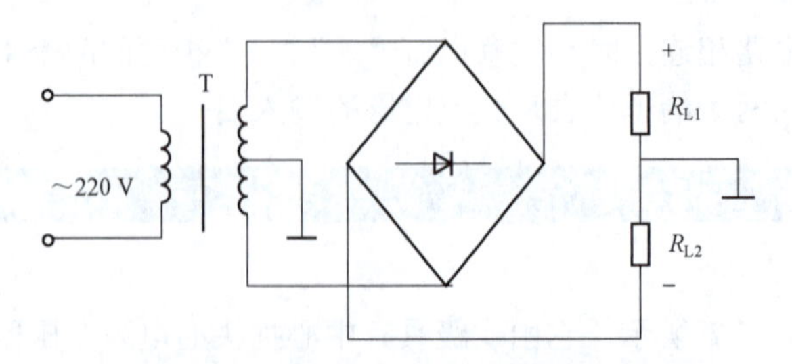

图 5.9　正负对称输出的全波整流电路

2. 整流二极管的选用

整流二极管一般为平面型硅二极管，用于各种电源整流电路中。

选用整流二极管时，主要应考虑其最大整流电流、最大反向工作电流、截止频率及反向恢复时间等参数。

普通串联稳压电源电路中使用的整流二极管，对截止频率及反向恢复时间要求不高，只要根据电路的要求选择最大整流电流和最大反向工作电流符合要求的整流二极管（如 1N 系列、2CZ 系列、RLR 系列等）即可。

开关稳压电源的整流电路及脉冲整流电路中使用的整流二极管，应选用工作频率较高、反向恢复时间较短的整流二极管（如 RU 系列、EU 系列、V 系列、1SR 系列等）或选择快恢复二极管。

在开关电源中，所需的整流二极管必须具有正向压降低、快速恢复的特点，还应具有足够的输出功率。普通的 PN 结二极管不适于作为开关使用。主要是因为它们恢复得慢，并且效率也低。在高频场合应该选用频率高的开关二极管、快恢复二极管及肖特基二极管。在开关电源中，可以使用以下 3 种类型的整流二极管，即高效快速恢复二极管、高效超快恢复二极管、肖特基（Schottky）势垒整流二极管。

肖特基二极管是由金属和半导体接触形成的，具有反向恢复时间短（最低可达 10 ns）和正向压降低（可达 0.2 V）的突出优点。它主要用于开关稳压电流做整流和逆变器中作续流二极管。

快恢复二极管的结构与普通硅二极管相似，压降较肖特基二极管大，但反向电压较肖特基二极管高。高速的恢复二极管反向恢复时间可达 25 ns。在大电流、低电压高频开关电源中次级整流管的正向压降对整个电源的效率影响甚巨，即使是肖特基二极管其管压降也不可忽略。为此常多管并联，甚至用极低内阻的 VMOS 管同步整流。

自 测 习 题

1. 填空

（1）半波整流电路输出电压平均值_________，整流二极管平均电流_________，最大反向电压_________。

（2）桥式整流需要_________个二极管。桥式整流电路输出电压平均值_________，整流二极管平均电流_________，最大反向电压_________。

自测习题答案

2. 判断

如果半波整流电路中的二极管接反会烧坏二极管。（　　）

3. 选择

（1）单相半波整流电路中，负载电压 U_L 将是变压器次级线圈电压有效值的（　　）倍。

A. 0.45　　　　B. 0.9　　　　C. 1.2

（2）单相桥式整流电路中是利用二极管的（　　）。

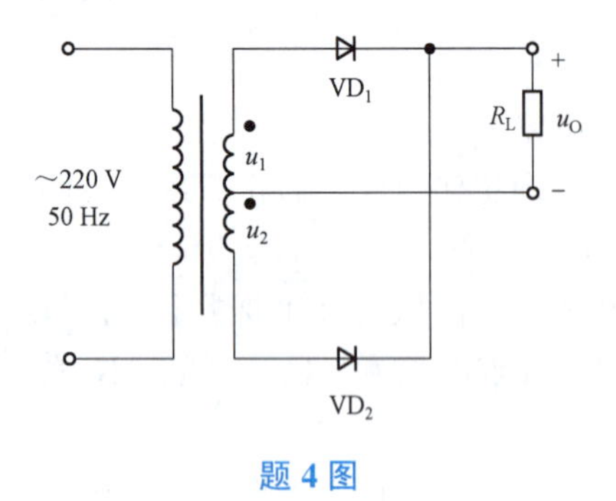

题 4 图

A. 单向导电特性　　B. 反向截止特性

C. 反向击穿特性　　D. 放大特性

4. 分析

电路如题 4 图所示，变压器副边电压有效值为 $2U_2$。

（1）画出 u_2、u_{D1} 和 u_O 的波形。

（2）求出输出电压平均值 $U_{O(AV)}$ 和输出电流平均值 $I_{L(AV)}$ 的表达式。

（3）二极管的平均电流 I_D 和所承受的最大反向电压 U_{Rmax} 的表达式。

5.1.2　任务训练：仿真分析整流电路

仿真测试 1

1. 测试任务

单相半波整流电路的测试。

2. 测试器材

装有 Multisim 2010 仿真平台的电脑。

3. 任务实施步骤

（1）在 Multisim 2010 仿真平台按图 5.10 连接电路；

（2）示波器两个通道的信号测试线的红夹子分别夹在 A、B 处，用示波器的双踪显示功能同时观察半波整流电路输入输出波形，绘制输入和输出波形（注意：信号测试线的黑夹子均夹在接地点，此图未画出！）

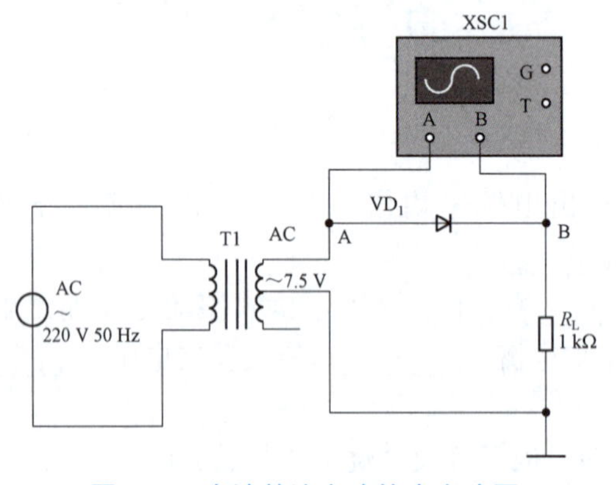

图 5.10　半波整流电路仿真电路图

半波整流仿真电器

4. 任务完成结论

（1）半波整流电路结构简单，仅需要________个二极管。

（2）从整流电路输入、输出的波形中可以看出，输入电压是________（双极性、单极性）信号，输出电压是________（双极性、单极性）信号，且为________（半波、全波）波形，也就是说，只有_________（半个周期、整个周期）的波形被利用。

仿真测试 2

1. 测试任务

桥式整流电路的测试。

2. 测试器材

装有 Multisim 2010 仿真平台的电脑。

3. 任务实施步骤

（1）在 Multisim 2010 仿真平台按图 5.11 所示连接电路。

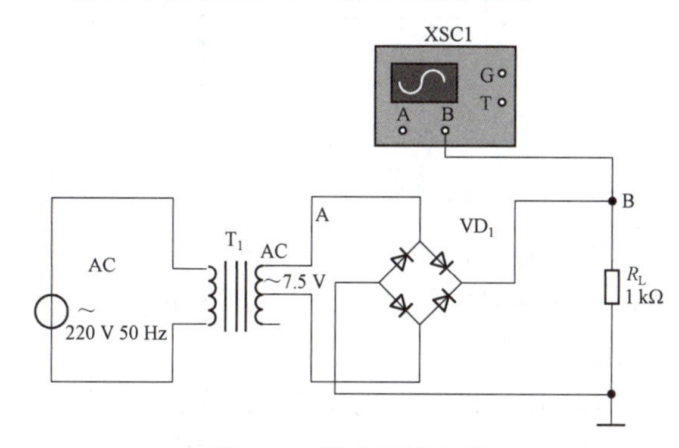

图 5.11　桥式整流电路

（2）用示波器的测试线红夹子分两次夹在 A、B 处，分别观察整流电路输入输出波形（注意：不能使用示波器双踪显示功能同时测量输入、输出波形）。

（3）用万用表交流挡测变压器次级电压（即整流电路的输入电压）的大小，记录测量值。

（4）用万用表直流挡测整流电路输出电压的大小，记录测量值。

5. 任务完成结论

（1）桥式整流电路需要_________个二极管。

（2）从整流电路输入输出的波形中可以看出，输入电压是_______（双极性、单极性）信号，输出电压是_______（双极性、单极性）信号，且为_______（半波、全波）波形，也就是说，_______（半个周期、整个周期）的波形均被利用。

（3）输出电压最大值与输入电压最大值的关系为_______（完全不等、近似相等）。

（4）输出电压平均值 U_B 与输入电压有效值 U_A 之间大约为_______倍关系。

任务 5.2　分析与测试滤波和稳压电路

5.2.1　分析滤波电路

知识储备

通过整流得到的是单相脉动直流电，其中包含多种频率的交流成分，与直流电源所期望的稳定直流电压相差还很远。为了滤除交流分量以获得平滑的直流电压，必须采用滤波电路。滤波电路直接接在整流电路后面，一般由电容、电感及电阻等元件组成。基本的滤波电路包括电容滤波电路和电感滤波电路。

1. 电容滤波

电容滤波的单相桥式整流电路如图 5.12 所示，负载与滤波电容并联。

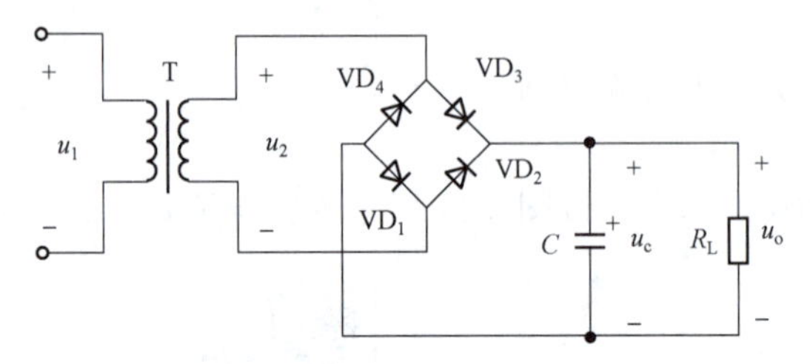

图 5.12　电容滤波电路

1）负载 R_L 未接入（空载）

当 u_2 为正半周时，二极管 VD_1 和 VD_3 导通，通过二极管的电流一部分流入负载 R_L，另一部分对电容 C 充电，使电容两端建立起电压 u_c。由于充电回路的电阻很小（主要为二极管的正向导通电阻与变压器次级绕组电阻），u_c 几乎和交流电压 u_2 同时达到最大值。u_2 达到最大值后开始下降，出现 $u_2 < u_c$，使二极管承受反向电压而截止。于是电容 C 开始放电，但是因为负载 R_L 空载，无放电回路，所以空载时输出电压就保持 u_c，不再发生变化，如图 5.13 所示。

$$u_o = u_c = \sqrt{2}U_2$$

2）接入负载 R_L（且 R_LC 较大）

电容充电情况与空载时相同。当 u_2 达到最大值后开始下降，出现 $u_2 < u_c$，使二极管反向截止，电容 C 开始对负载放电，放电电流流经负载。因为 R_LC 较大，放电比较慢，负载上的电压下降很少。当整流后第二个周期电压一旦高于 u_c，VD_2 和 VD_4 二极管导通，重新对电容 C 进行充电。周而复始，负载两端就获得图 5.14 所示的充放电锯齿波。与桥式整流后的波形相比，滤波后的负载电压波动大大减小。

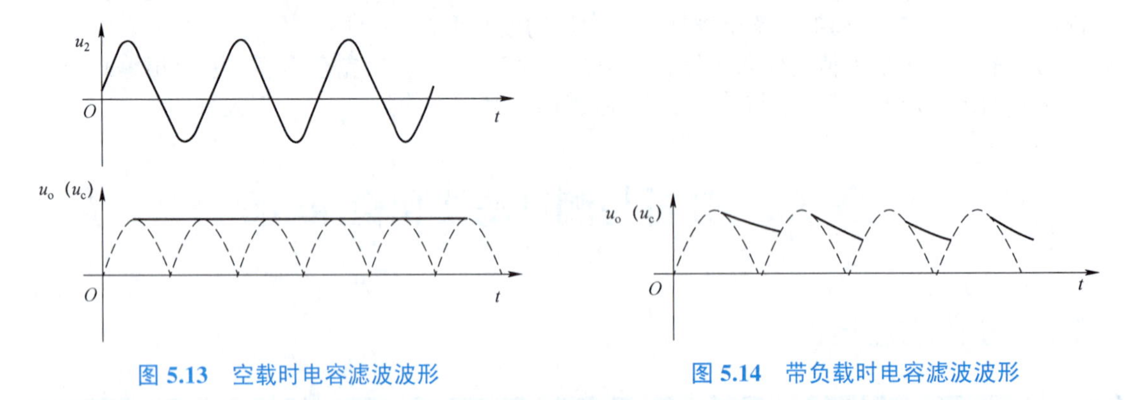

图 5.13　空载时电容滤波波形

图 5.14　带负载时电容滤波波形

3）参数计算

放电时间常数 $\tau = R_LC$ 的大小会影响电容滤波的效果，τ 越大，放电越缓慢，负载上的电

压越平滑，输出电压的平均值也越大，滤波效果越好。为了获得较好的滤波效果，通常选取

$$\tau = R_L C \geqslant (3 \sim 5)\frac{T}{2} \tag{5.12}$$

式中　T——交流电压的周期。

滤波电容 C 一般选择体积小、容量大的电解电容器。普通电解电容器有正、负极性，使用时正极必须接高电位端，如果接反会造成电解电容器的损坏。

可以证明，若取 $R_L C = 4\times\frac{T}{2} = 2T$，电容滤波后的输出电压平均值如下。

对于半波整流，有

$$U_o \approx U_2 \tag{5.13}$$

对于桥式整流，有

$$U_o \approx 1.2U_2 \tag{5.14}$$

2. 电感滤波

图 5.15 所示为电感滤波电路，由图可见，电感与负载是串联连接。电感滤波主要是应用电感的储能来减小输出电压的纹波，使输出电压波动比较小，达到滤波的效果。

电感的典型特征为“隔交通直”。桥式整流后的输出电压为脉动的直流电压，其中包括直流成分，也包括谐波成分。对直流分量，$X_L = 0$，电感相当于短路，电压大部分降在 R_L 上；对谐波分量，f 越高，X_L 越大，电压大部分降在电感上，所以在输出端就得到比较平滑的直流电压。电感滤波后的输出电压平均值为

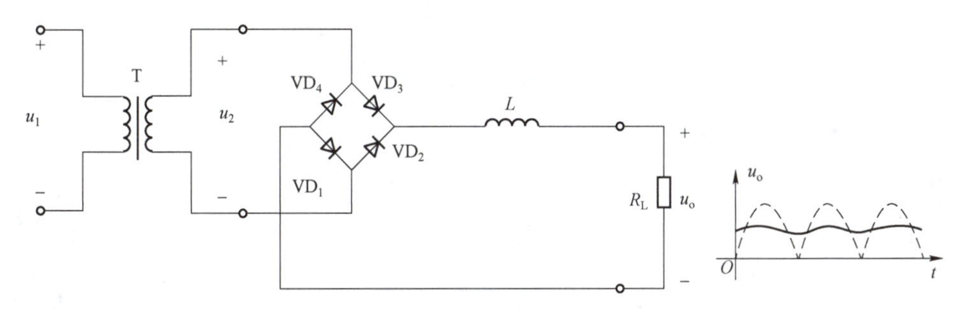

图 5.15　电感滤波电路

$$U_o = 0.9U_2 \tag{5.15}$$

表 5.1 所示为两种滤波方法之间的比较。

表 5.1　电容滤波与电感滤波性能比较

形式	优　点	缺　点	适用场合
电容滤波	输出电压的脉动小，滤波效果好，简单经济	输出电压的大小受负载的影响 二极管上存在“浪涌电流”	适用于负载电流较小且变化不大的场合
电感滤波	输出电压的大小与负载无关，滤波效果较好 二极管的峰值电流很小	输出电压没有电容滤波高，制作复杂，体积大、笨重，存在电磁干扰	适用于负载电压较低、电流较大、负载变化较大的场合

单独使用电容或电感构成的滤波电路，滤波效果不够理想。为了满足较高的滤波要求，常采用由电容和电感组成的 LC、Π 型 LC 滤波等复合滤波电路。图 5.16 所示为常见的几种复合滤波电路。表 5.2 给出了各种复合滤波电路的比较。

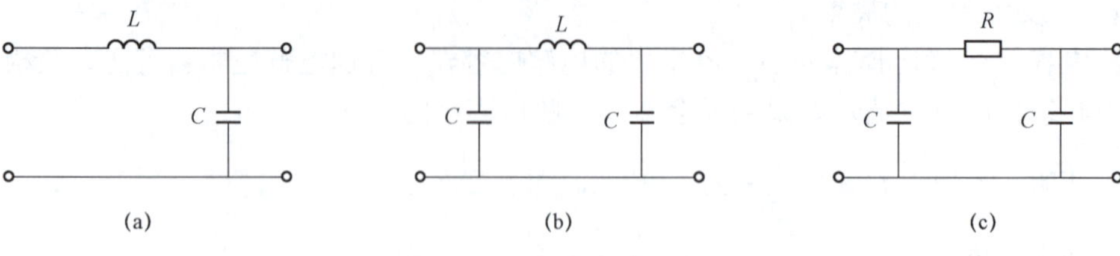

图 5.16　复合滤波电路

（a）LC 滤波电路；（b）Π 型 LC 滤波电路；（c）Π 型 RC 滤波电路

表 5.2　各种复合滤波电路的比较

形式	优　点	缺　点	使用场合
LC 滤波	输出电流大；带负载能力好；滤波效果好	电感线圈体积大，成本高	适用于负载变动大，负载电流大的场合
Π 型 LC 滤波	输出电压高；滤波效果好	输出电流较小；带负载能力差	适用于负载电流较小，要求稳定的场合
Π 型 RC 滤波	滤波效果较好；经济简单；能兼起降压、限流作用	输出电流小；带负载能力差	适用于负载电流小的场合

自 测 习 题

1. 填空

桥式整流电容滤波电路，空载时输出电压____________，有载时输出电压__________，RC 越大输出电压有效值越______________。为了保证滤波效果，一般要求 $RC>$__________$T/2$，其中 T 是________s。

自测习题答案

2. 选择

（1）常用滤波电路的主要元件是（　　）。

A. 电阻　　B. 二极管　　C. 电容和电感　　D. 稳压管

（2）滤波电路能把整流输出的（　　）成分滤掉。

A. 交流　　B. 直流　　C. 交、直流　　D. 干扰脉冲

3. 分析

有 4 位同学用示波器观察桥式整流电容滤波电路输出电压波形，如题 3 图所示，试分析他们的实验结果是否正确？如果不正确，指出电路故障原因。

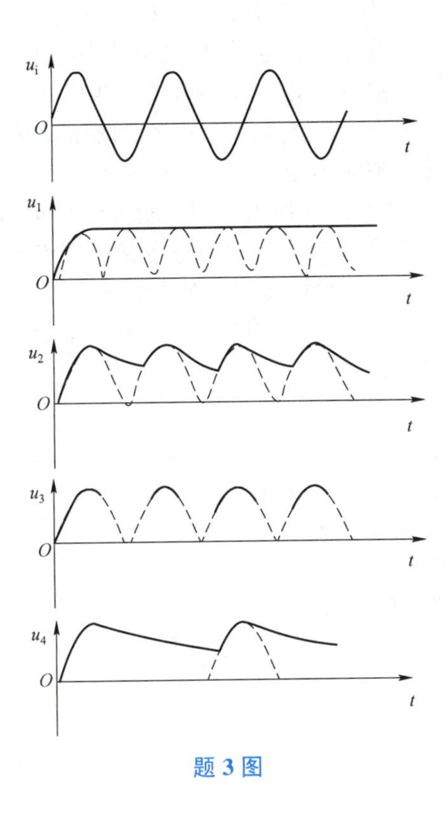

题 3 图

5.2.2　分析稳压电路

知识储备

1. 稳压管稳压原理

稳压管稳压电路如图 5.17 所示。负载 R_L 与稳压管是并联相接，由仿真测试结果可知，电阻 R 是必不可少的元件。如果没有电阻 R，则流经稳压管的电流非常大，稳压管会因为电流超过允许的最大电流而损坏。R 在电路中起着限流和分压的作用，称为“限流电阻”。

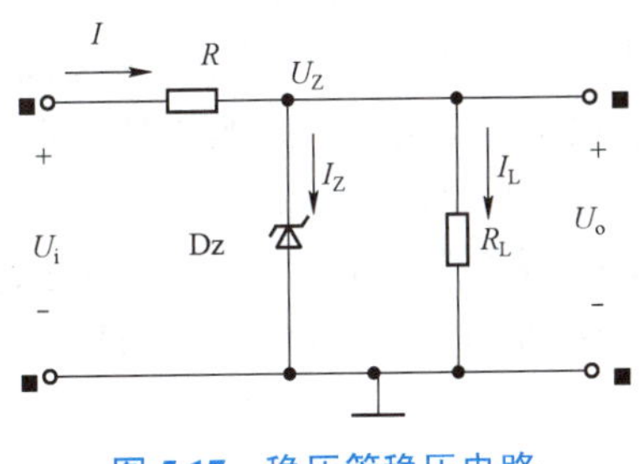

图 5.17　稳压管稳压电路

当外部输入电压或者自身负载发生变化时，稳压管能够稳定输出电压。分两种情况讨论工作原理如下。

（1）当负载电阻 R_L 保持不变，假设输入电压 U_i 突然增大，则输出电压 U_o 也有增大的趋势。稳压二极管两端反向电压增大，这会导致稳压管的电流 I_Z 急剧增大，$I=I_L+I_Z$，因此限流电阻 R 上的压降增大，以此来补偿输入电压 U_i 的增大，从而使输出电压基本上保持不变。上述过程简单表述如下：

$$U_i\uparrow \rightarrow U_o\uparrow \rightarrow I_Z\uparrow \rightarrow I\uparrow \rightarrow U_R\uparrow$$
$$U_o\downarrow \leftarrow$$

反之，当输入电压 U_i 减小，基于同样的原理，U_R 也减小，输出电压基本保持不变。

（2）输入电压 U_i 保持不变，假设负载电阻 R_L 突然减小，则输出电压 U_o 也有减小的趋势。稳压二极管两端反向电压减小，由稳压管的反向特性曲线可知，稳压管的电流 I_Z 急剧减小，流过限流电阻 R 上的电流 I 也减小，导致限流电阻 R 上的压降减小，从而使输出电压 U_o 有增大的趋势。两种变化趋势相反，则输出电压基本保持不变。

反之，当负载 R_L 突然增大时，工作原理相似，稳压管自动调节，使输出电压保持稳定。

由以上分析可知，硅稳压管稳压原理是利用稳压管两端电压 U_Z 的微小变化，引起电流 I_Z 的较大变化，通过限流电阻起电压调整作用，保证输出电压基本恒定，从而达到稳压作用。

硅稳压管稳压电路线路简单，但稳压性能差，输出电压受稳压管稳压值限制，一般适用于电压固定、负载电流较小的场合。

1）限流电阻的选择

从稳压管的反向特性曲线可见，稳压管稳定工作的前提是稳压管的所有可能工作电流 $I_{Zmin}<I_Z<I_{Zmax}$，I_{Zmin} 是稳压管可靠工作的最小电流。为防止电流过大而使得稳压管损坏，限定 I_{Zmax} 为稳压管允许通过的最大电流。

（1）最小限流电阻 R_{min} 的确定。

当 U_i 为最大值，负载电流 I_L 处于最小值时，I_Z 最大。由此可计算出限流电阻的最小值，即

$$R_{min}=\frac{U_{Imax}-U_Z}{I_{Zmax}+I_{Lmin}} \tag{5.16}$$

（2）最大限流电阻 R_{max} 的确定。

当 U_i 为最小值，负载电流 I_L 处于最大值时，I_Z 最小。由此可计算出限流电阻的最大值，即

$$R_{max}=\frac{U_{Imin}-U_Z}{I_{Zmin}+I_{Lmax}} \tag{5.17}$$

限流电阻的确定范围为 $R_{min}<R<R_{max}$。

2）稳压管的串并联特性

电阻和电容都可以进行串并联使用，稳压管可以和普通电阻、电容一样进行串并联连接。当两个稳压管如图 5.18（a）所示串联连接时，端口输出电压为两个稳压管稳定电压之和。当两个稳压管如图 5.18（b）所示并联连接时，在同样的反向电压作用下，击穿电压较小的 6 V 稳压管首先导通，则输出电压就被钳制在 6 V，此时 8 V 的稳压管仍然处于反向截止状态，所以，当不同稳压值的稳压管并联连接时，只能是稳压值低的稳压管起作用，其他的稳压管都不起作用。当两个稳压管中有一个工作于正向导通状态时，如图 5.18（c）所示，正向导通的稳压管与普通二极管正向特性相似，则输出电压为其中正向导通稳压管的导通电压与反向击穿稳压管的稳定电压之和。

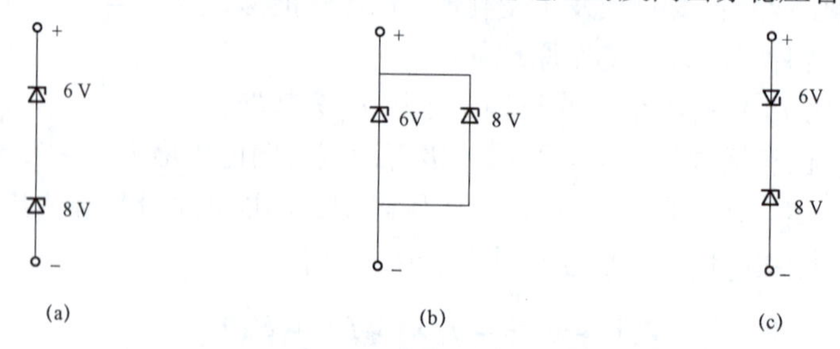

图 5.18 稳压管连接方式

（a）稳压管串联；（b）稳压管并联；（c）稳压管反向连接

2. 三端集成稳压器

集成稳压电路的类型很多。按其内部的工作方式可分为串联型、并联型、开关型；按其外部特性可分为三端固定式、三端可调式、多端固定式、多端可调式、正电压输出式、负电压输出式。现主要介绍三端集成稳压电路。

1）三端固定式集成稳压器

三端固定式集成稳压器 3 个端子分别为输入端、输出端和公共端。三端集成稳压电路的通用产品有 W78××系列（正电压输出）和 W79××系列（负电压输出）。图 5.19 所示为这两个系列集成稳压器的外形和管脚排列。

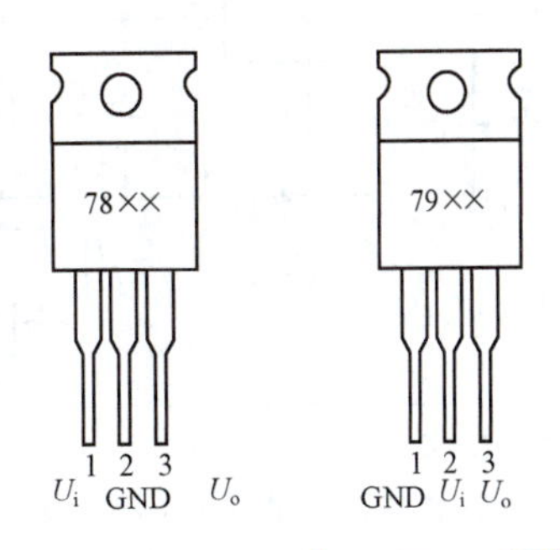

图 5.19　W78××和 W79××系列集成稳压器外形和管脚排列

型号的标识如图 5.20 所示，最后的两位数字代表输出电压值，可为±5 V、±6 V、±8 V、±12 V、±15 V、±18 V 和±24 V 等 7 个等级。例如，7812 表示输出直流电压为+12 V；7912 表示输出直流电压为–12 V。

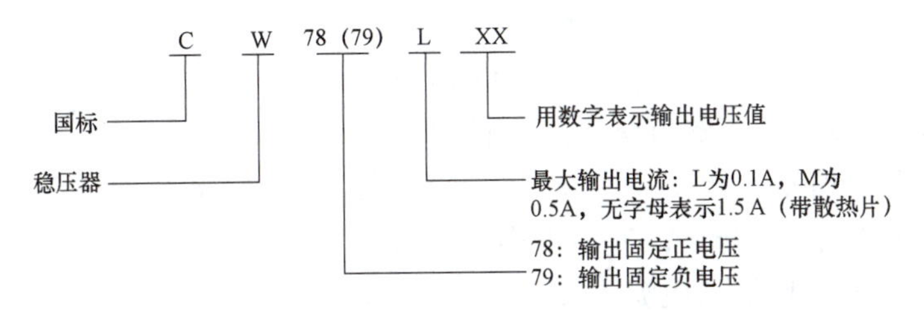

图 5.20　三端固定式集成稳压器型号组成及其意义

（1）三端固定稳压器基本应用电路。

图 5.21（a）所示电路是 W78××系列作为固定输出时的典型接线。为了保证稳压器正常工作，输入电压比输出电压要高至少 3～5 V；输入端的电容 C_1 一般取 0.1～1 μF，其作用是在输入线较长时抵消其感应效应，防止产生自激振荡；输出端的 C_2 用来减小由于负载电流瞬时变化而引起的高频干扰，一般取 0.1 μF；输出端的 C_3 为容量较大的电解电容，用来进一步减小输出脉动和低频干扰。如果需要负电源时，可采用图 5.21（b）所示的应用电路。

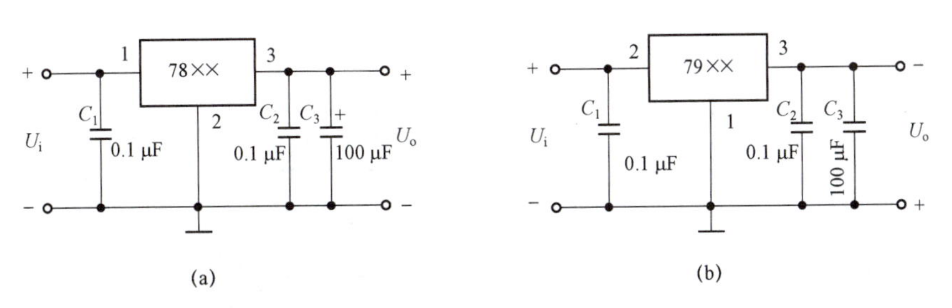

图 5.21　三端固定稳压器的典型接线

（a）78××系列典型接法；（b）79××系列典型接法

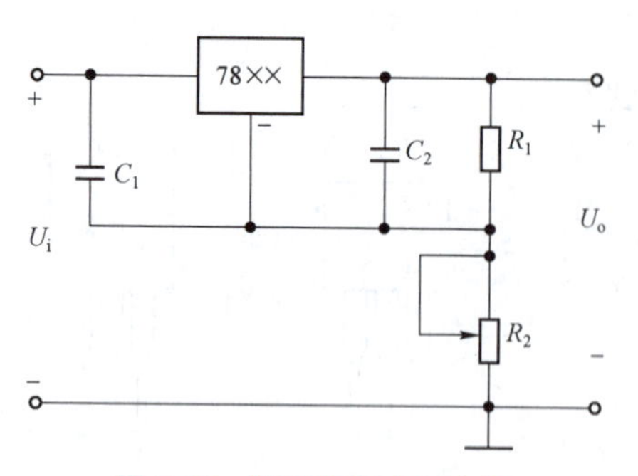

图 5.22　提高输出电压电路

（2）三端固定稳压器提高输出电压电路。

三端固定稳压器电路非常简单，但是只能获得 7 种标准电压，输出电流的最大值仅为 1.5 A。为了扩大输出电压和输出电流的范围，实现输出电压在某范围内可调，需要对基本应用电路做相应的改进。

图 5.22 所示电路是一种用于提高输出电压，实现电压可调电路。R_1 和 R_2 为外接电阻，R_1 两端的电压为集成稳压器的额定电压 5 V，流过 R_1 的电流 $I_{R1}=5\text{ V}/R_1$。因为流经集成稳压器公共端的静态电流 I_Q 非常小，一般为几 mA。若经过 R_1 的电流 $I_{R1}>5I_Q$，可以忽略 I_Q 的影响，R_1 和 R_2 电阻可以近似为串联的关系，则输出电压 U_O 可近似为

$$U_O=5\text{ V}\times\left(1+\frac{R_2}{R_1}\right)$$

（3）三端固定稳压器提高输出电流电路。

当负载所需电流大于现有三端稳压器的输出电流时，可以通过外接功率管的方法来扩大输出电流，其电路如图 5.23 所示。

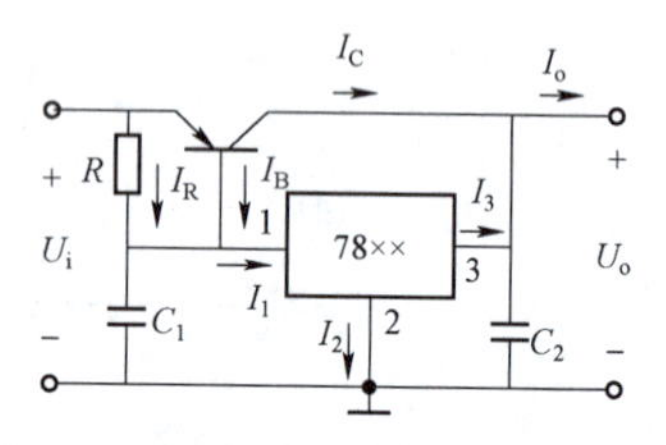

图 5.23　固定稳压器提高输出电流电路

图中 I_2 为稳压器公共端电流，其值很小，可以忽略不计，所以 $I_1\approx I_3$，则输出电流可表示为

$$I_o=I_3+I_C=I_3+\beta(I_1-I_R)\approx(1+\beta)I_3+\beta\frac{U_{BE}}{R}\qquad(5.18)$$

式中　β——功率管的电流放大系数；

I_C——功率管的集电极电流。

（4）具有正负输出电压的稳压电源电路。

当需要正负电压同时输出时，可用一块 CW78××正电压稳压器和一块 CW79××负电压稳压器连接成图 5.24 所示的电路。这两块稳压器有一个公共接地端，并共用整流电路。

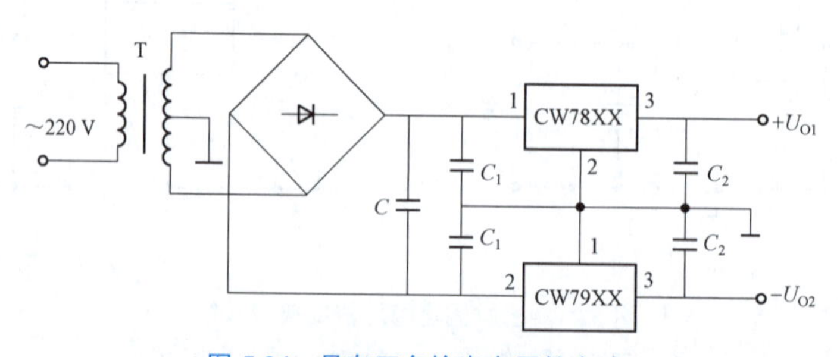

图 5.24　具有正负输出电压的电路

2）三端可调集成稳压器简介

三端可调输出集成稳压器是在三端固定输出集成稳压器的基础上发展起来的，集成片的输入电流几乎全部流到输出端，流到公共端的电流非常小，因此可以用少量的外部元件方便地组成精密可调的稳压电路，应用更为灵活。可调式三端稳压器种类很多，常用的是CW117 和 CW137 系列，图 5.25 所示为CW117、CW137 的外形和管脚排列，图 5.26所示为其标识读法。

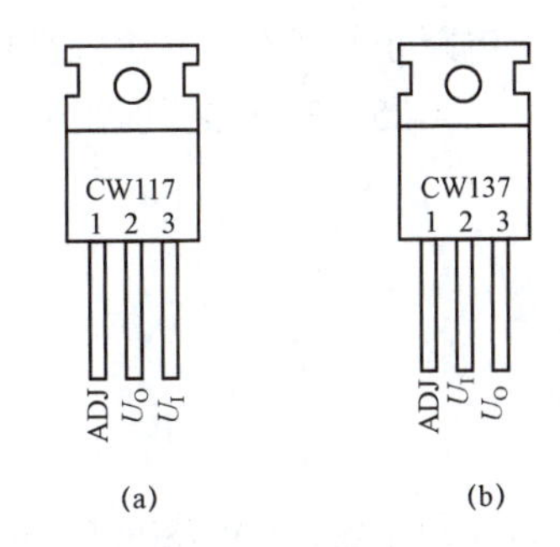

图 5.25 三端可调输出集成稳压器外形及管脚排列

（a）CW117 系列（b）CW137 系列

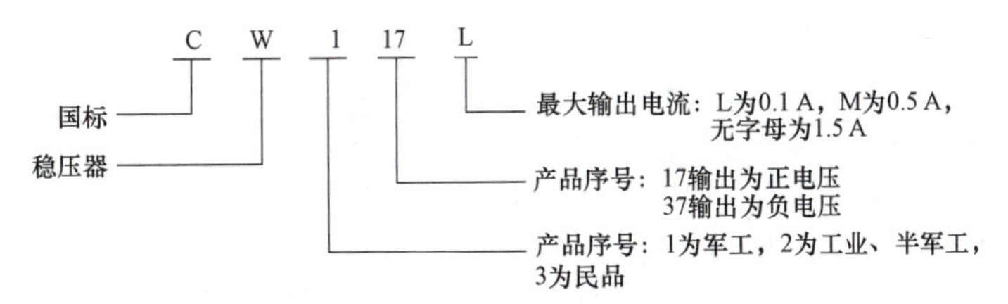

图 5.26 三端可调式稳压器型号组成及意义

图 5.27 所示为三端可调输出集成稳压器的基本应用电路。为防止输入端发生短路时，C_4向稳压器反向放电而损坏集成稳压器，故在稳压器两端反向并联一只二极管 VD_1。VD_2 则是为防止因输出端发生短路 C_2 向调整端放电而造成损坏集成稳压器而设置的。C_2 可减小输出电压的纹波。R_1 、R_p 构成取样电路，通过调节 R_p 来改变输出电压的大小。

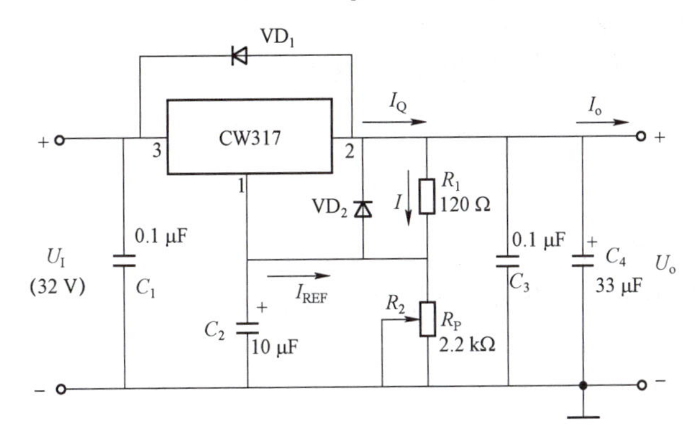

图 5.27 三端可调输出集成稳压器基本应用电路

其输出电压的大小可表示为

$$U_o = \frac{U_{REF}}{R_1}(R_1 + R_2) + I_{REF}R_2$$

由于调整端电流 $I_{REF} \approx 50\mu A$，故可以忽略，集成稳压器输出端与调整端之间的固定基准电压 $U_{REF} = 1.25V$，所以

$$U_o \approx 1.25\left(1 + \frac{R_2}{R_1}\right) \tag{5.19}$$

为了使电路正常工作，一般输出电流不小于 5 mA。当输入电压范围在 2～40 V 之间时，输出电压可在 1.25～37 V 之间调整，负载电流可达 1.5 A。

自测习题

1. 填空

三端集成稳压器，CW7806 的输出电压是_____V，CW7912 的输出电压是____ V。

2. 选择

电路如题 2 图所示。

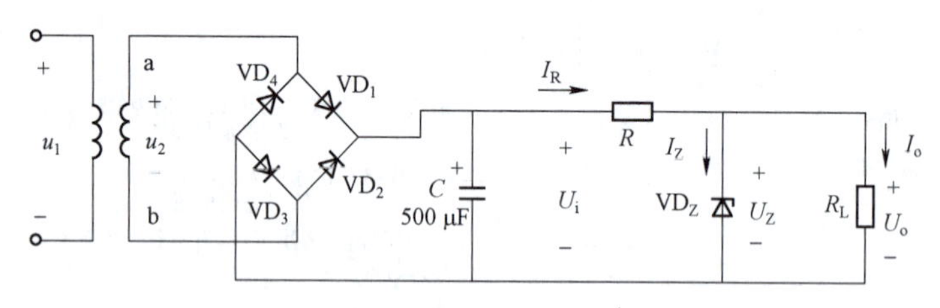

题 2 图

（1）设有效值 $U_2=10$ V，则 $U_i=$（　　）。

A. 4.5 V　　B. 9 V　　C. 12 V　　D. 14 V

（2）若电容 C 脱焊，则 $U_i=$（　　）。

A. 4.5 V　　B. 9 V　　C. 12 V　　D. 14 V

（3）若二极管 VD_2 接反，则（　　）。

A. 变压器有半周被短路，会引起元器件损坏

B. 变为半波整流

C. 电容 C 将过压击穿

D. 稳压管将过流损坏

（4）若二极管 VD_2 脱焊，则（　　）。

A. 变压器有半周被短路，会引起元器件损坏

B. 变为半波整流

C. 电容 C 将过压击穿

D. 稳压管将过流损坏

（5）若电阻 R 短路，则（　　）。

A. U_o 将升高　　B. 变为半波整流　　C. 电容 C 将击穿　　D. 稳压管将损坏

3. 分析

（1）电路如题 3（1）图所示，已知稳压管的稳定电压为 6 V，最小稳定电流为 5 mA，允许耗散功率为 240 mW；输入电压为 20～24 V，$R_1=360\ \Omega$。试回答下面的问题。

① 为保证空载时稳压管能够安全工作，R_2 应选多大？

② 当 R_2 按上面原则选定后，负载电阻允许的变化范围

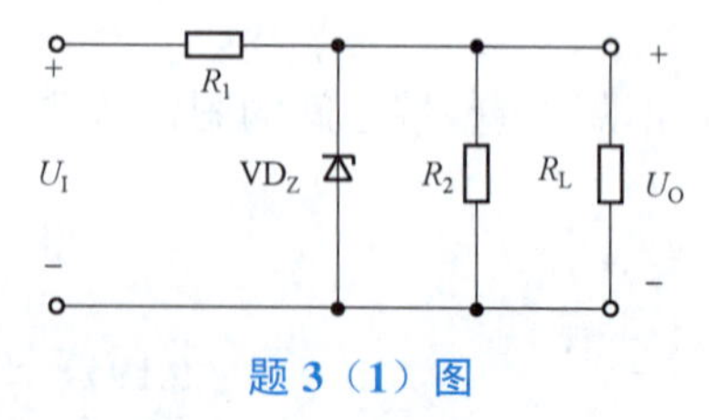

题 3（1）图

是多少？

（2）元件排列如题 3（2）图所示，试合理连线，以构成直流稳压电源电路，并说明输出电压是多少？

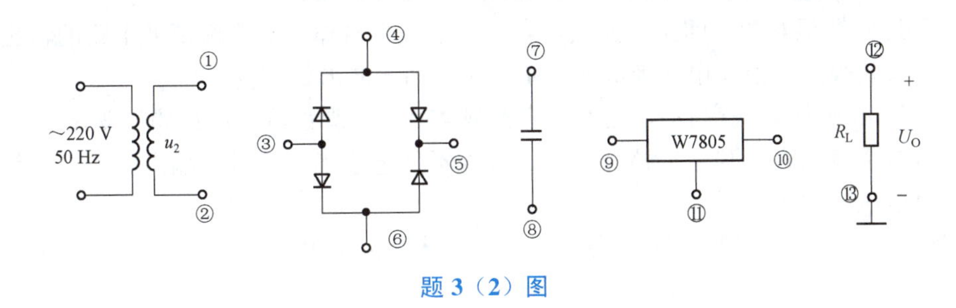

题 3（2）图

（3）W7805 组成的电路如题 3（3）图所示，已知 $I_W = 5$ mA，$R_1 = 200$ 时，R_2 范围为 100～200，试计算：

① 负载 R_2 上的电流 I_O 值。

② 输出电压 U_O 的变化范围。

（4）求解题 3（4）图所示电路的输出电压的调节范围。

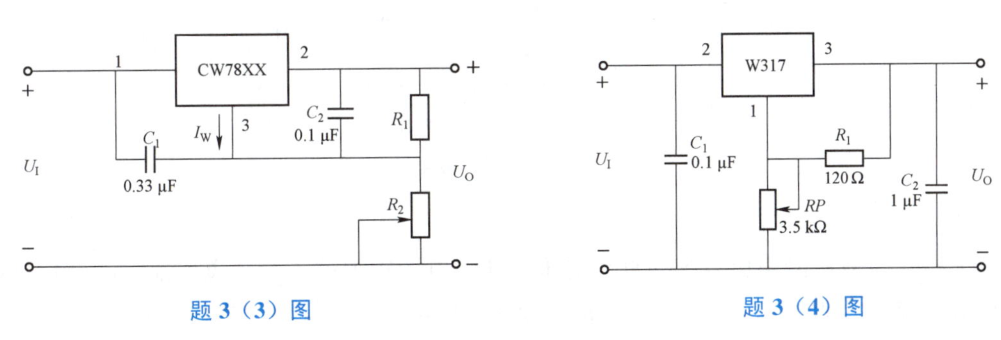

题 3（3）图　　　　题 3（4）图

自测习题答案

5.2.3　任务训练：仿真分析滤波和稳压电路

仿真测试 1

1. 测试任务

电容滤波电路的测试。

2. 测试器材

装有 Multisim 2010 仿真平台的电脑。

3. 任务实施步骤

1）电容滤波电路的测试

（1）在 Multisim 2010 仿真平台按图 5.28 所示连接电路，注意电解电容的极性。

（2）开关 J_1 拨至右边，用示波器观察桥式整流电路的输出波形。

（3）开关 J_1 拨至左边，即接入滤波电容，用示波器观察桥式整流滤波电路的输出波形。

（4）接入负载，将滤波电容换成 470μF，观察输出波形如何变化。

（5）负载 R_L 未接入（空载），滤波电容换成 470μF，观察输出波形如何变化。

（6）用万用表的直流和交流挡分别测量接入不同电容和负载时，输出电压中所包含直流电压和交流电压的大小。

（注意：信号测试线的黑夹子均夹在接地点，此图未画出！）

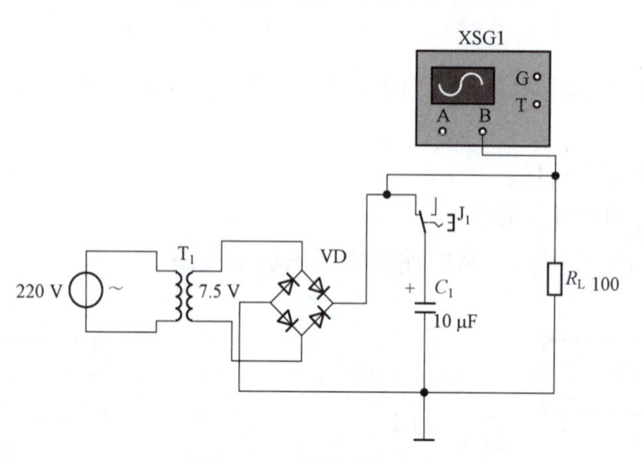

图 5.28　电容滤波电路

4. 任务完成结论

（1）桥式整流后的电压为脉动直流电压，其中包括较大的______（交流、直流）分量，通过电容滤波后削弱______（交流、直流）分量的作用，输出波形的脉动系数______（变大、变小）。

（2）增大电容的容量或者增大负载电阻的阻值，输出波形的脉动系数变______（大、小），交流分量______（增大、减小），直流分量______（增大、减小）。

（3）负载空载时，输出波形的特点为______________________________。

仿真测试 2

1. 工作任务

稳压电路的测试。

2. 测试器材

Multisim 2010 软件 1 套。

3. 任务实施步骤

（1）按图 5.29 所示画好仿真电路。

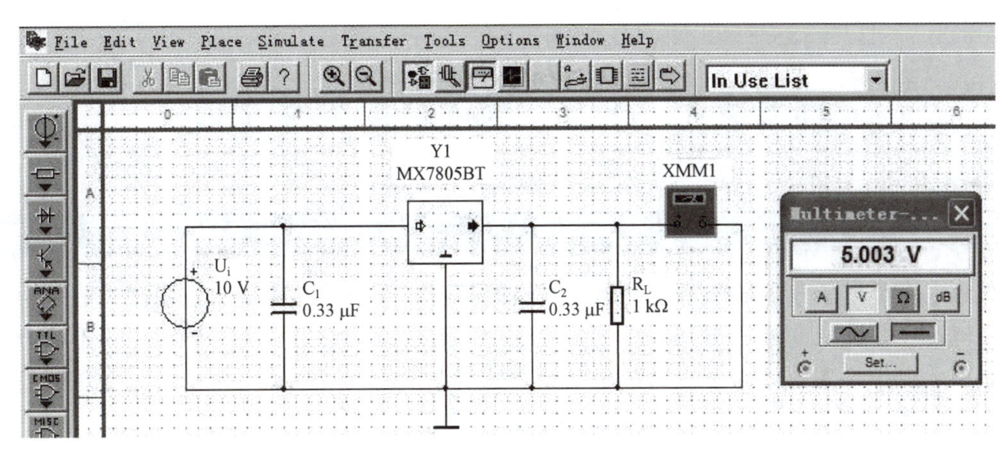

图 5.29　直流稳压电源特性的仿真测试

（2）改变输入电压大小，U_i 分别为 2 V、5 V、10 V、15 V、20 V、25 V、30 V，观察万用表所测量的负载 R_L 两端输出电压，记录测量数据。

（3）模拟负载的波动，改变负载大小，R_L = 10 Ω、100 Ω、600 Ω、1 kΩ、10 kΩ、100 kΩ、∞，观察万用表所测的输出电压值，并记录。

（4）按图 5.30 所示画好仿真电路。用虚拟示波器分别观察整流、滤波、稳压后的输出波形。

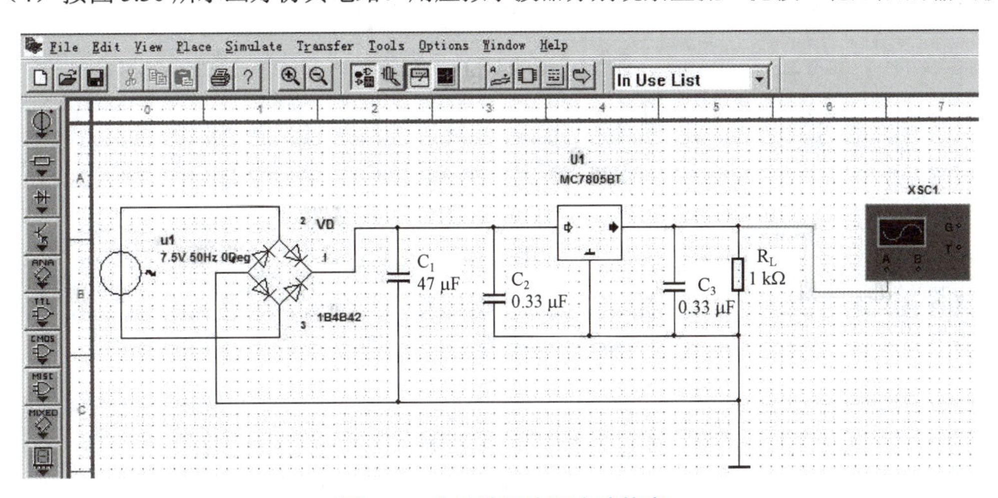

图 5.30　直流稳压电源电路仿真

4. 任务完成结论

（1）在一定的限制范围内，输入电压或者负载发生变化时，输出电压变化较______（大、小），集成稳压器起到稳压作用，输出在______V 内。

（2）输入电压或者负载的变化如果超越了限制范围，则集成稳压器______（能、不能）稳压。输入电压比输出电压至少高______V，集成稳压器才能够正常工作。

（3）比较集成稳压器与稳压管稳压电路的测量结果，集成稳压器的稳压效果______（好、差）。

（4）直流稳压电源电路______（能、不能）获得稳定的直流电压，电路包括 4 个组成部分，分别为______、______、______、______。

任务 5.3　分析与设计直流稳压电源

知识应用

直流电源是电子设备的能源，是所有电路的基石。电子设备中的直流电源一般是由交流电网供电，经整流、滤波后得到直流电。但这种直流电源的性能很差，输出电压不稳定，不能直接用于电子设备中。为了提高直流电源的稳定性，需要引入稳压电路。一般直流稳压电源可以由变压、整流、滤波和稳压四部分组成。

什么样的电路能够将交流电转变为直流电呢，图 5.31 所示为线性直流稳压电源的原理框图，直流稳压电源主要由变压器、整流电路、滤波电路和稳压电路等环节组成。

如图 5.31 所示，电网供给的交流电压 u_1（220 V、50 Hz）经电源变压器降压后，得到符合电路需要的交流电压 u_2，然后由整流电路变换成方向不变、大小随时间变化的单相脉动的直流电压 U_3，再经滤波电路滤去其交流分量，就可得到比较平滑的直流电压 U_4。但这样的直流输出电压，还会随交流电网电压的波动或负载的变动而变化。在对直流供电要求较高的场合，还需要使用稳压电路，以保证输出直流电压 U_5 更加稳定。

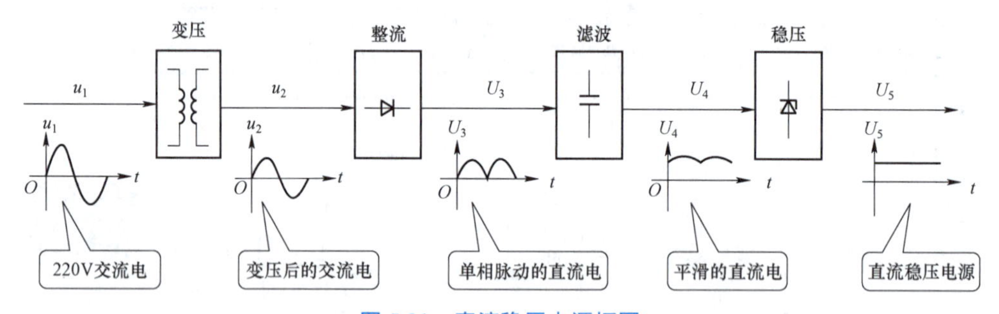

图 5.31　直流稳压电源框图

直流稳压电源的种类很多，有由分立元件组成的直流稳压电路和集成稳压电路。集成稳压电路体积小，使用调整方便，性能稳定，而且成本低，因此应用日益广泛。

集成稳压电路的类型也很多，按其内部的工作方式可分为串联型、并联型、开关型；按其外部特性可分为三端固定式、三端可调式、多端固定式、多端可调式、正电压输出式、负电压输出式；按其型号分类又有 CW78 系列、CW79 系列、W2 系列、WA7 系列、WB7 系列、FW5 系列、17/37 系列等。

电源电路看似简单，但要做好却不容易。电源设计需要考虑输出的功率要足够，电源的转换效率要高，稳压电路对输入电压的波动适应性要好，输出直流电的纹波要小等指标。

1. 直流稳压电源的主要技术指标

1）特性指标

特性指标指表明稳压电源工作特征的参数，如输入输出电压及输出电流、电压可调范围等。

2）质量指标

质量指标指衡量稳压电源稳定性能状况的参数，如稳压系数、输出电阻、纹波电压及温度系数等。下面分别说明如下。

（1）稳压系数γ。它指通过负载的电流和环境温度保持不变时，稳压电路输出电压的相对变化量与输入电压的相对变化量之比，即

$$\gamma=\frac{\Delta U_o / U_o}{\Delta U_{IN} / U_{IN}}\bigg|_{\Delta I_O=0,\ \Delta T=0} \tag{5.20}$$

式中　U_{IN}——稳压电源输入直流电压；

U_o——稳压电源输出直流电压。

γ的数值越小，输出电压的稳定性越好。

（2）输出电阻 r_o。它指当输入电压和环境温度不变时，输出电压的变化量与输出电流变化量之比，即

$$r_o=\frac{\Delta U_o}{\Delta I_o}\bigg|_{\Delta U_I=0,\ \Delta T=0} \tag{5.21}$$

式中，r_o的值越小，带负载能力越强，对其他电路影响越小。

（3）纹波电压 S。它指稳压电路输出端中含有的交流分量，通常用有效值或峰值表示。

S 值越小越好，否则影响正常工作，如在电视接收机中表现交流“嗡嗡”声和光栅在垂直方向呈现 S 形扭曲。

（4）温度系数 S_T。它指在输入电压和负载电流都不变的情况下，单位温度变化所引起的输出电压的变化，即

$$S_T=\frac{\Delta U_o}{\Delta T}\bigg|_{\Delta U_I=0,\ \Delta I_o=0} \tag{5.22}$$

式中　ΔU_o——漂移电压。S_T越小，漂移越小，稳压电路受温度影响越小。

2. 设计过程举例

1）稳压电源设计指标要求

设计一个线性直流稳压电源，技术指标要求如下。

（1）交流输入电压　220 V±10%，50 Hz。

（2）直流输出电流 I_o=1 A。

（3）直流输出电压 U_o=15 V±5%。

（4）交流纹波＜5 mV。

2）方案分析

最常用的线性直流稳压电源的组成框图如图 5.32 所示。

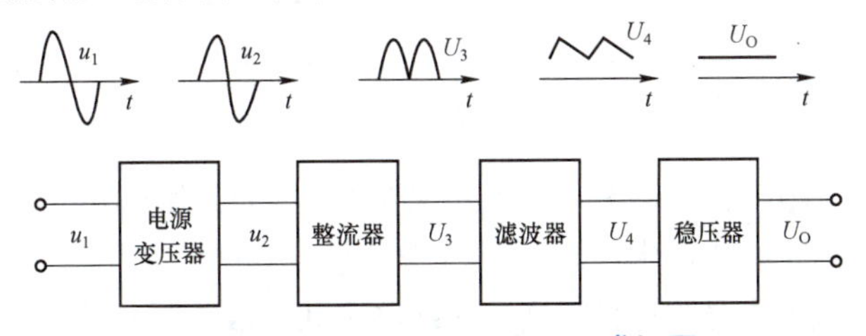

图 5.32　线性直流稳压电源组成框图

（1）变压器部分。

其作用是把电网上的 220 V 交流电压 u_1 通过变压器变成所需要的电压值。变压器输出电压要考虑既能满足市电波动引起的电压下跌的影响，还要考虑到集成稳压块两端的压差不能太大，以免增加集成稳压块自身的功耗。变压器原边电压为 220 V±10%、50 Hz 交流电，副边交流输出电压需要根据直流输出电压值，在交流电网电压 220 V 向下波动 10%的情况下，仍然能满足稳压集成电路稳定工作的最小压差，同时要考虑整流滤波电路的电压系数，以及小型变压器的转换效率η（为变压器副边与原边的功率之比）等几方面综合之后确定副边交流输出电压。输出额度电流为 1 A，根据以上数据选择变压器功率和型号。

小型变压器效率表见表 5.3。

表 5.3　小功率变压器效率表

副边伏安容量/VA	＜10	10～30	30～80	80～200
效率η	0.6	0.7	0.8	0.85

（2）整流部分。

整流电路将交流电压 u_2 变换成脉动的直流电压。整流电路一般选用桥式整流电路，这种整流电路效率高，在输出相同电压、功率的情况下，变压器的副边可以比全波整流电路减少一半绕组，节约了铜材。桥式整流二极管的选择条件参照任务 5.1 中式（5.6）和式（5.7）。

（3）滤波部分。

采用电容滤波，作用是减小经过整流的直流电的脉动成分，保持一定的输出电压平均值。根据负载的大小，选择电容的容量。滤波电容容量的选择条件参照任务 5.1 中式（5.8）。再根据交流电网电压 220 V 在向上波动 10%的情况下，副边电压经整流滤波，空载时的直流峰峰值电压，加上一定的耐压余量，在电容的耐压等级里选择耐压值，一般耐压值取 1.5～2 倍的 U_2（即变压器副边电压有效值）。

（4）稳压部分。

固定式线性集成稳压器的分类和主要参数。

① 输出正负极性分类。三端固定式线性集成稳压器有输出正电压的 78××系列和输出负电压的 79××系列。

② 输出电压、电流的表示。国产三端固定式集成稳压器输出电压有 5 V、6 V、9 V、12 V、15 V、18 V、24 V 等 7 种。最大输出电流大小用字母表示，字母与最大输出电流对应表见表 5.4。

表 5.4　集成稳压器字母与最大输出电流对应表

字母	L	N	M	无字母	T	H	P
最大输出电流/A	0.1	0.3	0.5	1.5	3	5	10

③ 器件型号规格示例。CW7805 为国产三端固定式集成稳压器，U_o 为+5 V，I_{om} 为 1.5 A；LM79M9 为美国国家半导体公司生产，U_o=–9 V，I_{om}=0.5 A。

④ 三端固定式集成稳压器的管脚排列。三端固定式集成稳压器的封装及管脚排列如图 5.33

所示。

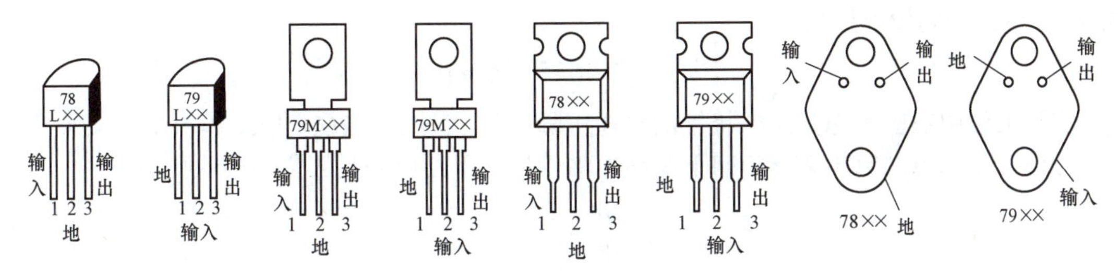

图 5.33　三端固定式集成稳压器封装及管脚排列

（a）TO－92（S－1）；（b）TO－202（S－6B）；（c）TO－220（S－7）；（d）TO－3（F－2）

由于是固定输出电压，可以选择固定输出正电压的稳压集成块 LM78××系列。需要注意的是，凡是大电流工作的稳压集成块，正常工作时都必须加一定尺寸的散热片辅助稳压集成块散热。

LM78××功耗估算，即

$$P=(U_I-U_o)I_{omax}$$

为使 LM78××的结温不超过规定值 125 ℃，必须按手册规定安装散热片。

在设计 PCB 板时要根据散热片的位置与大小，预留出安装散热板的位置。

3）单元电路设计

直流稳压电源的一般设计思路：由输出电压 U_o、输出电流 I_o 确定稳压电路形式，通过极限参数（电压、电流和功耗）选择器件；由稳压电路所要求的直流电压、直流电流输入确定整流滤波电路的形式，选择整流二极管及滤波电容，并确定变压器的副边电压的有效值、电流有效值及变压器功率。最后由电路的最大功耗工作条件确定稳压器的散热措施。

由设计指标要求设定直流稳压电源由桥式整流、电容滤波和 CW7815 稳压器组成。电路原理如图 5.34 所示。

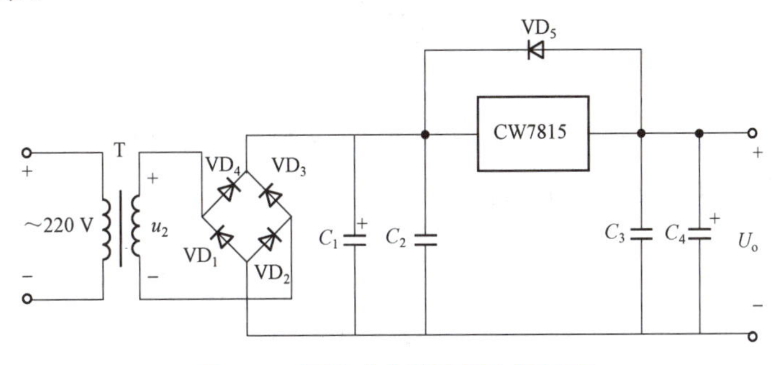

图 5.34　固定式直流稳压电源原理

为了保证稳压器正常工作，在输入与输出两端必须有 3～5 V（通常选中间值 4 V）以上的电压差。因为稳压电源的调整管所承受的功率是输入与输出的电压差乘以通过的电流。所以，如果压差太大，会造成调整管的功耗偏大。压差太小则无法稳定输出电压。

（1）器件选择。

电路参数计算如下。

① 确定稳压电路的输入直流电压 U_4（即整流滤波电路输出电压），即

$$U_4\approx U_o+(U_I-U_o)=15+4=19\ \text{V}$$

② 确定电源变压器副边电压、电流及功率。因为采用的是桥式整流滤波电路，所以由式（5.14），变压器副边电压为

$$U_2' \geqslant U_4 / 1.2 = 15.8\ \text{V} \approx 16\ \text{V}$$

实际工作中还应考虑整流二极管的导通压降，即 $U_2'' = 16 + 2U_r = 17.4\ \text{V} \approx 18\ \text{V}$。

考虑在输入电网电压 220 V 向下波动 10%的情况下，应满足工作条件，则有

$$\frac{198}{18} = \frac{220}{U_2}$$

故实际变压器输出电压选 $U_2 = 20\ \text{V}$。

变压器副边电流 $I_2 \geqslant I_{omax}$，取 I_2 为 1.1 A。

所以变压器副边视在功率为 $P_2 = 22\ \text{VA}$。

根据表 5.3，变压器的效率 $\eta = 0.7$，则原边功率 $P_2 \geqslant 31.4\ \text{W}$。由上分析，可选购副边电压为 20 V，输出 1.1 A，功率为 35 W 的变压器。

③ 选择整流二极管 $VD_1 \sim VD_4$ 及滤波电容 C_1。因为桥式整流电路中，流过每只二极管的电流 I_o 是负载电流的一半，所以

$$I_D = \frac{1}{2} I_o = 500\ \text{mA}$$

考虑到电网电压波动最大值，每只管子上的最大反向电压为

$$U_{RM} = \sqrt{2} U_{2max} = \sqrt{2}(1 + 10\%)\ \ U_2 = 1.414(1 + 0.1) \times 20 = 31\text{V}$$

若选用 4 只 1N4001 二极管，其极限参数为：最大整流电流 $I_D = 1\ \text{A}$，最高反向工作电压 $U_{RM} = 50\ \text{V}$。

由式（5.12）可得滤波电容 C_1 的容量为

$$C_1 \geqslant \frac{5T}{2R_L} = \frac{5 \times 0.02}{2 \times (15 \div 1)} \approx 3\,333\ \mu\text{F}$$

电容器的耐压为

$$（1.5 \sim 2）U_2 = （1.5 \sim 2） \times 20 = 30 \sim 40\ \text{V}$$

因而确定选用 4 700μF/50 V 的电解电容。

（2）稳压器功耗估算。

当输入交流电压向上波动 10%时，稳压器输入直流电压最大，即

$$U_{Imax} = 1.1 \times 1.2 \times 20 = 26.4\ \text{V}$$

所以稳压器承受的最大压差为 26.4 – 15 = 11.4 V

$$\text{最大功耗为：}（U_{Imax} - U_o） \times I_{omax} = 11.4 \times 1.1 = 12.54（\text{W}）$$

故应选用散热功率为大于 12.54 W 的散热器。

（3）其他措施。

输入端的电容 C_2 作用是在输入线较长时抵消其感应效应，防止产生自激振荡；输出端的 C_3 是为了消除电路的高频噪声，改善负载瞬态响应；C_4 是减小稳压电源输出端由输入电源引入的低频干扰。C_2、C_3 和 C_4 主要根据工程经验得到，C_2 一般取 0.1～1 μF，C_3 一般取 0.1 μF，C_4 一般取 10 μF。但接上 C_4 后，集成稳压器的输入端一旦短路，C_4 将对稳压器

的输出端放电，其放电电流可能会损坏稳压器，故在稳压器的输入端和输出端之间接一只保护二极管 VD_5。

3. 仿真分析直流稳压电源

1）测试器材

Multisim 2010 软件 1 套。

2）任务实施步骤

按图 5.35 所示画好仿真电路。用虚拟示波器分别观察整流、滤波、稳压后的输出波形。

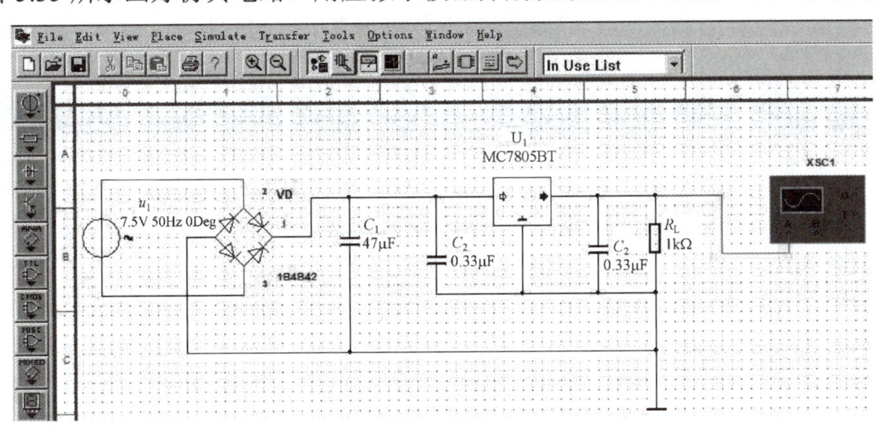

图 5.35　直流稳压电源电路仿真

3）任务完成结论

（1）在一定的限制范围内，输入电压或者负载发生变化时，输出电压变化较___（大、小），集成稳压器起到稳压作用，输出为____V 左右。

（2）输入电压或者负载的变化如果超越了限制范围，则集成稳压器___（能、不能）稳压。输入电压比输出电压至少高______V，集成稳压器才能正常工作。

（3）比较集成稳压器与稳压管稳压电路的测量结果，集成稳压器的稳压效果______（好、差）。

（4）直流稳压电源电路___（能、不能）获得稳定的直流电压，电路包括 4 个组成部分，分别为___________、___________、___________、___________。

自 测 习 题

1. 填空

直流稳压电源一般由___________、___________、_______________和_______________四部分组成。

2. 判断

（1）变压器不仅改变交流信号的性质，还改变信号的幅度。（　　）

（2）整流电路改变了信号的性质，将交流转变成了直流。（　　）

3. 选择

直流稳压电源中滤波电路的目的是（　　）。

A. 将交流变为直流　　B. 将高频变为低频　　C. 滤掉交流成分

自测习题答案

项目拓展　分析与制作多路输出稳压电源

知识应用

在日常的生产生活中，经常会用到 12 V、－12 V、5 V、3.3 V 这样的直流稳压电源，如单片机、集成运放等。本项目利用相关器件、设计开关电源。

设计指标：

（1）输入电压 15 V。

（2）直流输出电压 12 V、－12 V、5 V、3.3 V。

1. ＋12 V 的设计

LM7812 可以满足，由于输入为 15 V 的直流电压，比输出高 3 V，所以满足 LM7812 的使用要求。＋12 V 电源一般给运放供电，对带负载能力要求不高（图 5.36）。工作电流较小，对效率影响不大。不选用 LM2576 的原因：LM2576 的纹波比较大。

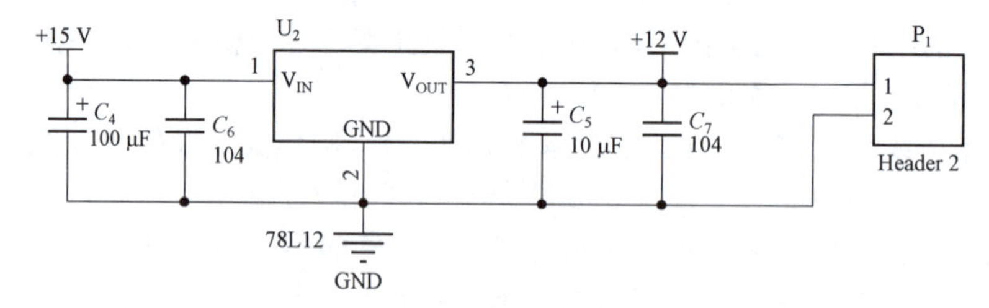

图 5.36　＋12 V 电源的设计

2. －12 V 的设计

LM7912 不能满足要求，原因是输入为＋15 V 的直流电压，所以不能满足 LM7912 的使用要求。选择 LM2576，该器件为开关型，效率高，输出端只要反接就能得到负的输出电压（图 5.37）。

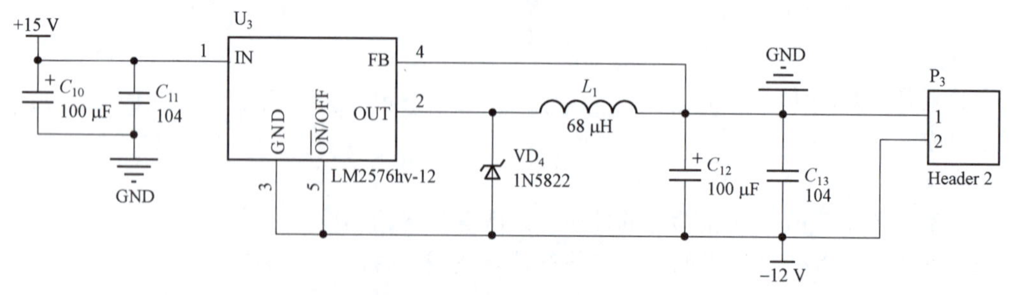

图 5.37　－12 V 电源的设计

3. +5 V 的设计

LM7805 可以满足，但是考虑到+5 V 是给单片机等供电，需要带负载能力强，效率高，所以选用 LM2576（图 5.38）。

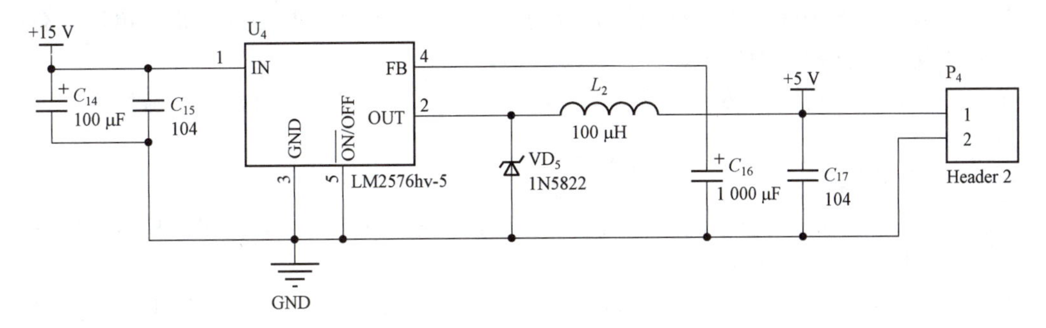

图 5.38　+5 V 电源的设计

4. 3.3 V 的设计

可以选择 LM1117 系列，这是一款低压差的线性稳压器件。但由于是低压差，所以需要输入端电压比较低，接近 3.3 V，所以不能直接用输入端的 15 V 作为 LM1117 的输入，可以选择+5 V 的一组电压作为 LM1117 的输入（图 5.39）。

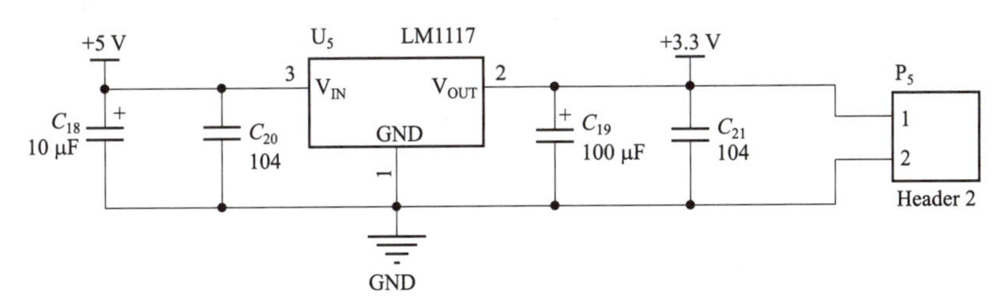

图 5.39　3.3 V 电源的设计

小　　结

★ 半导体的概念

半导体是导电能力介于导体和绝缘体之间的一种材料。纯净的半导体导电能力接近绝缘体，常见的半导体材料都是掺杂半导体。按照掺入元素的不同，杂质半导体可分为 P 型和 N 型。半导体材料具有热敏、光敏和掺杂特性。

★ 二极管的单向导电性

以 PN 结为核心的二极管最主要的特性是其单向导电性。外加正向电压时，二极管导通，其正向电阻很小；外加反向电压时，二极管截止，其反向电阻很大。

★ 二极管的反向击穿特性

普通二极管外加很大的反向电压，当反向电压的大小超过某一极限值后，二极管将会发生击穿。击穿后，二极管失去单向导电的特性，且往往是不可逆的。为了避免二极管进入反向击穿区，限制二极管所加的最大反向电压值为击穿电压大小的一半。

★ 特殊二极管

稳压二极管是经特殊工艺处理，工作于反向击穿区的二极管。当电流在允许范围内变化时，稳压管两端电压几乎不变。

发光二极管是一种能将电能转换为光能的二极管，正常使用时必须加正向电压，有电流通过时能够发光，常常作为显示器件。

光电二极管正常使用时必须加反向电压，有某个波段的光照射时反向电流增大，常常作为光控元件。

★ 直流稳压电源

直流稳压电源（简易充电器）一般是由变压器、整流电路、滤波电路、稳压电路等部分组成，其中稳压电路通常由集成稳压器构成。

变压器将工频交流电压变换为适合整流的交流电压，测量时应采用万用表的交流挡。

整流电路主要是利用二极管的单向导电性将交流电转变为脉动的直流电，可分为半波和全波整流、桥式整流。桥式整流是应用非常广泛的一种整流电路，测量整流后的电压应采用万用表的直流电压挡。

滤波电路通常接于整流电路之后，用来滤除输出电压中的纹波。根据滤波元件的不同，滤波电路可分为电容滤波和电感滤波。电容滤波适用于输出电流小且负载变化不大的场合；电感滤波适用于输出电流比较大的场合。测量电压也应采用万用表的直流电压挡。

稳压电路用于克服电网电压波动以及负载的变化对输出电压的影响。最简单的稳压电路是利用稳压管的稳压特性，但效果不是很好，常用的集成稳压器稳压电路简单方便，稳压效果好，应用广泛。

习　题

5.1　填空

（1）半波整流由________个二极管构成，变压器次级线圈电压有效值为 U_2，输出电压平均值是________。

（2）直流稳压电源中，变压器________（是/否）改变信号的性质，________部分能够将交流信号改变为直流信号，________部分能够进一步将直流信号中的交流成分滤除。

（3）直流稳压电源中的稳压电路部分在________波动或者________变化的情况下，保证直流稳压电源的输出电压基本不变。

（4）直流稳压电源由________、________、________、________四个部分组成，其中以二极管为核心的是________环节。

（5）桥式整流由________个二极管构成，整流后的输出电压频率是________（50 Hz、100 Hz）。

（6）整流桥堆上标有“～”的引脚应与________相连，标有“+”和“−”的引脚应与________相连。

（7）三端固定稳压器 CW7805 表示输出________V 电压，CW7912 表示输出________V 电压。

5.2　直流稳压电源一般组成框图如题 5.2 图所示，试写出图中 A、B、C、D 各部分功能电路名称。

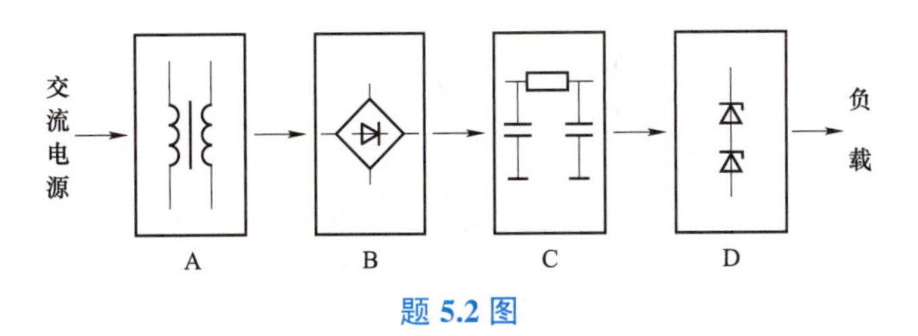

题 5.2 图

5.3　如题 5.3 图所示电路，试分析此电路包含电源电路一般组成中的哪两部分电路？输入信号为正弦波，试画出输出波形。

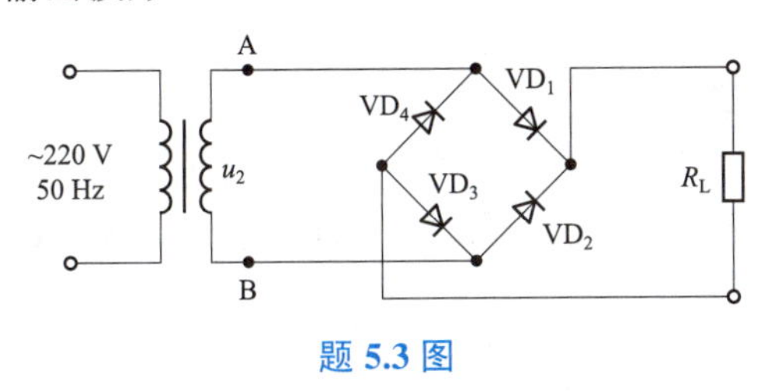

题 5.3 图

5.4　电路如题 5.4 图所示。问：（1）标出 U_O 的极性；

（2）D_1～D_4 是什么电路？

（3）若 u_2＝20V，问 U_O 为多少？

（4）测量 U_O 时用什么仪表？测量 u_2 采用什么仪表？

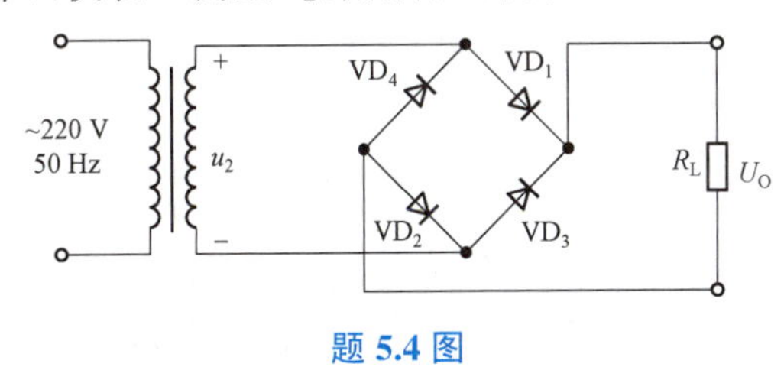

题 5.4 图

5.5　直流稳压电源由变压器、桥式整流电路、滤波电路、稳压电路四部分组成，请根据题 5.5 图波形，判断 a、b、c、d 各是哪部分电路的输出波形。

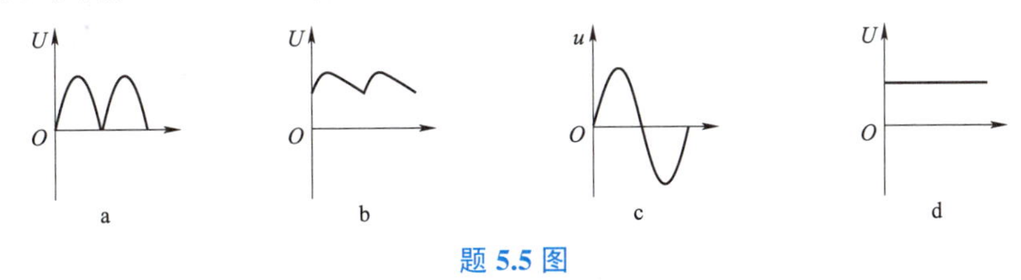

题 5.5 图

5.6　对两个小功率二极管进行测量，外加正向电压时，A 小功率二极管的正向电流为 30 mA，B 小功率二极管的正向电流为 15 mA，外加反向电压时，A 管的反向饱和电流为 0.3 μA，B 管的反向饱和电流为 0.01 μA，试选择合适的二极管。

5.7　桥式整流电路如题 5.7 图所示，若电路中二极管出现下述各种情况，电路会出现什么问题？

（1）VD_1 因虚焊而开路。

（2）VD_2 被短路。

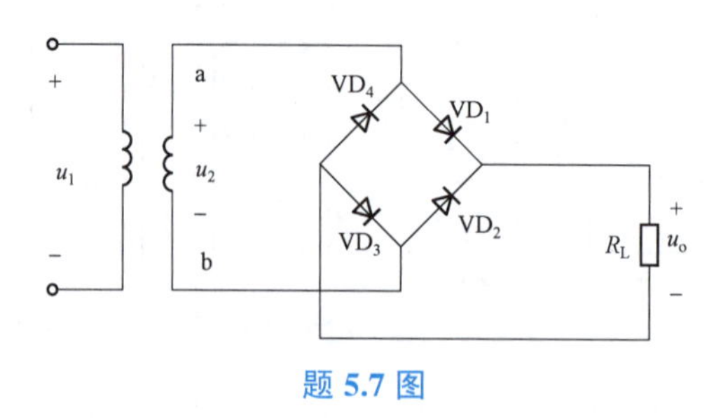

题 5.7 图

（3）VD_3 极性接反。

（4）VD_1、VD_2 极性都接反。

（5）VD_1 开路，VD_2 短路。

5.8　元件排列如题 5.8 图所示，试合理连线，以构成直流稳压电源电路。

5.9　W7805 组成的电路如题 5.9 图所示，已知 $I_W = 5$ mA，$R_1 = 200$ Ω时，R_2 范围为 0～200 Ω，试计算：

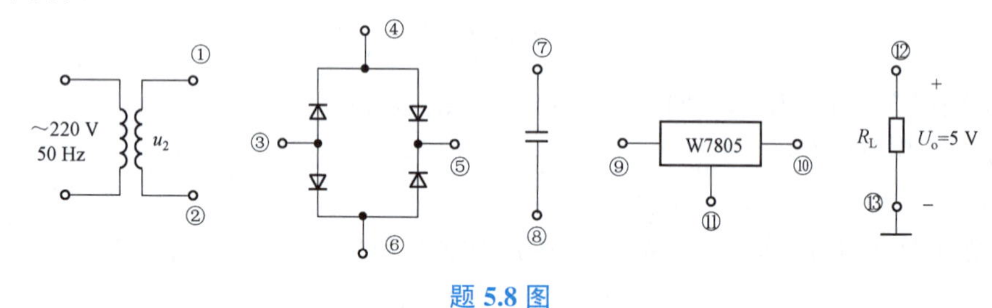

题 5.8 图

（1）负载 R_2 上的电流 I_o 值范围；

（2）输出电压 U_o 的范围。

5.10　三端可调式集成稳压器 W317 组成如题 5.10 图所示的电路，已知 W317 调整端输出电流 $I_W = 50$ μA，输出端 2 和调整端 1 间的电压 $U_{REF} = 1.25$ V。

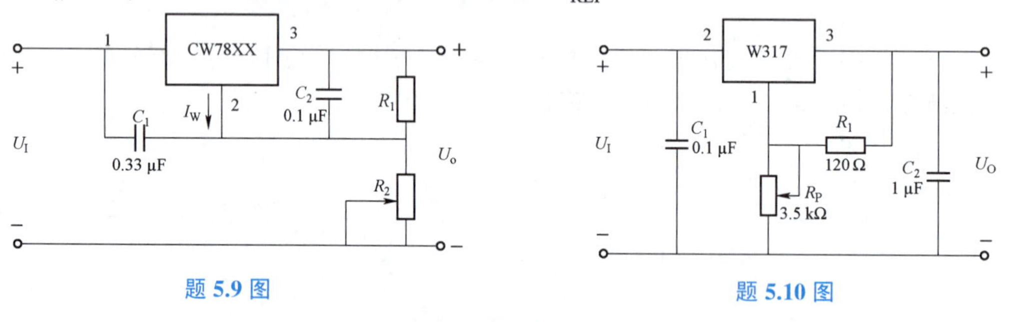

题 5.9 图　　题 5.10 图

（1）当 R_p 调整到 3.5 kΩ时，试计算图中电路的输出电压 U_o 值。

（2）电路中若 R_p 变化范围为 0～5.1 kΩ，则输出可调电压 U_o 范围为多少？

项目习题答案

项目 6

设计与制作信号发生器

引导语

信号发生器在测量中应用非常广泛，它可以产生不同频率的正弦信号、方波、三角波、锯齿波等。信号发生器种类繁多，专用信号发生器是专门为某种特殊的测量而研制的，如电视信号发生器、编码脉冲信号发生器等；通用信号发生器按输出波形可分为正弦信号发生器、脉冲信号发生器、函数发生器和噪声发生器等，其中能够产生三角波、方波和正弦波的信号发生器最具普遍性和广泛性。图 6.1 所示为某信号发生器的实物。图 6.2 所示为简易信号发生器电路原理框图。振荡器是如何工作的？正弦波、方波、三角波是如何产生的？通过本项目的学习，将理解各种波形产生电路的结构组成、电路原理及特点，理解振荡器和信号发生器的内在关系，在此基础上设计并尝试制作一个简易的信号发生器。

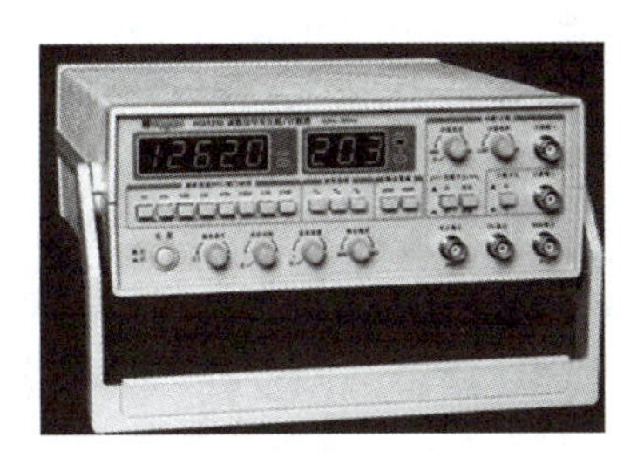

图 6.1　信号发生器实物

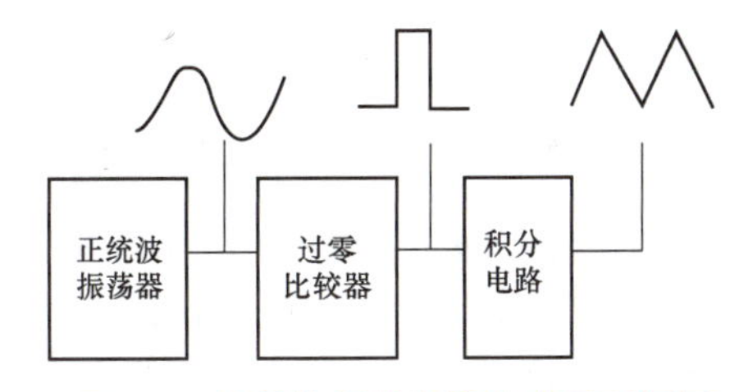

图 6.2　简易信号发生器电路原理框图

任务 6.1　分析与测试振荡电路

6.1.1　认识 *RC* 正弦波振荡器

知识储备

信号发生器又称为信号源或振荡器，在生产实践和科技领域中有着广泛的应用。例如，在通信、广播、电视系统中，都需要射频（高频）发射，这里的射频波就是载波，把音频（低频）、视频信号或脉冲信号运载出去，就需要能够产生高频的振荡器。在工业、农业、生物医学等领域内，如高频感应加热、熔炼、淬火、超声诊断、核磁共振成像等，都需要功率或大或小、频率或高或低的振荡器。

振荡器与放大器的区别在于没有外加激励的情况下，电路能自行产生一定频率和幅度的交流振荡信号。按产生的波形不同，可分为正弦波振荡电路和非正弦波振荡电路。典型正弦波振荡电路往往用分立元件来实现，但随着微电子制造技术的不断进步，集成电路得到了惊人的发展，集成电路的应用几乎遍及所有产业的各种设备中。传统的由分立元件组成的电路正在被集成电路所替代，因此学习的重点也应由分立元件转向集成器件。

1. 反馈式正弦波振荡器工作原理

正弦波振荡器可分为两大类：一类是依靠外加正反馈而得到自激振荡的反馈式振荡器；另一类是负阻式振荡器，它是利用接在谐振回路中的负阻器件的负电阻效应去抵消谐振回路中的损耗而产生的等幅自由振荡，这类振荡器主要工作在微波波段。本次任务仅讨论反馈式正弦波振荡器。

在放大电路中，采用负反馈来改善放大电路的性能；而在波形产生电路中，是利用正反馈来实现振荡信号的输出。利用正反馈的方法来获得等幅的正弦振荡，是反馈式正弦波振荡器的基本原理。反馈式正弦波振荡器是由放大器和反馈网络组成的一个闭合环路，如图 6.3 所示。在图 6.3 中，$\dot{U}_f$、$\dot{U}_i$、$\dot{U}_o$ 分别是反馈电压、输入电压和放大器输出电压，为了突出相位关系，增益和反馈系数都用复数（相量）表示。

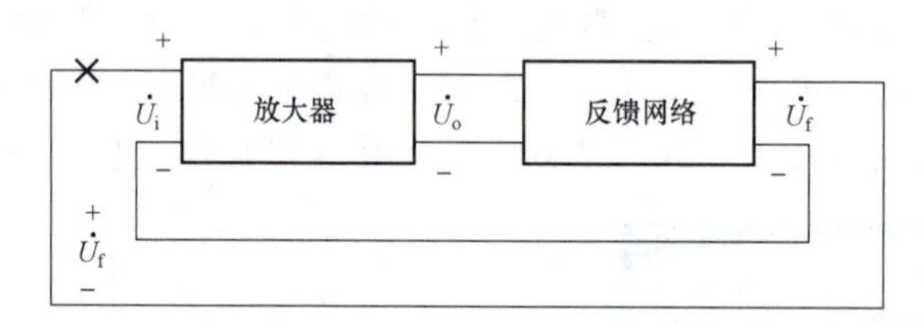

图 6.3　反馈式正弦波振荡器原理框图

要想使一个没有外加激励的放大器能产生一定频率和幅度的正弦输出信号，就要求自激振荡只能在某一个频率上产生，因此在图 6.3 所示的闭合环路中必须含有选频网络。选频网络可以包含在放大器内，也可在反馈网络内。

而任何一个具有正反馈的放大器都必须满足一定的条件才能自激振荡。下面就分析正弦波振荡器的起振条件（保证接通电源后能逐步建立起振荡）和平衡条件（保证进入维持等幅持续振荡的平衡状态）。

1）起振过程与起振条件

在刚接通电源时，振荡环路中存在各种微弱的电扰动（如接通电源瞬间在电路中产生很窄的脉冲，放大器内部的热噪声等），这些电扰动噪声中包含各种频率分量，都可作为放大器的初始输入信号 $\dot{U}_i$。由于选频网络是由 LC 并联谐振回路组成，则其中只有角频率为 LC 回路谐振角频率 ω_0 的分量才能通过反馈网络产生较大的反馈电压 $\dot{U}_f$，反馈到放大器的输入端，而其他频率的信号被抑制。如果在谐振频率 ω_0 处，反馈到输入端的 $\dot{U}_f$ 与原输入电压 $\dot{U}_i$ 同相，并且具有更大的振幅，则再经过线性放大和反馈的不断循环，振荡电压振幅就会不断增大，得到图 6.4 所示的 ab 段所示的起振波形。就这样利用正反馈使输出振荡信号从无到有地建立起来，所以，要使振荡器起振的条件是 $\dot{U}_f > \dot{U}_i$。

在图 6.3 所示闭合环路中，在×处断开，定义放大器增益 $\dot{A}_u = \frac{\dot{U}_o}{\dot{U}_i}$，反馈网络电压反馈系数 $\dot{F}_u = \frac{\dot{U}_f}{\dot{U}_o}$，则环路增益为

$$\dot{A}_u\dot{F}_u = \frac{\dot{U}_o}{\dot{U}_i}\frac{\dot{U}_f}{\dot{U}_o} = \frac{\dot{U}_f}{\dot{U}_i}$$

所以振荡器起振的条件是

$$\dot{A}_u\dot{F}_u > 1$$

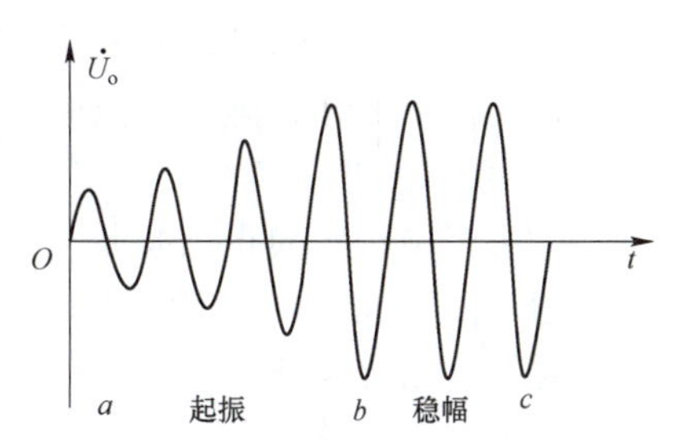

图 6.4 自激振荡的起振波形

这里 $\dot{U}_f$、$\dot{U}_i$、$\dot{A}_u$ 和 $\dot{F}_u$ 都是相量，因此，振荡器的起振条件包括振幅条件和相位条件两方面，即

$$\left|\dot{A}_u\dot{F}_u\right| > 1 \tag{6.1}$$

$$\sum\phi = 2n\pi,\ n = 0,1,2,\cdots \tag{6.2}$$

式（6.1）为振幅起振条件，表明环路增益必须大于 1，使反馈电压 U_f 大于输入电压 U_i。式（6.2）为相位起振条件，表明放大器和反馈网络的总相移必须等于 2π的整数倍，使反馈电压和输入电压同相，即要求是正反馈。

在起振过程中，直流电源补充的能量大于整个环路消耗的能量。

2）平衡过程与平衡条件

振荡器起振后，振荡幅度不可能无止境地增长下去，因为放大器的线性范围是有限的。随着振幅的增大，放大器逐渐由放大区进入非线性区域，其增益逐渐下降。当放大器增益下降而导致环路增益下降到 1，即反馈电压 $\dot{U}_f$ 正好等于原输入电压 $\dot{U}_i$ 时，振幅的增长过程将停止，振荡器的输出电压不再变化，振荡器达到平衡状态，如图 6.4 的 *bc* 段所示。所以，振荡器的平衡条件为

$$\left|\dot{A}_u\dot{F}_u\right| = 1 \tag{6.3}$$

$$\sum\phi = 2n\pi,\ n = 0,1,2,\cdots \tag{6.4}$$

式（6.3）和式（6.4）分别称为振幅平衡条件和相位平衡条件。

振荡器进入平衡状态以后，直流电源补充的能量刚好抵消整个环路消耗的能量。

综上所述，要使振荡器能够振荡，把放大器接成正反馈是产生振荡的首要条件。其次，在振荡建立的初期，必须使反馈信号大于原输入信号，反馈信号一次比一次大，才能使振荡幅度逐渐增大；当振荡建立后，振荡电路的输出达到一定幅度时，还必须使反馈信号等于原输入信号，才能使建立的振荡得以维持下去。一般为了使输出的正弦信号幅度保持稳定，还要加入稳幅环节。

判断一个电路是否为正弦波振荡器的一般方法如下。

（1）放大器的结构是否合理，有无放大能力，静态工作点是否合适。

（2）是否满足相位条件，即电路是否为正反馈，只有满足正反馈才有可能振荡。判断相位条件可以采用瞬时极性法，即假设在适当位置断开反馈回路，加上输入信号 $\dot{U}_i$，经过放大器和反馈网络后得到反馈信号 $\dot{U}_f$，分析 $\dot{U}_f$ 和 $\dot{U}_i$ 的相位关系，若二者同相，说明满足正反馈。

(3) 分析是否满足幅度条件，若$\left|\dot{A}_u\dot{F}_u\right|<1$，则不可能振荡；若$\left|\dot{A}_u\dot{F}_u\right|>1$，产生振荡。振荡稳定后$\left|\dot{A}_u\dot{F}_u\right|=1$。再加上稳幅措施，振荡稳定，而且输出波形失真小。

3）正弦波振荡器的基本组成

为了产生稳定的正弦波振荡，正弦波振荡器一般应包括以下几个基本组成部分。

(1) 放大器。

(2) 正反馈网络。

(3) 选频网络。

(4) 稳幅环节。

其中放大器是能量转换装置，从能量观点看，振荡的本质是直流能量向交流能量转换的过程。放大器和正反馈网络共同满足$\dot{A}_u\dot{F}_u=1$。选频网络的作用是实现单一频率的正弦波振荡。稳幅环节的作用是使振荡幅度达到稳定，通常可以利用放大元件的非线性来实现，可以利用晶体管、场效应管等器件的非线性，也可以外接非线性器件，前者称为内稳幅，后者称为外稳幅。根据选频网络组成元件不同，正弦波振荡电路通常分为*RC*振荡器、*LC*振荡器和石英晶体振荡器。

2. *RC*串并联网络的频率特性

由上述测试可以得出，*RC*串并联网络具有选频特性。此外，也可从计算的角度得出这一结论。

R_1、C_1串联部分看成一整体，则有

$$Z_1=R_1+\frac{1}{\mathrm{j}\omega C_1}$$

R_2、C_2并联部分看成一整体，则有

$$Z_2=\frac{R_2\left(-\mathrm{j}\dfrac{1}{\omega C_2}\right)}{R_2-\mathrm{j}\dfrac{1}{\omega C_2}}=\frac{R_2}{1+\mathrm{j}\omega R_2C_2}$$

由图6.5可得*RC*串并联网络的电压传输系数$\dot{F}_u$（即实验中测量的A_u）为

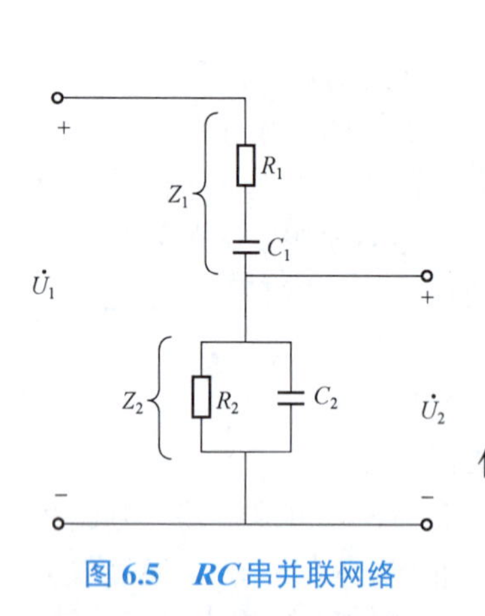

图6.5　*RC*串并联网络

$$\dot{F}_u=\frac{\dot{U}_2}{\dot{U}_1}=\frac{Z_2}{Z_1+Z_2}=\frac{\dfrac{R_2}{1+\mathrm{j}\omega R_2C_2}}{R_1+\dfrac{1}{\mathrm{j}\omega C_1}+\dfrac{R_2}{1+\mathrm{j}\omega R_2C_2}}$$

$$=\frac{1}{\left(1+\dfrac{R_1}{R_2}+\dfrac{C_2}{C_1}\right)+\mathrm{j}\left(\omega R_1C_2-\dfrac{1}{\omega R_2C_1}\right)}$$

通常在实际电路中取$C_1=C_2=C$、$R_1=R_2=R$，则上式可简化为

$$\dot{F}_u=\frac{1}{3+\mathrm{j}\left(\omega RC-\dfrac{1}{\omega RC}\right)}=\frac{1}{3+\mathrm{j}\left(\dfrac{\omega}{\omega_0}-\dfrac{\omega_0}{\omega}\right)} \tag{6.5}$$

式（6.5）中，有

$$\omega_0 = \frac{1}{RC}$$

根据式（6.5）可得到 RC 串并联网络的幅频特性和相频特性分别为

$$\left|\dot{F}_u\right| = \frac{1}{\sqrt{3^2 + \left(\frac{\omega}{\omega_0} - \frac{\omega_0}{\omega}\right)^2}}$$

$$\varphi = -\arctan\frac{\frac{\omega}{\omega_0} - \frac{\omega_0}{\omega}}{3}$$

作出幅频特性和相频特性曲线如图 6.6 所示。

由图 6.6 可以看出，当 $\omega = \omega_0 = \frac{1}{RC}$ 时，电压传输系数 $\left|\dot{F}_u\right|$ 最大，其值为 $\frac{1}{3}$，相移 $\varphi = 0°$。此时，输出电压 $\dot{U}_2$ 与输入电压 $\dot{U}_1$ 同相。

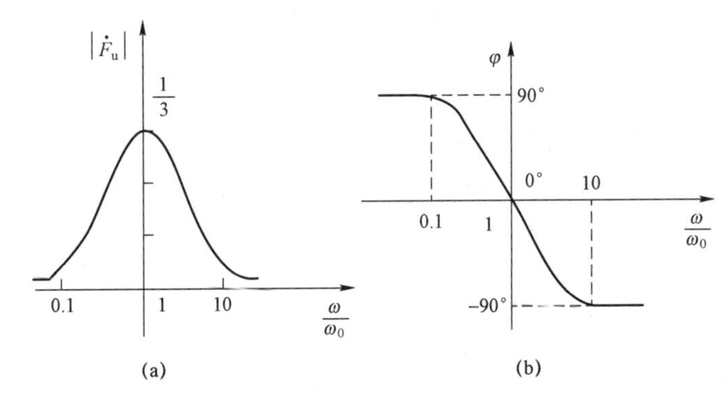

图 6.6　RC 串并联网络的幅频特性和相频特性

（a）幅频特性；（b）相频特性

当 $\omega \neq \omega_0$ 时，$\left|\dot{F}_u\right| < \frac{1}{3}$，且 $\varphi \neq 0°$，此时输出电压的相位滞后或超前输入电压。

由以上分析可知，RC 串并联网络只在 $\omega = \omega_0 = \frac{1}{RC}$，即 $f = f_0 = \frac{1}{2\pi RC}$ 时输出幅度最大，且输出电压与输入电压同相，即相移为零。所以，RC 串并联网络具有选频特性。

3. *RC* 正弦波振荡器

由上述测试可知，将 RC 串并联网络和放大器结合起来即可构成 RC 振荡器，如图 6.7（a）所示，构成 RC 桥式振荡器。

1）*RC* 正弦波振荡器电路组成

在图 6.7（a）中，RC 串并联网络是选频网络，而且当 $f = f_0$ 时，它是一个接成正反馈的反馈网络，另外 R_1、R_t 接在放大器的输出端和反相输入端之间，构成负反馈。由图可见，RC 串并联网络的串联支路和并联支路，以及负反馈支路中的 R_1 和 R_t 正好组成一个电桥的 4 个臂，如图 6.7（b）所示，放大器的输入端和输出端分别跨接在电桥的对角线上，因此这种振荡器

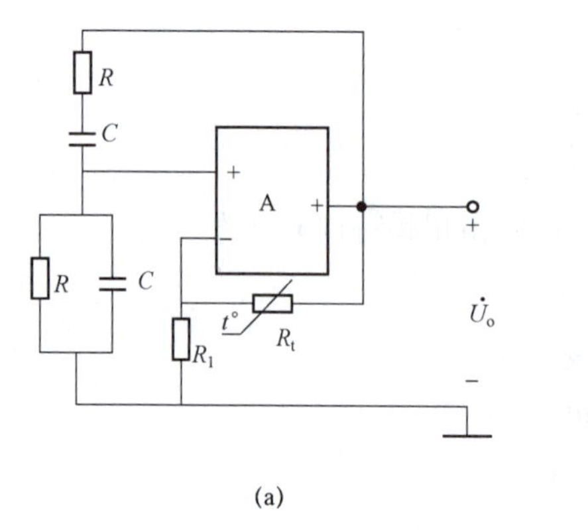

(a)

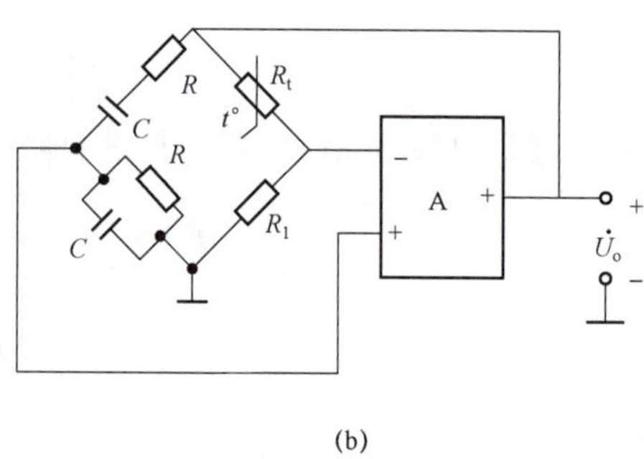

(b)

图 6.7　*RC*桥式振荡器

（a）*RC* 振荡器；（b）*RC* 桥式反馈网络

称为文氏桥振荡器，简称为 *RC* 桥式振荡器。

2）*RC* 正弦波振荡器的起振条件和振荡频率

为了判断电路是否满足产生振荡的相位平衡条件，假设在放大器的同相输入端处断开，并加上输入信号 $\dot{U}_i$，故放大器的输出电压与输入电压同相，即$\varphi_A = 0°$。*RC* 串并联网络接在放大器 A 的输出端和同相输入端之间，当 $f = f_0 = \dfrac{1}{2\pi RC}$ 时，*RC* 串并联选频网络的相移为零，因此在 $f = f_0$ 时，$\sum\varphi = 2n\pi$，电路满足相位平衡条件。

为了使电路能振荡，还应满足振幅起振条件，即要求$|\dot{A}_u\dot{F}_u| > 1$，而图 6.7 所示的反馈系数就是 *RC* 串并联选频网络的传输系数，即f=f_0时，$|\dot{F}_u| = 1/3$。由此可得电路的振幅起振条件为$|\dot{A}_u| > 3$。在图 6.7 中，R_1、R_t构成负反馈支路，利用“虚短”和“虚断”的概念，可得电压增益为$\dot{A}_u = 1 + \dfrac{R_t}{R_1}$，所以，只要$|\dot{A}_u| = 1 + \dfrac{R_t}{R_1} > 3$，即 $R_t > 2R_1$，就能满足振幅起振条件，产生自激振荡，振荡频率为

$$f_0 = \frac{1}{2\pi RC} \tag{6.6}$$

采用双联可变电容器或双联同轴电位器即可方便地调节振荡频率。在常用的 *RC* 振荡器中，一般采用切换高稳定度的电容来进行频段的转换（频率粗调），再采用双联同轴电位器进行频率的细调。

3）稳幅过程

为了满足振幅平衡和稳定条件，在图 6.7 所示振荡器的负反馈支路上采用了具有负温度系数的热敏电阻 R_t 来改善振荡波形，实现自动稳幅。如图 6.8 所示，该电路结构简单，调节方便，性能较好。在图 6.8 中，*RC* 串并联网络既是选频网络又是正反馈网络，集成运放和 R_1、R_2、R_f、VD_1、VD_2 构成同相输入比例运算电路，VD_1 和 VD_2 构成稳幅环节。

起振之后，u_o 幅值逐渐增大，当 u_o 幅值较大时，VD_1、VD_2 总有一个处于正向导通状态，由 R_2、VD_1 和 VD_2 组成的并联支路的等效电阻减小，同相输入比例运算电路的增益 A_u 随之下降，限制了输出幅度的增大，起到了自动稳幅的作用。

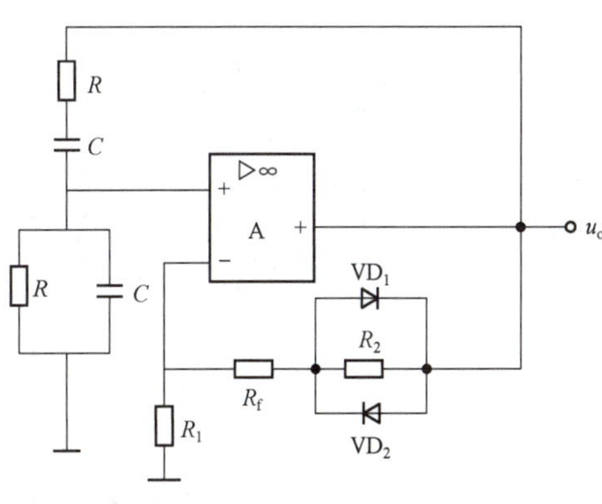

图 6.8　集成电路 *RC* 正弦波振荡器

VD_1 和 VD_2 分别控制振荡波形的上半周和下半周，要使输出的波形上下对称，要求 VD_1 和 VD_2 的工作参数尽量一致，在实际应用中要进行挑选配对使用。起振时，由于 $\dot{U}_o=0$，流过 R_t 的电流为零，热敏电阻 R_t 处于冷态，阻值较大，放大器的负反馈较弱，增益很高，振荡很快建立。起振后，振荡电压振幅逐渐增大，流过 R_t 的电流也增大，温度升高，使 R_t 阻值减小，负反馈加深，放大器的增益下降，在放大器还未进入非线性工作区时，振荡器已经达到平衡条件 $\left|\dot{A}_u\dot{F}_u\right|=1$，$\dot{U}_o$ 停止增长，因此这时振荡波形为一失真很小的正弦波。这样，放大器在线性工作区就会具有随振幅增加而增益下降的特性，满足振幅平衡和稳定条件。

同理，当振荡建立后，由于某种原因使得输出幅度发生变化，则流过 R_t 的电流变化，使热敏电阻的阻值发生变化，自动稳定输出电压幅度。比如某种原因使输出幅度减小，则流过热敏电阻的电流减小，温度降低，热敏电阻的阻值增大，则负反馈减弱，放大器增益上升，阻止输出电压幅度继续减小，从而达到自动稳幅的效果。

各种 *RC* 振荡器的振荡频率均与 *R*、*C* 的乘积成反比，如欲产生振荡频率很高的正弦波信号，势必要求电阻或电容的值很小，这在制造上和电路实现上将有很大的困难，因此，*RC* 振荡器一般用来产生几 Hz 至几百 kHz 的低频信号，若要产生更高频率的信号，可以考虑采用 *LC* 正弦波振荡器。

自 测 习 题

RC 正弦波振荡器

1. 填空

（1）*RC* 正弦波振荡电路的振荡频率表达式为____________。

（2）振荡器____________（有、没有）外加激励信号，产生自激振荡的条件是引入______（正、负）反馈。

（3）振荡器的基本组成部分包括____________、____________、____________、____________。振荡器的平衡条件是____________，起振条件是____________，振荡的起源是____________。

2. 选择

振荡器与放大器的区别是（　　）。

A. 振荡器比放大器电源电压高　　B. 振荡器比放大器失真小

C. 振荡器无须外加激励信号，放大器需要　　D. 放大器无须外加激励信号，振荡器需要

3. 判断

（1）*RC* 正弦波振荡电路适用于高频振荡信号的产生。（　　）

（2）根据振荡的相位条件判断题 3（2）图所示各电路能否振荡。

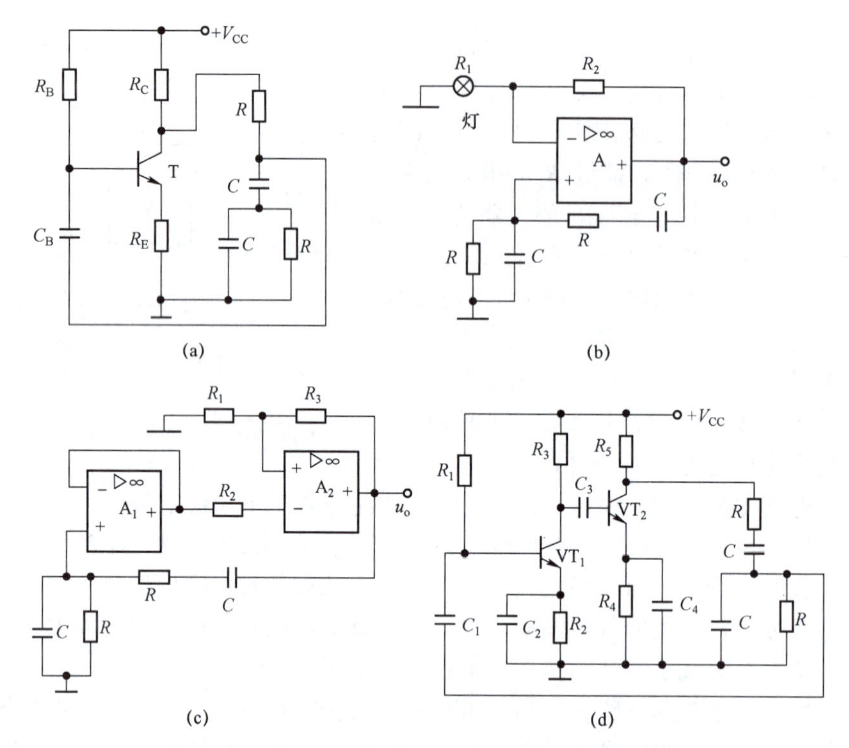

题 3（2）图

4. 分析

（1）若要将如题 4（1）图所示的元器件连接成 RC 正弦波振荡电路，如何连线？若要产生振荡频率为 1 kHz 的正弦振荡输出，当电容 $C=0.016\ \mu\text{F}$ 时，电阻 R 应选多大？

（2）如题 4（2）图所示振荡电路，问：① 说明该振荡器由哪几部分组成。② 当 $R=10\ \text{k}\Omega$，$C=0.01\ \mu\text{F}$ 时，振荡频率是多少？③ 为了使电路正常工作，电阻 R_f/R_1 应满足什么关系？

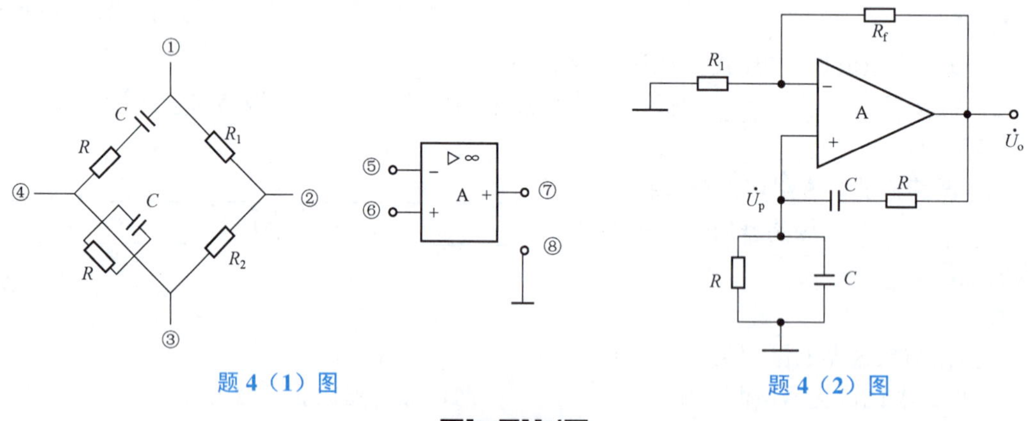

题 4（1）图　　　　题 4（2）图

自测习题答案

6.1.2 分析三点式 *LC* 正弦波振荡器

知识储备

1. 电容反馈三点式 *LC* 振荡器电路组成及工作原理

电容反馈三点式 *LC* 振荡器又称为考毕兹（Colpitts）振荡器，是一种应用十分广泛的振荡电路，如图 6.9（a）所示。在图 6.9（a）中，C_1、C_2 和 L 组成并联谐振回路，作为放大器的交流负载，R_{B1}、R_{B2}、R_C 和 R_E 为放大器分压式直流偏置电阻，C_E 是射极旁路电容，C_3 是耦合电容，用于防止电源 V_{CC} 经电感与基极接通。图 6.9（b）是其交流等效电路。由图可见，反馈电压取自电容 C_2 上的电压，交流时并联谐振回路的 3 个端点相当于分别与晶体管的 3 个电极相连，因此称为电感反馈三点式 *LC* 振荡器。

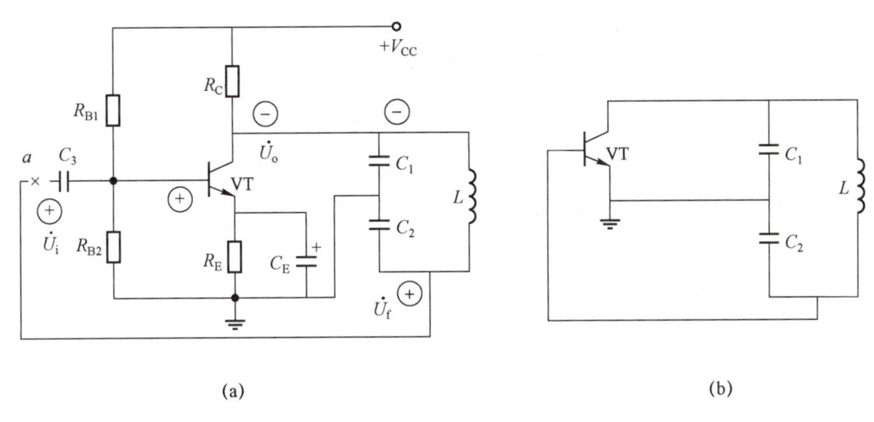

图 6.9 电容反馈三点式 *LC* 振荡器

（a）考毕兹振荡器；（b）等效电路

假设图 6.9（a）中 a 点处断开，加上输入电压 $\dot{U}_i$，利用瞬时极性法不难分析在回路谐振频率上，反馈信号 $\dot{U}_f$ 与输入电压 $\dot{U}_i$ 同相，满足振荡的相位平衡条件。电路的振荡频率近似等于谐振回路的谐振频率，即

$$f_0 = \frac{1}{2\pi\sqrt{LC}} = \frac{1}{2\pi\sqrt{L\dfrac{C_1C_2}{C_1+C_2}}} \tag{6.7}$$

可以证明，若满足振幅起振条件，应使三极管的 β 满足

$$\beta > \frac{C_2}{C_1} \cdot \frac{r_{be}}{R'} \tag{6.8}$$

式中 r_{be}——三极管 b、e 间的等效电阻；

R'——包括其他折合电阻在内的谐振回路总损耗电阻。

2. 电容反馈三点式 *LC* 振荡器的优、缺点

电容反馈三点式 *LC* 振荡器的反馈信号取自电容两端，电容对高次谐波呈现较小的阻抗，故振荡波形好，振荡频率可以很高，只要减小电容，就能提高振荡频率，一般可达 100 MHz 以上。但调节频率不方便，因为调节 C_1、C_2 可以改变振荡频率，但同时会改变正反馈量的大

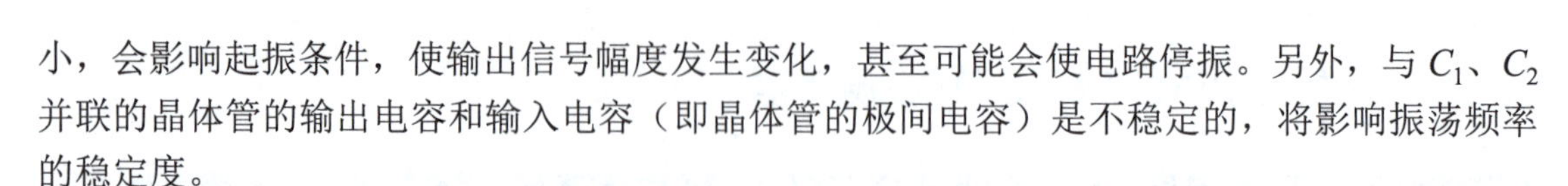

小，会影响起振条件，使输出信号幅度发生变化，甚至可能会使电路停振。另外，与 C_1、C_2 并联的晶体管的输出电容和输入电容（即晶体管的极间电容）是不稳定的，将影响振荡频率的稳定度。

3. 改进型电容反馈三点式 *LC* 振荡器

为了使电容反馈三点式振荡器易于调节频率，提高频率的稳定性，可在电感 L 支路串联一个电容量值很小的电容 C_3，即图 6.10 所示的串联改进型电容反馈三点式 LC 振荡器，也叫克拉泼（Clapp）振荡器。C_3 的改变对取出的反馈电压信号没有影响，因此可以通过调整 C_3 的大小方便地调节振荡频率。

在选择电路参数时，为避免晶体管极间电容变化对振荡频率产生影响，取 $C_3 \ll C_1$，$C_3 \ll C_2$，此时电路的振荡频率为

$$f_0 = \frac{1}{2\pi\sqrt{LC}} = \frac{1}{2\pi\sqrt{L\left(\frac{1}{C_1}+\frac{1}{C_2}+\frac{1}{C_3}\right)}} \approx \frac{1}{2\pi\sqrt{LC_3}} \tag{6.9}$$

振荡频率 f_0 仅由 L 和 C_3 决定，与 C_1、C_2 的关系很小，所以当晶体管的极间电容改变时，对 f_0 的影响很小，提高了频率的稳定度，克拉泼振荡器的频率稳定度可达 10^{-4}～10^{-5}。

三点式 LC 振荡器是否满足相位平衡条件，也可从三点式振荡器的连接规律来判断，即与三极管的发射极相连的两电抗元件性质相同，集电极和基极间的电抗性质与之相反。今后可以直接用此连接规律来判断。

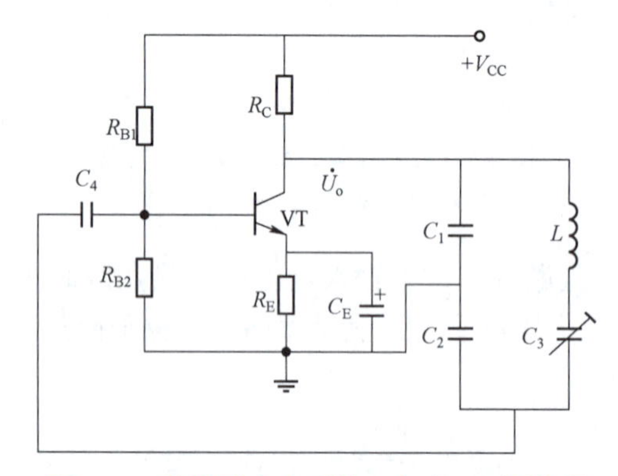

图 6.10　改进型电容反馈三点式 *LC* 振荡器

知识拓展

除上述类型外，根据反馈形式的不同，常用 LC 振荡器还有变压器反馈式 LC 振荡器、电感反馈三点式 LC 振荡器。

1. 变压器反馈式 *LC* 振荡器

1）电路组成

变压器反馈式 LC 振荡器的特点是用变压器的初级或次级绕组与电容 C 构成 LC 选频网络。振荡信号的输出和反馈信号的传递都是靠变压器耦合完成的。为保证电路的正反馈，变压器初次级之间的同名端必须正确连接。

图 6.11 所示是变压器反馈式 LC 振荡器，它由共射极放大器、LC 选频网络和变压器反馈

网络三部分组成。图中 L_1、C 并联组成的选频网络作为放大器的负载，构成选频放大器。反馈信号通过变压器线圈 L_1 和 L_3 间的互感耦合，由反馈网络 L_3 传送到放大器输入端。R_1、R_2 和 R_3 为放大器分压式偏置电阻，使三极管工作在放大状态，C_1 是耦合电容，C_2 是射极旁路电容，对振荡频率而言可看成短路。

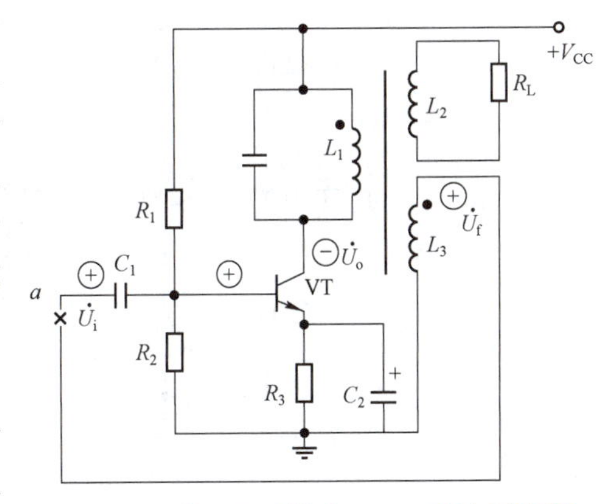

图 6.11　变压器反馈式 *LC* 正弦波振荡器

2）起振条件和振荡频率

为了判断电路是否满足产生振荡的相位平衡条件，假设在放大器的输入端 a 点处断开，并加输入信号 $\dot{U}_i$，其频率为 L_1C 并联谐振回路的谐振频率 f_0，此时集电极的 L_1C 并联谐振回路呈现纯电阻，并且阻值最大，则共射极放大器输出电压 $\dot{U}_o$ 和 $\dot{U}_i$ 反相，由图中 L_1 及 L_3 同名端可知，反馈信号 $\dot{U}_f$ 与输出电压 $\dot{U}_o$ 反相，因此，$\dot{U}_f$ 和 $\dot{U}_i$ 同相，说明电路满足振荡的相位平衡条件。

也就是说，只有在 L_1C 回路的谐振频率处，电路才满足相位平衡条件，所以振荡器的振荡频率就是 L_1C 并联谐振回路的谐振频率，即

$$f_0=\frac{1}{2=\pi\sqrt{L_1C}} \tag{6.10}$$

另外，要满足振幅起振条件 $\left|\dot{A}_u\dot{F}_u\right|>1$，可以选 β 值较大的晶体管或增加反馈线圈的匝数，调整变压器初级和次级之间的位置以提高耦合程度均可，一般情况下比较容易满足。关键是要保证变压器绕组的同名端接线正确，以满足相位平衡条件，如果同名端接错，则电路不能起振。

3）变压器反馈式 *LC* 振荡器的优、缺点

优点是容易起振，输出电压较大，结构简单，调节频率方便，通常用作广播收音机的本地振荡器。缺点是工作在高频时，分布电容影响较大，输出波形不理想。

2. 电感反馈三点式 *LC* 振荡器

1）电路组成

电感反馈三点式 LC 振荡器又称为哈特莱（Hartley）振荡器，也是一种应用广泛的振荡电路，如图 6.12（a）所示，它的基本结构和电容反馈三点式 LC 振荡器类似，只是并联谐振回路中电感、电容的位置互换。图 6.12（b）是其交流等效电路。由图可见，反馈电压取自电感 L_2 上的电压，交流时并联谐振回路的 3 个端点相当于分别与晶体管的 3 个电极相连，因此称为电感反馈三点式 LC 振荡器。

2）起振条件和振荡频率

假设在图 6.12（a）中 a 点处将电路断开，并加输入信号 $\dot{U}_i$，由于谐振时 LC 并联谐振回路呈现纯电阻，则输出电压 $\dot{U}_o$ 和 $\dot{U}_i$ 反相，而反馈信号 $\dot{U}_f$ 与输出电压 $\dot{U}_o$ 也反相，因此，$\dot{U}_f$ 和 $\dot{U}_i$ 同相，说明电路在 LC 回路谐振频率上构成正反馈满足振荡的相位平衡条件。此外，也可用三点式振荡器的连接规律来判断是否满足相位平衡条件。

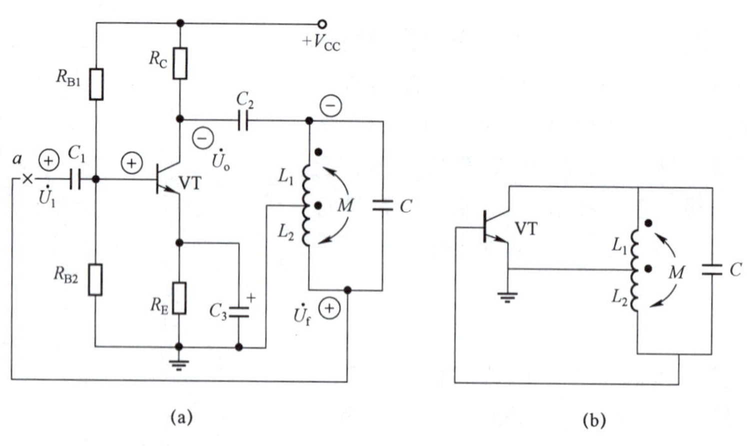

图 6.12 电感反馈三点式 LC 振荡器

（a）哈特莱振荡器；（b）等效电路

由此得到振荡频率为

$$f_0 = \frac{1}{2\pi\sqrt{LC}} = \frac{1}{2\pi\sqrt{(L_1 + L_2 + 2M)C}} \tag{6.11}$$

式中 M——L_1、L_2 间的互感系数。

同样，若要满足振幅起振条件，管子的β值应选得大些，一般要求

$$\beta > \frac{L_1 + M}{L_2 + M} \cdot \frac{r_{be}}{R'} \tag{6.12}$$

式中 r_{be}——三极管 b、e 间的等效电阻；

R'——包括其他折合电阻在内的谐振回路总损耗电阻。

实际上并不常按β公式去挑选管子，只要适当选取 L_2/L_1 的数值，即改变线圈抽头的位置、改变 L_2 的大小，就可调节反馈电压的大小。就可以使电路起振，一般取反馈线圈的匝数为电感线圈总匝数的 1/8～1/4 即可起振。

3）电感反馈三点式 *LC* 振荡器的优、缺点

因为 L_1 和 L_2 间耦合较紧，因此容易起振，输出电压幅度较大。振荡回路中用一只可变电容器就可很方便地在较大范围内调节振荡频率。

这种振荡器的缺点是反馈信号取自电感两端，而电感对高次谐波呈现高阻抗，振荡波形含有的谐波成分多，因此输出波形不理想，振荡频率不易很高，最高只达几十 MHz。故常用于要求不高的设备中，如高频加热器。

3. 石英晶体振荡器

从上述介绍的几种 *LC* 振荡器可知，*LC* 振荡器的频率稳定度不高，即使采取了各种稳频措施提高 *LC* 振荡回路的 Q 值，频率稳定度（$\Delta f/f_0$）也很难超过 10^{-5} 的数量级。在要求高频率稳定度的场合，往往采用高 Q 值的石英晶体谐振器代替一般的 *LC* 回路。用石英晶体组成的振荡器其频率稳定度一般可达 10^{-8}～10^{-6}，有的甚至可达到 10^{-11}～10^{-10}。所以，石英晶体广泛应用于石英钟（手表）、标准信号发生器、电脑中的时钟信号发生器等精密电子设备中。

1）石英晶体谐振器的特性和等效电路

（1）石英晶体谐振器的结构。

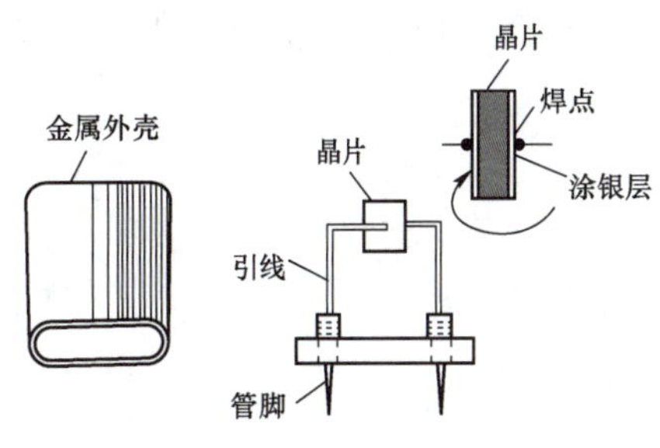

图 6.13　石英谐振器的结构

石英晶体谐振器是利用石英晶体（二氧化硅的结晶体）的压电效应制成的一种谐振器件，它的基本构成大致是：从一块石英晶体上按一定方位角切下薄片（简称为晶片，它可以是正方形、矩形或圆形等），在它的两个对应面上涂敷银层作为电极，在每个电极上各焊一根引线接到管脚上，再加上封装外壳就构成了石英晶体谐振器，简称为石英晶体或晶体、晶振。其产品一般用金属外壳封装，也有用玻璃壳、陶瓷或塑料封装的。图 6.13 是一种金属外壳封装的石英晶体结构示意图。

（2）压电效应。

石英晶片之所以能做成谐振器是因为石英晶体具有压电效应。若在石英晶体的两个电极上加一电场，晶片就会产生机械变形；反之，若在晶片的两侧施加机械压力，则在晶片相应的方向上将产生电场，这种物理现象称为压电效应。如果在晶片的两极上加交变电压，晶片就会产生机械振动，同时晶片的机械振动又会产生交变电场。在一般情况下，晶片机械振动的振幅和交变电场的振幅非常微小，但当外加交变电压的频率为某一特定值时，振幅明显加大，比其他频率下的振幅大得多，这种现象称为压电谐振，它与 LC 回路的谐振现象十分相似。它的谐振频率与晶片的切割方式、几何形状、尺寸等有关。

（3）符号和等效电路。

石英晶体谐振器的符号和等效电路如图 6.14 所示。当晶体不振动时，可把它看成一个平板电容器，称为静态电容 C_0，它的大小与晶片的几何尺寸、电极面积有关，一般为几个 pF 到几十 pF。当晶体振荡时，机械振动的惯性可用电感 L 来等效。一般 L 的值为几十 mH 到几百 mH。晶片的弹性可用电容 C 来等效，C 的值很小，一般只有 0.000 2～0.1 pF。晶片振动时因摩擦而造成的损耗用 R 来等效，它的数值约为 100 Ω。由于晶片的等效电感很大，而 C 很小，R 也小，因此回路的品质因数 Q 很大，可达 1 000～10 000。加上晶片本身的谐振频率基本上只与晶片的切割方式、几何形状、尺寸有关，而且可以做得精确，因此利用石英谐振器组成的振荡电路可获得很高的频率稳定度。

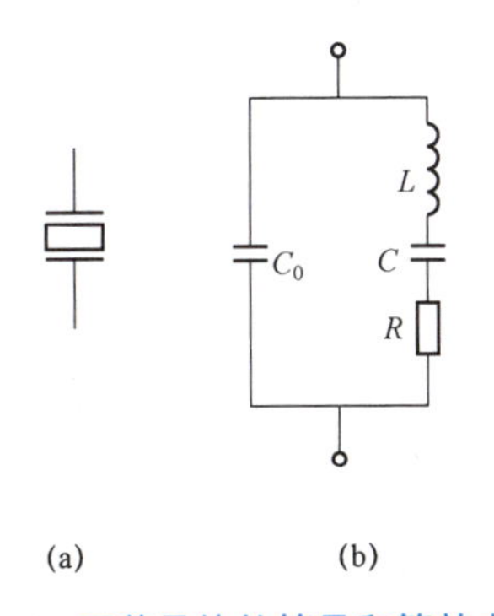

图 6.14　石英晶体的符号和等效电路

（a）符号；（b）等效电路

从图 6.14（b）所示石英晶体谐振器的等效电路可知，它有两个谐振频率：一是当 L、C、R 支路发生串联谐振时，它的等效阻抗最小（等于 R），串联谐振频率用 f_s 表示，石英晶体对于串联谐振频率 f_s 呈纯阻性；二是当频率高于 f_s 时，L、C、R 支路呈感性，可与电容 C_0 发生并联谐振，其并联频率用 f_p 表示。

根据石英晶体的等效电路，可定性画出它的电抗—频率特性曲线，如图 6.15 所示。可见当频率低于串联谐振频率 f_s 或者频率高于并联谐振频率 f_p 时，石英晶体呈容性。仅在 $f_s<f<f_p$ 极窄的范围内，石英晶体呈感性。

由图 6.14（b）所示的等效电路得

$$f_s = \frac{1}{2\pi\sqrt{LC}} \tag{6.13}$$

$$f_p = \frac{1}{2\pi\sqrt{L\frac{CC_0}{C+C_0}}} \tag{6.14}$$

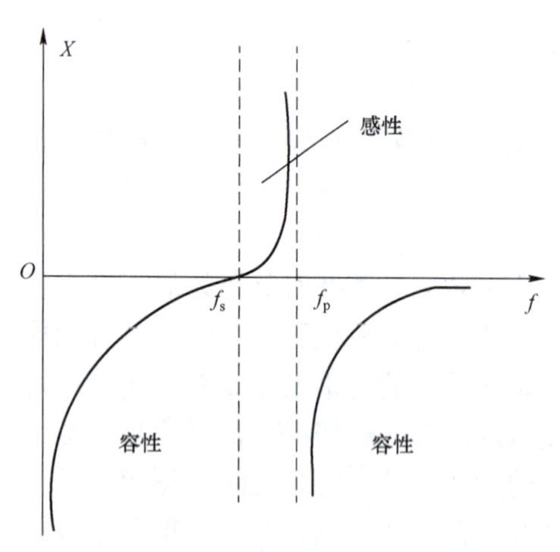

图 6.15　石英晶体的电抗—频率特性曲线

2）石英晶体振荡器电路

石英晶体振荡器可以分为两类：一类是石英晶体作为一个反馈元件，工作在串联谐振状态，称为串联型石英晶体振荡器；另一类是石英晶体作为一个高 Q 值的电感元件，和回路中其他元件形成并联谐振，称为并联型石英晶体振荡器。下面分别进行介绍。

（1）串联型石英晶体振荡器。

图 6.16 是一种串联型石英晶体振荡器原理电路，VT_1 采用共基极接法，VT_2 为射极输出器，石英晶体作为一个反馈元件。用瞬时极性法不难分析，当工作于串联谐振频率 f_s 时，石英晶体谐振器的等效阻抗最小且为纯电阻，所以 VT_1、VT_2 组成的放大电路对等于串联谐振频率 f_s 的信号正反馈最强且没有附加相移，满足相位平衡条件。图 6.16 中的电位器 R_P 是用来调节反馈量的，使输出的振荡波形失真较小且幅度稳定。

（2）并联型石英晶体振荡器。

图 6.17 所示为并联型石英晶体振荡器。当 f_0 在 f_s～f_p 的极窄频率范围内时，石英晶体呈感性，晶体在电路中起一个电感作用，它与 C_1、C_2 组成电容反馈三点式振荡电路。从图 6.17 可以看出，满足三点式振荡器的连接规律，满足相位平衡条件。

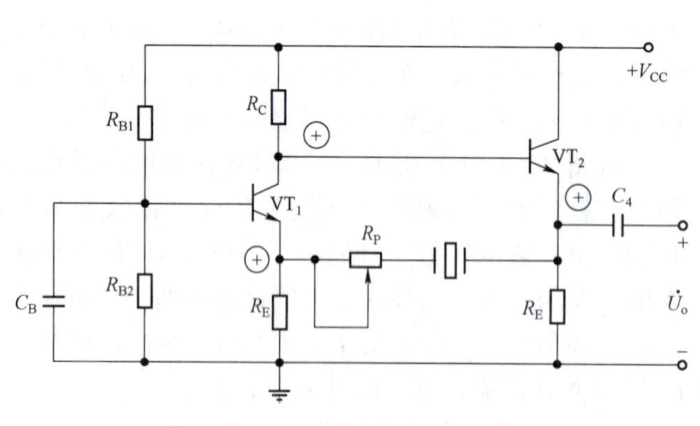

图 6.16　串联型石英晶体振荡器

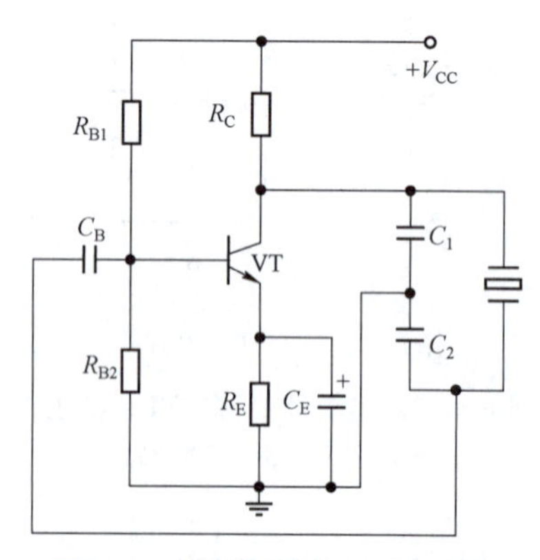

图 6.17　并联型石英晶体振荡器

自 测 习 题

1. 判断

LC 回路的品质因数 *Q* 值越大，其选频能力越强。（　　）

2. 填空

（1）*LC* 正弦波振荡器的振荡频率表达式为________________。

（2）石英晶振的特点是____________。

3. 分析

（1）题 3（1）图所示电路是否能振荡？不能振荡请说明原因。

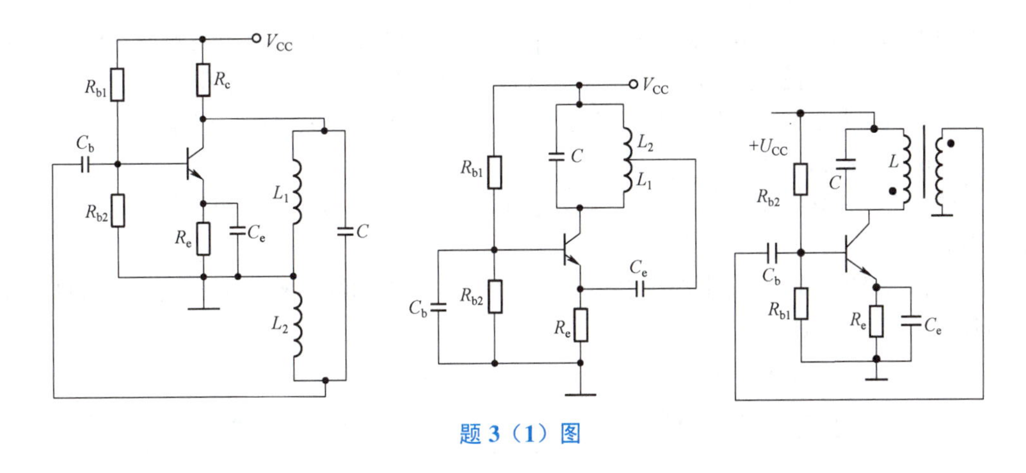

题 3（1）图

（2）试分析题 3（2）图所示电路是否能够产生振荡，若不能请说明原因。

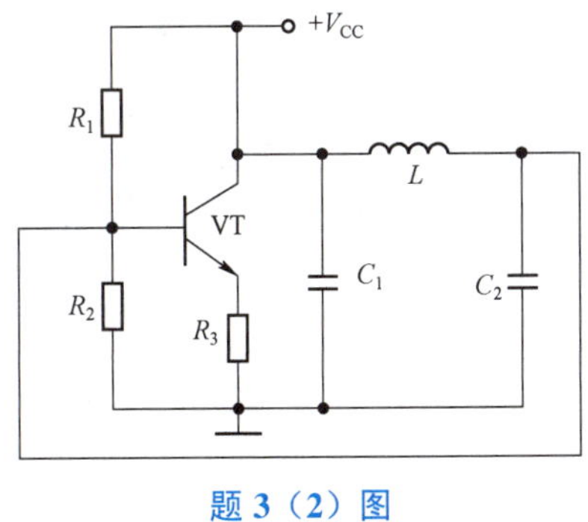

题 3（2）图

（3）举例说明石英晶振在生活中有哪些应用。

6.1.3 仿真分析正弦波振荡器

技能训练

1. 测试任务

RC 振荡电路的仿真测试。

2. 任务要求

按测试步骤完成所有测试内容。

3. 测试器材

计算机一台，Multisim 2001 软件 1 套。

4. 任务实施步骤

（1）按图 6.18 所示画好仿真电路。

（2）电路输出端接上示波器（Oscilloscope－XSC）观察输出波形，适当调整电位器 R_p，使电路产生振荡，输出稳定不失真的正弦波（注意观察振荡器的起振过程）。

（3）通过移动示波器测试游标测量输出波形的 T_2-T_1 值，即振荡波形的周期 T=______ms，则输出频率 f=______Hz。

（4）将 *RC* 串并联网络中的电阻阻值改为 30 kΩ，用示波器观察输出波形，用频率计测量输出频率 f=______Hz。

（5）再将 *RC* 串并联网络中的电容值改为 0.047μF，用示波器观察输出波形，用频率计测量输出频率 f=______Hz。

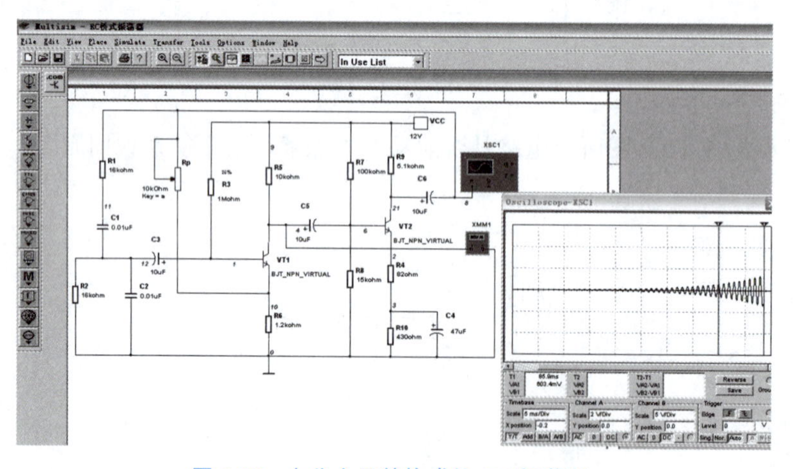

图 6.18　由分立元件构成的 *RC* 振荡器

5. 任务完成结论

（1）电路中 *RC* 串并联网络属于______（正、负）反馈。当 *RC* 串并联网络中 C=0.1μF、R=16 kΩ时，利用公式计算 f_0=______Hz，与步骤（3）测得输出频率______（基本相等、相差很大），由此可知 *RC* 振荡电路的振荡频率取决于______，振荡频率计算公式为______。

（2）由步骤（4）、（5）可知，要使 *RC* 振荡电路的振荡频率可调节，可通过______________的方法来实现。

任务 6.2　分析与测试振荡电路

6.2.1　分析方波产生电路

知识储备

由于矩形波中包含极丰富的谐波，因此矩形波产生电路又称为多谐振荡器。图 6.19 所示为一个矩形波产生电路。电路实际上是由集成运放和电阻 R_1、R_2 组成迟滞比较器的基础上增加了一个 R、C 组成的积分电路，把输出电压经 R、C 反馈到集成运放的反相端。电阻 R_3 和稳压管 VD_{Z1}、VD_{Z2} 对输出电压双向限幅，将迟滞比较器的输出电压限制在稳压管的稳定电压值 $\pm U_Z$。

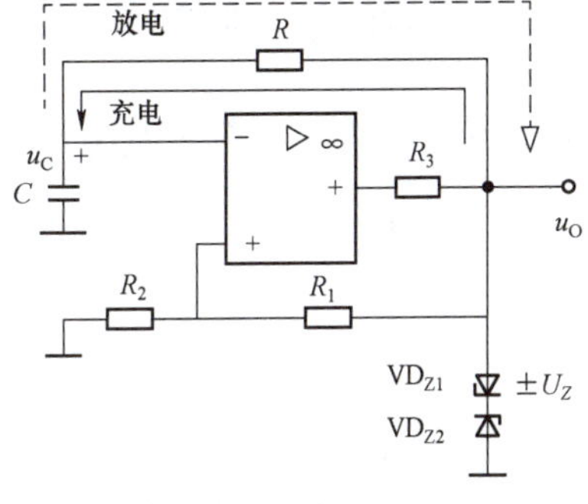

图 6.19　矩形波（方波）发生器

由图 6.19 可以看出，集成运放同相输入端的电压 u_+ 由比较器输出电压 u_O 通过 R_1、R_2 分压后得到，反相输入端的电压 u_- 受充放电电容 C 两端的电压 u_C 控制。

设 $t=0$（电源接通时刻）时，电容两端电压 $u_C=0$，即 $u_-=0$，而迟滞比较器的输出电压 $u_O=+U_Z$，则集成运放同相输入端的电压为

$$u_+=\frac{R_2}{R_1+R_2}U_Z$$

输出电压 $u_O=+U_Z$ 对电容 C 充电，使电容两端电压 u_C 由零逐渐上升，反相输入端电压 u_- 也不断上升。当电容上的电压上升到 $u_->u_+$ 时，输出电压 u_O 从高电平 $+U_Z$ 跳变为低电平 $-U_Z$，集成运放同相输入端的电压也立即变为

$$u_+=-\frac{R_2}{R_1+R_2}U_Z$$

此时，电容 C 将通过 R 放电，使反相输入端电压 u_- 逐渐下降。当 u_C 下降到 $u_-<u_+$ 时，迟滞比较器的输出端将再次发生跳变，输出电压 u_O 从低电平跳变为高电平，即 $u_O=+U_Z$，同相输入端的电压也随之而跳变为 $\frac{R_2}{R_1+R_2}U_Z$，电容 C 再次充电。如此周而复始，迟滞比较器的输出端电压 u_O 反复在高电平和低电平之间跳变，于是产生了正负交替的矩形波。迟滞比较器的输出电压 u_O 以及电容 C 两端的电压 u_C 的波形如图 6.20 所示。可以证明，矩形波的振荡周期为

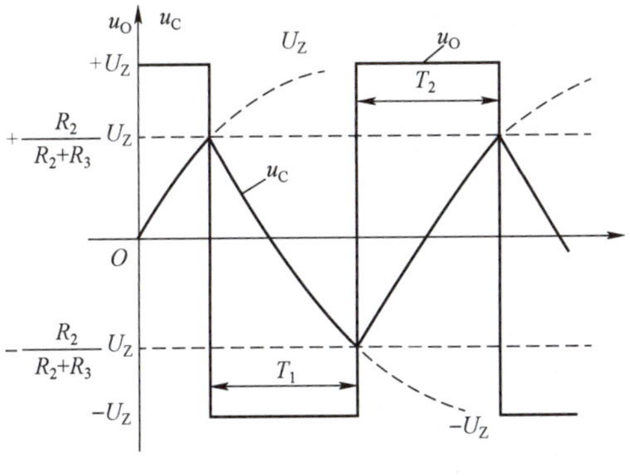

图 6.20　u_O 与 u_C 波形

$$T = T_1 + T_2 = 2RC\ln\left(1+\frac{2R_2}{R_1}\right) \tag{6.15}$$

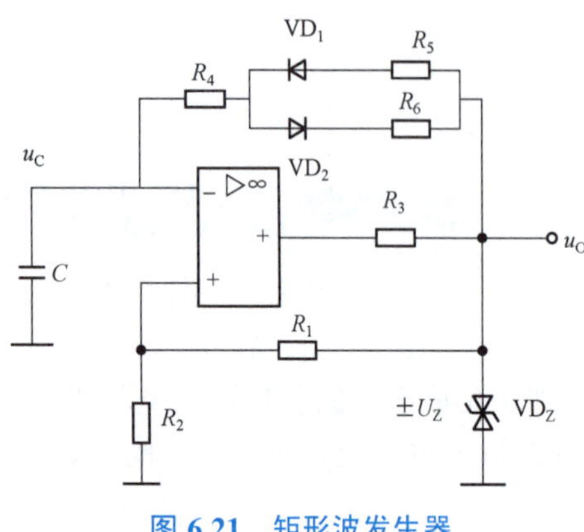

图 6.21　矩形波发生器

可见，改变充放电时间常数 RC 及迟滞比较器的电阻 R_1 和 R_2，即可调节矩形波的振荡周期，而矩形波的幅度决定于 U_Z。

通常定义矩形波高电平持续的时间与信号周期的比值 T_2/T 叫做占空比 q，习惯上将占空比为50%的矩形波称为方波，图 6.19 所示电路实为方波发生器。要得到高、低电平所占时间不相等的矩形波，只要适当改变电容 C 的正、反向充电时间常数即可。图 6.21 所示为一矩形波发生器电路，当 u_O 为高电平时，VD_1 导通而 VD_2 截止，反向充电时间常数为 $(R_5+R_4)\cdot C$；当 u_O 为低电平时，VD_1 截止而 VD_2 导通，反向充电时间常数为 $(R_6+R_4)\cdot C$。只要 $R_5 \neq R_6$，选取 R_5/R_6 的比值不同，即可得到占空比不同的矩形波。

自测习题答案

自 测 习 题

1. 判断

迟滞比较器的抗干扰能力比单门限比较器差。(　　)

2. 分析

请画出题 2 图所示迟滞比较器的电压传输特性曲线。

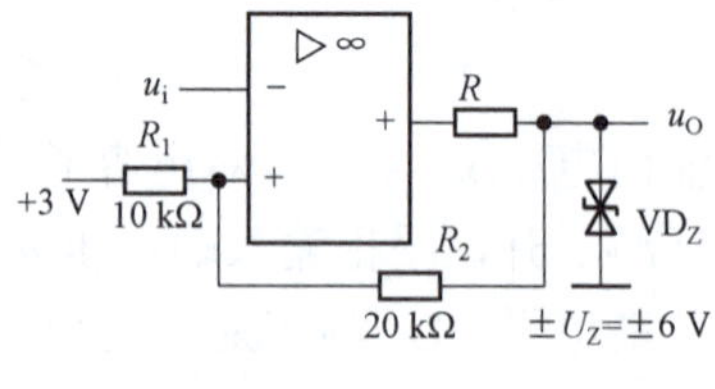

题 2 图

6.2.2　分析三角波产生电路

知识储备

三角波产生电路如图 6.22 所示，其中集成运放 A_1 组成迟滞比较器，其反相端接地；A_2 组成反相积分器。积分器的作用是将迟滞比较器输出的矩形波转换为三角波，同时反馈给比较器的同相输入端，使比较器产生随三角波的变化而翻转的矩形波。这里的迟滞比较器和前述的矩形波发生器的区别是从同相端输入信号，但基本原理相同。

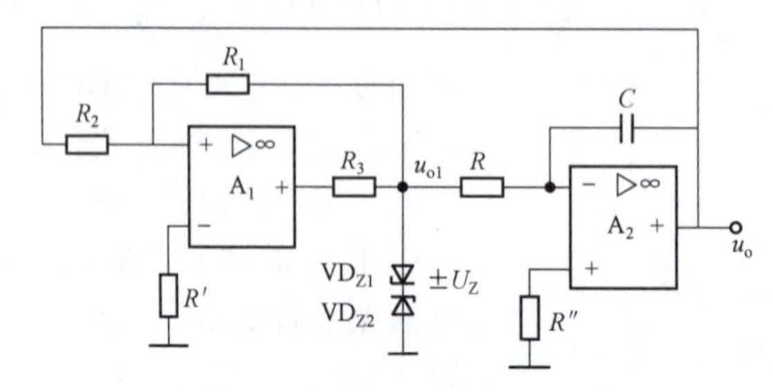

图 6.22　三角波发生器电路

在图 6.22 中，集成运放 A_1 同相输入端的电压由 u_o 和 u_{o1} 共同决定，根据叠加定理，有

$$u_+ = \frac{R_2}{R_1 + R_2}u_{o1} + \frac{R_1}{R_1 + R_2}u_o$$

当 $u_+>0$ 时，$u_{o1} = +U_Z$；当 $u_+<0$ 时，$u_{o1} = -U_Z$。即迟滞比较器的翻转发生在 $u_+ = 0$ 的时刻，此时比较器的输入电压（即积分器的输出电压 u_o）应该为

$$u_o = \pm\frac{R_2}{R_1}U_Z$$

也就是比较器的上、下门限电压。

假设 $t=0$ 时，积分电容 C 上初始电压为零，集成运放 A_1 输出为高电平，即 $u_{o1} = +U_Z$，此时 $u_o=0$，u_+ 也为高电平。积分器输入为 $+U_Z$，将对积分电容 C 开始充电，输出电压 u_o 将随时间往负方向线性增长，即输出电压 u_o 开始减小，u_+ 值也随之减小，当 u_o 减小到 $-U_ZR_2/R_1$ 时，u_+ 由正值变为零，迟滞比较器 A_1 翻转，集成运放 A_1 的输出 $u_{o1}=-U_Z$，此时 u_+ 也跳变成为一个负值。

当 $u_{o1}=-U_Z$ 时，积分器输入负电压，积分电容 C 将通过 R 放电，输出电压 u_o 将随时间往正方向线性增长，即输出电压 u_o 开始增大，u_+ 值也随之增大，当 u_o 增大到 $+U_ZR_2/R_1$ 时，u_+ 由负值变为零，迟滞比较器 A_1 再次翻转，集成运放 A_1 的输出 $u_{o1} = +U_Z$。

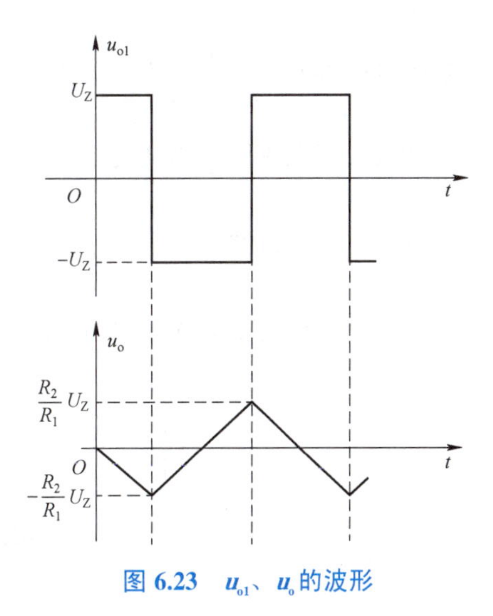

图 6.23　u_{o1}、u_o 的波形

以后重复上述过程，于是迟滞比较器的输出电压 u_{o1} 成为幅值为 U_Z 的矩形波，而积分器的输出电压 u_o 也成为周期性的三角波，三角波的输出幅度为 U_ZR_2/R_1，如图 6.23 所示。

可以证明三角波的周期为

$$T = \frac{4R_2RC}{R_1} \tag{6.16}$$

由以上分析可知，三角波的输出幅度与稳压管的 U_Z 及 R_2/R_1 成正比，周期与积分电路的时间常数 RC 及 R_2/R_1 成正比。

自测习题答案

自 测 习 题

1. 分析：（1）题 1 图电路 A_1 构成什么电路？（2）A_2 是什么电路？（3）整个电路的输出是什么波形？（4）怎样才能改变输出波形的频率和幅度？

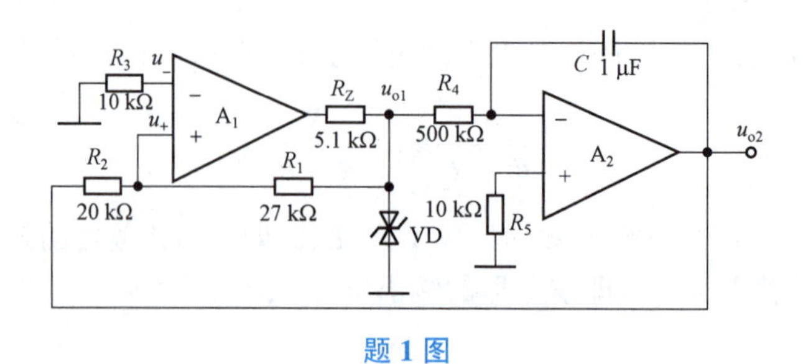

题 1 图

6.2.3 任务训练：仿真分析三角波发生器

技能训练

1. 测试任务

三角波发生器的仿真测试。

2. 任务要求

按测试步骤完成所有测试内容。

3. 测试器材

Multisim 2010 软件 1 套。

4. 任务实施步骤

（1）按图 6.24 所示画好仿真电路。

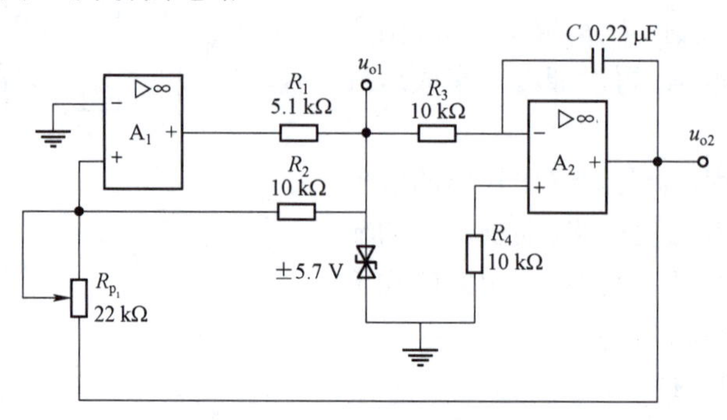

图 6.24 三角波发生器

（2）电路输出端接上示波器（Oscilloscope－XSC）观察输出波形，改变 R_{P_1} 的阻值，用示波器观察 u_{o1}、u_{o2} 的波形，测量其频率，用毫伏表测量幅值，将数据填于表 6.1 中。

表 6.1 三角波发生器的研究

R_{P_1} 的阻值/Ω	0	11 kΩ	22 kΩ
u_{o1} 的波形	t	t	t
u_{o1} 的频率/Hz			
u_{o1} 的幅值/V			

续表

R_{P_1} 的阻值/Ω	0	11 kΩ	22 kΩ
u_{o2} 的波形	t	t	t
u_{o2} 的频率/Hz			
u_{o2} 的幅值/V			

5. 任务完成结论

（1）由图 6.24 可知，集成运放 A_1 构成________电路，集成运放 A_2 构成________电路。

（2）由表 6.1 所列数据可知，u_{o1} 为________波，u_{o2} 为________波。调节 R_{P_1} ________（能、不能）改变输出信号的频率，调节 R_{P_1} ________（能、不能）改变输出信号的幅值。

任务 6.3　分析与制作简易信号发生器

知识应用

信号发生器在测量中应用非常广泛，它可以产生不同频率的正弦信号、方波、三角波、锯齿波等。信号发生器种类繁多，专用信号发生器是专门为某种特殊的测量而研制的，如电视信号发生器、编码脉冲信号发生器等；通用信号发生器按输出波形可分为正弦信号发生器、脉冲信号发生器、函数发生器和噪声发生器等，其中能够产生三角波、方波和正弦波的信号发生器最具普遍性和广泛性。

1. 设计指标

设计一台能输出正弦波、方波、三角波的简易信号发生器，技术指标如下。

（1）电源工作电压为±12 V。

（2）输出频率范围为 200～1 200 Hz。

（3）输出电压为正弦波 $U_{P-P}>1$ V、方波 $U_{P-P}\leqslant 24$ V、三角波 $U_{P-P}=8$ V。

（4）振荡器频率稳定度为 $<10^{-2}$。

（5）波形特性：正弦波失真度 $\gamma\leqslant 5\%$，方波上升时间 $t_r<100\mu s$，三角波失真度 $\gamma\leqslant 2\%$。

2. 信号发生器电路简介

能够产生三角波、方波、正弦波的信号发生器，是电路实验和电子测量中提供一定技术要求的电信号仪器，也可用于检修电子仪器及家用电器的低频放大电路。根据前面学习的知识可知，正弦波、方波、三角波都有各自独立的能产生各自波形的电路，能产生各种波形的电路也是有多种多样的。如果 3 种波形采用 3 个独立的振荡器来产生各自的波形，电路就会变得相对复杂且难以调节。而这 3 种波形之间可以相互变换，若采用较简单的波形变换电路，可以使整机在满足设计要求的前提下，电路变得原理清晰、简单、易做，并且控制了电路的成本。那么，如何在给定的设计指标内选用适合要求的电路，是首先要解决的问题，在挑选

电路中要考虑所选电路的正常工作频率范围，采用波形产生电路的形式，所产生频率的稳定度，电路的复杂程度，电路对所用器件指标的要求，电路调试的难易程度，几种波形之间的联系性等。

产生正弦波、方波、三角波的方案有多种，如首先产生正弦波，然后通过整形电路将正弦波变换成方波，再由积分电路将方波变成三角波；也可以首先产生三角波或方波，再将三角波变成正弦波或将方波变成正弦波等。在此只介绍先产生正弦波，再将正弦波变换成方波、三角波的电路设计方法，其电路组成框图如图 6.25 所示。

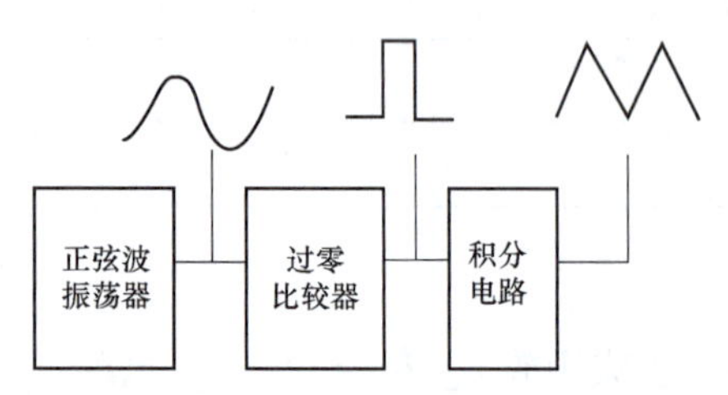

图 6.25　信号发生器组成框图

在图 6.25 中，产生正弦波使用一个独立的振荡器，用电压过零比较器对正弦波进行电压过零比较，输出为方波。再利用积分电路对方波进行积分，形成三角波。在需要改变频率时只需改变正弦波的频率就可以了。

1）正弦波振荡器

产生正弦波的电路有 *RC* 振荡器、*LC* 振荡器、石英晶体振荡器。*RC* 振荡器一般用于产生低频信号，*LC* 振荡器、石英晶体振荡器一般用于产生高频信号。

低频 *RC* 正弦波振荡器电路常用的结构有 *RC* 移相振荡器，*RC* 文氏电桥振荡器。*RC* 移相式振荡器结构简单，但其选频性差，而且输出幅度不够稳定，只用于要求不高的场合。*RC* 文氏电桥振荡器电路又称 *RC* 串并联网络正弦波振荡电路，它适用于产生频率小于 1 MHz 的低频振荡信号，振幅和频率稳定，许多低频信号发生器的主振器均采用这种电路。

由分立元件构成的 *RC* 正弦波振荡器，电路结构复杂，元件较多，调节不方便。因此，选用集成运放来代替由分立元件组成放大电路，考虑到波形变换电路也要使用集成电路，可以选用 LM324 四运放集成电路。采用集成运放的 *RC* 正弦波振荡器，电路结构简单，调节方便，性能较好。

2）过零比较器

电压比较器是集成运放非线性应用电路，它将一个模拟量电压信号和一个参考电压相比较，在二者幅度相等的附近，输出电压将产生跃变，相应输出高电平或低电平。比较器可以组成非正弦波形变换电路及应用于模拟与数字信号转换等领域。常用的电压比较器有过零比较器、具有滞回特性的双门限比较器、窗口比较器等。

图 6.26（a）所示为过零比较器，信号从运放的反相输入端输入，参考电压为零，当 $u_s>0$ 时，输出 $u_o=-U_{om}$，当 $u_s<0$ 时，$u_o=+U_{om}$。其电压传输特性如图 6.26（b）所示。

过零比较器结构简单，灵敏度高，输出幅度可以接近电源电压，但抗干扰能力差。

比较器主要用来对输入波形进行整形，可以将正弦波或任意不规则的输入波形整形为矩形波或方波输出，其原理如图 6.27 所示。

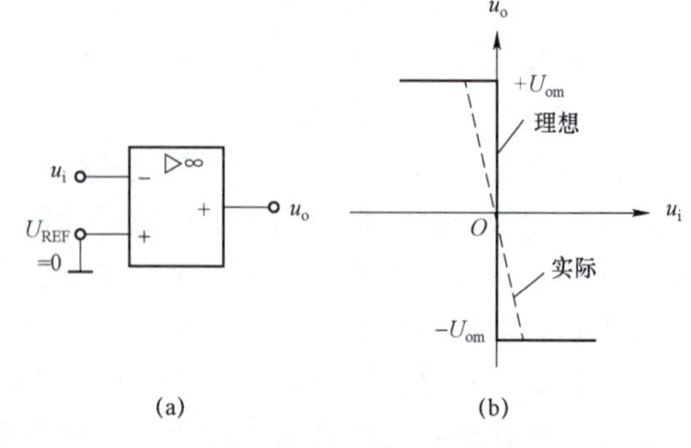

图 6.26　过零电压比较器

（a）电路；（b）电压传输特性

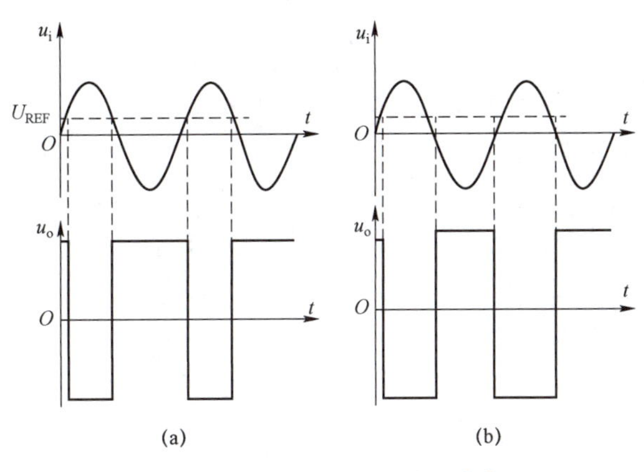

图 6.27　用比较器实现波形变换

（a）正弦波变换为矩形波；（b）正弦波变换为方波

3）积分器

当积分器的输入为方波时，输出是一个上升速率与下降速率相等的三角波，其波形如图 6.28 所示。

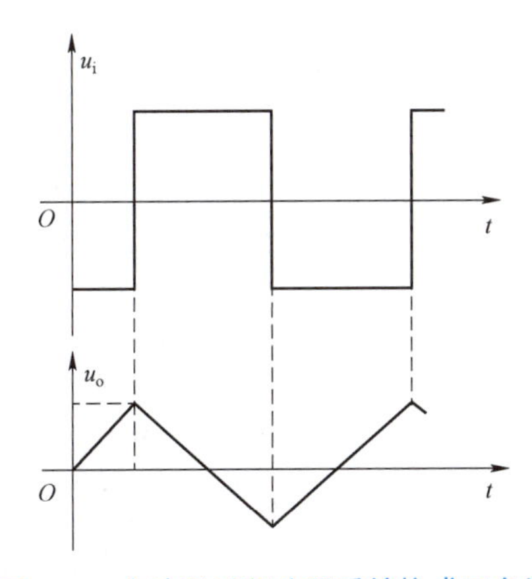

图 6.28　方波通过积分器后转换成三角波

在选择积分电路元器件时，要注意其积分时间常数与实际工作频率相适应。如果不相适应，则三角波可能出现失真，同时要注意方波输出信号的幅度要与积分器的允许输入幅度相匹配；否则三角波也可能出现失真。

项目拓展　分析与制作简易电子琴

知识应用

电子琴在生活中很常见，它可以由不同的电路构成。本书设计的简易电子琴是利用正弦波振荡器组成。

设计一个简易电子琴：电源工作电压：±12 V；产生 8 个音阶。八音阶简易电子琴电路原理图如图 6.29 所示，电路主要包括 12 V 电源产生电路，*RC* 正弦波振荡电路和功率放大电路三个部分。八音阶的频率通过调节精密可变电阻 R_1～R_9 实现。

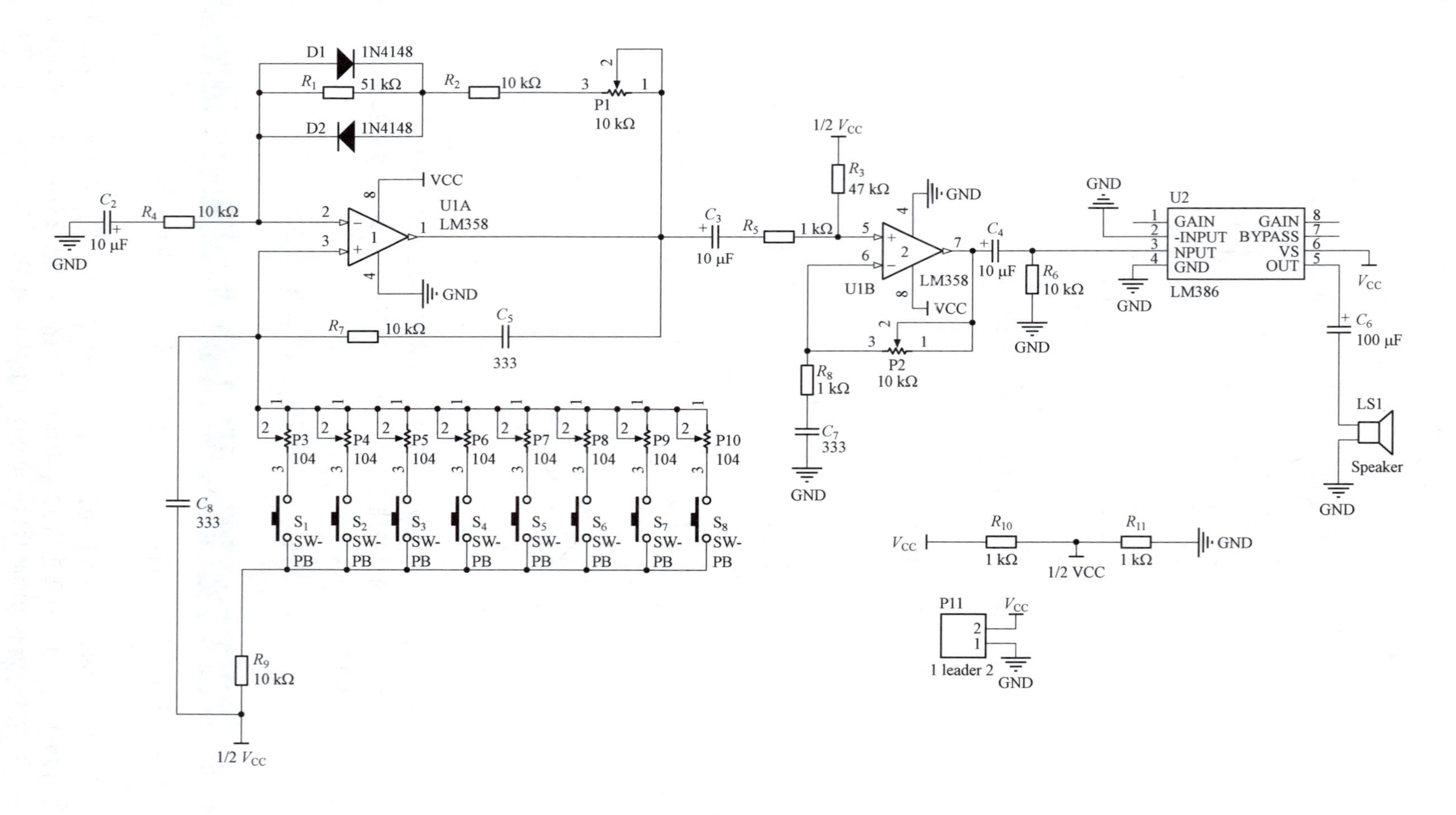

D1
1N4148
R_1
51 kΩ
D2
1N4148
R_2
10 kΩ
P1
10 kΩ
VCC
U1A
LM358
GND
C_2
10 μF
R_4
10 kΩ
R_7
10 kΩ
C_5
333
C_3
10 μF
R_5
1 kΩ
1/2 V_{CC}
R_3
47 kΩ
U1B
LM358
P2
10 kΩ
R_8
1 kΩ
C_7
333
C_4
10 μF
R_6
10 kΩ
U2
GAIN
-INPUT
NPUT
GND
GAIN
BYPASS
VS
OUT
LM386
V_{CC}
C_6
100 μF
LS1
Speaker
P3
P4
P5
P6
P7
P8
P9
P10
104
S_1
S_2
S_3
S_4
S_5
S_6
S_7
S_8
SW-PB
C_8
333
R_9
10 kΩ
R_{10}
1 kΩ
1/2 VCC
R_{11}
1 kΩ
P11
1 leader 2

图 6.29 简易电子琴

小　结

✷ 信号产生电路通常称为振荡器，用于产生一定频率和幅度的正弦波和非正弦波信号，因此，它分为正弦波振荡电路和非正弦波振荡电路。正弦波振荡器分为负阻式和反馈式振荡器。反馈式正弦波振荡器是利用选频网络，依靠外加正反馈而产生自激振荡的。正弦波振荡器一般包括4个组成部分，即放大器、选频网络、正反馈网络和稳幅环节。

✷ 任何一个具有正反馈的放大器都必须满足一定的条件才能产生自激振荡。正弦波振荡器的相位起振条件为：$\sum\varphi=2n\pi\ (n=0,1,2,\cdots)$，振幅起振条件为：$|\dot{A}_u\dot{F}_u|>1$；相位平衡条件为：$\sum\varphi=2n\pi\ (n=0,1,2,\cdots)$，振幅平衡条件为：$|\dot{A}_u\dot{F}_u|=1$。

✷ 正弦波振荡器分为*RC*正弦波振荡器、*LC*正弦波振荡器和石英晶体振荡器。

*RC*正弦波振荡器适用于低频振荡，一般在1 MHz以下，常采用*RC*桥式振荡器，*RC*桥式振荡器用*RC*串并联网络作为选频网络，其振荡频率为$f_0=1/2\pi RC$，为了满足振荡条件，要求*RC*桥式振荡器中的放大器应满足下列条件：同相放大，$A_u\geqslant3$，高输入阻抗、低输出阻抗；采用非线性元件构成负反馈，使放大器的增益能自动随输出电压的增大（或减小）而下降（或增大）。

*LC*正弦波振荡器的选频网络由*LC*并联谐振回路构成，它可以产生较高频率的正弦波信号。它有变压器反馈式、电感反馈式和电容反馈式等振荡器，其振荡频率近似等于*LC*并联谐振回路的谐振频率。其中电容反馈式振荡器工作频率高，振荡波形好。实用的电容反馈式振荡器是串联改进型电容反馈式振荡器（即克拉泼振荡器），它提高了频率稳定度并克服了电容反馈式振荡器调频不方便的缺点。

石英晶体振荡器利用高*Q*值的石英晶体谐振器作为选频网络，其频率稳定性很高，频率稳定度一般可达$10^{-8}\sim10^{-6}$数量级。石英晶体振荡器有串联型和并联型，前者石英晶体作为一个反馈元件，工作在串联谐振状态；后者石英晶体作为一个高*Q*值的电感元件，和回路中其他元件形成并联谐振。

✷ 非正弦波振荡电路中的集成运放一般工作在非线性区。矩形波发生器是由*RC*充放电回路和迟滞电压比较器组成。三角波和锯齿波信号是在方波发生器的基础上，再加上积分器产生的。当三角波电压的上升时间不等于下降时间时，即成为锯齿波。

习　题

6.1　根据振荡的相位条件判断题6.1图所示各电路能否振荡。

6.2　若要将题6.2图所示的元器件连接成*RC*正弦波振荡电路，如何连线？若要产生振荡频率为1 kHz的正弦振荡输出，当电容$C=0.016\ \mu F$时，电阻*R*应选多大？

6.3　*RC*桥式正弦波振荡电路如题6.3图所示，已知$R=8.2\ k\Omega$，$C=0.01\ \mu F$，$R_1=4.3\ k\Omega$，$R_p=22\ k\Omega$，$R_3=6.2\ k\Omega$。（1）标出运放的输入端极性；（2）估算振荡频率f_0；（3）分析半导

体二极管 VD_1 和 VD_2 的作用；（4）说明电位器 R_p 如何调节？

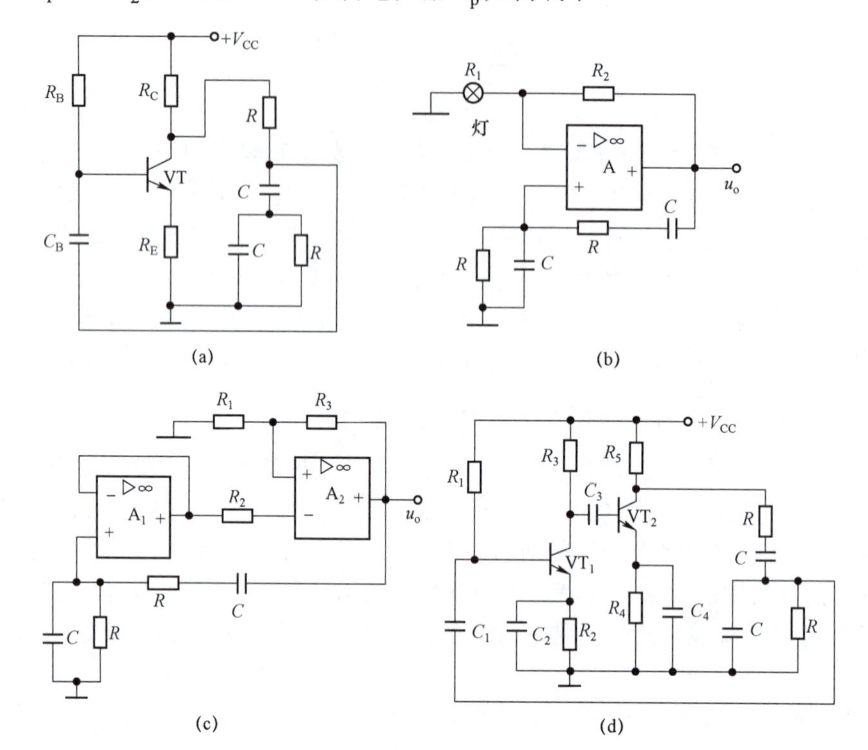

题 6.1 图

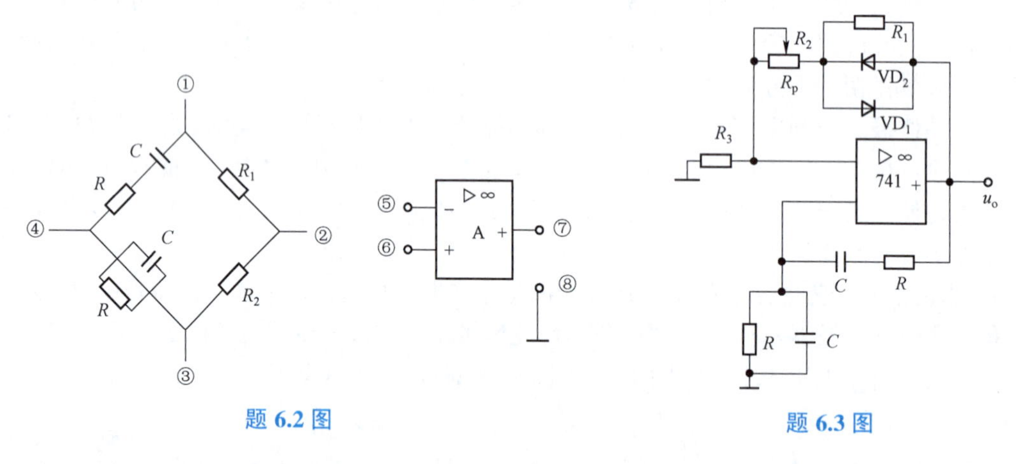

题 6.2 图

题 6.3 图

6.4　当需要频率分别在 100 Hz～1 kHz 或 10～20 MHz 范围内可调的正弦振荡输出时，应分别采用 RC 还是 LC 正弦波振荡电路？

6.5　用振荡的相位条件判断题 6.5 图所示各 LC 正弦波振荡电路能否起振，并说明原因。

6.6　用振荡的相位条件判断题 6.6 图所示各集成运放组成的振荡电路能否起振。

6.7　分析题 6.7 图所示波形产生电路的工作原理，说明电路中各元件的作用，画出 u_{o1}、u_{o2} 和 u_{o3} 的波形，并写出振荡频率的表达式。

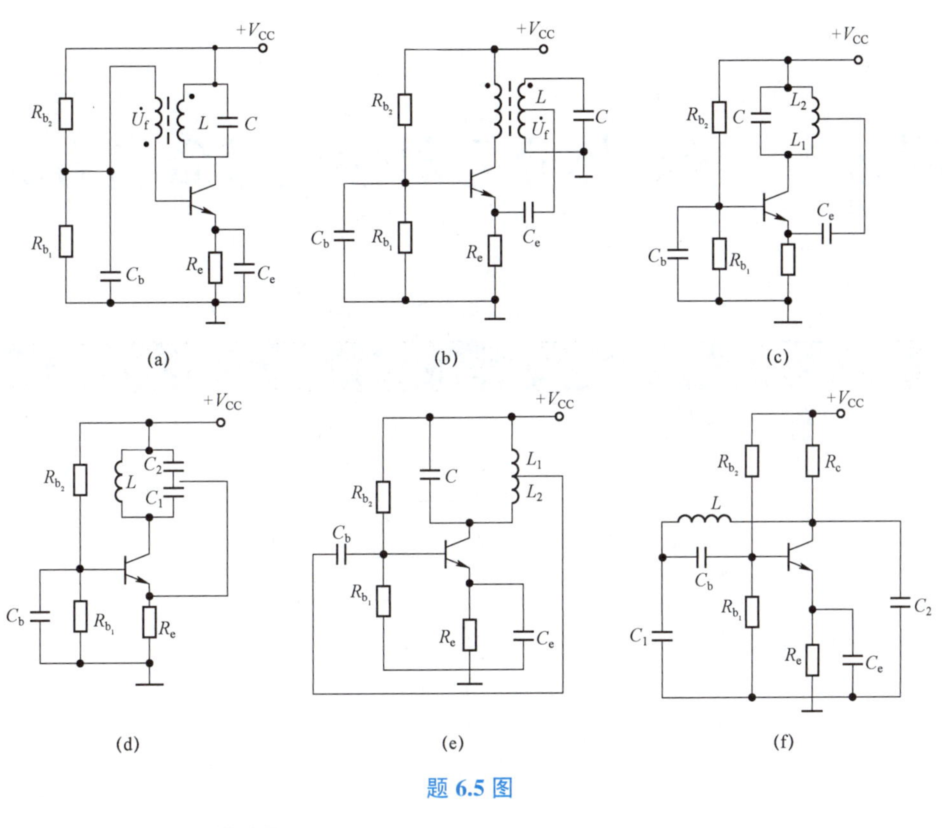

题 6.5 图

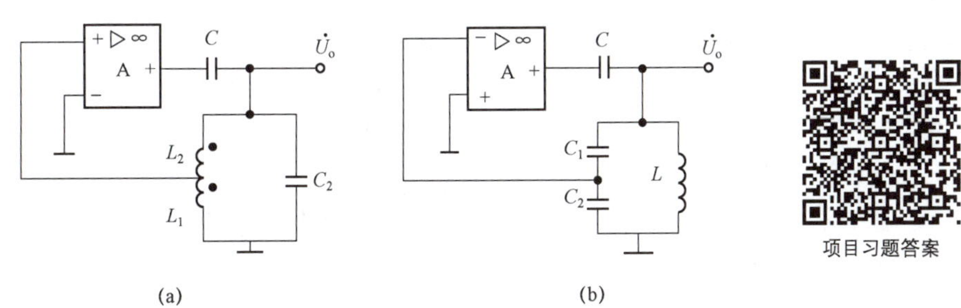

题 6.6 图

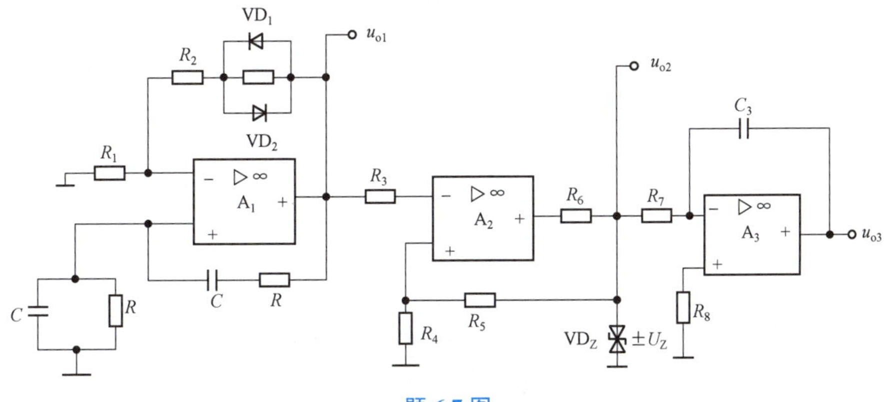

题 6.7 图

附录 1　半导体分立器件型号命名方法

附表 1.1　国产半导体分立器件型号命名法（摘自 GB 249—74）

第一部分		第二部分		第三部分				第四部分	第五部分
用数字表示器件电极的数目		用汉语拼音字母表示器件的材料和极性		用汉语拼音字母表示器件的类型				用数字表示器件序号	用汉语拼音表示规格的区别代号
符号	意义	符号	意义	符号	意义	符号	意义		
2	二极管	A	N 型，锗材料	P	普通管	D	低频大功率管		
		B	P 型，锗材料	V	微波管		（f_{α}<3 MHz，		
		C	N 型，硅材料	W	稳压管		P_C ≥1 W）		
		D	P 型，硅材料	C	参量管	A	高频大功率管		
				Z	整流管		（f_{α}≥3 MHz		
3	三极管	A	PNP 型，锗材料	L	整流堆		P_C ≥1 W）		
		B	NPN 型，锗材料	S	隧道管	T	半导体闸流管		
		C	PNP 型，硅材料	N	阻尼管		（可控硅整流器）		
		D	NPN 型，硅材料	U	光电器件	Y	体效应器件		
		E	化合物材料	K	开关管	B	雪崩管		
				X	低频小功率管	J	阶跃恢复管		
					（f_{α}<3 MHz，	CS	场效应器件		
					P_C<1 W）	BT	半导体特殊器件		
				G	高频小功率管	FH	复合管		
					（f_{α}≥3 MHz	PIN	PIN 型管		
					P_C<1 W）	JG	激光器件		

【附例 1.1】

（1）锗材料 PNP 型低频大功率三极管。

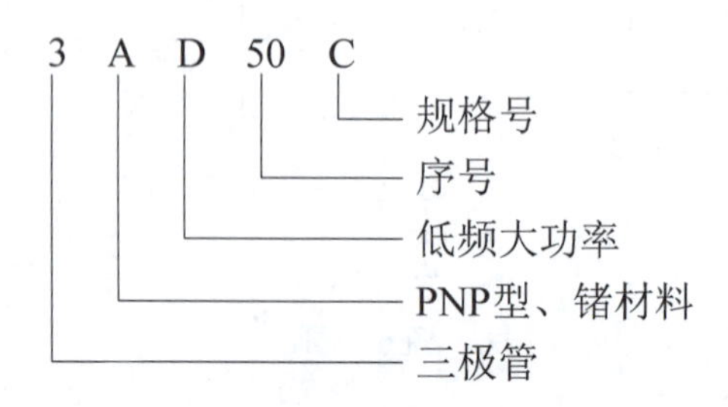

（2）N 型硅材料稳压二极管。

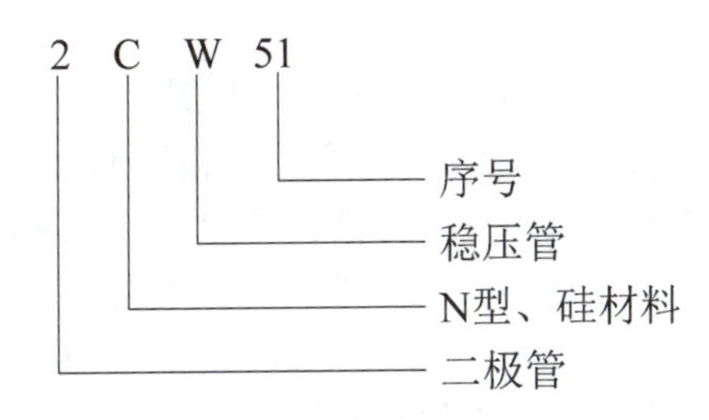

附表 1.2　国际电子联合会半导体器件型号命名法

第一部分		第二部分				第三部分		第四部分	
用字母表示使用的材料		用字母表示类型及主要特性				用数字或字母加数字表示登记号		用字母对同一型号者分挡	
符号	意义	符号	意义	符号	意义	符号	意义	符号	意义
A	锗材料	A	检波、开关和混频二极管	M	封闭磁路中的霍尔元件	三位数字	通用半导体器件的登记序号（同一类型器件使用同一登记号）	A B C D E …	同一型号器件按某一参数进行分挡的标志
		B	变容二极管	P	光敏元件				
B	硅材料	C	低频小功率三极管	Q	发光器件				
		D	低频大功率三极管	R	小功率可控硅				
C	砷化镓	E	隧道二极管	S	小功率开关管				
		F	高频小功率三极管	T	大功率可控硅	一个字母加两位数字	专用半导体器件的登记序号（同一类型器件使用同一登记号）		
D	锑化铟	G	复合器件及其他器件	U	大功率开关管				
		H	磁敏二极管	X	倍增二极管				
R	复合材料	K	开放磁路中的霍尔元件	Y	整流二极管				
		L	高频大功率三极管	Z	稳压二极管即齐纳二极管				

【附例 1.2】

示例（命名）。

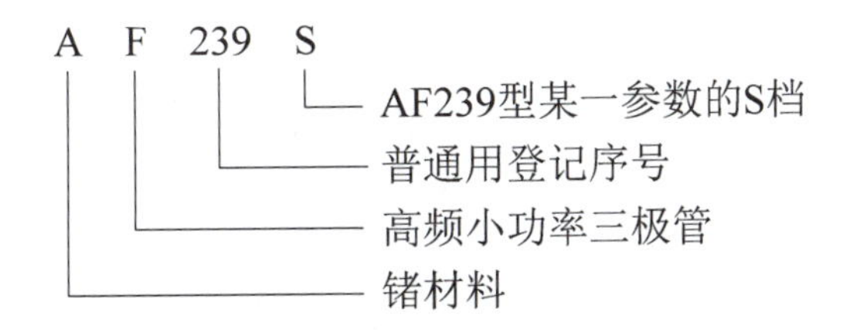

国际电子联合会晶体管型号命名法的特点如下。

（1）这种命名法被欧洲许多国家采用。因此，凡型号以两个字母开头，并且第一个字母是 A、B、C、D 或 R 的晶体管，大都是欧洲制造或是按欧洲某一厂家专利生产的产品。

（2）第一个字母表示材料（A 表示锗管、B 表示硅管），但不表示极性（NPN 或 PNP 型）。

（3）第二个字母表示器件的类别和主要特点。如 C 表示低频小功率管，D 表示低频大功率管，F 表示高频小功率管，L 表示高频大功率管等。若记住了这些字母的意义，不查手册也可以判断出类别。例如，BL49 型，一见便知是硅大功率专用三极管。

（4）第三部分表示登记顺序号。3 位数字者为通用品；一个字母加两位数字者为专用品，顺序号相邻的两个型号的特性可能相差很大。例如，AC184 为 PNP 型，而 AC185 则为 NPN 型。

（5）第四部分字母表示同一型号的某一参数（如 h_{FE} 或 N_F ）进行分挡。

（6）型号中的符号均不反映器件的极性（NPN 或 PNP）。极性的确定需查阅手册或测量。

附表 1.3　美国电子工业协会（EIA）半导体器件型号命名法

第一部分		第二部分		第三部分		第四部分		第五部分	
用符号表示用途的类型		用数字表示 PN 结的数目		美国电子工业协会（EIA）注册标志		美国电子工业协会（EIA）登记顺序号		用字母表示器件分挡	
符号	意义	符号	意义	符号	意义	符号	意义	符号	意义
JAN 或 J	军用品	1	二极管	N	该器件已在美国电子工业协会注册登记	多位数字	该器件在美国电子工业协会登记的顺序号	A B C D …	同一型号的不同挡别
		2	三极管						
无	非军用品	3	三个 PN 结器件						
		n	n 个 PN 结器件						

【附例 1.3】

（1）JAN2N2904

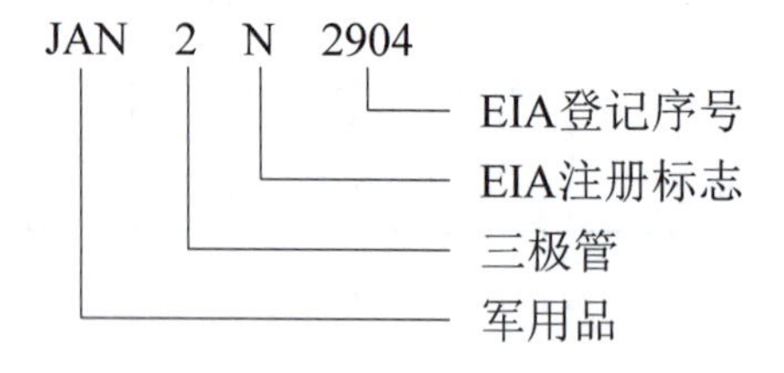

（2）1N4001

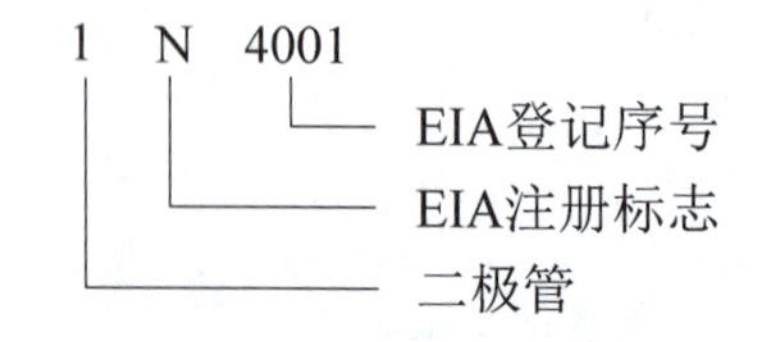

美国晶体管型号命名法的特点如下。

（1）型号命名法规定较早，又未作过改进，型号内容很不完备。例如，对于材料、极性、主要特性和类型，在型号中不能反映出来。例如，以 2N 开头的既可能是一般晶体管，也可能是场效应管。因此，仍有一些厂家按自己规定的型号命名法命名。

（2）组成型号的第一部分是前缀，第五部分是后缀，中间的三部分为型号的基本部分。

（3）除去前缀以外，凡型号以 1N、2N 或 3N…开头的晶体管分立器件，大都是美国制造的，或按美国专利在其他国家制造的产品。

（4）第四部分数字只表示登记序号，而不含其他意义。因此，序号相邻的两器件可能特性相差很大。例如，2N3464 为硅 NPN，高频大功率管，而 2N3465 为 N 沟道场效应管。

（5）不同厂家生产的性能基本一致的器件，都使用同一个登记号。同一型号中某些参数的差异常用后缀字母表示。因此，型号相同的器件可以通用。

（6）登记序号数大的通常是近期产品。

附表 1.4　日本半导体器件型号命名法

第一部分		第二部分		第三部分		第四部分		第五部分	
用数字表示类型或有效电极数		S 表示日本电子工业协会（EIAJ）的注册产品		用字母表示器件的极性及类型		用数字表示在日本电子工业协会登记的顺序号		用字母表示对原来型号的改进产品	
符号	意义	符号	意义	符号	意义	符号	意义	符号	意义
0	光电（即光敏）二极管、晶体管及其组合管	S	表示已在日本电子工业协会（EIAJ）注册登记的半导体分立器件	A	PNP 型高频管	四位以上的数字	从 11 开始，表示在日本电子工业协会注册登记的顺序号，不同公司性能相同的器件可以使用同一顺序号，其数字越大越是近期产品	A B C D E F ⋮	用字母表示对原来型号的改进产品
				B	PNP 型低频管				
				C	NPN 型高频管				
				D	NPN 型低频管				
1	二极管			F	P 控制极可控硅				
2	三极管、具有两个以上 PN 结的其他晶体管			G	N 控制极可控硅				
				H	N 基极单结晶体管				
				J	P 沟道场效应管				
				K	N 沟道场效应管				
3 ⋮	具有 4 个有效电极或具有 3 个 PN 结的晶体管			M	双向可控硅				
$n-1$	具有 n 个有效电极或具有 $n-1$ 个 PN 结的晶体管								

【附例 1.4】

（1）2SC502A（日本收音机中常用的中频放大管）

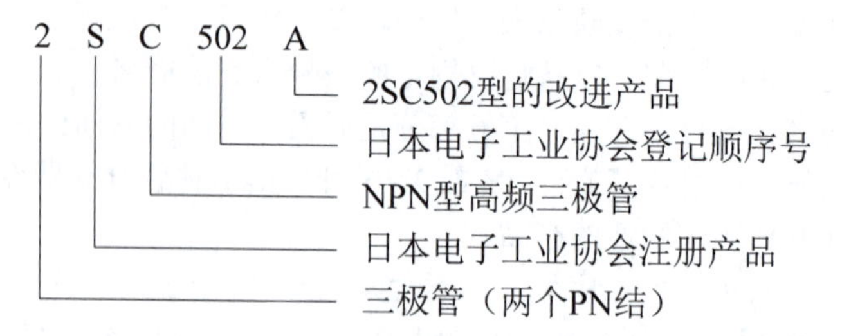

（2）2SA495（日本夏普公司 GF－9494 收录机用小功率管）

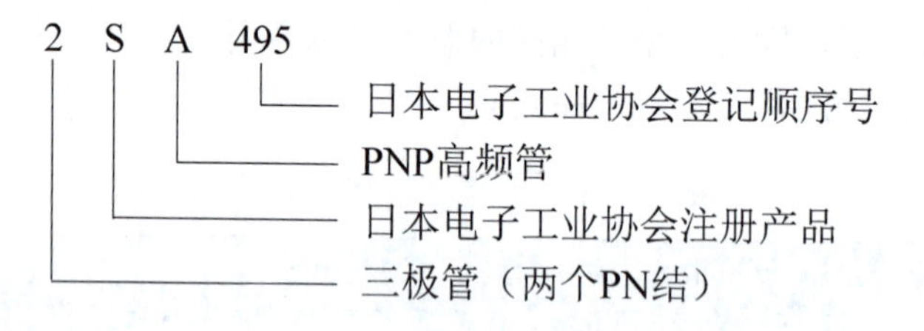

附录 2　常用半导体二极管的主要参数

附表 2.1　1N 系列常用硅整流二极管主要参数及与国产二极管的型号代用

<table>
<tr><th></th><th>参数</th><th>额定正向整流电流
I_{F}/A</th><th>正向不重复峰值电流
I_{FSM}/A</th><th>正向压降
U_{F}/V</th><th>反向电流
I_{R}/μA</th><th>反向工作峰值电压
U_{RM}/V</th><th>代用型号</th></tr>
<tr><td rowspan="14">型号</td><td>1N4001</td><td rowspan="7">1</td><td rowspan="7">30</td><td rowspan="7">≤1</td><td rowspan="7"><5</td><td>50</td><td>2CZ11K</td></tr>
<tr><td>1N4002</td><td>100</td><td>2CZ11A</td></tr>
<tr><td>1N4003</td><td>200</td><td>2CZ11B</td></tr>
<tr><td>1N4004</td><td>400</td><td>2CZ11D</td></tr>
<tr><td>1N4005</td><td>600</td><td>2CZ11F</td></tr>
<tr><td>1N4006</td><td>800</td><td>2CZ11H</td></tr>
<tr><td>1N4007</td><td>1000</td><td>2CZ1H</td></tr>
<tr><td>1N5400</td><td rowspan="7">3</td><td rowspan="7">150</td><td rowspan="7">≤0.8</td><td rowspan="7"><10</td><td>50</td><td>2CZ12</td></tr>
<tr><td>1N5401</td><td>100</td><td>2CZ12A</td></tr>
<tr><td>1N5402</td><td>200</td><td>2CZ12C</td></tr>
<tr><td>1N5403</td><td>400</td><td>2CZ12D</td></tr>
<tr><td>1N5404</td><td>600</td><td>2CZ12E</td></tr>
<tr><td>1N5405</td><td>800</td><td>2CZ12F</td></tr>
<tr><td>1N5406</td><td>1 000</td><td>2CZ12G</td></tr>
<tr><td></td><td>1N5407</td><td></td><td></td><td></td><td></td><td>100</td><td>2CZ12H</td></tr>
</table>

附表 2.2　2AP 型检波二极管主要参数

<table>
<tr><th></th><th>参数</th><th>最大整流电流
I_{F}/mA</th><th>正向压降
（$I_{F}=I_{FM}$）
U_{F}/V</th><th>最高反向工作电压
U_{RM}/V</th><th>反向击穿电压
U_{BR}/V</th><th>截止频率
f/MHz</th></tr>
<tr><td rowspan="7">型号</td><td>2AP1</td><td>16</td><td rowspan="7">≤1.2</td><td>20</td><td>40</td><td>150</td></tr>
<tr><td>2AP2</td><td>16</td><td>30</td><td>45</td><td>150</td></tr>
<tr><td>2AP3</td><td>25</td><td>30</td><td>45</td><td>150</td></tr>
<tr><td>2AP4</td><td>16</td><td>50</td><td>75</td><td>150</td></tr>
<tr><td>2AP5</td><td>16</td><td>75</td><td>110</td><td>150</td></tr>
<tr><td>2AP6</td><td>12</td><td>100</td><td>150</td><td>150</td></tr>
<tr><td>2AP7</td><td>12</td><td>100</td><td>150</td><td>150</td></tr>
</table>

续表

型号	参数	最大整流电流 I_F/mA	正向压降（$I_F=I_{FM}$）U_F/V	最高反向工作电压 U_{RM}/V	反向击穿电压 U_{BR}/V	截止频率 f/MHz
	2AP9	8	≤1	10	65	100
	2AP11	25		10	10	40
	2AP12	40		10	10	40

注：2AP 型检波二极管的结电容 C_f ≤1pF。

附表 2.3 国内外常用开关二极管主要参数

型号	参数	额定正向整流电流 I_F/mA	反向电流 I_R/nA	正向压降 U_F/V	反向击穿电压 U_{BR}/V	结电容 C_T/pF	反向恢复时间（开关时间）t_{rr}/ns
	1S1555	—	500	1.4	35	1.3	—
	1N4148	200	≤25	≤1	75	4	4

附表 2.4 部分稳压二极管的主要参数

测试条件	工作电流为稳定电流	稳定电压下	环境温度<50 ℃		稳定电流下	稳定电流下	环境温度<10 ℃
型号 \ 参数	稳定电压/V	稳定电流/mA	最大稳定电流/mA	反向漏电流	动态电阻/Ω	电压温度系数/10^{-4} ℃	最大耗散功率/W
2CW51	2.5～3.5	10	71	≤5	≤60	≥−9	0.25
2CW52	3.2～4.5		55	≤2	≤70	≥−8	
2CW53	4～5.8		41	≤1	≤50	−6～4	
2CW54	5.5～6.5		38	≤0.5	≤30	−3～5	
2CW56	7～8.8		27		≤15	≤7	
2CW57	8.5～9.8		26		≤20	≤8	
2CW59	10～11.8	5	20		≤30	≤9	
2CW60	11.5～12.5		19		≤40	≤9	
2CW103	4～5.8	50	165	≤1	≤20	−6～4	1
2CW110	11.5～12.5	20	76	≤0.5	≤20	≤9	
2CW113	16～19	10	52	≤0.5	≤40	≤11	
2CW1A	5	30	240		≤20		1
2CW6C	15	30	70		≤8		1
2CW7C	6.0～6.5	10	30		≤10	0.05	0.2

附录 3　常用半导体三极管的主要参数

附表 3.1　9011～9018 塑封硅三极管的主要参数

型号		（3DG）9011	（3CX）9012	（3DX）9013	（3DG）9014	（3CG）9015	（3DG）9016	（3DG）9018
极限参数	P_{CM} /mW	200	300	300	300	300	200	200
	I_{CM} /mA	20	300	300	100	100	25	20
	$U_{(BR)CEO}$/V	18	18	18	20	20	20	20
直流参数	I_{CBO} /μA	0.01	0.5	0.5	0.05	0.05	0.05	0.05
	I_{CEO} /μA	0.1	1	1	0.5	0.5	0.5	0.5
	U_{CES} /V	0.5	0.5	0.5	0.5	0.5	0.5	0.35
	h_{FE}	30	30	30	30	30	30	30
交流参数	f_T /MHz	100			80	80	500	600
	C_{OB} /pF	3.5			2.5	4	1.6	4
h_{FE} 色标分挡		（红）30～60　（绿）50～110　（蓝）90～160　（白）>150						
管脚		E B C						

附表 3.2　3DG100（3DG6）型 NPN 型硅高频小功率三极管的主要参数

原型号		3DG6				测试条件
新型号		3DG100A	3DG100B	3DG100C	3DG100D	
极限参数	P_{CM} /mW	100	100	100	100	
	I_{CM} /mA	20	20	20	20	
	$U_{(BR)CEO}$/V	≥20	≥30	≥20	≥30	I_C = 100 μA
直流参数	I_{CBO} /μA	≤0.01	≤0.01	≤0.01	≤0.01	U_{CB} = 10 V
	I_{CEO} /μA	≤0.1	≤0.1	≤0.1	≤0.1	U_{CE} = 10 V
	U_{CES} /V	≤1	≤1	≤1	≤1	I_C = 10 mA、I_B = 1 mA
	h_{FE}	≥30	≥30	≥30	≥30	U_{CE} = 10 V、I_C = 3 mA
交流参数	f_T /MHz	≥150	≥150	≥300	≥300	U_{CB} = 10 V、I_E = 3 mA、f = 100 MHz、R_L = 5 Ω
	C_{OB} /pF	≤4	≤4	≤4	≤4	U_{CB} = 10 V、I_E = 0

续表

原型号	3DG6				测试条件
新型号	3DG100A	3DG100B	3DG100C	3DG100D	
h_{FE} 色标分挡	（红）30～60 （绿）50～110 （蓝）90～160 （白）＞150				
管脚	B E C				

附表 3.3 3DG130（3DG12）型 NPN 型硅高频小功率三极管的主要参数

原型号		3DG12				测试条件
新型号		3DG130A	3DG130B	3DG130C	3DG130D	
极限参数	P_{CM} /mW	700	700	700	700	
	I_{CM} /mA	300	300	300	300	
	$U_{(BR)CEO}$/V	≥30	≥45	≥30	≥45	I_C =100 μA
直流参数	I_{CBO} /μA	≤0.5	≤0.5	≤0.5	≤0.5	U_{CB} =10 V
	I_{CEO} /μA	≤1	≤1	≤1	≤1	U_{CE} =10 V
	U_{CES} /V	≤0.6	≤0.6	≤0.6	≤0.6	I_C =100 mA、I_B =10 mA
	h_{FE}	≥30	≥30	≥30	≥30	U_{CE} =10 V、I_C =50 mA
交流参数	f_T /MHz	≥150	≥150	≥300	≥300	U_{CB} =10 V、I_E =50 mA、f =100 MHz R_L =5 Ω
	C_{OB} /pF	≤10	≤10	≤10	≤10	U_{CB} =10 V、I_E =0
h_{FE} 色标分挡		（红）30～60 （绿）50～110 （蓝）90～160 （白）＞150				
管脚		B E C				

附录 4　集成电路的命名方法

附表 4.1　国产半导体集成电路型号命名法（GB 3430—82）

第 0 部分		第一部分		第二部分	第三部分		第四部分	
用字母表示器件符合国家标准		用字母表示器件的类型		用阿拉伯数字表示器件的系列和品种代号	用字母表示器件的工作温度范围		用字母表示器件的封装	
符号	意义	符号	意义		符号	意义	符号	意义
C	中国制造	T	TTL		C	0～70 ℃	W	陶瓷扁平
		H	HTL		E	-40～85 ℃	B	塑料扁平
		E	ECL		R	-55～85 ℃	F	全封闭扁平
		C	CMOS		M ……	-55～125 ℃ ……	D	陶瓷直插
		F	线性放大器				P	塑料直插
		D	音响、电视电路				J	黑陶瓷直插
		W	稳压器				K	金属菱形
		J	接口电路				T	金属圆形

【附例 4.1】

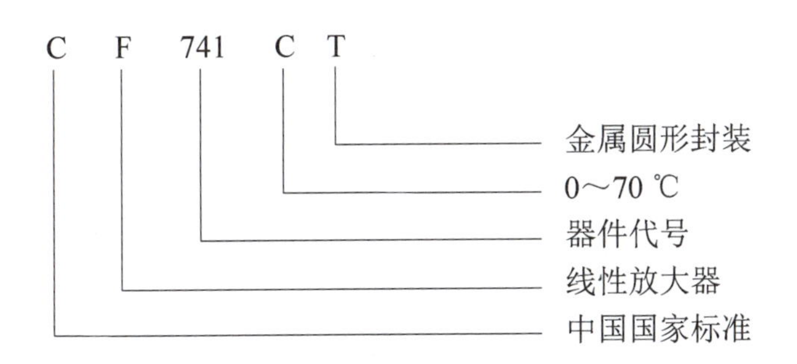

附表 4.2　国外部分公司及产品代号

公司名称	代号	公司名称	代号
美国无线电公司（BCA）	CA	美国悉克尼特公司（SIC）	NE
美国国家半导体公司（NSC）	LM	日本电气工业公司（NEC）	μPC
美国摩托罗拉公司（MOTA）	MC	日本日立公司（HIT）	RA
美国仙童公司（PSC）	μA	日本东芝公司（TOS）	TA

续表

公司名称	代号	公司名称	代号
美国得克萨斯公司（TII）	TL	日本三洋公司（SANYO）	LA，LB
美国模拟器件公司（ANA）	AD	日本松下公司	AN
美国英特西尔公司（INL）	IC	日本三菱公司	M

附录 5　部分模拟集成电路主要参数

附表 5.1　几种集成运算放大器的主要参数

参数	型号							
	LM741	LM747	LM324	LF353	LF347	TL082	TL084	OP37
电源电压 V_{CC}/V	±5～±18	±22	±16	±18	±18	±18	±18	±22
输入失调电压 U_{IO} /mV	2～6	1	2	10	5	3	3	0.03
输入失调电流 I_{IO} /nA	20	20	5	0.2	0.025	0.005	0.005	10
开环电压增益 A_{uo} /dB	86～106	106	100	106	100	106	106	120
输入电阻 r_i /kΩ	1 000	2 000		10^0	10^0	10^0	10^0	6 000
输出电阻 r_o / Ω	200							70
共模抑制比 K_{CMR} /dB	70～90	90	85	86	100	86	86	126
单位增益带宽积 $A_u \cdot BW_{0.7}$ /MHz	1.2	1.5	1	4	4	4	4	63
转换速率 S_R	0.5	0.5		16	13	16	16	17
输出峰值峰电压 U_{OPP}/V	±14		±26	±13.5	±13.5	±13.5	±13.5	±13.5
共模输入电压范围 U_{ICR}/V	±12		$V_{CC}-1.5$	±12	±15	±11	±11	
描述	通用双极型	通用双极型	通用双极型	JFET 输入	JFET 输入	JFET 输入	JFET 输入	静密高速

附表 5.2　CW7805、CW7812、CW7912、CW317 集成稳压器的主要参数

参数名称/单位	CW7805	CW7812	CW7912	CW317
输入电压/V	+10	+19	−19	≤40
输出电压范围/V	+4.75～+5.25	+11.4～+12.6	−11.4～−12.6	+1.2～+37
最小输入电压/V	+7	+14	−14	$+3 \leqslant U_i - U_o \leqslant +40$
电压调整率/mV	+3	+3	+3	0.02%/V
最大输出电流/A	加散热片可达 1 A			1.5

附表 5.1 中各运算放大器的引脚分布如附图 5.1 所示。

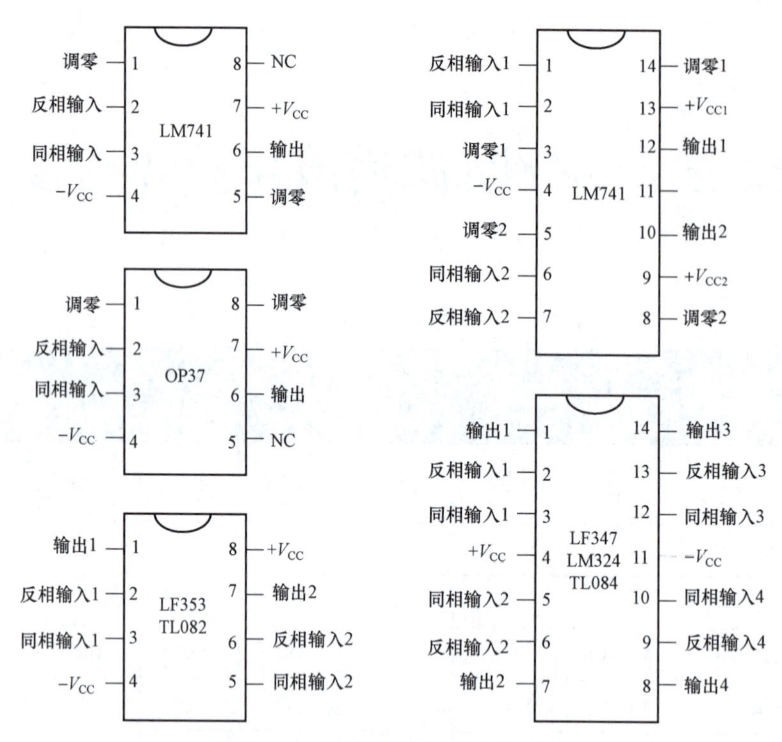

附图 5.1　部分运算放大器引脚分布

附录 6　常用仪器仪表介绍和使用

VP－5220 D/C 双踪示波器

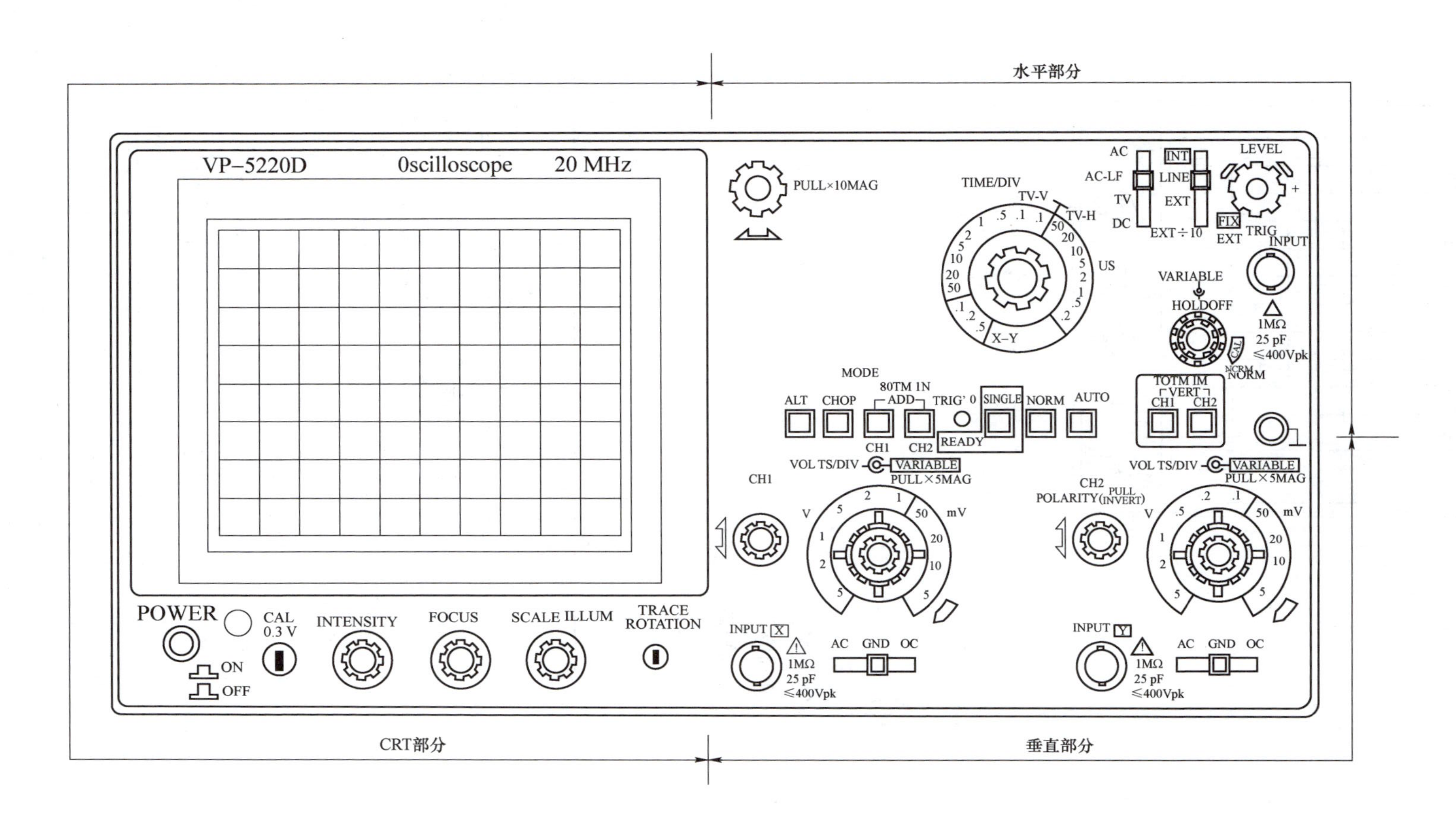

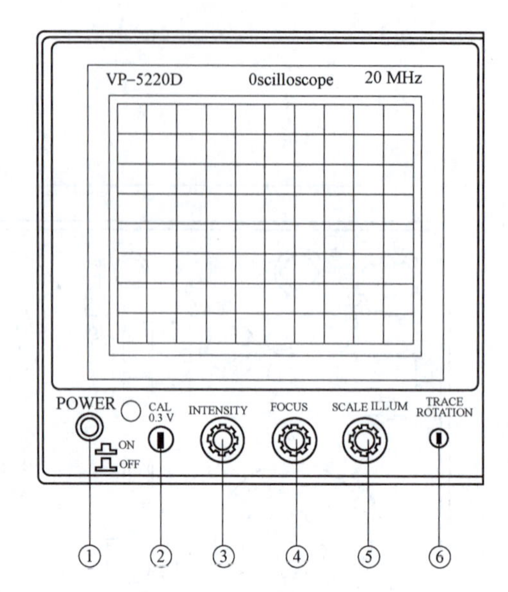

1. 示波器面板结构及说明

① 电源开关。

② 校准电压的输出。

③ 亮度调整。

④ 聚焦调整。

⑤ 管面刻度照明。

⑥ 扫描线倾斜调整。

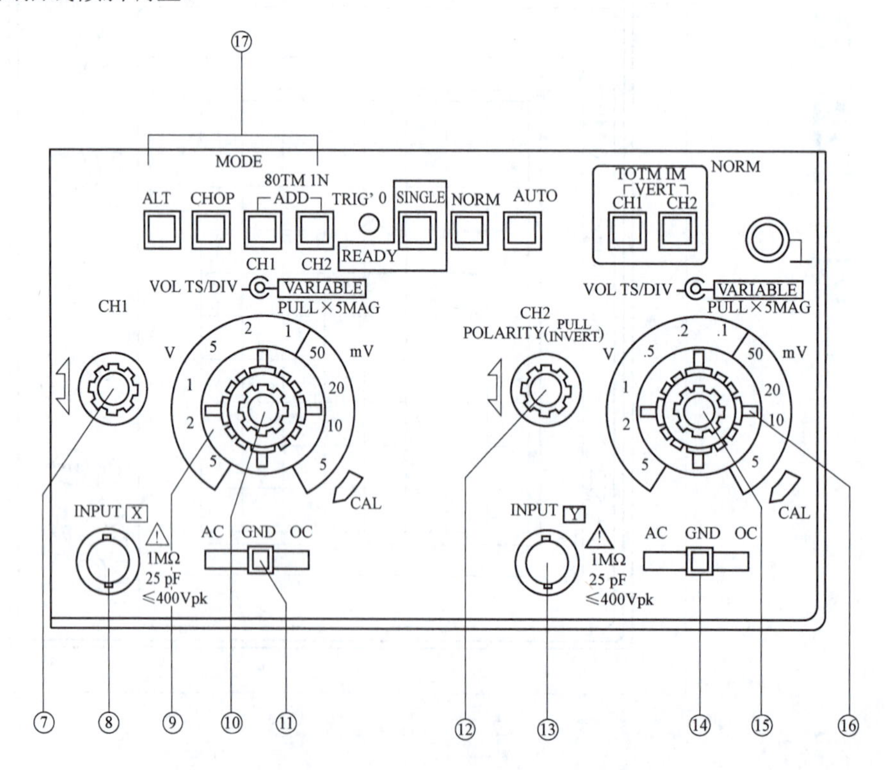

⑦ CH1 垂直位移。

⑧ CH1 垂直输入信号的端子。

⑨ CH1 的垂直偏转因数。

⑩ CH1 的垂直灵敏度。

⑪ AC GND DC CH1 耦合方式。

⑫ CH2 垂直位 Y 移。拉出旋钮使 CH2 信号的显示极性反转。

⑬ CH2 垂直输入信号的端子。

⑭ AC　GND　DC CH2 耦合方式。

⑮ CH2 的垂直灵敏度连续地变化。

⑯ CH2 的垂直偏转因数。

⑰ 垂直工作方式开关…选择垂直的工作方式。

CH1……………CH1 的信号显示在管面上。

CH2……………CH2 的信号显示在管面上。

CHOP…………是与扫描无关大约以 300 kHz 频率相互切换通道的多踪操作，用于慢扫描的观测。

ALT…………以扫描控制切换通道的多踪操作，用于快扫描的观测。

ADD…………CH1、CH2 按钮同时按下。CH1 和 CH2 的信号被代数相加后显示在管面上。

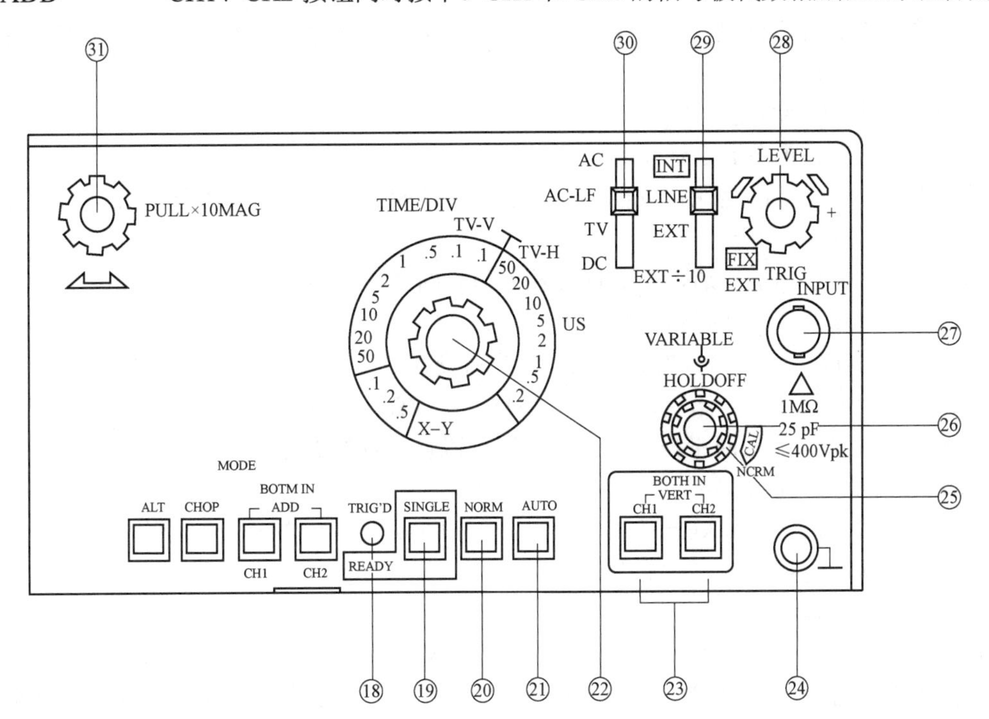

⑱ 在单次扫描时表示为触发信号的等待状态。其他以外的场合表示扫描为触发状态。

⑲ 单次扫描。

⑳ 触发扫描。

㉑ 自动扫描。

㉒ 扫描速率。
㉓ 内触发信号源开关。
㉔ ⊥ 测试用接地端子。
㉕ 套轴的外侧旋钮。配合 LEVEL 旋钮使不易触发的复杂波形稳定地显示。
㉖ 扫描时间因数校准。
㉗ 连接外部触发信号的输入插座。
㉘ 扫描触发电平。
㉙ 触发信号源开关。
㉚ 触发信号的耦合开关。
㉛ 水平位移。

2. 测量前的检查步骤

示波器具体检查步骤可以分以下几步进行。

首先将扫描时间旋钮放到 0.5 ms/div 位置，然后输入耦合方式放到 GND。

步骤 1：找扫描线

（1）亮度旋钮调节到最大。

（2）选择自动触发扫描（Auto）方式。

（3）调整 X 轴和 Y 轴的位移，使之居中。

强调这 3 个条件之间是“与”关系，三者之间只要有一个条件没有满足，示波器屏幕上就无法正常显示扫描线。

步骤 2：调整显示状态

（1）减小亮度，调节到合适位置。

（2）调整聚焦，目的是保护仪器的荧光屏和调节聚焦，使波形达到便于观察的效果。

步骤 3：正确显示波形

（1）根据实际使用的通道，正确选择输入信号的通道按钮。

（2）根据测量要求，选择输入耦合方式，如 AC、GND、DC。

AC：用电容阻止输入信号的直流成分，只有交流成分通过。这时，1 kHz 以下的方波明显下垂，使用上必须注意。低频特性约为 4 Hz（−3 dB）。

GND：放大器的输入回路被接地。这被用于确认扫描线的基准位置。

DC：输入信号直接进入放大器。

试将频率为 50 Hz 和 1 kHz 的方波信号分别输入示波器，再选择不同的耦合方式，观察波形的变化，从而理解 AC、DC 的区别。

（3）选择合适量程。

在使用指针电压表测量电压时，是从大量程逐渐变小的选择方法，使指针趋向于 1/2 以上，在示波器量程的选择上同样适用此调整方式。应将 Y 轴的量程从大往小调整，使显示的波形幅值在 Y 轴方向占屏幕的 1/2～2/3，不用满屏。也不能太小，若量程选择过小，会造成无图像的假象。

X 向的波形显示要求是，在屏幕的 X 方向显示波形的 1～2 个完整的周期。调整的要求与 Y 向调整相同。在这过程中要结合稳定波形的步骤进行操作。

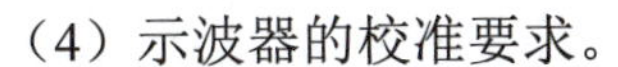

（4）示波器的校准要求。

示波器机内自带有校准信号，本机用 CAL 标记。

示波器的校准分为两个部分，在使用标准的测试棒时首先是调整探头的补偿性能。

在进入到测量时要将测试棒接到 CAL 端，调整⑩、⑮、㉖ 3 个旋钮，使显示符合标准信号的要求。一般是将⑩、⑮、㉖ 3 个旋钮顺时针旋到底，即 CAL 位置。

步骤 4：稳定波形

（1）选择与输入信号相同的同步触发通道。

（2）将触发信号源开关选择（INT）内触发位置。

（3）将 Y 轴的波形幅度调到屏幕的 1/3 以上。

（4）调整触发电平 LEVEL 旋钮。对于不易稳定的波形，还要辅以调整释抑时间旋钮。两个旋钮相互配合才能使波形稳定。

强调四者关系是“与”的关系，缺一不可；否则波形难以稳定。

3. 示波器的测量方法

从学习的规律来说，知识是有一定连贯性的，示波器的使用确实是一个全新的知识。用示波器测量各种电参数也是一个全新的过程。但包含的知识点却是以前学习过的内容，因此在学习波形识读前，首先要温习直角坐标系的知识，温习有关交流电的最大值、有效值、周期等概念，引进一个峰峰值的概念，然后再进入下一步。

1）波形的观测

关于示波器的读数方法见附图 6.1。

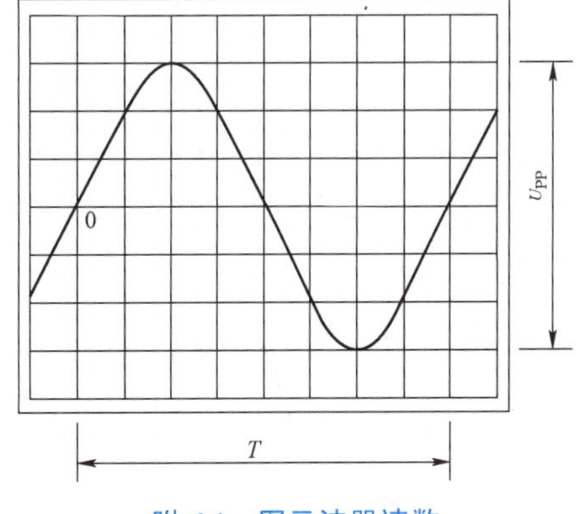

附 6.1　图示波器读数

示波器屏幕前是一个有均匀距离的方格坐标板，它就是原来熟悉的直角坐标系方格。

屏幕的 X 轴为时间量（μs，ms，s）。

Y 轴为电压量（mV、V）。

方向取坐标系的第一象限。

坐标系的单位读取方法：

X 轴的坐标单位由时间量程旋钮的位置决定，单位为（Time/div）。

Y 轴的坐标单位分别由通道 1（CH1）和通道 2（CH2）的电压量程旋钮位置决定，单位为（Volts/div）。

图形的位置可以由上下、左右位移旋钮来调整，则坐标的原点就可以由个人根据图像来自由选定。

当一个波形已被完整且稳定地显示在屏幕上时，就可以利用原先学过的有关直角平面坐标系的知识来对图像进行判读。在这儿可以适当地调整一下 Y 轴的移动旋钮⑦⑫，使波形上下对称，调整一下 X 轴平移旋钮㉛使波形的起始点和选定的 Y 轴重合。

Y 轴电压＝DIV（波形在 Y 轴所占格数）×（Volts/div）（Y 轴坐标单位）

$$U_{p-p}=6\text{ 格}\times 0.2\text{ V/DIV}=1.2\text{ V}$$

X 轴时间＝DIV（波形在 X 轴所占格数）×（Time/div）（X 轴坐标单位）

$$T=8\text{ 格}\times 0.1\text{ ms/ div}=0.8\text{ ms}$$

$$f=\frac{1}{T}=\frac{1}{0.8\ \text{ms}}=1.25\ \text{kHz}$$

记住 X、Y 轴的准确值只能在 VARIABLE 旋钮置 CAL 位置时得到。

2）相位差的测量

在电路中除了需要知道波形的类型、电压、频率外，往往还需研究电路的输入信号与输出信号之间的相位变化，也称相位差或相移。因此，在有些情况下，就需测量电路中两个信号的相位差关系。

在初高中学习函数和三相交流电时对于相位差已有概念，只不过当时 X 轴是以弧度为单位计算的。在示波器上判读相位差确定好基本的坐标参照系是基础。因此，在这儿学习的是一种建立参照系的方法，而不需要新的知识。

具体操作时，在已经正确显示了两个波形后，由双踪显示功能转为只选输入信号显示。调节 X、Y 的位移钮，确立输入信号的 X 轴、Y 轴及原点在屏幕上的具体位置。然后再次选双踪显示功能。把输出信号叠加到屏幕上，调节输出信号通道的 Y 轴位移钮，使输出信号的 X 轴与输入信号的 X 轴重合，即可直接从屏幕上读出两信号的时间差，代入计算公式即可求出相位差。

附图 6.2 所示为测得某电路的输入信号和输出信号的波形，读出两信号过零点（在 X 轴上）的时间差 $\varDelta t$ 和输入（或输出）信号的周期 T 就可按下式计算两信号的相位差 φ，即

$$\varphi=\frac{\Delta t}{T}\times 360^\circ$$

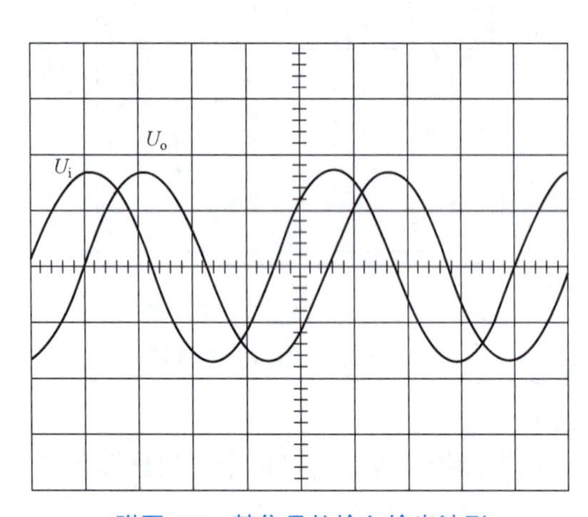

附图 6.2　某集号的输入输出波形

例如，附图 6.3 中，U_i 和 U_o 过零点时间差 $\Delta t=1$ 格 $\times X$ 轴坐标单位 $=1$ 格 $\times 200\ \mu s$/格 $=200\ \mu s$，而 U_o 的周期 $T=4.5$ 格 $\times X$ 轴坐标单位 $=4.5$ 格 $\times 200\ \mu s$/格 $=900\ \mu s$。

则相移：$\varphi=\dfrac{\Delta t}{T}\times 360^\circ=\dfrac{200\ \mu s}{900\ \mu s}\times 360^\circ=80^\circ$

通过以上计算不难发现，X 轴坐标单位在计算时可约去，只需直接读出 U_i 和 U_o 过零点时在 X 轴上的格数之差和 U_o 的周期格数，就可直接算出相移，即

$$\varphi=\frac{\text{格数之差}}{\text{周期格数}}\times 360^\circ=\frac{1\text{格}}{4.5\text{格}}\times 360^\circ=80^\circ$$

这样求得的相移是一个绝对值，还需判定输出信号相对于输入信号是延迟了还是超前了。根据示波器显示原理，X 轴扫描是从左向右移动，因而先出现的光点在左侧，U_o 波形在 U_i 波形的右侧，说明 U_o 延迟于 U_i，所以 U_o 滞后于 U_i 为 80°。

3）电压增益测量

电路的增益是电子技术中经常需要测量的内容。采用双踪示波器，若 CH1 通道测量被测电路的输入信号 U_i，CH2 通道测量被测电路的输出信号 U_o，这时只需分别读取 CH1 通道所

得峰值 U_i 和 CH2 通道所测得峰值 U_o，然后，根据电压增益 $A_u=U_o/U_i$，即可换算得到电路增益值。

例如，在示波器屏幕上得到如附图 6.4 所示的波形，输入接 CH1 通道，Y 轴坐标单位为 50 mV/格，输出接 CH2 通道，Y 轴坐标单位为 0.5 V/格，可以计算出电路的增益为

$$A_u=\frac{U_o}{U_i}=\frac{2.6\text{DIV}\times 0.5\ \text{V}/\text{DIV}}{1.6\text{DIV}\times 50\ \text{mV}/\text{DIV}}=16.25$$

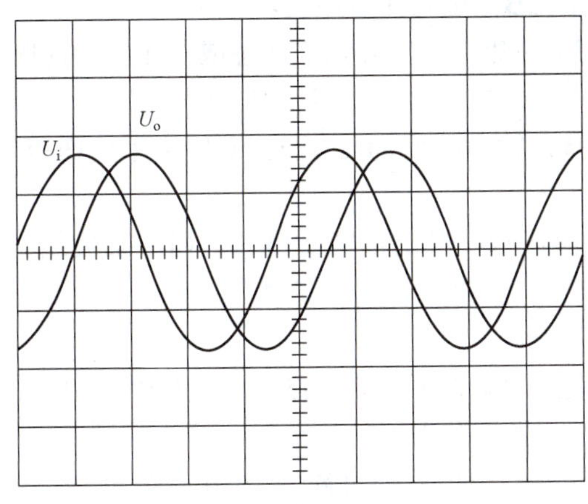

附图 6.3　例题图示

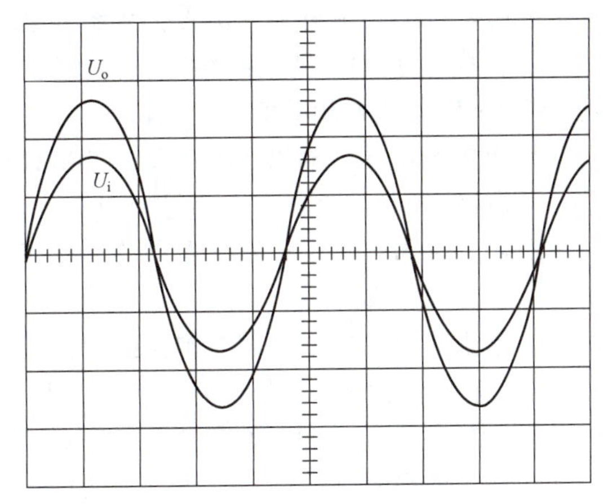

附图 6.4　例题图示

练　习　题

根据 X 轴和 Y 轴的给定的坐标单位，读出附图 6.5 所示的输入输出各自的幅值 V_{P-P}、周期 T、相位差 φ，并计算电路的增益 A_u。

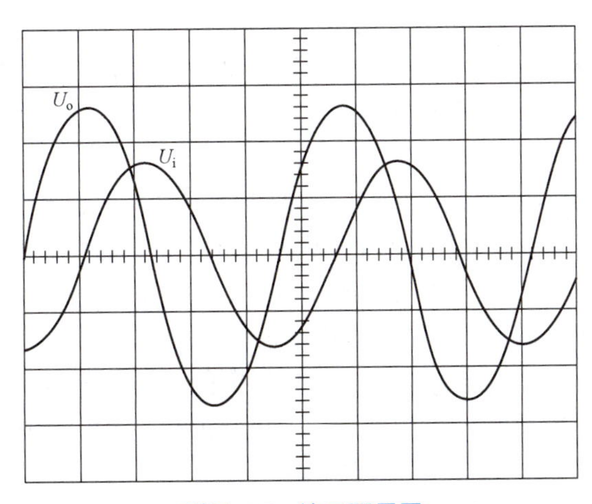

附图 6.5　练习题用图

1. 函数信号发生器/计数器面板结构及说明（附图 6.6）

① 频率显示窗口：显示输出信号的频率或外测频信号的频率。

② 幅度显示窗口：显示函数输出信号的幅度。

③ 扫描宽度调节旋钮：调节此电位器可调节扫频输出的频率范围。在外测频时，逆时针旋到底（绿灯亮），为外输入测量信号经过低通开关进入测量系统。

④ 扫描速率调节旋钮：调节此电位器可以改变内扫描的时间长短。在外测频时，逆时针旋到底（绿灯亮），为外输入测量信号经过衰减“20 dB”进入测量系统。

⑤ 扫描/计数输入插座：当“扫描/计数键”(13) 功能选择在外扫描状态或外测频功能时，外扫描控制信号或外测频信号由此输入。

⑥ 点频输出端：输出标准正弦波 100 Hz 信号，输出幅度为 2 Vpp。其输出不受面板的任何开关旋钮控制，是作校准信号使用。

⑦ 函数信号输出端：输出多种波形受控的函数信号，输出幅度 20 V_{p-p}（1 MΩ负载）、10 V_{p-p}（50 Ω负载）。

⑧ 函数信号输出幅度调节旋钮：调节范围 20 dB。

⑨ 函数输出信号直流电平偏移调节旋钮：调节范围：−5 V、+5 V（50 Ω负载），−10 V、+10 V（1 MΩ负载）。当电位器处在“关”位置时，则为 0 电平。

⑩ 输出波形对称性调节旋钮：调节此旋钮可改变输出信号的对称性。当电位器处在“关”位置时，则输出对称信号。

⑪ 函数信号输出幅度衰减开关：“20 dB”“40 dB”键均不按下，输出信号不经衰减，直接输出到插座口。“20 dB”“40 dB”键分别按下，则可选择 20 dB 或 40 dB 衰减。“20 dB”“40 dB”同时按下时为 60 dB 衰减。

⑫ 函数输出波形选择按钮：可选择正弦波、三角波、脉冲波输出。

⑬ “扫描/计数”按钮：可选择多种扫描方式和外测频方式。

⑭ 频率微调旋钮：调节此旋钮可微调输出信号频率，调节基数范围为 0.1～1。

⑮ 倍率选择按钮：每按一次此按钮可递减输出频率的 1 个频段。

⑯ 倍率选择按钮：每按一次此按钮可递增输出频率的 1 个频段。

⑰ 整机电源开关：此按键按下时，机内电源接通，整机工作。此键释放为关掉整机电源。

2. 函数信号发生器/计数器的使用方法

1）函数信号发生器

以终端连接 50 Ω匹配器的测试电缆，由前面板插座⑦输出函数信号。

（1）“扫描/计数”钮⑬不应选择：“内计数，内线性，外扫描，外计数”中的任意一个。

（2）由频率选择按钮⑮、⑯选择输出函数信号的频段。该倍率选择按钮实际选择的是，该段输出频率的最高频率范围（实际范围为指示值的 1.1～1.2 倍）。然后根据频率显示窗口①所显示的频率，调节频率微调旋钮⑭，直至达到所需的工作频率值。

说明：实际输出的频率数即为“频率显示窗口”的显示数，与频率选择按钮⑮、⑯之间无倍率关系。

频率选择按钮⑮、⑯应理解为对输出最高频率范围的选择钮。

（3）由波形选择按钮⑫选定输出函数的波形分别获得正弦波、三角波、脉冲波。

（4）函数信号输出幅度是由⑧、⑪配合来达到所需的输出幅度（附表 6.1）。

SP1641B 型函数信号发生器/计数器

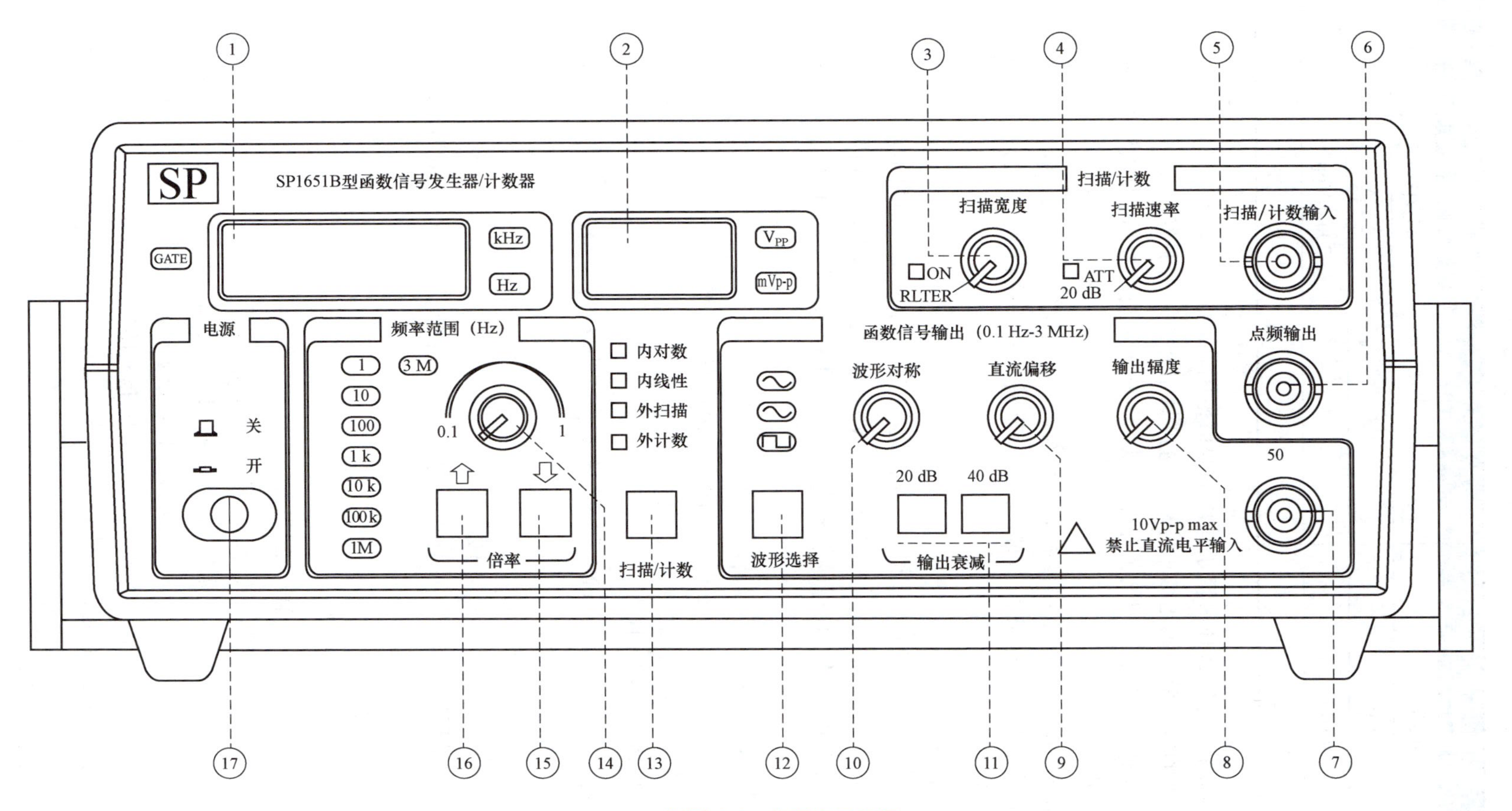

附图 6.6　前面板示意图

附表 6.1 分贝数与输出幅度的关系

分贝数选择	输出幅度范围
0 dB	～20 Vpp
−20 dB	～2 Vpp
−40 dB	～200 mVpp
−60 dB	～20 mVpp

① 衰减开关⑪的选择决定了输出的幅值范围。

② 准确的电平值应由函数信号输出幅度调节旋钮⑧来调整。

③ 输出幅度值显示窗口②的指示可以作为输出幅值的参考，要求较高时应以精度等级更高的仪表为准。

（5）函数信号输出口禁止直流电平输入。

（6）在作小信号正弦波输出时，⑨、⑩旋钮一般都放到“关”的位置；否则容易出现波形失真的情况。

2）计数器测频率

将“扫描/计数”按钮⑬选择为“外计数”方式，用测试电缆将被测函数信号输入到前面板插座⑤（输入允许电压范围为 30 mV～2 V）。显示窗口①即为所测频率。

注意：此时虽然窗口②有显示电压值，但这不是输入信号的电压值，而是输出口⑦的输出电压值。

1. 交流毫伏表面板结构及说明（附图 6.7）

（1）左右通道指针（红色指示右通道，黑色指示左通道）。

（2）左通道输入量程旋钮（蓝灰色）。

（3）左通道电压输入插座。

（4）同步/异步按键，“SYNC”为左右通道同步操作，“ASYN”为左右通道异步操作。

（5）电源开关。

（6）右通道电压输入插座。

（7）右通道输入量程旋钮（橘红色）。

（8）电压量程挡位指示（黄灯指示为右通道测量挡位，绿灯指示为左通道测量挡位）。

（9）电压量程刻度指示。

（10）仪表表盘。

2. 工作参数

测量电压频率范围为 5 Hz～2 MHz。

工作误差 ① 电压测量误差：±5%（满度值）。

② 频率影响误差：20 Hz～20 kHz±5%。

5 Hz～1 MHz±7%。

5 Hz～1 MHz±10%。

输入阻抗：2 MΩ/1 kHz。

AS2294D 双通道交流毫伏表

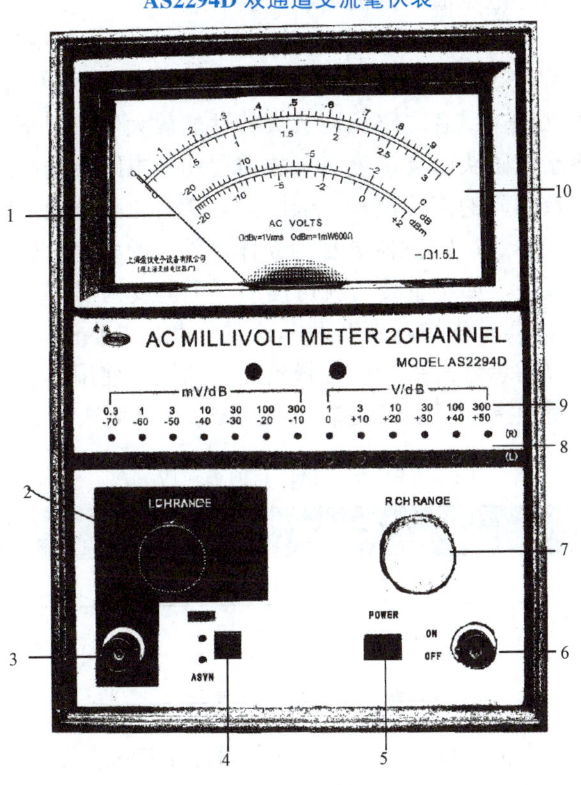

附图 6.7　交流毫伏表面板

3. 交流毫伏表的使用方法

1）开机之前准备工作及注意事项

（1）测量仪器的放置以水平放置为宜（即表面垂直于桌面放置）。

（2）接通电源前先看表针机械零点是否为“零”；否则需分别进行调零。

（3）测量量程在不知被测电压大小的情况下应尽量放到高量程挡，以免输入过载。同时在测量完小量程电压后，应及时把量程旋钮放到高量程挡，以免仪器过载和指针打表。

（4）测量 30 V 以上的电压时，需注意安全。

（5）所测交流电压中的直流分量不得大于 100 V。

（6）接通电源及输入量程转换时，由于电容的放电过程，指针有所晃动，需待指针稳定后读取。

（7）仪器应避免剧烈振动，仪器周围不应有高热及强电磁场干扰。

（8）仪器面板上的开关不应剧烈、频繁扳动，以免造成不必要的人为损坏。

2）测量方法

（1）AS2294 系列仪器是由两个电压表组成的，因此在异步工作时是两个独立的电压表，也就是可作两台单独电压表使用，一般测量两个电压量程相差比较大的情况下，可用异步工作状态。被测放大器的输入信号及输出信号分别加至二通道输入端，从两个不同的量程开关及指针指示的电压或 dB 值，就直接读出（或算出）放大器的增益（或放大倍数）。

例如，输入 RCH 指示为 10 mV（－40 dBV），输出 LCH 指示为 0.5 V（－6 dBV）。

若直接读取指针指示的电压值，则被测放大器的放大倍数为：0.5 V/10 mV＝50 倍。

若直接读取 dB 值，即被测放大器的增益为：－6 dB－（－40 dB）＝34 dB。

（2）当 AS2294 系列毫伏表同步工作时，可由一个通道量程控制旋钮同时控制两个通道的量程，这特别适用于立体声或者二路相同放大特性的放大器情况下作测量，由于其测量灵敏度高，可测量立体声录放磁头的灵敏度、录放前置均衡电路及功率放大电路等，由于两组电压表具有相同的性能及相同的测量量程，因此当被测对象是双通道时可直接读出二路被测声道的不平衡度。*R* 放大器、*L* 放大器分别为立体声放大的两个放大电路，如性能相同（平衡）两个通道的指针应重叠，如不重叠，就可读出不平衡度为“?”dB。

（3）从测量挡位可知，其量程均以满度为 1、3 的倍数，如 1 mV、10 mV、100 mV…3 mV、30 mV、300 mV…，通过指示灯来指示所选择的测量挡位，使用中需要注意：输入信号接口与量程选择开关、面板量程指示灯及表头指针颜色要统一（附表 6.2）。

附表 6.2　信号接口与通道对应关系

信号输入接口	左通道（L）	右通道（R）
量程旋钮颜色	蓝灰	橘红
量程指示颜色	绿	黄
表头指针颜色	黑	红

读数时，根据面板量程指示灯，选择从相应的刻度上读取数值。

满度量程为 1 的整倍数时，读第一条刻度。

满度量程为 3 的整倍数时，读第二条刻度。

例如，用毫伏表测得某一正弦信号的幅值如附图 6.8 中指针指示，若毫伏表选择 30 mV 挡，则被测正弦信号的幅值是 24 mV；若毫伏表选择 1 V 挡，则被测正弦信号的幅值是 0.76 V。

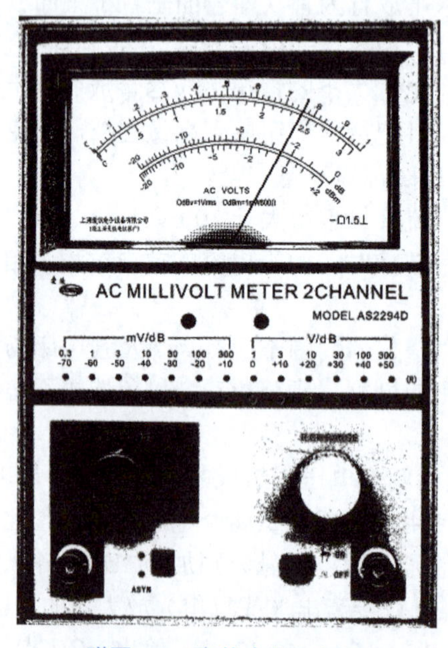

附图 6.8　毫伏表指示例子

3）浮置功能使用

（1）在音频信号传输中，有时需要平衡传输，此时测量其电平时，不能采用接地形式，需要浮置测量。

（2）在测量 BTL 放大器时（如大功率 BTL 功放）时，输出两端任一端都不能接地；否则将会引起测量不准甚至烧坏功放，这时宜采用浮置方式测量。

（3）某些需要防止地线干扰的放大器或带有直流电压输出的端子及元器件二端电压的在线测试等均可采用浮置方式测量，以免由于公共接地带来的干扰或短路。

参考文献

[1] 康华光. 电子技术基础（第四版）[M]. 北京：高等教育出版社，1999.
[2] 周雪. 模拟电子技术（修订版）[M]. 西安：西安电子科技大学出版社，2005.
[3] 杨素行. 模拟电子技术基础简明教程（第三版）[M]. 北京：高等教育出版社，2006.
[4] 华成英. 模拟电子技术基本教程 [M]. 北京：清华大学出版社，2006.2
[5] 蒋卓勤，邓玉元. Multisim2001 及其在电子设计中的应用 [M]. 西安：西安电子科技大学出版社，2003.
[6] 童诗白. 模拟电子技术基础（第二版）[M]. 北京：高等教育出版社，1988.
[7] 周斌. 电子技术 [M]. 济南：山东科学技术出版社，2005.
[8] 郭培源，沈明山. 电子技术基础及应用简明教程 [M]. 北京：电子工业出版社，2003.
[9] 吴青萍. 电子技术与项目训练 I [M]. 北京：中国人民大学出版社，2011.
[10] 胡宴如. 模拟电子技术（第 2 版）[M]. 北京：高等教育出版社，2004.
[11] 毕满清. 电子工艺实习教程 [M]. 北京：国防工业出版社，2004.
[12] 孙建设. 模拟电子技术 [M]. 北京：化学工业出版社，2002.
[13] 陈小虎. 电工电子技术 [M]. 北京：高等教育出版社，2004.
[14] 郑应光. 模拟电子线路（一）[M]. 南京：东南大学出版社，2000.
[15] 李中发. 电子技术 [M]. 北京：中国水利水电出版社，2005.